스프링 5 프로그래밍 입문

최범균 저

초보 웹 개발자를 위한 스프링 5 프로그래밍 입문

스프링 DI 기초와 의존 자동 주입

스프링 AOP 기초

스프링을 이용한 DB 연동

스프링 MVC 기본 동작 방식과 웹 어플리케이션 구조 이해

컨트롤러 구현 : 요청, 폼, 세션/쿠키 처리

JSON 요청/응답 처리

스프링 부트, 타임리프 템플릿 소개

아내 은선과 사춘기 소녀 지설에게

저자 서문

이제 막 자바와 JSP를 익힌 개발자가 스프링 프레임워크를 접하면 많이 복잡하게 느껴진다. @Configuration 애노테이션, 다양한 구성 요소를 포함한 스프링 MVC 등 스프링을 이용해서 웹 어플리케이션을 개발하려면 알아야 할 것이 너무나 많기 때문이다. 게다가 스프링이 다루는 영역이 매우 넓고 다양한 설정 방법이 존재해서 처음 스프링을 익힐 때 무엇부터 해야 할지 감을 잡기도 어렵다. 처음 스프링을 배우고자 하는 독자들이 입문할 때 필요한 것은 스프링의 방대한 내용이 아닌 기초와 전반적인 흐름을 잡아주는 것이라 생각하며 이를 위해 이 책을 썼다.

책의 구성

이 책은 크게 두 가지 영역으로 구성되어 있다. 하나는 스프링의 기본적인 사용법을 다루고, 다른 한 영역은 DB와 스프링 MVC에 대해 다룬다.

이 책에서 다루는 스프링의 기본적인 내용은 다음과 같다.

- 스프링 프로젝트 생성(2장)
- 스프링의 DI(3장)와 의존 자동 주입(4장)
- 스프링 AOP(7장)
- 빈 객체의 라이프사이클(6장)
- 프로필과 프로퍼티(17장)

DB와 스프링 MVC에서 다루는 내용은 다음과 같다.

- 스프링의 JDBC 지원 기능과 트랜잭션 처리(8장)
- 스프링 MVC의 주요 구성 요소(10장)
- 스프링 MVC를 이용한 요청 처리, 세션, 쿠키, 폼 처리(11장, 12장, 13장, 14장)
- 웹 어플리케이션의 전형적인 구조(15장)
- JSON 응답 처리(16장)

이 책은 3장에서 작성한 예제 코드를 이용해서 점진적으로 살을 붙여가면서 웹 어플리케이션 개발까지 이어나간다. 따라서 이 책을 학습할 때에는 중간부터 학습하기보다는 앞에서부터 차례대로 읽고 예제 코드도 직접 작성하면서 완성하는 것이 좋다.

또한, 이 책은 모든 것을 설명하지 않고 입문에 필요한 것 위주(또는 주로 사용되는 것 위주)로 설명해서 독자가 스프링을 처음 배울 때 필요한 부분만 빠르게 익힐 수 있도록 하는 데 초점을 맞췄다. 예를 들어 AOP 구현에서는 Around Advice에 대해서만 설명하며, 나머지 사용 빈도가 상대적으로 적은 Before, After 등의 Advice는 설명하지 않는다.

이 책을 읽은 뒤에 스프링에 대해 더 많은 내용을 알고 싶다면 스프링 관련 문서를 참고하기 바란다. 온라인에 많은 자료가 있다.

대상 독자

이 책은 스프링을 처음 접하는 개발자를 위한 책이다. 이미 스프링을 알고 있는 개발자보다는 앞으로 스프링을 학습하고 익히려는 개발자를 위한 내용을 담고 있다.

스프링 입문자를 위한 책이긴 하나 자바 입문자나 JSP 입문자를 위한 책은 아니다. 독자는 적어도 다음 경험이 있어야 이 책을 읽는 데 어려움이 없다.

- **자바 프로그래밍** : 자바의 기본적인 문법을 알아야 한다.
- **JSP 프로그래밍** : 이 책에서는 JSP 자체에 대해 설명은 하지 않으므로 JSP 코드를 읽고 작성할 수 있어야 한다.
- **이클립스** : 이클립스를 기준으로 예제를 실행하므로 이클립스의 기초적인 사용법(자바 코드 작성, 파일 생성, 클래스 실행 등)을 알아야 한다.

감사의 글

이 책을 쓸 수 있도록 제안하고 기회를 만들어주신 가메출판사 대표님과 팀장님 고맙습니다. 책에 대한 의견을 준 심익찬님 많은 힘이 되었습니다. 이 책의 초고를 리뷰하고 다양한 의견을 보내준 김광성님, 류재섭님, 심익찬님, 심천보님, 오학섭님, 이제연님, 강현정님, 함기훈님 고맙습니다. 늘 신경 써 주시는 김선회, 백명석 두 선배님 고맙습니다. 마지막으로 사랑하는 아내 은선과 사춘기 소녀 지설에게 고마움을 전합니다.

최범균 드림

책 질문 답변 : http://cafe.daum.net/javacan
이메일 문의 : madvirus@madvirus.net

소스 코드 사용법

이클립스 : 자바 및 톰캣 준비

예제 코드는 다음을 기준으로 작성했다.

- JDK 1.8
- UTF-8
- 톰캣 8(웹 어플리케이션을 테스트 할 때 사용)

이클립스에서 자바 8 런타임이 등록되어 있지 않다면, Window Preferences Java/Installed JREs 메뉴를 이용해서 자바 JRE를 등록한다.

[Window]→[Preferences]→[General/Workspace]에서 Text file encoding을 UTF-8로 변경하면 기본 인코딩을 UTF-8로 사용하도록 변경할 수 있다. 만약 다른 인코딩을 사용하는 프로젝트와 예제 프로젝트를 함께 사용하려면 예제 프로젝트를 임포트 한 뒤에 프로젝트별로 [Project]→[Properties]→[Resource]에서 인코딩을 UTF-8로 변경하면 된다.

웹 어플리케이션 예제를 실행하려면 이클립스에 톰캣 8을 서버로 등록해야 한다. 톰캣 8 버전을 이클립스에 서버로 등록하지 않았다면 9장을 참고해서 톰캣 서버를 등록한다.

소스 다운로드 및 임포트

이 책에서는 메이븐을 이용해서 프로젝트를 생성하고 의존 모듈을 설정하는 방법을 설명하고 있다. 메이븐 프로젝트로 구성된 소스 코드는 https://github.com/madvirus/spring5fs 사이트에서 다운로드할 수 있다.

메이븐 프로젝트 이클립스에 임포트하기

github 사이트에서 메이븐 프로젝트로 구성된 예제 코드를 다운로드한 뒤 압축을 풀면 sp5-chap02, sp5-chap03 등의 하위 폴더를 볼 수 있다. 각 폴더는 메이븐 프로젝트로서 장별로 메이븐 프로젝트를 구분했다.

이클립스 Java EE Developers 패키지를 다운로드하면 이미 메이븐이 연동되어 있다. 이클립스에서 다음 방법을 이용해서 메이븐 프로젝트를 임포트 할 수 있다.

① [File]→[Import...] 메뉴를 실행한다.
② Maven/Existing Maven Projects 선택 후 [Next >] 버튼을 클릭한다.
③ [Browse...] 버튼을 눌러 임포트 할 메이븐 프로젝트를 Root Directory의 값으로 선택한다.
- Projects 목록에 메이븐 프로젝트가 표시된 것을 확인한다. ([그림 1] 참고)
- 메이븐 프로젝트 선택 후, [Finish] 버튼을 클릭한다.

④ 이클립스 프로젝트로 임포트 된 것을 확인한다. ([그림 2] 참고)

최초로 임포트 할 때는 메이븐 프로젝트에서 사용하는 관련 모듈을 다운로드하기 때문에 시간이 다소 오래 걸릴 수 있다.

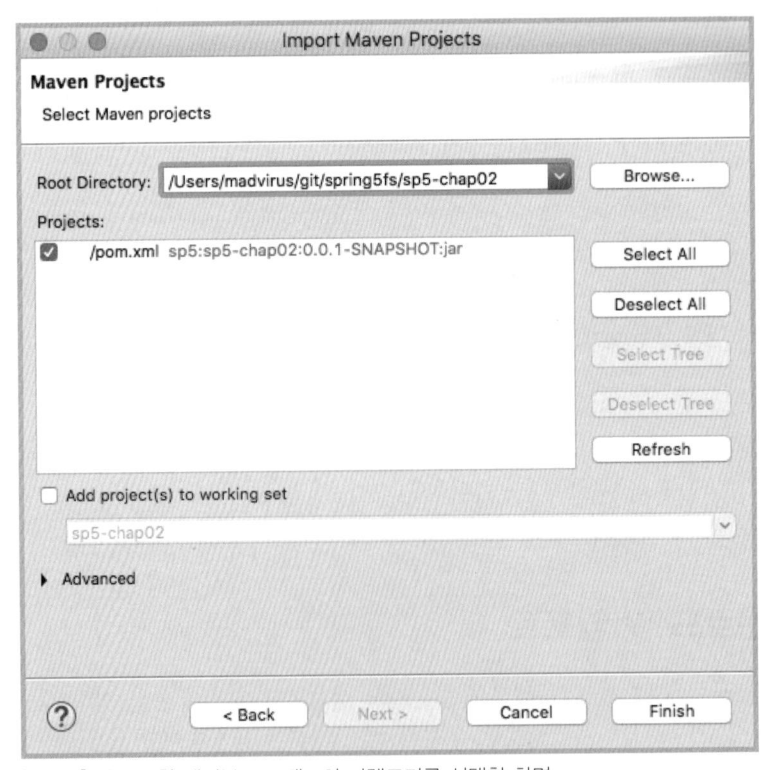

[그림 1] 임포트 할 메이븐 프로젝트의 디렉토리를 선택한 화면

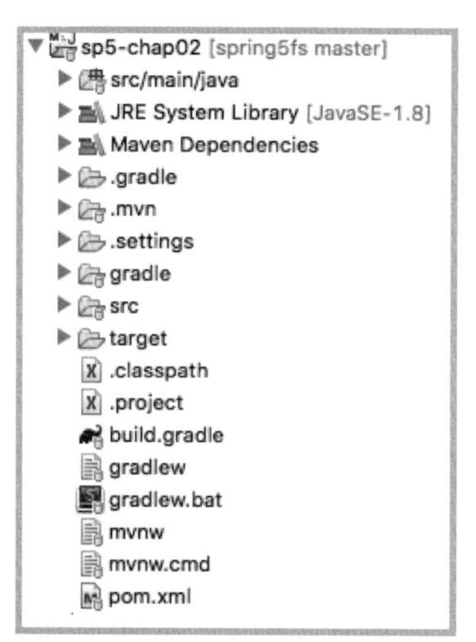

[그림 2] 이클립스에 메이븐 프로젝트를 임포트 한 화면

예제 프로젝트는 UTF-8로 작성했다. 따라서 이클립스 워크스페이스의 기본 인코딩이 UTF-8이 아니면 프로젝트 임포트 후에 프로젝트의 인코딩을 UTF-8로 변경해야 한다.

프로젝트 목록

예제 코드로 제공하는 프로젝트 목록은 [표 1]과 같다.

[표 1] 프로젝트 목록

	타입프로젝트	설정
sp5-chap02	어플리케이션	스프링 시작 프로젝트
sp5-chap03	어플리케이션	스프링 DI 예제
sp5-chap04	어플리케이션	의존 자동 주입 예제
sp5-chap05	어플리케이션	컴포넌트 스캔 예제
sp5-chap06	어플리케이션	빈 객체의 라이프사이클 예제
sp5-chap07	어플리케이션	스프링 AOP 예제
sp5-chap08	어플리케이션	스프링 JDBC 지원과 트랜잭션 설정 예제
sp5-chap09	웹	스프링 MVC 시작 예제
sp5-chap10	웹	스프링 MVC 구성 요소
sp5-chap11	웹	컨트롤러 요청 매핑, 커맨드 객체 폼 처리 예제
sp5-chap12	웹	메시지, 커맨드 객체 검증 예제
sp5-chap12-bv	웹	Validation API 검증 예제
sp5-chap13	웹	세션, 쿠키, 인터셉터 예제
sp5-chap14	웹	날짜 값 변환, @PathVariable, 익셉션 처리 예제

sp5-chap16	웹	JSON 응답, 요청 처리 예제
sp5-chap17	웹	프로필, 프로퍼티 예제
sp5-chapb	부트	스프링 부트 예제
sp5-chapc	웹	타임리프 연동 예제
sp5-chapc-boot	부트	타임리프 부트 연동 예제

예제 코드 실행

2장을 비롯한 일반 어플리케이션 예제는 Main으로 시작하는 클래스가 있다. 예를 들어 8장의 경우 MainForJC라는 클래스가 있다. 이클립스에서 MainForCPS를 선택하고 마우스 오른쪽 버튼을 클릭한 뒤 [Run As]→[Java Application] 메뉴를 실행하면 콘솔에 실행 결과가 출력되는 것을 확인할 수 있다.

9장부터는 웹 어플리케이션 예제이므로 톰캣 서버 설정이 필요하다. 톰캣 서버를 설정한 뒤 프로젝트에서 오른쪽 버튼을 클릭하고 [Run As]→[Run on Server] 메뉴를 사용하면 된다. 서버 실행 방법은 9장에서 설명한다.

CONTENTS

Chapter 1 들어가며

Chapter 2 스프링 시작하기

Chapter 3 스프링 DI

Chapter 4 의존 자동 주입

Chapter 5 컴포넌트 스캔

Chapter 6 빈 라이프사이클과 범위

Chapter 7 AOP 프로그래밍

Chapter 8 DB 연동

Chapter 9 스프링 MVC 시작하기

Chapter 12 MVC 2 : 메시지, 커맨드 객체 검증

Chapter 13 MVC 3 : 세션, 인터셉터, 쿠키

Chapter 14 MVC 4 : 날짜 값 변환, @PathVariable, 익셉션 처리

Chapter 15 간단한 웹 어플리케이션의 구조

Chapter 16 JSON 응답과 요청 처리

Chapter 17 프로필과 프로퍼티 파일

Chapter 18 마치며

부록 A 메이븐 기초 안내

부록 B 스프링 부트 소개

부록 C 타임리프 연동

I.N.D.E.X

Chapter 1

들어가며

이 장에서 다룰 내용

· 스프링 소개
· 개발 환경 구축

자바를 이용해서 웹 어플리케이션을 개발할 때 많이 사용하는 기술은 무엇일까? JSP, MyBatis, JPA 등 다양한 기술을 사용하는데, 그중 하나를 꼽는다면 바로 스프링이다. 스프링은 이미 표준이나 마찬가지다. 포털, 쇼핑, 금융, 공공 사이트 등 많은 서비스가 스프링을 기반으로 동작하고 있다. 전자정부 표준프레임워크인 eGovFrame도 스프링을 사용한다. 웹 어플리케이션 개발에 자바를 사용한다면 스프링은 반드시 익혀야 할 기술이다.

1. 스프링이란

스프링(Spring)은 매우 방대한 기능을 제공하고 있어서 스프링을 한마디로 정의하기는 힘들다. 흔히 스프링이라고 하면 스프링 프레임워크를 말하는데, 스프링 프레임워크의 주요 특징은 다음과 같다.

- 의존 주입(Dependency Injection : DI) 지원
- AOP(Aspect-Oriented Programming) 지원
- MVC 웹 프레임워크 제공
- JDBC, JPA 연동, 선언적 트랜잭션 처리 등 DB 연동 지원

이 외에도 스케줄링, 메시지 연동(JMS), 이메일 발송, 테스트 지원 등 자바 기반의 어플리케이션을 개발하는데 필요한 다양한 기능을 제공한다

실제로 스프링 프레임워크를 이용해서 웹 어플리케이션을 개발할 때에는 스프링 프레임

워크만 단독으로 사용하기보다는 여러 스프링 관련 프로젝트를 함께 사용한다. 현재 스프링을 주도적으로 개발하고 있는 피보탈(Pivotal)은 스프링 프레임워크뿐만 아니라 어플리케이션 개발에 필요한 다양한 프로젝트를 진행하고 있다. 이들 프로젝트 중 자주 사용되는 것은 다음과 같다.

- **스프링 데이터** : 적은 양의 코드로 데이터 연동을 처리할 수 있도록 도와주는 프레임워크이다. JPA, 몽고DB, 레디스 등 다양한 저장소 기술을 지원한다.
- **스프링 시큐리티** : 인증/인가와 관련된 프레임워크로서 웹 접근 제어, 객체 접근 제어, DB · 오픈 ID · LDAP 등 다양한 인증 방식, 암호화 기능을 제공한다.
- **스프링 배치** : 로깅/추적, 작업 통계, 실패 처리 등 배치 처리에 필요한 기본 기능을 제공한다.

이 외에도 스프링 인티그레이션, 스프링 하둡, 스프링 소셜 등 다양한 프로젝트가 존재한다. 각 프로젝트에 대한 내용은 https://spring.io 사이트를 참고하기 바란다.

2. 이 책의 범위

다양한 스프링 관련 프로젝트가 존재하고 핵심인 스프링 프레임워크만 해도 다루고 있는 내용이 방대하기 때문에 모든 내용을 다룰 수는 없다. 이 책은 최대한 많은 내용을 다루기보다는 스프링을 처음 접하는 개발자가 앞으로 스프링을 이용해서 어플리케이션을 개발하는데 필요한 기본 지식을 전달하는 데 집중한다.

이 책은 다음 내용을 다룬다.

- 메이븐과 그레이들을 이용한 스프링 프로젝트 생성
- 스프링을 이용한 객체 생성과 의존 주입 처리
- 스프링 자바 설정
- 스프링을 이용한 AOP 프로그래밍 기초
- JDBC 프로그래밍과 선언적 트랜잭션 처리
- 스프링의 MVC 프레임워크를 이용한 웹 어플리케이션 개발 기초

이 책에서는 스프링 프레임워크를 이용하여 웹 어플리케이션 개발의 입문 과정에 필요한 수준까지만 설명한다. 예를 들어 AOP의 경우 Before Advice, After Advice 등 다양한 방식을 지원하는데 이 책에서는 자주 사용하는 Around Advice만 설명한다. 비슷하게 DB 연동 부분도 JDBC 연동 위주로 설명하며 JPA나 MyBatis 연동은 설명하지 않는다.

이 책을 통해 스프링 프레임워크의 기본기를 익힌 뒤에 스프링의 다양한 설정 방법, 객체 관리 방식, DB 연동 설정, 스프링 시큐리티 등에 대해 더 자세히 알고 싶다면 관련 레퍼런스 문서나 책을 참고하면 된다.

2.1 대상 독자

이 책을 읽을 독자는 적어도 다음에 내해 알거나 익숙해야 한다.

- **자바 프로그래밍** : 스프링 프레임워크의 기반은 자바이다. 따라서 독자는 자바 프로그래밍 경험이 있어야 한다. 독자가 자바의 클래스, 인터페이스, 상속, 메서드 재정의, 주요 콜렉션 타입(List 등)에 대해서 안다고 가정한다.
- **이클립스 기반 개발** : 책의 예제를 작성하고 실행할 때 이클립스를 사용한다. 프로젝트를 생성하고 실행하는 과정은 설명하지만 자바 패키지 생성, 자바 코드 작성, XML 파일 작성 등의 방법은 안다고 가정한다.
- **서블릿/JSP/HTML** : 스프링 MVC 프레임워크 부분에서는 스프링과 관련된 내용만 설명한다. JSP나 HTML 자체에 관한 내용은 별도로 설명하지 않는다.

각 내용이 익숙하지 않다면 관련 내용을 병행해서 학습할 것을 권한다.

3. 코딩을 위한 준비물

이 책의 코드를 따라 하려면 다음 세 가지를 설치해야 한다.

- JDK
- 메이븐
- 이클립스

3.1 JDK 설치 및 JAVA_HOME 환경변수 설정

스프링 버전에 따라 필요한 최소 자바 버전은 다음과 같다.

- **스프링 5 버전** : 자바 8 또는 그 이상
- **스프링 4.3 버전** : 자바 6 또는 그 이상

이 책은 다음을 기준으로 작성했다.

- 스프링 5
- 자바 8
- 서블릿 3.1/JSP 2.3 (자바 EE7 기준)

http://www.oracle.com 사이트에 방문하면 최신 버전의 자바 개발 도구(Java Development Kit: JDK)를 다운로드할 수 있다. 글을 쓰는 시점 기준으로 http://bit.ly/282hYMM 주소에 방문하면 Java SE 8의 JDK를 다운로드할 수 있다. 다운로드 사이트에는 자바 10, 자바 8 버전이 존재한다. 화면을 아래로 스크롤해서 자바 8을 다운로드하면 된다.

개발 도구, 톰캣 서버 등 현업에서 사용하는 많은 개발 관련 기술들은 아직 자바 8에 맞춰 동작한다. 이 책의 예제도 자바 8 버전을 기준으로 작성하고 실행했다. 책의 예제를 자바 10 환경에서 동작하려면 버전에 따른 문제를 겪을 수 있으니 입문하는 개발자는 자바 8 환경에서 예제를 작성하고 실행할 것을 권한다.

> **노트** 본인의 PC가 32 비트인(x86)지 64 비트(x64)인지에 따라 알맞은 JDK 설치 파일을 다운로드해야 한다. Windows의 경우 [시작]→[제어판]→[시스템 및 보안]→[시스템] 메뉴를 실행하면 시스템 기본 정보를 볼 수 있는데, 여기서 시스템 종류를 보면 현재 사용 중인 PC가 32 비트인지 64 비트인지 확인할 수 있다.

윈도우즈에서 JDK 설치를 진행하면 중간에 설치 경로를 묻는다. 필자는 JDK 설치 경로를 좀 단순하게 만들기 위해 [그림 1.1]처럼 JDK 설치 경로를 "C:\Program Files\Java\jdk버전"에서 "C:\Java\jdk버전"으로 변경했다. 물론 최초 설치 경로를 그대로 사용해도 된다.

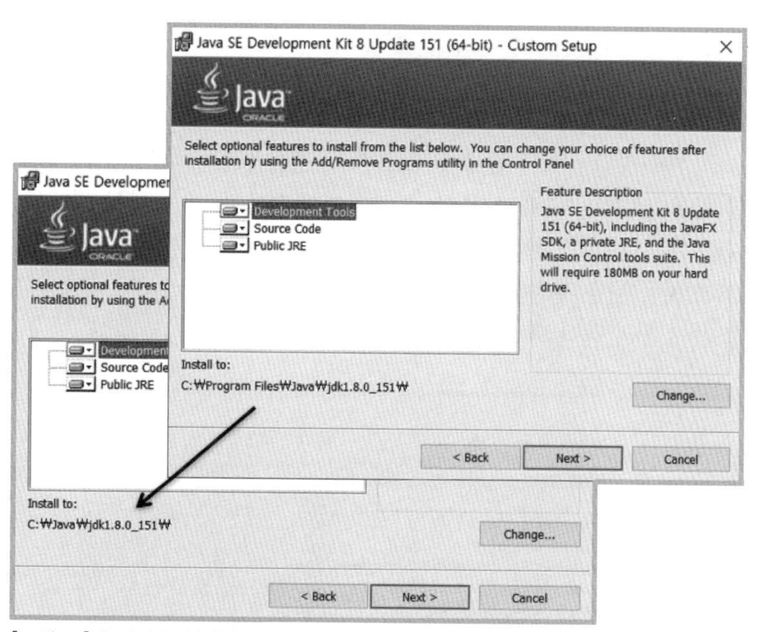

[그림 1.1] 환경변수 설정의 편리를 위해 JDK 설치 경로 변경

JDK를 설치하면 JAVA_HOME 환경변수를 설정한다. 윈도우 탐색기의 [내 PC]에서 마우스 오른쪽 버튼을 클릭한 뒤 [속성] 메뉴를 실행하고 시스템 윈도우에서 [고급 시스템 설정] 메뉴를 실행한다. 그러면 [그림 1.2]와 같이 시스템 속성 변경을 위한 대화창이 나타난다.

> **노트** [그림 1.1]에서 C:₩java와 같이 경로에 '₩' 문자가 포함된 것을 볼 수 있다. 책 본문에서는 경로를 표시할 때 C:\java와 같이 역슬래시를 이용해서 표시했다.

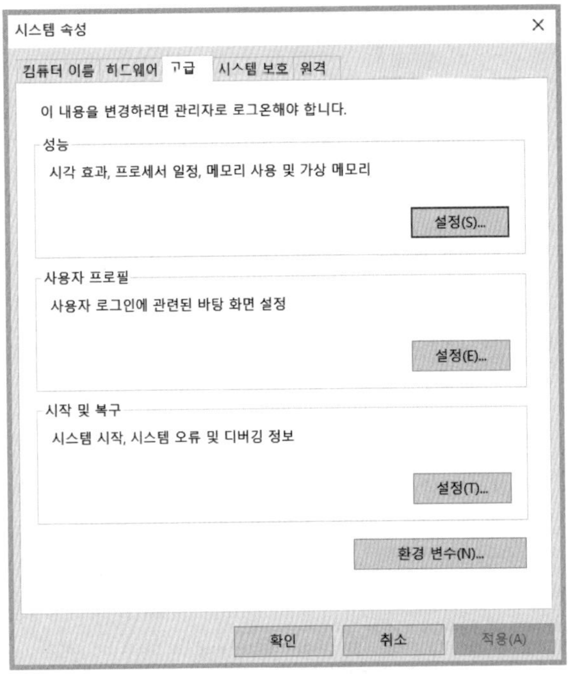

[그림 1.2] 시스템 속성 설정

시스템 속성 대화창의 [고급] 탭에서 [환경변수] 버튼을 클릭하면 환경변수를 설정할 수 있는 대화창이 열린다. 이 대화창에서 'PC에 대한 사용자 변수' 항목 영역의 [새로 만들기] 버튼를 이용해서 환경변수 JAVA_HOME을 등록하고, 환경변수 JAVA_HOME의 값으로 [JDK설치폴더]를 지정하면 된다. 예를 들어 C:\java\jdk1.8.0_151에 JDK를 설치했다면 [그림 1.3]과 같이 환경변수 JAVA_HOME을 설정한다.

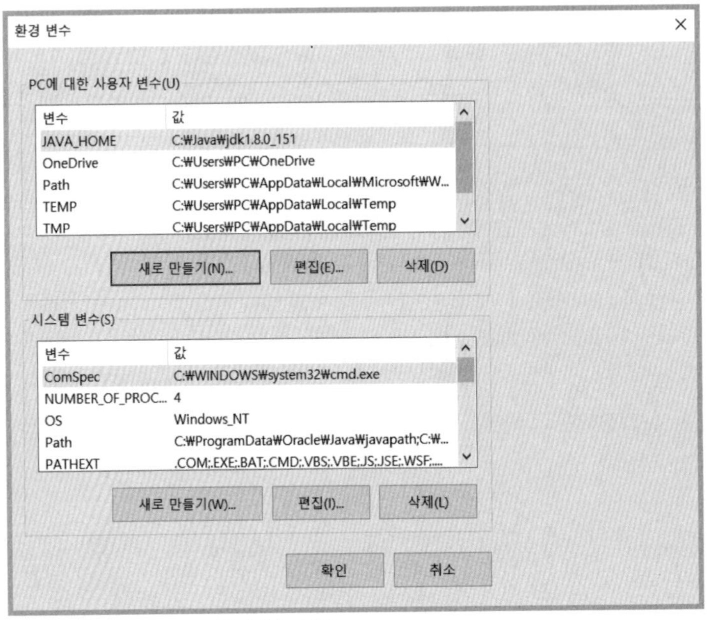

[그림 1.3] JAVA_HOME 환경변수 설정

사용자 변수가 아닌 시스템 변수에 JAVA_HOME 환경변수를 넣어도 된다. 사용자 변수가 윈도우 사용자(계정)마다 환경변수를 설정한다면, 시스템 변수는 윈도우 시스템 전체에 환경변수를 적용한다. 예를 들어 여러 사용자 계정을 가진 실습용 PC가 있다고 하자. 사용자마다 서로 다른 JAVA_HOME 환경변수를 사용해야 한다면 사용자 변수를 사용하고, 모든 사용자가 같은 JAVA_HOME 환경변수를 사용해야 한다면 시스템 변수에 추가한다.

PATH 환경변수에 %JAVA_HOME%\bin 추가

JDK 7, JDK 8, JDK 10과 같이 여러 버전의 자바를 설치했다면 PATH 환경변수를 이용해 사용할 java 명령어 버전을 지정할 수 있다. 다음과 같이 PATH 환경변수의 값에 다음과 같이 %JAVA_HOME%\bin을 맨 앞에 추가한다.

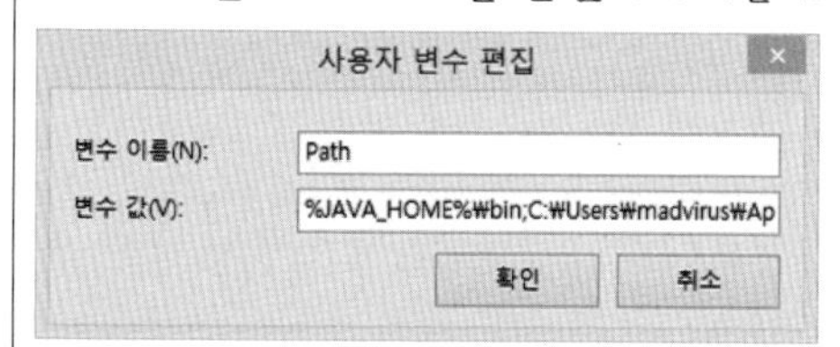

%JAVA_HOME%은 JAVA_HOME 환경변수를 의미한다. 예를 들어 JAVA_HOME 환경변수의 값이 C:\java\jdk1.8.0이면 C:\java\jdk1.8.0\bin 폴더를 PATH 환경변수에 추가한다. bin 폴더에는 java, javac 등 JDK가 제공하는 자바 관련 실행 파일이 위치하므로 명령 프롬프트에서 java 명령어를 실행하면 JDK 설치 경로의 bin 폴더에 위치한 java 프로그램을 실행한다.

3.2 프로젝트 구성 도구 설치

스프링 프레임워크에는 다양한 모듈이 존재한다. 핵심 모듈인 spring-core, spring-beans, spring-context, spring-aop를 비롯한 spring-webmvc, spring-jdbc, spring-tx 등 다양한 모듈이 존재한다. 각 모듈은 스프링 프레임워크에 포함되어 있지 않은 다른 모듈을 필요로 한다. 예를 들어 spring-aop 모듈은 aopalliance 모듈을 필요로 하고, spring-orm 모듈은 JPA나 하이버네이트 모듈을 필요로 한다.

각 모듈은 모두 메이븐 중앙 리포지토리를 통해서 배포되고 있다. 자바 프로젝트를 구성할 때 주로 사용하는 빌드 도구인 메이븐(Maven)과 그레이들(Gradle)은 둘 다 메이븐 리포지토리를 지원한다. 이 책에서는 이 두 도구를 기준으로 프로젝트를 구성하는 방법을 설명할 것이다.

3.3 메이븐 설치

이 장에서는 스프링 프로젝트를 구성하는데 필요한 수준까지만 메이븐에 관해 설명한다. 메이븐 자체를 학습하고 싶다면 [부록 A]를 읽어보자. 이 책에서는 윈도우즈 OS를 기준으로 설치 방법을 설명한다. 다른 OS의 설치 방법은 https://maven.apache.org/install.html 문서를 참고하기 바란다.

http://maven.apache.org/ 사이트에 방문한 뒤 [Download] 메뉴를 눌러서 메이븐 최신 버전을 다운로드한다. 메이븐을 다운로드한 뒤 원하는 폴더에 압축을 풀면 설치가 끝난다. C:\devtool처럼 찾기 쉬운 위치에 압축을 풀도록 하자. 글을 쓰는 시점에서 메이븐 버전은 3.5.2 버전인데 필자는 C:\devtool 폴더를 새로 만들어서 이 폴더에 압축을 풀었다. 압축을 풀면 C:\devtool\apache-maven-3.5.2 폴더가 생긴다. 압축을 제대로 풀었다면 [메이븐설치폴더]\bin 폴더에 mvn.bat 파일이 존재할 것이다.

명령 프롬프트에서 메이븐을 실행할 수 있도록 PATH 환경변수를 설정한다. 책에서는 사용자 변수에 PATH 환경변수를 설정했다.

- PATH : PATH 경로에 "[메이븐설치폴더]\bin"을 추가(각자 설치한 경로에 맞게 설정)

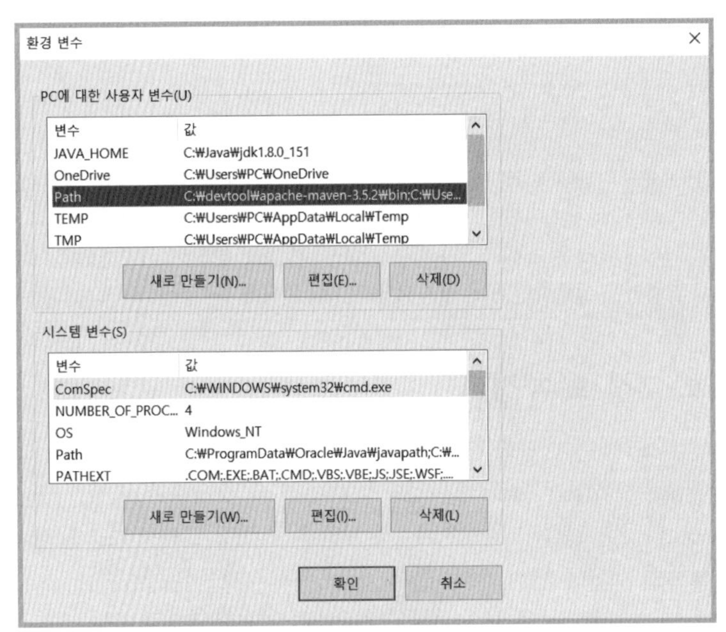

[그림 1.4] 메이븐 관련 환경변수 설정

> 노트
> PATH 환경변수의 설정값을 보면 경로 뒤에 세미콜론(';')이 있다. 세미콜론은 다른 경로와 구분하기 위해 사용한다. %PATH%는 시스템 변수의 환경변수값을 의미한다.

메이븐을 실행할 차례이다. 명령 프롬프트를 실행한 뒤에 다음과 같이 mvn 명령어를 입력한다. ([시작]→[모든 프로그램]→[보조 프로그램]→[명령 프롬프트] 메뉴를 이용해서 명령 프롬프트를 실행한다. 또는 [시작] 메뉴의 검색창에 cmd를 입력한 뒤 Enter 키를 눌러도 된다.)

```
mvn -version
```

JAVA_HOME과 PATH 환경변수를 올바르게 설정했다면 [그림 1.5]와 같이 메이븐 버전 정보를 출력한다.

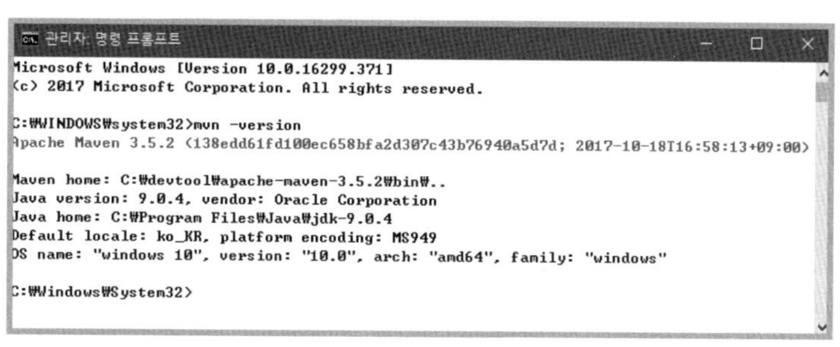

[그림 1.5] mvn 실행(버전 확인)

만약 PATH 환경변수에 추가한 [메이븐설치폴더]\bin 경로가 올바르지 않으면 다음과 같은 에러 메시지가 출력된다. 이 경우 PATH 환경변수를 확인해보도록 한다.

```
C:\Users\madvirus>mvn -version
'mvn'은(는) 내부 또는 외부 명령, 실행할 수 있는 프로그램, 또는
배치 파일이 아닙니다.
```

메이븐은 JAVA_HOME 환경변수를 사용한다. JAVA_HOME 환경변수가 올바르지 않으면 mvn 명령어를 실행할 때 다음과 같은 에러 메시지가 출력된다.

```
C:\Users\madvirus>mvn -version
Error: JAVA_HOME is set to an invalid directory.
JAVA_HOME = "c:\java\jdkno"
Please set the JAVA_HOME variable in your environment to match the
location of your Java installation.
```

이클립스만 이용하면 메이븐을 직접 설치하지 않아도 된다. 하지만 웹 어플리케이션을 개발할 때 메이븐을 사용하면 톰캣 없이 간단한 메이븐 설정만으로 웹 어플리케이션을 실행할 수 있다. 이를 위해 메이븐을 설치했다.

3.4 그레이들 설치

메이븐과 마찬가지로 그레이들 자체에 관한 설명은 하지 않는다. 그레이들에 대한 내용이 궁금하면 그레이들 관련 서적을 읽어보자.

이 책에서는 윈도우즈 OS에 그레이들을 수동으로 설치하는 방법을 설명한다. 자동 설치나 다른 OS에 그레이들을 설치하는 방법은 https://gradle.org/install/ 문서를 참고한다. https://gradle.org/releases/ 사이트에서 최신 버전의 그레이들을 다운로드한다. 책

을 쓰는 시점에서는 4.4가 최신 버전이다. 다운로드한 파일의 압축을 원하는 폴더에 푼다. 필자의 경우 앞서 메이븐과 마찬가지로 C:\devtool 폴더에 압축을 풀었다. 압축을 풀면 C:\devtool\gradle-4.4 폴더가 생긴다. 압축을 제대로 풀었다면 [그레이들설치폴더]\bin 폴더에 gradle.bat 파일을 확인할 수 있을 것이다.

명령 프롬프트에서 그레이들을 실행하기 위해 PATH 환경변수를 설정한다.

- PATH : PATH 경로에 "[그레이들설치폴더]\bin" 을 추가)

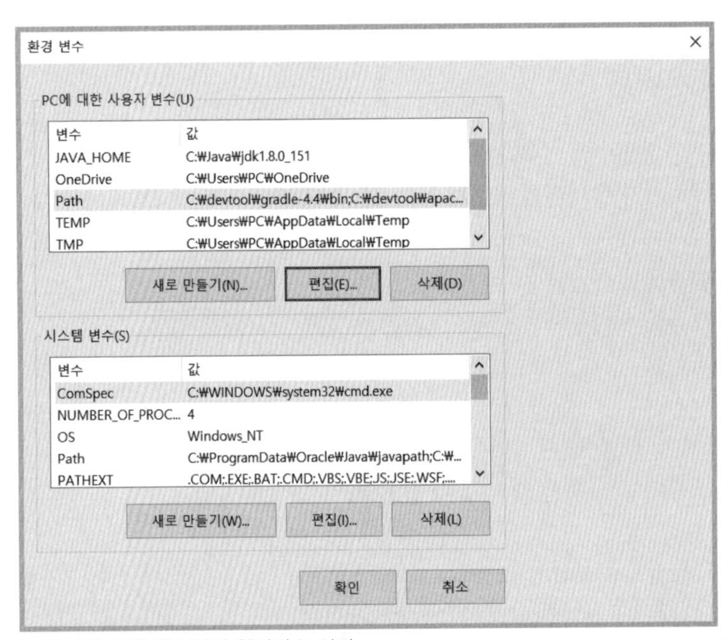

[그림 1.6] 그레이들 관련 환경변수 설정

그레이들을 실행할 차례이다. 명령 프롬프트를 실행하고 다음과 같이 gradle 명령어를 입력한다. ([시작]→[모든 프로그램]→[보조 프로그램]→[명령 프롬프트] 메뉴를 이용해서 명령 프롬프트를 실행한다. 또는 [시작] 메뉴의 검색창에 cmd를 입력한 뒤 Enter키를 눌러도 된다.)

```
gradle -version
```

JAVA_HOME과 PATH 환경변수를 올바르게 설정했다면 [그림 1.7]과 같이 그레이들 버전 정보가 출력된다.

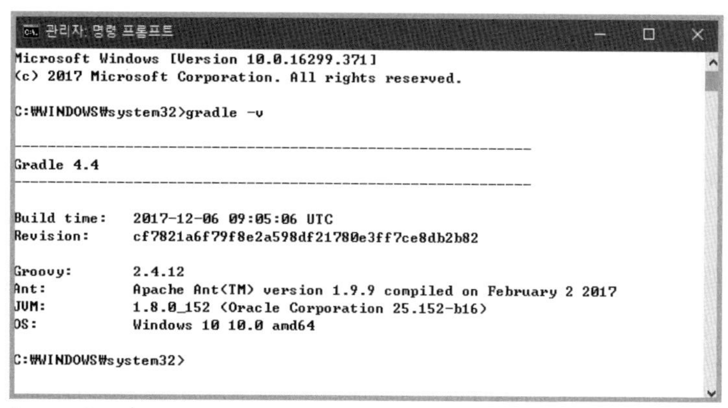

[그림 1.7] 그레이들 실행(버전 확인)

PATH 환경변수에 [그레이들설치폴더]\bin 경로를 올바르게 추가하지 않았다면 다음 에러 메시지가 출력된다. 이 경우 PATH 환경변수를 확인한다.

```
C:\Users\madvirus>gradle -version
'gradle은(는) 내부 또는 외부 명령, 실행할 수 있는 프로그램, 또는
배치 파일이 아닙니다.
```

> **노트** 이클립스만 이용하면 그레이들을 직접 설치하지 않아도 된다. 하지만 웹 어플리케이션을 개발할 때 그레이들을 사용하면 톰캣 없이 간단한 그레이들 설정만으로 웹 어플리케이션을 실행할 수 있다. 이를 위해 그레이들을 설치했다.

3.5 이클립스 설치

이클립스는 자바 IDE(통합 개발 환경) 중 가장 많이 사용되는 개발 도구다. 이클립스는 http://www.eclipse.org/downloads/eclipse-packages/ 사이트에서 다운로드할 수 있다. 글을 쓰는 시점에서 이클립스 최신 버전은 Oxygen(4.7.1a)이다. 메이븐과 그레이들 플러그인이 연동되어 있고 웹 개발에 필요한 기능을 제공하는 "Eclipse IDE for Java EE Developers" 패키지를 다운로드하면 된다. JDK를 다운로드할 때와 동일하게 본인 PC가 64비트인지 32비트인지 확인한 뒤 알맞은 버전을 다운로드한다.

파일을 다운로드한 뒤 압축을 원하는 곳에 풀면 eclipse 폴더가 생긴다. 예를 들어 C:\devtool 폴더에 압축을 풀면 C:\devtool\eclipse 폴더가 생긴다. 생성된 eclipse 폴더의 eclipse.exe 파일을 실행하면 이클립스가 실행된다.

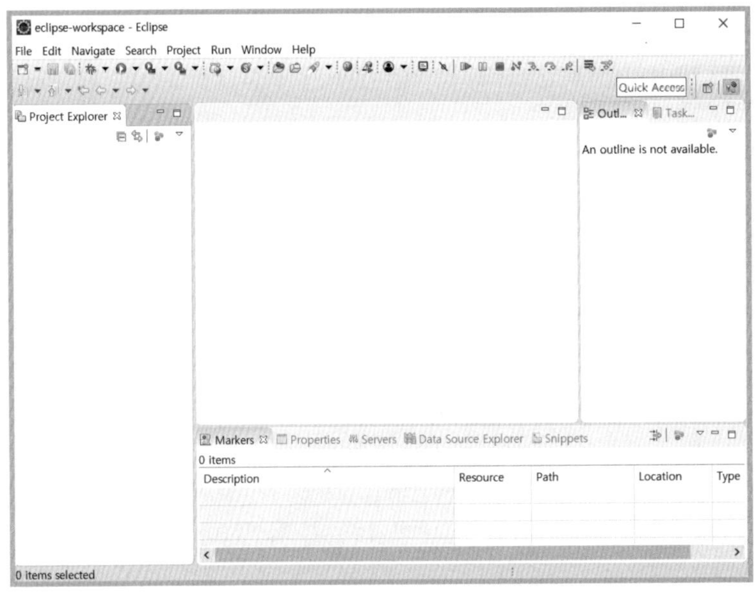

[그림 1.8] 이클립스 실행

이 책의 예제는 UTF-8 인코딩을 이용해서 작성했다. 이클립스의 기본 인코딩 설정을 UTF-8로 변경하면 예제로 제공하는 코드를 이클립스에 임포트 할 때 마다 프로젝트의 인코딩을 변경해야 하는 불편을 겪지 않아도 된다. 이클립스의 기본 인코딩을 변경하려면 [Window]→[Preferences]→[General/Workspace] 설정 화면에서 'Text file encoding' 항목의 값을 'UTF-8'로 설정한다.

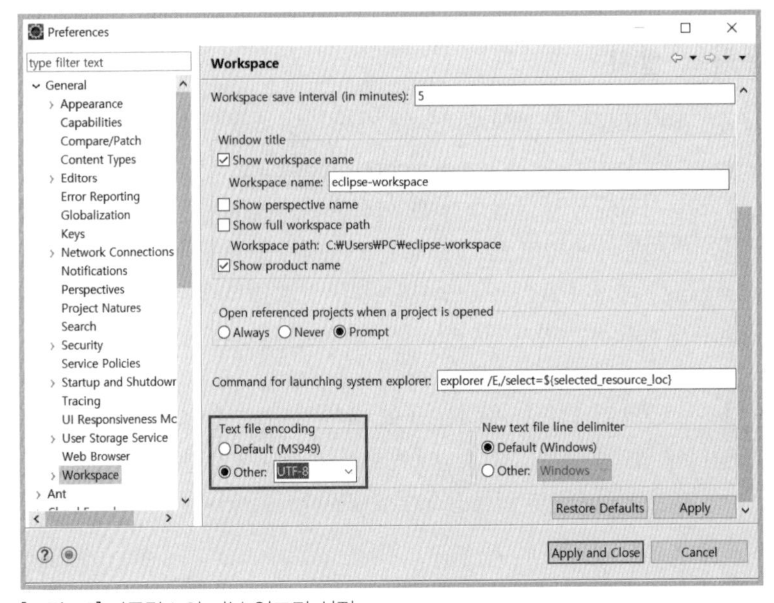

[그림 1.9] 이클립스의 기본 인코딩 설정

이제 모든 준비가 끝났다. 2장부터 본격적으로 스프링을 배워보자.

Chapter 2

스프링 시작하기

이 장에서 다룰 내용

· 스프링 프로젝트 생성
· 간단한 스프링 예제
· 스프링 컨테이너

1. 스프링 프로젝트 시작하기

스프링을 이용한 자바 프로젝트를 진행하는 과정은 다음과 같다.

- 메이븐 프로젝트 생성(또는 그레이들 프로젝트 생성)
- 이클립스에서 메이븐 프로젝트 임포트
- 스프링에 맞는 자바 코드와 설정 파일 작성
- 실행

이 책의 예제 코드는 메이븐과 그레이들 설정을 함께 제공한다. 예제 코드를 다운로드하고 사용하는 방법에 관한 내용은 서문 다음에 위치한 '소스 코드 사용법'을 참고한다.

2장에서는 메이븐과 그레이들을 이용해서 프로젝트를 생성하는 방법을 설명한다. 독자는 이 둘 중에서 선호하는 도구를 이용해서 프로젝트를 생성하면 된다.

1.1 프로젝트 폴더 생성

먼저 필요한 폴더부터 만들자. 메이븐과 그레이들 모두 동일한 폴더 구조를 사용한다. 프로젝트를 생성할 기준 폴더를 C:\spring5fs라고 가정하고 진행하겠다. C:\spring5fs 폴더가 없다면 일단 이 폴더부터 만든다. spring5fs 폴더를 생성한 다음 2장 예제를 위한 폴더를 생성하자. 생성할 폴더 구조는 [그림 2.1]과 같다.

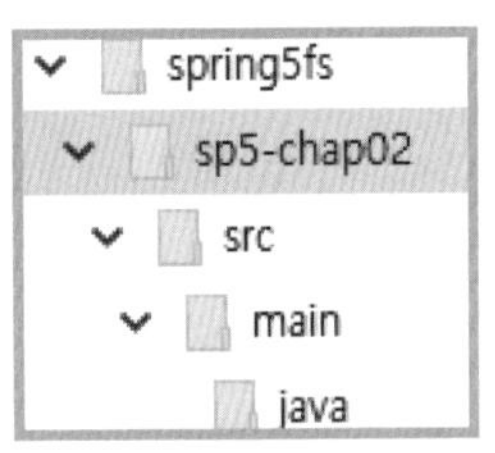

[그림 2.1] 프로젝트 폴더 구조

2장을 위한 프로젝트 폴더는 sp5-chap02로 spring5fs 폴더의 하위 폴더로 생성한다. 즉 C:\spring5fs\sp5-chap02 폴더를 생성한다. 그리고 비슷한 방식으로 src, main, java 폴더를 차례대로 생성한다. 여기서 주의할 점은 java 폴더는 main 폴더의 하위 폴더라는 점이다. 실제 생성된 폴더 경로는 다음과 같다.

```
C:\spring5fs\sp5-chap02\ : 프로젝트 폴더
+  C:\spring5fs\sp5-chap02\src\main\java : 자바 소스 폴더
```

각 폴더의 의미에 관해서는 뒤에서 설명할 것이다.

1.2 메이븐 프로젝트 생성

예제를 위한 폴더를 생성했다면 다음 할 작업은 메이븐 프로젝트 설정 파일을 작성하는 것이다. C:\spring5fs\sp5-chap02 폴더에 pom.xml 파일을 [리스트 2.1]과 같이 XML 파일로 작성한다. 윈도우즈에서 기본으로 제공하는 메모장보다는 다양한 편집 기능을 제공하는 텍스트 편집기(Sublime, Notepad++ 등)를 사용해서 작성하면 편리하다.

[리스트 2.1] C:\spring5fs\sp5-chap02\pom.xml

```
01  <?xml version="1.0" encoding="UTF-8"?>
02  <project xmlns="http://maven.apache.org/POM/4.0.0"
03     xmlns:xsi="http://www.w3.org/2001/XMLSchema-instance"
04     xsi:schemaLocation="http://maven.apache.org/POM/4.0.0
05        http://maven.apache.org/xsd/maven-4.0.0.xsd">
06     <modelVersion>4.0.0</modelVersion>
07     <groupId>sp5</groupId>
08     <artifactId>sp5-chap02</artifactId>
```

```
09      <version>0.0.1-SNAPSHOT</version>
10
11      <dependencies>
12          <dependency>
13              <groupId>org.springframework</groupId>
14              <artifactId>spring-context</artifactId>
15              <version>5.0.2.RELEASE</version>
16          </dependency>
17      </dependencies>
18
19      <build>
20          <plugins>
21              <plugin>
22                  <artifactId>maven-compiler-plugin</artifactId>
23                  <version>3.7.0</version>
24                  <configuration>
25                      <source>1.8</source>
26                      <target>1.8</target>
27                      <encoding>utf-8</encoding>
28                  </configuration>
29              </plugin>
30          </plugins>
31      </build>
32
33  </project>
```

노트

XML 소스가 다소 길다. 처음 pom.xml을 작성할 때 많이 하는 실수가 오타를 입력하는 것이다. 오타를 입력하면 메이븐 프로젝트를 이클립스에 임포트할 수 없으므로 집중해서 입력하자. 제공한 소스 코드(https://github.com/madvirus/spring5fs)를 복사해서 사용하는 것도 좋은 방법이다.

pom.xml의 주요 코드는 다음과 같다.

- **08행** : 프로젝트의 식별자를 지정한다. 여기서는 프로젝트 폴더와 동일한 이름인 sp5-chap02를 사용한다.
- **12~16행** : 프로젝트에서 5.0.2.RELEASE 버전의 spring-context 모듈을 사용한다고 설정한다.
- **21~29행** : 1.8 버전을 기준으로 자바 소스를 컴파일하고 결과 클래스를 생성한다. 자바 컴파일러가 소스 코드를 읽을 때 사용할 인코딩은 UTF-8로 설정한다.

메이븐 프로젝트를 생성했으니 이클립스에서 메이븐 프로젝트를 임포트 한 뒤에 알맞게 코드를 작성하고 실행해보자.

메이븐을 잘 모르는 독자를 위해 메이븐과 관련해서 몇 가지 기초적인 내용을 살펴보자. 이미 메이븐에 대해 잘 안다면 메이븐 프로젝트를 이클립스에서 임포트하는 절로 바로 넘어가면 된다.

메이븐 프로젝트에서 핵심은 pom.xml 파일이다. 모든 메이븐 프로젝트는 프로젝트의 루트 폴더에 pom.xml 파일을 갖는다. pom.xml은 메이븐 프로젝트에 대한 설정 정보를 관리하는 파일로서 프로젝트에서 필요로 하는 의존 모듈이나 플러그인 등에 대한 설정을 담는다. 이 중 의존 설정에 대한 내용을 간단하게 알아보고 추가로 메이븐 리포지토리와 기본 폴더 구조에 대해 살펴보자.

메이븐에 대한 소개 자료를 [부록 A]에 정리했으니 메이븐 자체에 관한 내용이 궁금한 독자는 이 글을 먼저 읽어보도록 하자.

1.2.1 메이븐 의존 설정

[리스트 2.1]의 pom.xml 파일에 의존과 플러그인의 두 가지 정보를 설정했다. 여기서 의존 설정은 다음과 같다.

```
<dependency>
    <groupId>org.springframework</groupId>
    <artifactId>spring-context</artifactId>
    <version>5.0.2.RELEASE</version>
</dependency>
```

메이븐은 한 개의 모듈을 아티팩트라는 단위로 관리한다. 위 설정은 spring-context라는 식별자를 가진 5.0.2.RELEASE 버전의 아티팩트에 대한 의존(dependency)을 추가한 것이다. 여기서 의존을 추가한다는 것은 일반적인 자바 어플리케이션에서 클래스 패스에 spring-context 모듈을 추가한다는 것을 뜻한다. 각 아티팩트의 완전한 이름은 "아티팩트이름-버전.jar"이므로, 위 설정은 메이븐 프로젝트의 소스 코드를 컴파일하고 실행할 때 사용할 클래스 패스에 spring-context-5.0.2.RELEASE.jar 파일을 추가한다는 것을 의미한다.

1.2.2 메이븐 리포지토리

pom.xml 파일에 의존 설정을 추가했지만 아직 spring-context-5.0.2.RELEASE.jar 파일을 어디서도 다운로드하지 않았다. 클래스 패스에 jar 파일을 추가하려면 파일시스템 어딘가에 이 파일이 존재해야 한다. 그럼 이 파일은 어떻게 구할까? 개발자가 이 파일을 직접 다운로드 하여 어딘가에 복사해야 하나?

답은 원격 리포지토리와 로컬 리포지토리에 있다. 메이븐은 코드를 컴파일하거나 실행할 때 <dependency>로 설정한 아티팩트 파일을 사용한다. 아티팩트 파일은 다음 과정을 거쳐 구한다.

- **메이븐 로컬 리포지토리에서** [그룹ID]\[아티팩트ID]\[버전] 폴더에 아티팩트ID-버전.jar 형식의 이름을 갖는 파일이 있는지 검사한다. 파일이 존재하면 이 파일을 사용한다.
- 로컬 리포지토리에 파일이 없으면 **메이븐 원격 중앙 리포지토리로부터** 해당 파일을 다운로드하여 로컬 리포지토리에 복사한 뒤 그 파일을 사용한다.

메이븐은 기본적으로 [사용자홈폴더]\.m2\repository 폴더를 로컬 리포지토리로 사용한다. 예를 들어 필자의 PC에는 C:\Users\madvirus\.m2\repository 폴더가 로컬 리포지토리에 해당한다. 실제 아티팩트 파일은 [그룹ID]\[아티팩트ID]\[버전] 폴더에 위치한다.

예를 들어 앞서 의존 설정에서 spring-context 아티팩트의 그룹 ID, 아티팩트 ID, 버전은 각각 org.springframework, spring-context, 5.0.2.RELEASE였는데, 이 경우 아티팩트 파일이 위치하는 경로는 다음과 같다. (윈도우 탐색기에서 사용자의 홈 폴더를 찾으려면 'C:\사용자' 폴더를 찾으면 된다. 명령 프롬프트에서는 C:\Users 폴더에서 찾으면 된다.)

```
[사용자홈폴더]\.m2\repository\org\springframework\spring-context\5.0.2.RELEASE
```

하지만 아직 위 폴더를 뒤져봐도 spring-context-5.0.2.RELEASE.jar 파일은 존재하지 않을 것이다. 메이븐 프로젝트는 실제로 이 파일이 필요할 때 원격 리포지토리에서 다운로드한다. 실제 원격 리포지토리에서 필요한 파일을 다운로드하는지 확인해보자. 명령 프롬트에서 앞서 생성한 프로젝트 폴더로 이동한 뒤 'mvn compile' 명령을 실행해보자. 참고로 메이븐 명령어를 사용하면 필요한 파일을 인터넷에서 다운로드한다. 인터넷이 연결되어 있지 않은 환경에서 실행하면 올바르게 동작하지 않으니 인터넷이 연결된 상태에서 명령어를 실행해야 한다. 다음은 'mvn compile' 명령어 실행 과정에서 출력되는 메시지 중 일부를 출력한 것이다.

```
C:\Users\madvirus>cd \spring5fs\sp5-chap02
C:\spring5fs\sp5-chap02>mvn compile
[INFO] Scanning for projects...
[INFO]
[INFO] ------------------------------------------------------------
[INFO] Building sp5-chap02 0.0.1-SNAPSHOT
[INFO] ------------------------------------------------------------
Downloading                    from                    central:
https://repo.maven.apache.org/maven2/org/springframework/spring-
context/5.0.2.RELEASE/spring-context-5.0.2.RELEASE.pom
Downloading                    from                    central:
```

```
https://repo.maven.apache.org/maven2/org/springframework/spring-
context/5.0.2.RELEASE/spring-context-5.0.2.RELEASE.pom (5.7 kB at 3.1 kB/s)
… 생략
Downloaded from central: https://repo.maven.apache.org/maven2/org/
springframework/spring-core/5.0.2.RELEASE/spring-core-5.0.2.RELEASE.jar
(1.2 MB at 221 kB/s)
Downloaded from central: https://repo.maven.apache.org/maven2/org/
springframework/spring-context/5.0.2.RELEASE/spring-context-5.0.2.RELEASE.
jar (1.1 MB at 119 kB/s)
[INFO]
[INFO] --- maven-compiler-plugin:3.7.0:compile (default-compile) @ sp5-
chap02 ---
[INFO] Nothing to compile - all classes are up to date
[INFO] ------------------------------------------------------------
[INFO] BUILD SUCCESS
[INFO] ------------------------------------------------------------
[INFO] Total time: 16.769 s
[INFO] Finished at: 2017-12-10T15:06:05+09:00
[INFO] Final Memory: 12M/167M
[INFO] ------------------------------------------------------------
```

출력된 내용에서 굵게 표시한 내용을 보면 http://repo.maven.apache.org 사이트에서 spring-context-5.0.2.RELEASE.jar 파일을 다운로드하는 것을 알 수 있다. repo.maven.apache.org가 메이븐 중앙 리포지토리이며, 이곳에서 필요한 파일을 다운로드한 뒤에 로컬 리포지토리에 복사한다. 'mvn compile' 명령어를 실행한 뒤에 [사용자홈폴더]\.m2\repository\org\springframework\spring-context\5.0.2.RELEASE 폴더를 보면 spring-context-5.0.2.RELEASE.jar 파일이 생성된 것을 확인할 수 있다.

로컬 리포지토리에 아티팩트 파일을 다운로드하면, 이후에는 원격 리포지토리에서 다운로드하지 않는다. 'mvn compile' 명령을 다시 실행하면 앞서 다운로드한 파일을 다시 받지 않는 것을 확인할 수 있다.

메이븐 원격 리포지토리

pom.xml 파일에 지정한 아티팩트 파일을 메이븐 중앙 리포지토리에서 다운로드한다고 했다. 그렇다면 누가 메이븐 중앙 리포지토리에 관련 파일을 등록할까? 메이븐을 관리하는 아파치 재단은 메이븐 중앙 리포지토리에 아티팩트 파일을 등록하는 방법을 제공하고 있다. 스프링을 비롯해 자바 개발에서 사용되는 많은 오픈 소스 프로젝트가 이미 메이븐 중앙 리포지토리에 아티팩트 파일을 등록하고 있다. 때문에 <dependency> 설정만 알맞게 추가하면 필요한 jar 파일을 손쉽게 메이븐 프로젝트에 추가할 수 있다.

1.2.3 의존 전이(Transitive Dependencies)

앞서 처음 'mvn compile'을 실행하면 spring-context-5.0.2.RELEASE.jar 파일 외에 다양한 아티팩트 파일을 다운로드하는 것을 확인할 수 있다. 이 파일에는 컴파일을 수행하는데 필요한 메이븐 컴파일러 플러그인과 같이 메이븐과 관련된 파일이 포함된다. 추가로 의존(<dependency>)에서 설정한 아티팩트가 다시 의존하는 파일도 포함된다.

예를 들어 spring-context-5.0.2.RELEASE.jar 파일을 다운로드하기 전에 spring-context-5.0.2.RELEASE.pom 파일을 다운로드한다. 이 파일에는 다음과 같은 의존 설정이 포함되어 있다.

```
<dependency>
  <groupId>org.aspectj</groupId>
  <artifactId>aspectjweaver</artifactId>
  <version>1.8.13</version>
  <scope>compile</scope>
  <optional>true</optional>
</dependency>
… 생략
<dependency>
  <groupId>org.springframework</groupId>
  <artifactId>spring-aop</artifactId>
  <version>5.0.2.RELEASE</version>
  <scope>compile</scope>
</dependency>
<dependency>
  <groupId>org.springframework</groupId>
  <artifactId>spring-beans</artifactId>
  <version>5.0.2.RELEASE</version>
  <scope>compile</scope>
</dependency>
<dependency>
  <groupId>org.springframework</groupId>
  <artifactId>spring-core</artifactId>
  <version>5.0.2.RELEASE</version>
  <scope>compile</scope>
</dependency>
… 생략
```

위 내용은 5.0.2.RELEASE 버전의 spring-context 아티팩트는 1.8.13 버전의 aspectjweaver, 5.0.2.RELEASE 버전의 spring-aop, spring-beans, spring-core 아티팩트에 의존한다는 것을 뜻한다. 즉 spring-context를 사용하려면 spring-aop, spring-beans 등의 다른 아티팩트도 추가로 필요한 것이다. 따라서 메이븐은 spring-context에 대한 의존 설정이 있으면 spring-context가 의존하는 다른 아티팩트도 함께

다운로드한다.

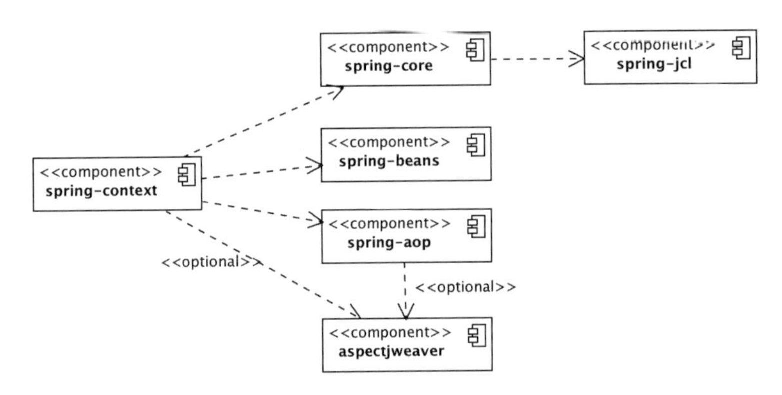

[그림 2.2] 메이븐의 의존 그래프 일부

의존한 아티팩트가 또다시 의존하고 있는 다른 아티팩트가 있다면 그 아티팩트도 함께 다운로드한다. 예를 들어 [그림 2.2]는 spring-context가 의존하는 아티팩트에 대한 일부 의존 관계를 보여주고 있는데, spring-context가 의존하는 spring-core는 다시 spring-jcl에 의존하고 있다. 따라서 spring-context를 사용하려면 spring-core가 필요하고, 다시 spring-core를 사용하려면 spring-jcl이 필요하다. 메이븐은 의존하는 대상뿐만 아니라 의존 대상이 다시 의존하는 대상도 함께 다운로드한다. 이렇게 의존 대상이 다시 의존하는 대상까지도 의존 대상에 포함하기 때문에 이를 의존 전이(Transitive Dependencies)라고 한다.

1.2.4 메이븐 기본 폴더 구조

메이븐에 대해 알아야 할 게 더 있다. 그것은 바로 기본 폴더 구조이다. 앞서 프로젝트 루트 폴더를 기준으로 다음의 폴더를 생성했다.

- src\main\java

이 폴더 구조는 메이븐에 정의되어 있는 기본 폴더 구조로서 src\main\java 폴더에는 자바 소스 코드가 위치한다. XML이나 프로퍼티 파일과 같이 자바 소스 이외의 다른 자원 파일이 필요하다면 src\main\resources 폴더에 해당 파일을 위치시키면 된다. src\main\java 폴더와 src\main\resources 폴더는 둘 다 프로젝트 소스로 사용되므로 이클립스에서 메이븐 프로젝트를 임포트하면 두 폴더 모두 이클립스의 소스 폴더가 된다.

웹 어플리케이션을 개발할 때에는 src\main\webapp 폴더를 웹 어플리케이션 기준 폴더로 사용하며, 이 폴더를 기준으로 JSP 소스 코드나 WEB-INF\web.xml 파일 등을 작성해서 넣는다. 메이븐 웹 프로젝트의 폴더 구조를 정리하면 다음과 같다.

```
sp5-chapXX
├── pom.xml
└──── src
      └──── main
            ├──── java
            ├──── resources
            └──── webapp
                  └──── WEB-INF
                  └──── web.xml
```

지금까지 간단하게 메이븐의 의존, 리포지토리, 폴더 구조에 대해 살펴봤으니 다시 본래 내용으로 돌아가자. 메이븐 프로젝트를 생성했다면 다음은 메이븐 프로젝트를 이클립스에 임포트 해야 한다.

1.2.5 메이븐 프로젝트 임포트

메이븐 프로젝트를 이클립스에 임포트하려면 [File]→[Import...] 메뉴를 사용한다. 이 메뉴를 실행하면 [그림 2.3]과 같은 창이 표시된다.

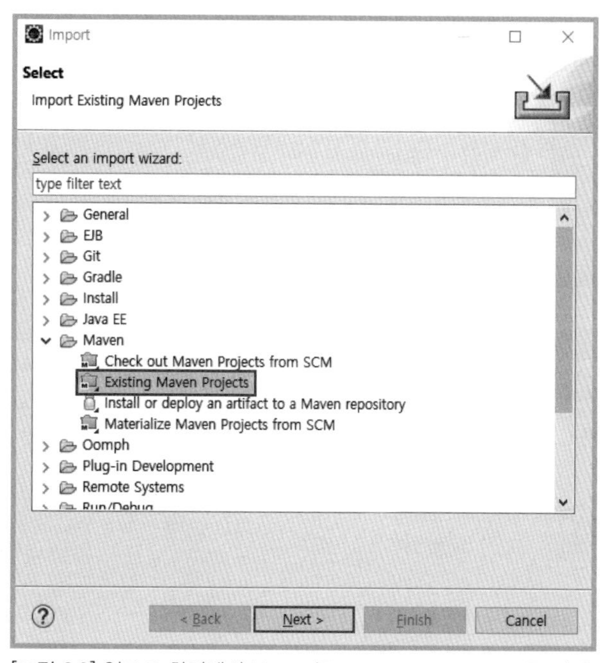

[그림 2.3] 임포트 화면에서 Maven/Existing Maven Projects를 선택

Maven/Existing Maven Projects를 선택하고 [Next] 버튼을 클릭한다. 그러면 [그림 2.4]의 화면으로 넘어간다. 여기서 [Browse] 버튼을 눌러 앞서 생성한 메이븐 프로젝트 폴더를 Root Directory로 선택한다.

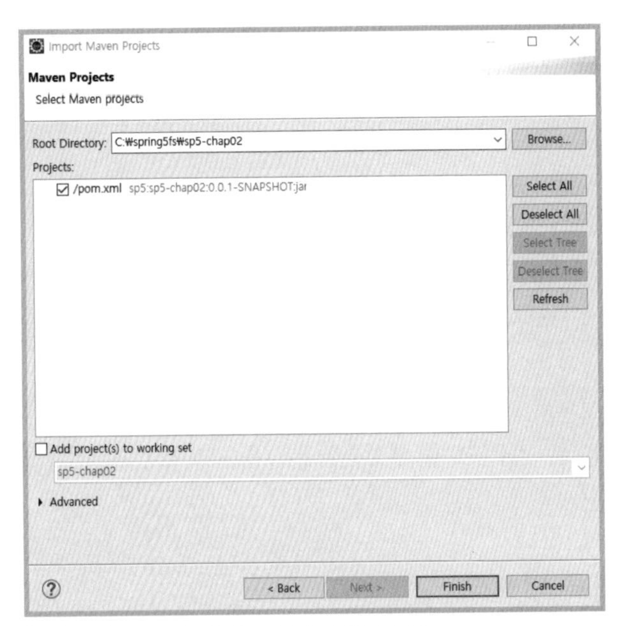

[그림 2.4] 임포트할 메이븐 프로젝트 폴더 선택

메이븐 프로젝트 폴더를 알맞게 선택하면 [그림 2.4]처럼 Projects 영역에 메이븐 프로젝트가 표시된다. [Finish] 버튼을 누르면 이클립스가 메이븐 프로젝트를 임포트하기 시작한다. 앞서 mvn compile 명령어를 실행하지 않고 이클립스에 프로젝트를 임포트하면 필요한 jar 파일을 다운로드하기 때문에 임포트 완료까지 꽤 오랜 시간이 걸린다. 참을성을 갖고 기다려보자. 임포트가 완료되면 [그림 2.5]처럼 이클립스 프로젝트가 생성된다.

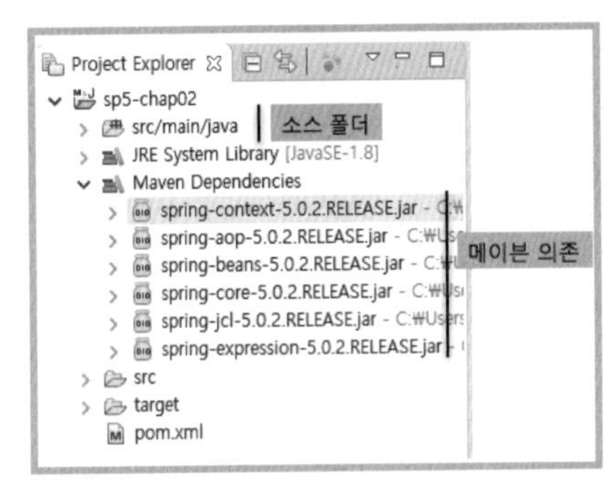

[그림 2.5] 이클립스에 메이븐 프로젝트를 임포트 한 결과

이클립스에 생성된 프로젝트를 보면 다음을 알 수 있다.

- src/main/java 폴더
  - 소스 폴더로 정의되어 있음
- Maven Dependencies
  - 메이븐 의존에 설정한 아티팩트가 이클립스 프로젝트의 클래스패스에 추가됨

Maven Dependencies에 등록된 jar 파일들은 앞서 설명한 메이븐 로컬 리포지토리에 위치한다. 실제로 이클립스는 메이븐 프로젝트를 임포트 할 때 필요한 모든 jar 파일을 로컬 리포지토리에 다운로드한 뒤 그 파일을 클래스패스에 추가한다.

이제 이클립스를 이용해서 스프링을 이용한 자바 어플리케이션을 개발할 준비가 끝났다. 남은 것은 실제 코드를 작성하고 실행해 보는 것뿐이다.

1.3 그레이들 프로젝트 생성

그레이들 프로젝트를 생성하는 과정은 메이븐과 크게 다르지 않다. 차이점이라면 pom.xml 파일 대신에 build.gradle 파일을 작성한다는 것뿐이다. 심지어 폴더 구조도 동일하다. 그레이들은 메이븐과 마찬가지로 src\main\java 폴더를 자바 소스 폴더로 사용하며, src\main\resources 폴더를 XML이나 프로퍼티 파일과 같은 자원 파일을 위한 소스 폴더로 사용한다.

메이븐과 동일하게 C:\spring5fs 폴더를 기준으로 예제 프로젝트를 생성해보자. C:\spring5fs\sp5-chap02 폴더를 생성하고 그 하위에 src\main\java 폴더를 생성한다. 그런 뒤 sp5-chap02 폴더에 [리스트 2.2]와 같이 build.gradle 파일을 생성한다.

[리스트 2.2] C:\spring5fs\sp5-chap02\build.gradle

```
01  apply plugin: 'java'
02
03  sourceCompatibility = 1.8
04  targetCompatibility = 1.8
05  compileJava.options.encoding = "UTF-8"
06
07  repositories {
08      mavenCentral()
09  }
10
11  dependencies {
12      compile 'org.springframework:spring-context:5.0.2.RELEASE'
13  }
14
15  task wrapper(type: Wrapper) {
16      gradleVersion = '4.4'
17  }
```

01행 그레이들 java 플러그인을 적용한다.

03-04행 소스와 컴파일 결과를 1.8 버전에 맞춘다.

05행 소스 코드 인코딩으로 UTF-8을 사용한다.

07-09행 의존 모듈을 메이븐 중앙 리포지토리에서 다운로드한다.

12행 spring-context 모듈에 대한 의존을 설정한다.

15-17행 그레이들 래퍼 설정이다. 소스를 공유할 때 그레이들 설치 없이 그레이들 명령어를 실행할 수 있는 래퍼를 생성해준다.

프로젝트 루트 폴더에서 'gradle wrapper' 명령어를 실행해서 래퍼 파일을 생성하자.

```
C:\spring5fs\sp5-chap02>gradle wrapper
Starting a Gradle Daemon (subsequent builds will be faster)

BUILD SUCCESSFUL in 58s
1 actionable task: 1 executed
```

명령어 실행에 성공하면 프로젝트 루트 폴더에 gradlew.bat 파일, gradlew 파일, gradle 폴더가 생성된다. gradlew.bat 파일과 gradlew 파일은 각각 윈도우와 리눅스(CentOS나 맥OS)에서 사용할 수 있는 실행 파일로 gradle 명령어 대신 사용할 수 있는 래퍼 파일이다. 이 래퍼 파일을 사용하면 그레이들 설치 없이 그레이들 명령어를 실행할 수 있다. 소스 코드를 공유할 때 gradle wrapper 명령어로 생성한 두 파일과 gradle 폴더를 공유하면 그레이들을 설치하지 않은 개발자도 생성한 래퍼 파일을 이용해서 그레이들 명령어를 실행할 수 있다.

gradlew compileJava 명령어를 실행하자(gradle이 아니라 앞서 생성한 래퍼 실행 파일인 gradlew.bat을 이용해서 실행한다).

```
C:\spring5fs\sp5-chap02>gradlew compileJava
Downloading https://services.gradle.org/distributions/gradle-4.4-bin.zip
..................................................................
(생략)
BUILD SUCCESSFUL in 2s
```

윈도우에서 .bat 확장자를 가진 파일은 확장자 없이 실행할 수 있다. 그레이들 래퍼의 경우 윈도우에서 gradlew 명령어를 실행하면 실제로 gradlew.bat 파일을 실행한다.

1.3.1 그레이들 프로젝트 임포트

그레이들 프로젝트를 이클립스에 임포트할 차례다. [File]→[Import...] 메뉴를 실행하면 [그림 2.6]과 같이 창이 표시된다.

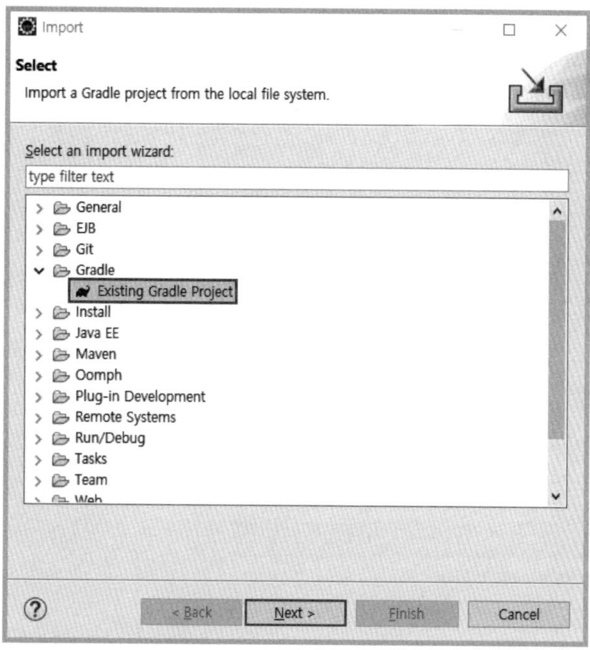

[그림 2.6] 임포트 화면에서 Gradle/Existing Gradle Projects를 선택

Gradle/Existing Gradle Projects를 선택하고 [Next] 버튼을 클릭한다. 그러면 [그림 2.7]의 화면으로 넘어간다. 여기서 [Next] 버튼을 누른다.

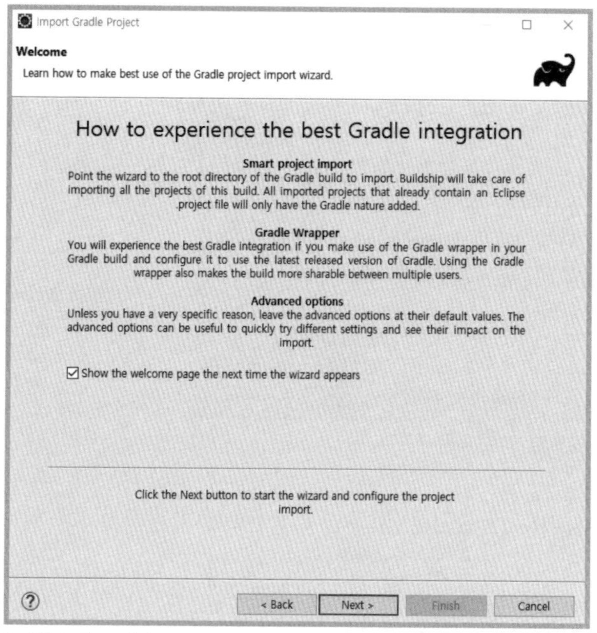

[그림 2.7] 그레이들 프로젝트 임포트 안내 대화창

[그림 2.8]에서 [Browse] 버튼을 눌러 앞서 생성한 그레이들 프로젝트 폴더를 Project root directory로 설정한다.

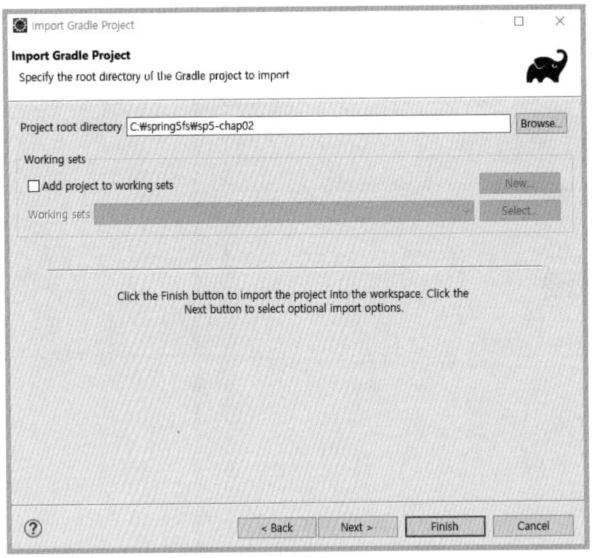

Import Gradle Project

Import Gradle Project

Specify the root directory of the Gradle project to import

Project root directory C:₩spring5fs₩sp5-chap02 Browse...

Working sets

☐ Add project to working sets New...

Working sets Select...

Click the Finish button to import the project into the workspace. Click the Next button to select optional import options.

< Back | Next > | Finish | Cancel

[그림 2.8] 그레이들 프로젝트 폴더 선택

[그림 2.9]는 그레이들 프로젝트를 임포트할 때 사용할 이클립스 설정 대화창이다.

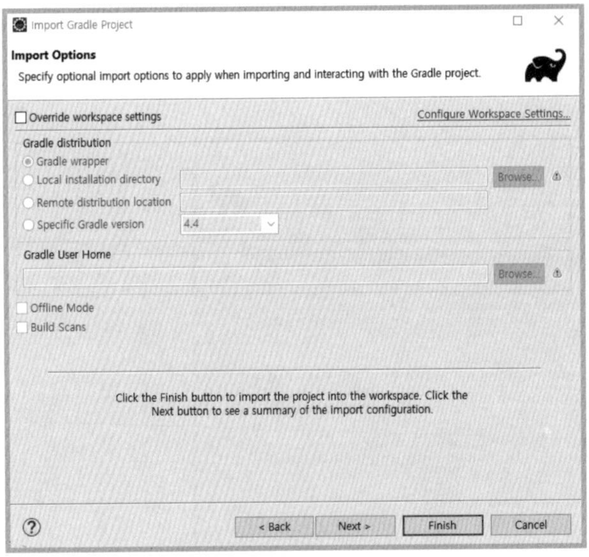

Import Gradle Project

Import Options

Specify optional import options to apply when importing and interacting with the Gradle project.

☐ Override workspace settings Configure Workspace Settings...

Gradle distribution

Gradle wrapper

Local installation directory Browse...

Remote distribution location

Specific Gradle version 4.4

Gradle User Home

Browse...

Offline Mode

Build Scans

Click the Finish button to import the project into the workspace. Click the Next button to see a summary of the import configuration.

< Back | Next > | Finish | Cancel

[그림 2.9] 그레이들 프로젝트 임포트 옵션

임포트 옵션에서 [Next] 버튼을 클릭하면 [그림 2.10]과 같이 최종적으로 임포트할 그레이들 프로젝트의 설정 정보를 미리 볼 수 있다.

[그림 2.10] 임포트할 그레이들 프로젝트의 설정 미리보기

[Finish] 버튼을 클릭하면 프로젝트를 임포트한다. 메이븐과 마찬가지로 임포트 시점에 필요한 jar 파일을 다운로드하므로 시간이 다소 오래 걸릴 수 있다. 임포트에 성공하면 [그림 2.11]과 같이 그레이들 프로젝트가 이클립스 프로젝트로 임포트된다.

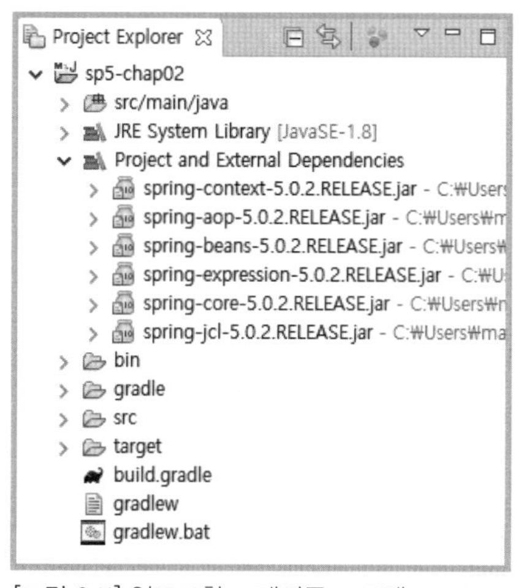

[그림 2.11] 임포트한 그레이들 프로젝트

> **노트** 이후 3장부터는 그레이들에 대한 설정은 설명하지 않는다. 그레이들 설정이 궁금한 독자는 제공하는 소스 코드의 build.gradle 파일을 참고하기 바란다.

1.4 예제 코드 작성

이클립스로 프로젝트를 임포트했으니 이제 스프링을 이용한 프로그램을 작성해보자. 처음부터 복잡한 예제를 작성하면 시작하기도 전에 포기할 수 있으니, 2장에서는 매우 간단한 스프링 예제를 작성할 것이다. 다음은 작성할 파일이다.

- Greeter.java : 콘솔에 간단한 메시지를 출력하는 자바 클래스
- AppContext.java : 스프링 설정 파일
- Main.java : main() 메서드를 통해 스프링과 Greeter를 실행하는 자바 클래스

각 파일을 차례대로 만들어보자. 먼저 이클립스에서 src/main/java 소스 폴더에 chap02 패키지를 생성하고, chap02 패키지에 Greeter 클래스를 추가한다.

이클립스에서 sp5-chap02 프로젝트의 src/main/java 소스 폴더에서 마우스 오른쪽 버튼을 클릭한 뒤 [New]→[Class] 메뉴를 선택하면 [New Java Class] 창이 나타난다. 이 창에서 [그림 2.12]와 같이 Package의 값으로 "chap02"를 입력하고 Name 값으로 "Greeter"를 입력한다. [Finish] 버튼을 누르면 Greeter 클래스가 생성된다.

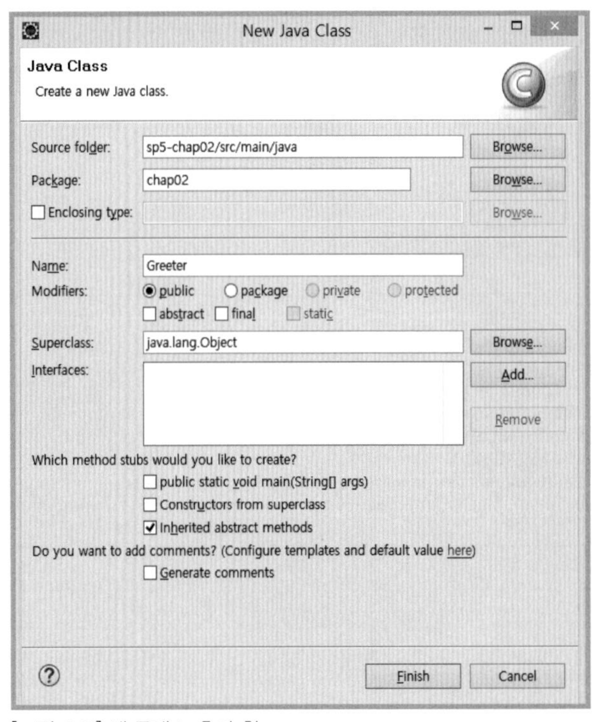

[그림 2.12] 새 클래스 추가 창

이클립스에 Greeter 클래스를 추가했다면 Greeter 클래스의 코드를 [리스트 2.3]과 같이 작성한다.

[리스트 2.3] sp5-chap02/src/main/java/chap02/Greeter.java

```
01 package chap02;
02 
03 public class Greeter {
04 
05     private String format;
06 
07     public String greet(String guest) {
08         return String.format(format, guest);
09     }
10 
11     public void setFormat(String format) {
12         this.format = format;
13     }
14 
15 }
```

Greeter 클래스의 greet() 메서드는 String의 문자열 포맷을 이용해서 새로운 문자열을 생성한다. greet() 메서드에서 사용할 문자열 포맷은 setFormat() 메서드를 이용해서 설정하도록 구현했다.

Greeter 클래스를 사용하는 코드는 다음과 같이 Greeter 객체를 생성한 뒤, setFormat() 메서드를 이용해서 문자열 포맷을 지정하고, greet() 메서드를 이용해서 메시지를 생성할 것이다.

```
Greeter greeter = new Greeter();
greeter.setFormat("%s, 안녕하세요!");
String msg = greeter.greet("스프링");   // msg는 "스프링, 안녕하세요!"가 된다.
```

다음으로 작성할 코드는 AppContext 클래스이다. Greeter와 동일하게 이 클래스를 chap02 패키지에 생성한 뒤 [리스트 2.4]와 같이 작성하자.

[리스트 2.4] sp5-chap02/src/main/java/chap02/AppContext.java

```
01 package chap02;
02 
03 import org.springframework.context.annotation.Bean;
04 import org.springframework.context.annotation.Configuration;
05 
06 @Configuration
07 public class AppContext {
08 
09     @Bean
10     public Greeter greeter() {
```

```
11          Greeter g = new Greeter();
12          g.setFormat("%s, 안녕하세요!");
13          return g;
14      }
15
16  }
```

06행의 @Configuration 애노테이션은 해당 클래스를 스프링 설정 클래스로 지정한다.

[리스트 2.4]에서 핵심은 09~14행이다. 스프링은 객체를 생성하고 초기화하는 기능을 제공하는데, 09~14행 코드가 한 개 객체를 생성하고 초기화하는 설정을 담고 있다. 스프링이 생성하는 객체를 빈(Bean) 객체라고 부르는데, 이 빈 객체에 대한 정보를 담고 있는 메서드가 greeter() 메서드이다. 이 메서드에는 @Bean 애노테이션이 붙어 있다. @Bean 애노테이션을 메서드에 붙이면 해당 메서드가 생성한 객체를 스프링이 관리하는 빈 객체로 등록한다.

@Bean 애노테이션을 붙인 메서드의 이름은 빈 객체를 구분할 때 사용한다. 예를 들어 스프링이 10~14행에서 생성한 객체를 구분할 때 greeter라는 이름을 사용한다. 이 이름은 빈 객체를 참조할 때 사용된다. 뒤 예제에서 이 값을 사용할 것이다.

@Bean 애노테이션을 붙인 메서드는 객체를 생성하고 알맞게 초기화해야 한다. 위 코드에서는 12행에서 Greeter 객체를 초기화하고 있다.

이제 남은 건 스프링이 제공하는 클래스를 이용해서 AppContext를 읽어와 사용하는 것이다. 관련 코드는 [리스트 2.5]와 같다.

[리스트 2.5] sp5-chap02/src/main/java/chap02/Main.java

```
01  package chap02;
02
03  import org.springframework.context.annotation.AnnotationConfigApplicationContext;
04
05  public class Main {
06
07      public static void main(String[] args) {
08          AnnotationConfigApplicationContext ctx =
09                  new AnnotationConfigApplicationContext(AppContext.class);
10          Greeter g = ctx.getBean("greeter", Greeter.class);
11          String msg = g.greet("스프링");
12          System.out.println(msg);
13          ctx.close();
14      }
15  }
```

03행 AnnotationConfigApplicationContext 클래스는 자바 설정에서 정보를 읽어와 빈 객체를 생성하고 관리한다.

08~09행 AnnotationConfigApplicationContext 객체를 생성할 때 앞서 작성한 AppContext 클래스를 생성자 파라미터로 전달한다. AnnotationConfigApplicationContext는 AppContext에 정의한 @Bean 설정 정보를 읽어와 Greeter 객체를 생성하고 초기화한다.

10행 getBean() 메서드는 AnnotationConfigApplicationContext가 자바 설정을 읽어와 생성한 빈(bean) 객체를 검색할 때 사용된다. getBean() 메서드의 첫 번째 파라미터는 @Bean 애노테이션의 메서드 이름인 빈 객체의 이름이며, 두 번째 파라미터는 검색할 빈 객체의 타입이다. 앞서 작성한 자바 설정(AppContext)을 보면 @Bean 메서드의 이름이 "greeter"이고 생성한 객체의 리턴 타입이 Greeter이므로, 10행의 getBean() 메서드는 greeter() 메서드가 생성한 Greeter 객체를 리턴한다.

```
@Bean
public Greeter greeter() {
    Greeter g = new Greeter();
    g.setFormat("%s, 안녕하세요!");
    return g;
}
```

11행 11행에서 구한 Greeter 객체의 greet() 메서드를 실행하고 있다. [리스트 2.3]의 Greeter.java 코드를 보면 greet() 메서드는 다음과 같이 정의되어 있었다.

```
// format 필드는 setFormat() 메서드로 설정함
public String greet(String guest) {
    return String.format(format, guest);
}
```

앞서 AppContext 설정([리스트 2.4]의 12행)에 따르면 생성한 Greeter 객체의 format 필드의 값은 "%s, 안녕하세요!"가 된다. 따라서 11행의 g.greet("스프링") 코드는 다음의 코드와 동일한 결과를 생성한다.

```
String.format("%s, 안녕하세요!", "스프링") → "스프링, 안녕하세요!"
```

실제로 위와 같은 결과가 생성되는지 Main 클래스를 실행해보자.

1.5 실행 결과

Main 클래스를 실행하려면 [그림 2.13]에서 보는 것처럼 Main.java에서 마우스 오른쪽

버튼을 클릭한 뒤에 표시되는 단축메뉴에서 [Run As]→[Java Application] 메뉴를 실행하면 된다.

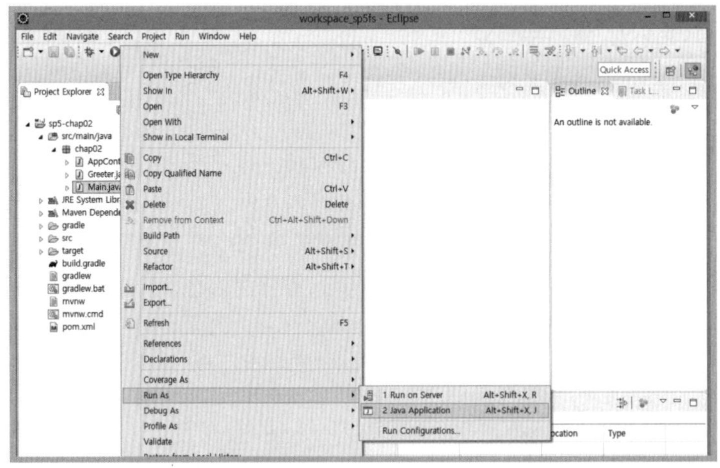

[그림 2.13] 자바 프로그램 실행

이클립스 Console 뷰에 출력된 내용을 보면 다음과 유사한 결과가 출력될 것이다. 출력 내용을 보면 Main 클래스의 12행에서 생성한 "스프링, 안녕하세요!"가 콘솔에 출력된 것을 알 수 있다(다음 코드에서 "..생략" 부분은 로그 내용이 길어서 일부를 생략한 것이다).

```
12월 11, 2017 10:13:10 오후 org..생략.AbstractApplicationContext
prepareRefresh
정보: Refreshing org..생략.AnnotationConfigApplicationContext@5cb0d902:
startup date [Mon Dec 11 22:13:10 KST 2017]; root of context hierarchy
스프링, 안녕하세요!
12월 11, 2017 10:13:10 오후 org..생략.AbstractApplicationContext doClose
정보: Closing org…생략.AnnotationConfigApplicationContext@5cb0d902: startup
date [Mon Dec 11 22:13:10 KST 2017]; root of context hierarchy
```

2. 스프링은 객체 컨테이너

간단한 스프링 프로그램인 Main을 작성하고 실행해봤다. 이 코드에서 핵심은 AnnotationConfigApplicationContext 클래스이다. 스프링의 핵심 기능은 객체를 생성하고 초기화하는 것이다. 이와 관련된 기능은 ApplicationContext라는 인터페이스에 정의되어 있다. AnnotationConfigApplicationContext 클래스는 이 인터페이스를 알맞게 구현한 클래스 중 하나다. AnnotationConfigApplicationContext 클래스는 자바 클래스에서 정보를 읽어와 객체 생성과 초기화를 수행한다. XML 파일이나 그루비 설정 코드를 이용해서 객체 생성/초기화를 수행하는 클래스도 존재한다.

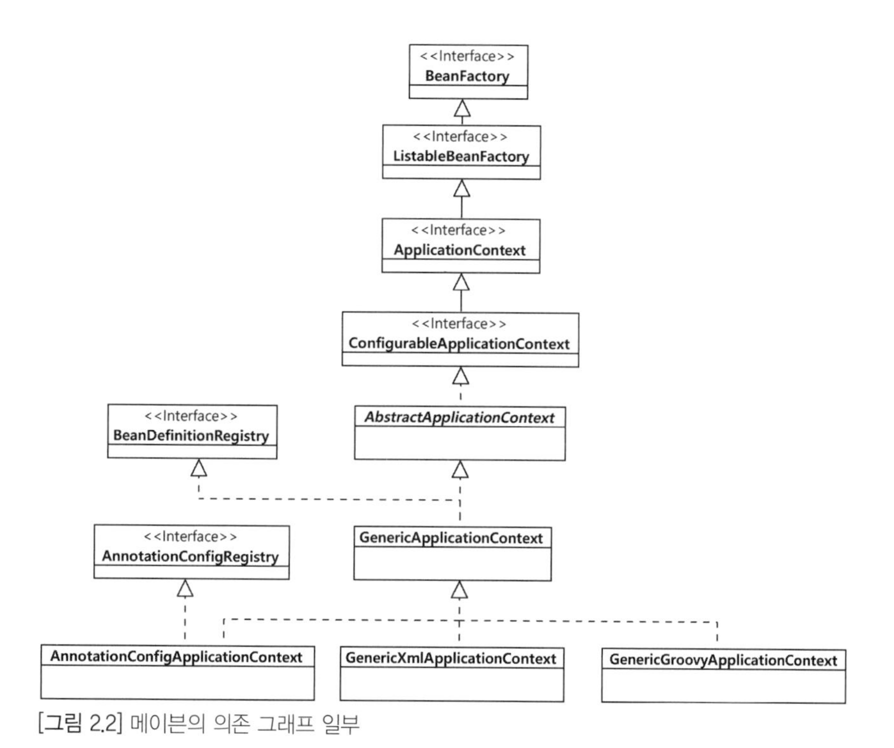

[그림 2.2] 메이븐의 의존 그래프 일부

AnnotationConfigApplicationContext 클래스의 계층도 일부를 [그림 2.2]에 표시했다. 계층도를 보면 가장 상위에 BeanFactory 인터페이스가 위치하고, 위에서 세 번째에 ApplicationContext 인터페이스, 그리고 가장 하단에 AnnotationConfigApplication Context 등의 구현 클래스가 위치한다. 더 많은 인터페이스가 존재하지만, 설명에 필요한 만큼만 계층도에 표시했다.

BeanFactory 인터페이스는 객체 생성과 검색에 대한 기능을 정의한다. 예를 들어 생성된 객체를 검색하는데 필요한 getBean() 메서드가 BeanFactory에 정의되어 있다. 객체를 검색하는 것 이외에 싱글톤/프로토타입 빈인지 확인하는 기능도 제공한다. (싱글톤/프로토타입 빈에 관한 내용은 6장에서 설명한다.)

ApplicationContext 인터페이스는 메시지, 프로필/환경 변수 등을 처리할 수 있는 기능을 추가로 정의한다. 이에 관한 내용은 책을 진행하면서 차례대로 살펴볼 것이다.

앞서 예제에서 사용한 AnnotationConfigApplicationContext를 비롯해 계층도의 가장 하단에 위치한 세 개의 클래스는 BeanFactory와 ApplicationContext에 정의된 기능의 구현을 제공한다. 각 클래스의 차이점은 다음과 같다.

- AnnotationConfigApplicationContext : 자바 애노테이션을 이용한 클래스로부터 객체 설정 정보를 가져온다.
- GenericXmlApplicationContext : XML로부터 객체 설정 정보를 가져온다.

- GenericGroovyApplicationContext : 그루비 코드를 이용해 설정 정보를 가져온다.

어떤 구현 클래스를 사용하든, 각 구현 클래스는 설정 정보로부터 빈(Bean)이라고 불리는 객체를 생성하고 그 객체를 내부에 보관한다. 그리고 getBean() 메서드를 실행하면 해당하는 빈 객체를 제공한다. 예를 들어 앞서 작성한 Main.java 코드를 보면 다음과 같이 설정 정보를 이용해서 빈 객체를 생성하고, 해당 빈 객체를 제공하는 것을 알 수 있다.

```
// 1. 설정 정보를 이용해서 빈 객체를 생성한다.
AnnotationConfigApplicationContext ctx =
        new AnnotationConfigApplicationContext(AppContext.class);

// 2. 빈 객체를 제공한다.
Greeter g = ctx.getBean("greeter", Greeter.class);
```

ApplicationContext(또는 BeanFactory)는 빈 객체의 생성, 초기화, 보관, 제거 등을 관리하고 있어서 ApplicationContext를 컨테이너(Container)라고도 부른다. 이 책에서도 ApplicationContext나 BeanFactory 등을 스프링 컨테이너라고 표현할 것이다.

스프링 컨테이너의 빈 객체 관리

스프링 컨테이너는 내부적으로 빈 객체와 빈 이름을 연결하는 정보를 갖는다. 예를 들어 chap02.Greeter 타입의 객체를 greeter라는 이름의 빈으로 설정했다고 하자. 이 경우 컨테이너는 다음 그림처럼 greeter 이름과 Greeter 객체를 연결한 정보를 관리한다.

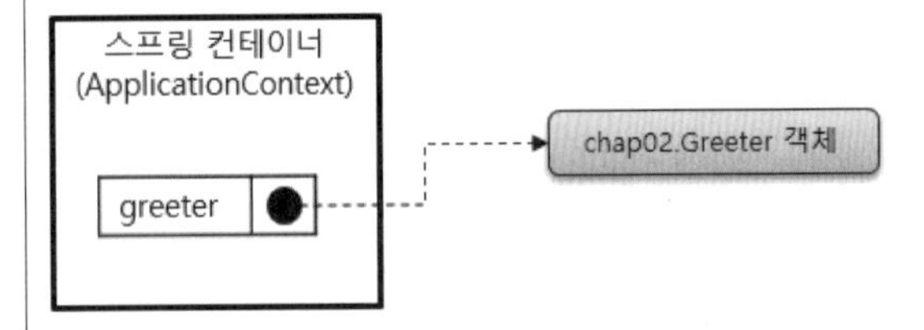

이름과 실제 객체의 관계뿐만 아니라 실제 객체의 생성, 초기화, 의존 주입 등 스프링 컨테이너는 객체 관리를 위한 다양한 기능을 제공한다. 각 기능에 대한 내용은 책을 진행하면서 살펴볼 것이다.

2.1 싱글톤(Singleton) 객체

싱글톤 객체에 대해 알아보기 위해 [리스트 2.6]을 보자.

[리스트 2.6] sp5-chap02/src/main/java/chap02/Main2.java

```
01    package chap02;
02
03    import org.springframework.context.annotation.AnnotationConfigApplicationContext;
04
```

```
05  public class Main {
06
07      public static void main(String[] args) {
08          AnnotationConfigApplicationContext ctx =
09                  new AnnotationConfigApplicationContext(AppContext.class);
10          Greeter g1 = ctx.getBean("greeter", Greeter.class);
11          Greeter g2 = ctx.getBean("greeter", Greeter.class);
12          System.out.println("(g1 == g2) = " + (g1 == g2));
13          ctx.close();
14      }
15  }
```

10행과 11행은 이름이 "greeter"인 빈 객체를 구해서 각각 g1과 g2 변수에 할당한다. 12행에서는 g1과 g2가 같은 객체인지 여부를 콘솔에 출력한다. 위 결과는 어떻게 될까? 실제로 위 코드를 실행하면 (g1 == g2)의 결과가 true로 출력되는 것을 확인할 수 있다.

```
12월 11, 2017 10:44:46 오후 org…생략.AbstractApplicationContext
prepareRefresh
정보: Refreshing org…생략.AnnotationConfigApplicationContext@5cb0d902:
startup date [Mon Dec 11 22:44:46 KST 2017]; root of context hierarchy
(g1 == g2) = true
12월 11, 2017 10:44:47 오후 org…생략.AbstractApplicationContext doClose
정보: Closing org…생략.AnnotationConfigApplicationContext@5cb0d902: startup
date [Mon Dec 11 22:44:46 KST 2017]; root of context hierarchy
```

(g1 == g2)의 결과가 true라는 것은 g1과 g2가 같은 객체라는 것을 의미한다. 즉 아래 코드에서 getBean() 메서드는 같은 객체를 리턴하는 것이다.

```
Greeter g1 = ctx.getBean("greeter", Greeter.class);
Greeter g2 = ctx.getBean("greeter", Greeter.class);
```

별도 설정을 하지 않을 경우 스프링은 한 개의 빈 객체만을 생성하며, 이때 빈 객체는 '싱글톤(singleton) 범위를 갖는다'고 표현한다. 싱글톤은 단일 객체(single object)를 의미하는 단어로서 스프링은 기본적으로 한 개의 @Bean 애노테이션에 대해 한 개의 빈 객체를 생성한다. 따라서 다음과 같은 설정을 사용하면 "greeter"에 해당하는 객체 한 개와 "greeter1"에 해당하는 객체 한 개, 이렇게 두 개의 빈 객체가 생성된다.

```
@Bean
public Greeter greeter() {
    Greeter g = new Greeter();
    g.setFormat("%s, 안녕하세요!");
    return g;
}
```

```
@Bean
public Greeter greeter1() {
    Greeter g = new Greeter();
    g.setFormat("안녕하세요, %s님!");
    return g;
}
```

싱글톤 범위 외에 프로토타입 범위도 존재한다. 이에 관한 내용은 6장에서 살펴본다.

Chapter 3

스프링 DI

이 장에서 다룰 내용

· 객체 의존과 의존 주입(DI)
· 객체 조립
· 스프링 DI 설정

1. 의존이란?

DI는 'Dependency Injection'의 약자로 우리말로는 '의존 주입'이라고 번역한다. 이 단어의 의미를 이해하려면 먼저 '의존(dependency)'이 뭔지 알아야 한다. 여기서 말하는 의존은 객체 간의 의존을 의미한다. 이해를 돕기 위해 회원 가입을 처리하는 기능을 구현한 다음의 코드를 보자.

```
import java.time.LocalDateTime;

public class MemberRegisterService {

    private MemberDao memberDao = new MemberDao();

    public void regist(RegisterRequest req) {
        // 이메일로 회원 데이터(Member) 조회
        Member member = memberDao.selectByEmail(req.getEmail());
```

```
        if (member != null) {
            // 같은 이메일을 가진 회원이 이미 존재하면 익셉션 발생
            throw new DuplicateMemberException("dup email " + req.getEmail());
        }
        // 같은 이메일을 가진 회원이 존재하지 않으면 DB에 삽입
        Member newMember = new Member(
                req.getEmail(), req.getPassword(), req.getName(),
                LocalDateTime.now());
        memberDao.insert(newMember);
    }
}
```

서로 다른 회원은 동일한 이메일 주소를 사용할 수 없다는 요구사항이 있다고 가정해보자. 이 제약사항을 처리하기 위해 MemberRegisterService 클래스는 MemberDao 객체의 selectByEmail() 메서드를 이용해서 동일한 이메일을 가진 회원 데이터가 존재하는지 확인한다. 만약 같은 이메일을 가진 회원 데이터가 존재한다면 위 코드처럼 익셉션을 발생시킨다. 같은 이메일을 가진 회원 데이터가 존재하지 않으면 회원 정보를 담은 Member 객체를 생성하고 MemberDao 객체의 insert() 메서드를 이용해서 DB에 회원 데이터를 삽입한다.

위 코드에서 눈여겨볼 점은 MemberRegisterService 클래스가 DB 처리를 위해 MemberDao 클래스의 메서드를 사용한다는 점이다. 회원 데이터가 존재하는지 확인하기 위해 MemberDao 객체의 selectByEmail() 메서드를 실행하고, 회원 데이터를 DB에 삽입하기 위해 insert() 메서드를 실행한다.

이렇게 한 클래스가 다른 클래스의 메서드를 실행할 때 이를 '의존'한다고 표현한다. 앞서 코드에서는 "MemberRegisterService 클래스가 MemberDao 클래스에 의존한다"고 표현할 수 있다.

> **노트** 의존은 변경에 의해 영향을 받는 관계를 의미한다. 예를 들어 MemberDao의 insert() 메서드의 이름을 insertMember()로 변경하면 이 메서드를 사용하는 MemberRegisterService 클래스의 소스 코드도 함께 변경된다. 이렇게 변경에 따른 영향이 전파되는 관계를 '의존'한다고 표현한다.

의존하는 대상이 있으면 그 대상을 구하는 방법이 필요하다. 가장 쉬운 방법은 의존 대상 객체를 직접 생성하는 것이다. 앞서 살펴본 MemberRegisterService 클래스도 다음 코드처럼 의존 대상인 MemberDao의 객체를 직접 생성해서 필드에 할당했다.

```
public class MemberRegisterService {
    // 의존 객체를 직접 생성
    private MemberDao memberDao = new MemberDao();
    ...
```

MemberRegisterService 클래스에서 의존하는 MemberDao 객체를 직접 생성하기 때문에 MemberRegisterService 객체를 생성하는 순간에 MemberDao 객체도 함께 생성된다.

```
// 의존하는 MemberDao의 객체도 함께 생성
MemberRegisterService svc = new MemberRegisterService();
```

클래스 내부에서 직접 의존 객체를 생성하는 것이 쉽긴 하지만 유지보수 관점에서 문제점을 유발할 수 있다. 이 문제점에 대해서는 뒤에서 다시 살펴보도록 하고 이렇게 의존하는 객체를 직접 생성하는 방식 외에 의존 객체를 구하는 또 다른 방법이 있다. 그 방법은 DI와 서비스 로케이터이다. 이 중 스프링과 관련된 것은 DI로서 이 책에서는 DI를 이용해서 의존 객체를 구하는 방법에 관해 설명한다.

2. DI를 통한 의존 처리

DI(Dependency Injection, 의존 주입)는 의존하는 객체를 직접 생성하는 대신 의존 객체를 전달받는 방식을 사용한다. 예를 들어 앞서 의존 객체를 직접 생성한 MemberRegisterService 클래스에 DI 방식을 적용하면 [리스트 3.1]처럼 구현할 수 있다.

[리스트 3.1] sp5-chap03/src/main/java/spring/MemberRegisterService.java

```
01  package spring;
02
03  import java.time.LocalDateTime;
04
05  public class MemberRegisterService {
06      private MemberDao memberDao;
07
08      public MemberRegisterService(MemberDao memberDao) {
09          this.memberDao = memberDao;
10      }
11
12      public Long regist(RegisterRequest req) {
13          Member member = memberDao.selectByEmail(req.getEmail());
14          if (member != null) {
15              throw new DuplicateMemberException("dup email " + req.getEmail());
16          }
17          Member newMember = new Member(
18                  req.getEmail(), req.getPassword(), req.getName(),
19                  LocalDateTime.now());
20          memberDao.insert(newMember);
21          return newMember.getId();
22      }
23  }
```

바뀐 부분은 08~10행이다. 직접 의존 객체를 생성했던 코드와 달리 바뀐 코드는 의존 객체를 직접 생성하지 않는다. 대신 08~10행과 같이 생성자를 통해서 의존 객체를 전달받는다. 즉 생성자를 통해 MemberRegisterService가 의존(Dependency)하고 있는 MemberDao 객체를 주입(Injection) 받은 것이다. 의존 객체를 직접 구하지 않고 생성자를 통해서 전달받기 때문에 이 코드는 DI(의존 주입) 패턴을 따르고 있다.

[리스트 3.1]에서 사용한 Member, MemberDao 등의 클래스는 뒤에서 작성한다. 지금은 눈으로만 코드를 이해하자.

DI를 적용한 결과 MemberRegisterService 클래스를 사용하는 코드는 다음과 같이 MemberRegisterService 객체를 생성할 때 생성자에 MemberDao 객체를 전달해야 한다.

```
MemberDao dao = new MemberDao();
// 의존 객체를 생성자를 통해 주입한다
MemberRegisterService svc = new MemberRegisterService(dao);
```

뭔가 더 복잡해 보인다. 앞서 의존 객체를 직접 생성하는 방식과 달리 의존 객체를 주입하는 방식은 객체를 생성하는 부분의 코드가 조금 더 길어졌다. 그냥 직접 의존 객체를 생성하면 되는데 왜 굳이 생성자를 통해서 의존하는 객체를 주입하는 걸까? 이 이유를 알려면 객체 지향 설계에 대한 기본적인 이해가 필요한데, 이 책을 읽는 독자 중 이제 막 개발 세계에 입문한 개발자에겐 다소 어려운 개념이 될 수 있다. 그래도 DI를 하는 이유를 조금이라도 이해하려면 알아야 할 것이 있다. 그것은 바로 변경의 유연함이다.

3. DI와 의존 객체 변경의 유연함

의존 객체를 직접 생성하는 방식은 필드나 생성자에서 new 연산자를 이용해서 객체를 생성한다. 회원 등록 기능을 제공하는 MemberRegisterService 클래스에서 다음 코드처럼 의존 객체를 직접 생성할 수 있다.

```
public class MemberRegisterService {
    private MemberDao memberDao = new MemberDao();
    ...
}
```

회원의 암호 변경 기능을 제공하는 ChangePasswordService 클래스도 다음과 같이 의존 객체를 직접 생성한다고 하자.

```
public class ChangePasswordService {
    private MemberDao memberDao = new MemberDao();
    ...
}
```

MemberDao 클래스는 회원 데이터를 데이터베이스에 저장한다고 가정해보자. 이 상태에서 회원 데이터의 빠른 조회를 위해 캐시를 적용해야 하는 상황이 발생했다. 그래서 MemberDao 클래스를 상속받은 CachedMemberDao 클래스를 만들었다.

```
public class CachedMemberDao extends MemberDao {
    ...
}
```

노트 캐시(cache)는 데이터 값을 복사해 놓는 임시 장소를 가리킨다. 보통 조회 속도 향상을 위해 캐시를 사용한다. 예를 들어 데이터베이스에서 데이터를 조회하는 경우를 생각해보자. 데이터베이스에서 데이터를 읽어오는데 10 밀리초(1밀리 초는 0.001초)가 걸린다면 메모리에 있는 데이터를 접근할 때에는 1밀리초도 안 걸릴 것이다. DB에 있는 데이터 중 자주 조회하는 데이터를 메모리를 사용하는 캐시에 보관하면 조회 속도를 향상시킬 수 있다.

캐시 기능을 적용한 CachedMemberDao를 사용하려면 MemberRegisterService 클래스와 ChangePasswordService 클래스의 코드를 [그림 3.1]과 같이 변경해주어야 한다.

```
public class MemberRegisterService {
    private MemberDao memberDao = new MemberDao();
    ...
}

public class ChangePasswordService {
    private MemberDao memberDao = new MemberDao();
    ...
}
```

↓ 사용할 클래스 변경에 따른 소스 코드 변경

```
public class MemberRegisterService {
    private MemberDao memberDao = new CachedMemberDao();
    ...
}

public class ChangePasswordService {
    private MemberDao memberDao = new CachedMemberDao();
    ...
}
```

[그림 3.1] 생성할 의존 클래스의 변경에 따른 소스 수정

만약 MemberDao 객체가 필요한 클래스가 세 개라면 세 클래스 모두 동일하게 소스 코드를 변경해야 한다.

동일한 상황에서 DI를 사용하면 수정할 코드가 줄어든다. 예를 들어 다음과 같이 생성자를 통해서 의존 객체를 주입 받도록 구현했다고 하자.

```
public class MemberRegisterService {
    private MemberDao memberDao;
    public MemberRegisterService(MemberDao memberDao) {
        this.memberDao = memberDao;
    }
    ...
}

public class ChangePasswordService {
    private MemberDao memberDao;
    public ChangePasswordService(MemberDao memberDao) {
        this.memberDao = memberDao;
    }
    ...
}
```

두 클래스의 객체를 생성하는 코드는 다음과 같다.

```
MemberDao memberDao = new MemberDao();
MemberRegisterService regSvc = new MemberRegisterService(memberDao);
ChangePasswordService pwdSvc = new ChangePasswordService(memberDao);
```

이제 MemberDao 대신 CachedMemberDao를 사용하도록 수정해보자. 수정해야 할 소스 코드는 한 곳뿐이다. [그림 3.2]처럼 MemberDao 객체를 생성하는 코드만 변경하면 된다.

[그림 3.2] 의존 객체를 주입하는 방식을 사용하면, 객체를 생성할 때 사용할 클래스를 한 곳만 변경하면 된다.

DI를 사용하면 MemberDao 객체를 사용하는 클래스가 세 개여도 변경할 곳은 의존 주입 대상이 되는 객체를 생성하는 코드 한 곳뿐이다. 앞서 의존 객체를 직접 생성했던 방식에 비해 변경할 코드가 한 곳으로 집중되는 것을 알 수 있다.

4. 예제 프로젝트 만들기

앞으로 살펴볼 내용은 코드를 작성하고 실행하는 부분을 포함한다. 그래서 메이븐 프로젝트를 생성한 뒤에 예제 코드 몇 가지를 미리 만들어 둘 것이다. 프로젝트를 만들고 이클립스에 임포트하는 방법은 2장에서 진행한 방식과 동일하다.

- sp5-chap03 프로젝트 폴더를 생성한다.
- 프로젝트의 하위 폴더로 src/main/java를 생성한다.
- sp5-chap03 폴더에 pom.xml 파일을 [리스트 3.2]와 같이 작성한다.

2장과 차이점이 있다면 [리스트 3.2]처럼 pom.xml 파일의 <artifactId> 값을 sp5-chap03으로 설정한다는 점이다. [리스트 3.2]에서 19행의 생략한 부분은 2장에서 작성한 pom.xml의 <build> 부분과 동일하다.

[리스트 3.2] sp5-chap03/pom.xml

```
01  <?xml version="1.0" encoding="UTF-8"?>
02  <project xmlns="http://maven.apache.org/POM/4.0.0"
03     xmlns:xsi="http://www.w3.org/2001/XMLSchema-instance"
04     xsi:schemaLocation="http://maven.apache.org/POM/4.0.0
05        http://maven.apache.org/xsd/maven-4.0.0.xsd">
06     <modelVersion>4.0.0</modelVersion>
07     <groupId>sp5</groupId>
08     <artifactId>sp5-chap03</artifactId>
09     <version>0.0.1-SNAPSHOT</version>
10
11     <dependencies>
12        <dependency>
13           <groupId>org.springframework</groupId>
14           <artifactId>spring-context</artifactId>
15           <version>5.0.2.RELEASE</version>
16        </dependency>
17     </dependencies>
18
19     … 이하생략
20
21  </project>
```

메이븐 프로젝트를 생성하고 이클립스에 임포트했다면 다음 클래스를 차례대로 작성한다. 예제를 진행하는데 필요하니 모두 작성한다. 각 클래스가 속하는 패키지명은 "spring"이다.

- 회원 데이터 관련 클래스
  - Member

- WrongIdPasswordException
- MemberDao

- 회원 가입 처리 관련 클래스
  - DuplicateMemberException
  - RegisterRequest
  - MemberRegisterService : [리스트 3.1]의 코드를 사용

- 암호 변경 관련 클래스
  - MemberNotFoundException
  - ChangePasswordService

그레이들 프로젝트를 생성하는 방법도 2장과 동일하다. 2장에서 작성한 build.gradle 파일을 참고해서 3장의 예제 프로젝트를 생성한다.

4.1 회원 데이터 관련 클래스

가장 먼저 작성할 코드는 Member 클래스이다. 회원 데이터를 표현하기 위해 이 클래스를 사용한다. 코드는 [리스트 3.3]과 같다.

[리스트 3.3] sp5-chap03/src/main/java/spring/Member.java

```
01  package spring;
02
03  import java.time.LocalDateTime;
04
05  public class Member {
06
07      private Long id;
08      private String email;
09      private String password;
10      private String name;
11      private LocalDateTime registerDateTime;
12
13      public Member(String email, String password,
14              String name, LocalDateTime regDateTime) {
15          this.email = email;
16          this.password = password;
17          this.name = name;
18          this.registerDateTime = regDateTime;
19      }
20
21      void setId(Long id) {
22          this.id = id;
23      }
24
25      public Long getId() {
```

```
26        return id;
27     }
28
29     public String getEmail() {
30        return email;
31     }
32
33     public String getPassword() {
34        return password;
35     }
36
37     public String getName() {
38        return name;
39     }
40
41     public LocalDateTime getRegisterDateTime() {
42        return registerDateTime;
43     }
44
45     public void changePassword(String oldPassword, String newPassword) {
46        if (!password.equals(oldPassword))
47           throw new WrongIdPasswordException();
48        this.password = newPassword;
49     }
50
51  }
```

45~49행의 changePassword() 메서드는 암호 변경 기능을 구현했다. 이 메서드는 oldPassword와 newPassword의 두 파라미터를 전달받는다. oldPassword가 현재 암호인 password 필드와 값이 다르면 WrongIdPasswordException을 발생시키고, 값이 같으면 password 필드를 newPassword로 변경한다. 이 메서드에서 사용한 WrongIdPasswordException 클래스는 [리스트 3.4]와 같다.

[리스트 3.4] sp5-chap03/src/main/java/spring/WrongIdPasswordException.java

```
01  package spring;
02
03  public class WrongIdPasswordException extends RuntimeException {
04
05  }
```

다음으로 작성할 코드는 MemberDao 클래스다. 아직 스프링을 이용해서 DB를 연동하는 방법을 배우지 않았으므로, 일단 [리스트 3.5]처럼 자바의 Map을 이용해서 구현했다. DB를 연동하는 방법은 8장에서 배운다.

[리스트 3.5] sp5-chap03/src/main/java/spring/MemberDao.java

```
01  package spring;
02
03  import java.util.HashMap;
04  import java.util.Map;
05
06  public class MemberDao {
07
08      private static long nextId = 0;
09
10      private Map<String, Member> map = new HashMap<>();
11
12      public Member selectByEmail(String email) {
13          return map.get(email);
14      }
15
16      public void insert(Member member) {
17          member.setId(++nextId);
18          map.put(member.getEmail(), member);
19      }
20
21      public void update(Member member) {
22          map.put(member.getEmail(), member);
23      }
24
25  }
```

4.2 회원 가입 처리 관련 클래스

회원 가입 처리에 필요한 클래스는 DuplicateMemberException, RegisterRequest, MemberRegisterService이다. 처음 두 클래스는 [리스트 3.6], [리스트 3.7]과 같다.

[리스트 3.6] sp5-chap03/src/main/java/spring/DuplicateMemberException.java

```
01  package spring;
02
03  public class DuplicateMemberException extends RuntimeException {
04
05      public DuplicateMemberException(String message) {
06          super(message);
07      }
08
09  }
```

[리스트 3.7] sp5-chap03/src/main/java/spring/RegisterRequest.java

```
01  package spring;
02  
03  public class RegisterRequest {
04  
05      private String email;
06      private String password;
07      private String confirmPassword;
08      private String name;
09  
10      public String getEmail() {
11          return email;
12      }
13  
14      public void setEmail(String email) {
15          this.email = email;
16      }
17  
18      public String getPassword() {
19          return password;
20      }
21  
22      public void setPassword(String password) {
23          this.password = password;
24      }
25  
26      public String getConfirmPassword() {
27          return confirmPassword;
28      }
29  
30      public void setConfirmPassword(String confirmPassword) {
31          this.confirmPassword = confirmPassword;
32      }
33  
34      public String getName() {
35          return name;
36      }
37  
38      public void setName(String name) {
39          this.name = name;
40      }
41  
42      public boolean isPasswordEqualToConfirmPassword() {
43          return password.equals(confirmPassword);
44      }
45  }
```

RegisterRequest 클래스는 회원 가입을 처리할 때 필요한 이메일, 암호, 이름 데이터를 담고 있는 간단한 클래스이다. DuplicateMemberException 클래스는 동일한 이메일을 갖고 있는 회원이 이미 존재할 때 MemberRegisterService가 발생시키는 익셉션 타입이다.

MemberRegisterService 클래스의 소스 코드는 [리스트 3.1]에 있다. 아래 코드 일부를 다시 표시했다. 이 클래스의 regist() 메서드를 보면 앞서 작성한 memberDao.selectByEmail() 메서드를 이용해서 동일한 이메일을 갖는 회원 데이터가 존재하는지 확인하고, 존재하면 DuplicateMemberException을 발생시킨다.

```
import java.time.LocalDateTime;

public class MemberRegisterService {
    private MemberDao memberDao;

    public MemberRegisterService(MemberDao memberDao) {
      this.memberDao = memberDao;
    }

    public Long regist(RegisterRequest req) {
        Member member = memberDao.selectByEmail(req.getEmail());
        if (member != null) {
            throw new DuplicateMemberException("dup email " + req.getEmail());
        }
        Member newMember = new Member(
                req.getEmail(), req.getPassword(), req.getName(),
                LocalDateTime.now());
        memberDao.insert(newMember);
        return newMember.getId();
    }
}
```

같은 이메일을 갖는 회원이 존재하지 않으면 Member 객체를 생성한 뒤 memberDao.insert() 메서드를 이용해서 저장한다.

4.3 암호 변경 관련 클래스

암호 변경 기능을 제공하는 ChangePasswordService 클래스는 [리스트 3.8]과 같다.

[리스트 3.8] sp5-chap03/src/main/java/spring/ChangePasswordService.java

```
01 package spring;
02
03 public class ChangePasswordService {
04
05     private MemberDao memberDao;
06
07     public void changePassword(String email, String oldPwd, String newPwd) {
08         Member member = memberDao.selectByEmail(email);
09         if (member == null)
10             throw new MemberNotFoundException();
11
12         member.changePassword(oldPwd, newPwd);
13
14         memberDao.update(member);
15     }
16
17     public void setMemberDao(MemberDao memberDao) {
18         this.memberDao = memberDao;
19     }
20
21 }
```

ChangePasswordService 클래스는 암호를 변경할 Member 데이터를 찾기 위해 email을 사용한다. 만약 email에 해당하는 Member가 존재하지 않으면 09~10행에서 익셉션을 발생시킨다. Member가 존재하면 12행에서 member.changePassword()를 이용해서 암호를 변경하고 14행에서 변경된 데이터를 보관한다.

17~19행의 setMemberDao() 메서드로 의존하는 MemberDao를 전달받는다. 즉 세터(setter)를 통해서 의존 객체를 주입받는다.

[리스트 3.3]에서 Member 클래스의 changePassword() 메서드는 다음 코드처럼 oldPassword로 전달한 암호가 일치하지 않으면 익셉션을 발생시키도록 구현했으므로 암호가 일치하지 않으면 [리스트 3.8]에서 14행의 코드는 실행되지 않는다.

```
// Member 클래스의 메서드
public void changePassword(String oldPassword, String newPassword) {
    if (!password.equals(oldPassword))
        throw new WrongIdPasswordException();
    this.password = newPassword;
}
```

ChangePasswordService가 이메일에 해당하는 Member가 존재하지 않을 때 발생시키는 MemberNotFoundException 클래스는 [리스트 3.9]와 같다.

[리스트 3.9] sp5-chap03/src/main/java/spring/MemberNotFoundException.java

```
01    package spring;
02
03    public class MemberNotFoundException extends RuntimeException {
04
05    }
```

5. 객체 조립기

예제 실행에 필요한 코드는 작성했으나 스프링으로 바로 넘어갈 단계는 아니다. 그 전에 한 가지 설명할 게 있는데 그것은 바로 조립기(assembler)에 관한 내용이다.

앞서 DI를 설명할 때 객체 생성에 사용할 클래스를 변경하기 위해 (그 객체를 사용하는 코드를 변경하지 않고) 객체를 주입하는 코드 한 곳만 변경하면 된다고 했다. 그렇다면 실제 객체를 생성하는 코드는 어디에 있을까? 쉽게 생각하면 다음과 같이 메인 메서드에서 객체를 생성하면 될 것 같다.

```
public class Main {
    public static void main(String[] args) {
        MemberDao memberDao = new MemberDao();
        MemberRegisterService regSvc = new MemberRegisterService(memberDao);
        ChangePasswordService pwdSvc = new ChangePasswordService();
        pwdSvc.setMemberDao(memberDao);
        ... // regSvc와 pwdSvc를 사용하는 코드
    }
}
```

main 메서드에서 의존 대상 객체를 생성하고 주입하는 방법이 나쁘진 않다. 이 방법보다 좀 더 나은 방법은 객체를 생성하고 의존 객체를 주입해주는 클래스를 따로 작성하는 것이다. 의존 객체를 주입한다는 것은 서로 다른 두 객체를 조립한다고 생각할 수 있는데, 이런 의미에서 이 클래스를 조립기라고도 표현한다.

예를 들어 앞서 작성했던 회원 가입이나 암호 변경 기능을 제공하는 클래스의 객체를 생성하고 의존 대상이 되는 객체를 주입해주는 조립기 클래스는 [리스트 3.10]과 같이 작성할 수 있다. 다른 클래스와 쉽게 구분하기 위해 조립기 클래스를 "assembler" 패키지에 위치시켰다.

[리스트 3.10] sp5-chap03/src/main/java/assembler/Assembler.java

```
01 package assembler;
02 
03 import spring.ChangePasswordService;
04 import spring.MemberDao;
05 import spring.MemberRegisterService;
06 
07 public class Assembler {
08 
09     private MemberDao memberDao;
10     private MemberRegisterService regSvc;
11     private ChangePasswordService pwdSvc;
12 
13     public Assembler() {
14         memberDao = new MemberDao();
15         regSvc = new MemberRegisterService(memberDao);
16         pwdSvc = new ChangePasswordService();
17         pwdSvc.setMemberDao(memberDao);
18     }
19 
20     public MemberDao getMemberDao() {
21         return memberDao;
22     }
23 
24     public MemberRegisterService getMemberRegisterService() {
25         return regSvc;
26     }
27 
28     public ChangePasswordService getChangePasswordService() {
29         return pwdSvc;
30     }
31 
32 }
```

13~18행에서 MemberRegisterService 객체와 ChangePasswordService 객체에 대한 의존을 주입한다. MemberRegisterService는 생성자를 통해 MemberDao 객체를 주입받고, ChangePasswordService는 세터를 통해 주입받는다. 결과적으로 Assembler가 생성한 객체는 [그림 3.3]과 같이 연결된다.

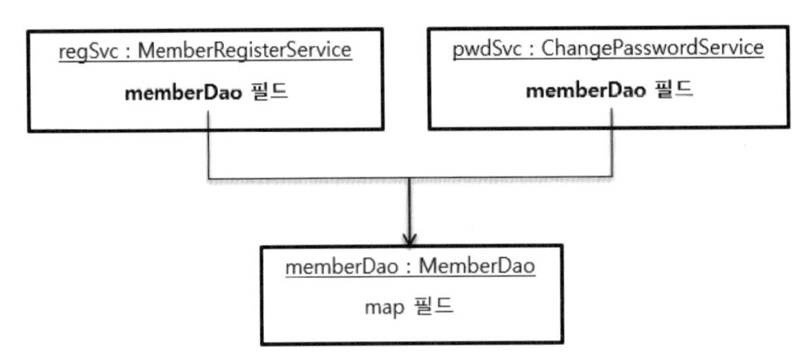

[그림 3.3] 조립기가 생성한 객체의 연결 관계

Assembler 클래스를 사용하는 코드는 다음처럼 Assembler 객체를 생성한다. 그다음에 get 메서드를 이용해서 필요한 객체를 구하고 그 객체를 사용한다.

```
Assembler assembler = new Assembler();
ChangePasswordService changePwdSvc =
                        assembler.getChangePasswordService();
changePwdSvc.changePassword("madvirus@madvirus.net", "1234", "newpwd");
```

assembler.getChangePasswordService()로 구한 ChangePasswordService 객체는 [리스트 3.10]의 16행에서 생성한 객체이므로 세터를 통해서 MemberDao 객체를 주입받은 객체이다.

MemberDao 클래스가 아니라 MemberDao 클래스를 상속받은 CachedMemberDao 클래스를 사용해야 한다면 Assembler에서 객체를 초기화하는 코드만 변경하면 된다.

```
// 의존 객체를 변경하려면 조립기의 코드만 수정하면 됨
public Assembler() {
    memberDao = new CachedMemberDao();
    regSvc = new MemberRegisterService(memberDao);
    pwdSvc = new ChangePasswordService();
    pwdSvc.setMemberDao(memberDao);
}
```

정리하면 조립기는 객체를 생성하고 의존 객체를 주입하는 기능을 제공한다. 또한 특정 객체가 필요한 곳에 객체를 제공한다. 예를 들어 Assembler 클래스의 getMemberRegisterService() 메서드는 MemberRegisterService 객체가 필요한 곳에서 사용한다.

5.1 조립기 사용 예제

Assembler 클래스를 만들었으니 이를 사용하는 메인 클래스를 작성해보자. 이 메인 클

래스는 콘솔에서 명령어를 입력받고 각 명령어에 알맞은 기능을 수행하도록 구현할 것이다. 처리할 명령어는 다음 두 가지이다.

- new : 새로운 회원 데이터를 추가한다.
- change : 회원 데이터의 암호를 변경한다.

각 명령어는 앞에서 만든 두 클래스(MemberRegisterService와 ChangePasswordService)를 이용해서 처리할 것이다.

작성할 메인 클래스의 코드가 다소 길기 때문에 나눠서 살펴보겠다. 처음 살펴볼 코드는 콘솔에서 명령어를 입력받아 알맞은 기능을 실행하는 부분이다. 코드는 [리스트 3.11]과 같다. 이 클래스가 위치할 패키지는 "main"이다.

[리스트 3.11] sp5-chap03/src/main/java/main/MainForAssembler.java (메인 메서드 부분)

```
01  package main;
02
03  import java.io.BufferedReader;
04  import java.io.IOException;
05  import java.io.InputStreamReader;
06
07  import assembler.Assembler;
08  import spring.ChangePasswordService;
09  import spring.DuplicateMemberException;
10  import spring.MemberNotFoundException;
11  import spring.MemberRegisterService;
12  import spring.RegisterRequest;
13  import spring.WrongIdPasswordException;
14
15  public class MainForAssembler {
16
17      public static void main(String[] args) throws IOException {
18          BufferedReader reader =
19                  new BufferedReader(new InputStreamReader(System.in));
20          while (true) {
21              System.out.println("명령어를 입력하세요:");
22              String command = reader.readLine();
23              if (command.equalsIgnoreCase("exit")) {
24                  System.out.println("종료합니다.");
25                  break;
26              }
27              if (command.startsWith("new ")) {
28                  processNewCommand(command.split(" "));
29                  continue;
30              } else if (command.startsWith("change ")) {
31                  processChangeCommand(command.split(" "));
32                  continue;
```

```
33                }
34                printHelp();
35            }
36        }
37
```

노트 위 코드는 Console 대신에 System.in을 이용해서 콘솔 입력을 받도록 처리했는데, 그 이유는 이클립스에서 실행할 경우 System.console()이 null을 리턴하기 때문이다.

[리스트 3.11]에서 주요 코드는 다음과 같다.

- **18~19행** : 콘솔에서 입력받기 위해 System.in을 이용해서 BufferedReader를 생성한다.
- **22행** : BufferedReader#readLine() 메서드를 이용해서 콘솔에서 한 줄을 입력받는다.
- **23~26행** : 입력한 문자열이 "exit"이면 프로그램을 종료한다.
- **27~29행** : 입력한 문자열이 "new "로 시작하면 processNewCommand() 메서드를 실행한다. "new" 뒤에 공백문자가 있다.
- **30~32행** : 입력한 문자열이 "change "로 시작하면 processChangeCommand() 메서드를 실행한다. "change" 뒤에 공백문자가 있다.
- **34행** : 명령어를 잘못 입력한 경우 도움말을 출력해주는 printHelp() 메서드를 실행한다.

노트 이 책에서는 특정 클래스의 메서드를 표시할 때 '#' 기호를 사용했다. 예를 들어 위 코드 설명에서 BufferedReader#readLine()는 BufferedReader의 readLine() 메서드를 의미한다.

28행과 31행은 공백문자(" ")를 구분자로 이용해서 콘솔에서 입력받은 문자열을 배열로 만든다. 예를 들어 command 값이 "new a@a.com 이름 암호 암호"라면 command.split() 코드는 다음과 같이 배열을 생성한다.

- command.split(" ") → {"new", "a@a.com", "이름", "암호", "암호"}

따라서 processNewCommand() 메서드와 processChangeCommand() 메서드에 전달되는 값은 문자열 배열이다.

아직 앞에서 만든 Assembler 클래스를 사용하지 않았다. 이 클래스의 객체를 사용하는 코드는 processNewCommand() 메서드와 processChangeCommand() 메서드에 있다. 이 두 메서드의 코드를 이어서 살펴보자.

[리스트 3.12] sp5-chap03/src/main/java/main/MainForAssembler.java (Assembler를 사용하는 코드)

```
38      private static Assembler assembler = new Assembler();
39
40      private static void processNewCommand(String[] arg) {
41          if (arg.length != 5) {
42              printHelp();
43              return;
44          }
45          MemberRegisterService regSvc = assembler.getMemberRegisterService();
46          RegisterRequest req = new RegisterRequest();
47          req.setEmail(arg[1]);
48          req.setName(arg[2]);
49          req.setPassword(arg[3]);
50          req.setConfirmPassword(arg[4]);
51
52          if (!req.isPasswordEqualToConfirmPassword()) {
53              System.out.println("암호와 확인이 일치하지 않습니다.\n");
54              return;
55          }
56          try {
57              regSvc.regist(req);
58              System.out.println("등록했습니다.\n");
59          } catch (DuplicateMemberException e) {
60              System.out.println("이미 존재하는 이메일입니다.\n");
61          }
62      }
63
64      private static void processChangeCommand(String[] arg) {
65          if (arg.length != 4) {
66              printHelp();
67              return;
68          }
69          ChangePasswordService changePwdSvc =
70                  assembler.getChangePasswordService();
71          try {
72              changePwdSvc.changePassword(arg[1], arg[2], arg[3]);
73              System.out.println("암호를 변경했습니다.\n");
74          } catch (MemberNotFoundException e) {
75              System.out.println("존재하지 않는 이메일입니다.\n");
76          } catch (WrongIdPasswordException e) {
77              System.out.println("이메일과 암호가 일치하지 않습니다.\n");
78          }
79      }
80
```

코드가 다소 길지만, Assembler와 관련된 내용 자체는 복잡하지 않다. 먼저 38행에서 Assembler 객체를 생성했다. 앞서 [리스트 3.10]에 표시한 Assembler 클래스 코드를 보면 Assembler 클래스의 생성자에서 필요한 객체를 생성하고 의존을 주입한다. 따라서 38행에서 Assembler 객체를 생성하는 시점에 사용할 객체가 모두 생성된다.

45행과 70행에서 Assembler 객체를 사용한다. 각 행을 보면 다음과 같이 Assembler 클래스에 정의된 메서드를 이용해서 사용할 객체를 구한다.

```
// 45행
MemberRegisterService regSvc = assembler.getMemberRegisterService();

// 69~70행
ChangePasswordService changePwdSvc =
        assembler.getChangePasswordService();
```

Assembler는 자신이 생성하고 조립한 객체를 리턴하는 메서드를 제공한다. 위 코드처럼 Assembler가 제공하는 메서드를 이용해서 필요한 객체를 구하고 그 객체를 사용하는 것은 전형적인 Assembler 사용법이다.

Assembler를 사용하는 것 이외에 processNewCommand() 메서드와 processChange Command() 메서드가 어떻게 동작하는지 코드를 읽어보자. processNewCommand() 메서드는 새로운 회원 정보를 생성한다. 입력한 암호 값이 올바르지 않거나(52~55행), 이미 동일한 이메일을 가진 회원 데이터가 존재하면(59~61행) 알맞은 에러 메시지를 콘솔에 출력한다. 57행의 코드가 정상 실행되면 새로운 회원 데이터가 보관된다. Assembler 클래스는 MemberRegisterService 객체를 생성할 때 MemberDao 객체를 주입했다. MemberDao는 회원 정보를 Map에 담는다. 결과적으로 processNewCommand() 메서드 실행에 성공하면 MemberDao 객체의 Map 타입 필드인 map에 회원 데이터가 추가된다. [그림 3.3]을 아래 다시 표시했는데 이 그림을 보면서 코드의 실행 흐름을 분석하면 이해하는 데 도움이 될 것이다.

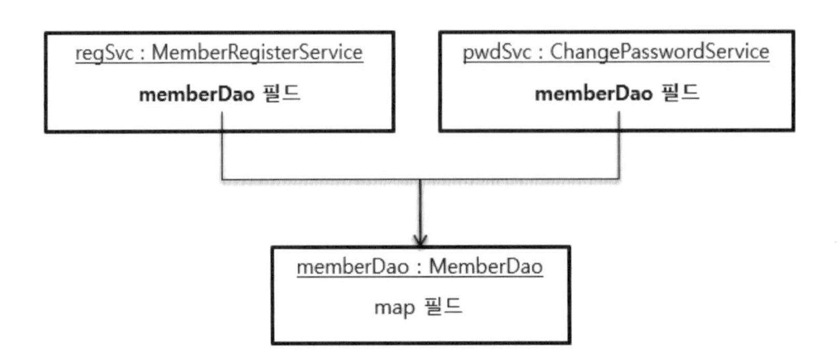

processChangeCommand() 메서드는 72행에서 ChangePasswordService 객체의 암호 변경 기능을 실행한다. 만약 이메일에 해당하는 회원 데이터가 존재하지 않거나(74~75행), 암호가 올바르지 않으면(76~77행) 알맞은 에러 메시지를 출력한다. 변경에 성공하

면 MemberDao의 map에 보관된 회원 데이터의 암호가 변경된다.

MainForAssembler 클래스의 나머지 코드는 도움말을 출력하는 printHelp() 메서드이다. 이 코드는 [리스트 3.13]과 같다.

[리스트 3.13] sp5-chap03/src/main/java/main/MainForAssembler.java (나머지 코드)

```
81      private static void printHelp() {
82          System.out.println();
83          System.out.println("잘못된 명령입니다. 아래 명령어 사용법을 확인하세요.");
84          System.out.println("명령어 사용법:");
85          System.out.println("new 이메일 이름 암호 암호확인");
86          System.out.println("change 이메일 현재비번 변경비번");
87          System.out.println();
88      }
89  }
```

Assembler를 사용하는 코드를 작성했으니 이제 실행해보자. 이클립스에서 MainForAssembler 클래스를 선택하고 마우스 오른쪽 버튼을 클릭한 뒤 [Run As]→[Java Application] 메뉴를 실행한다. [그림 3.4]와 같이 이클립스의 콘솔(Console) 뷰가 출력될 것이다.

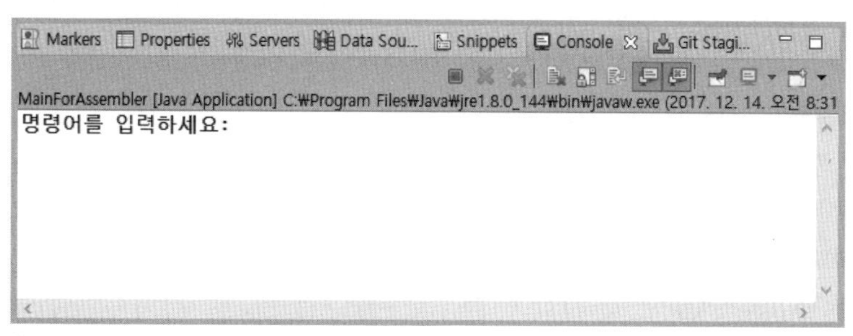

[그림 3.4] MainForAssembler의 최초 실행 화면

콘솔(Console) 뷰 영역을 마우스로 클릭한 뒤 "new"를 입력하고 엔터키를 눌러보자. [그림 3.5]처럼 도움말이 출력된다.

```
Markers  Properties  Servers  Data Sou...  Snippets  Console  Git Stagi...
MainForAssembler [Java Application] C:₩Program Files₩Java₩jre1.8.0_144₩bin₩javaw.exe (2017. 12. 14. 오전 8:31
명령어를 입력하세요:
new

잘못된 명령입니다. 아래 명령어 사용법을 확인하세요.
명령어 사용법:
new 이메일 이름 암호 암호확인
change 이메일 현재비번 변경비번

명령어를 입력하세요:
```

[그림 3.5] new만 입력한 경우의 메시지 출력 화면

이번엔 new 명령어를 올바르게 입력해보자. 예를 들어 "new madvirus@madvirus.net 최범균 1234 1234"를 입력하면 [그림 3.6]과 같이 "등록했습니다."라는 메시지가 출력된다.

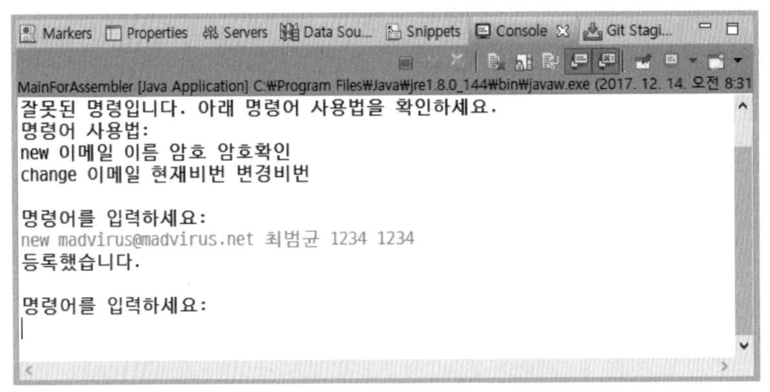

[그림 3.6] 새로운 회원 데이터를 추가한 결과 화면

새로운 회원 데이터를 등록했으니 암호를 변경해보자. 암호를 변경하려면 change 명령어를 사용하면 된다. 먼저 일치하지 않은 암호를 이용해서 변경을 시도해보자. 입력한 암호가 일치하지 않으면 [그림 3.7]과 같은 메시지가 출력된다.

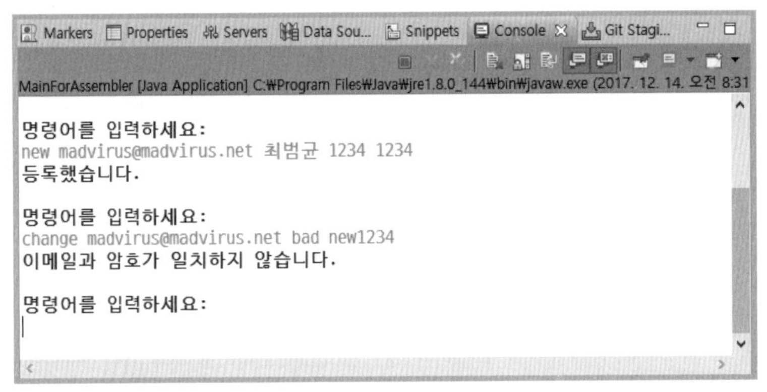

[그림 3.7] 암호를 잘못 입력한 경우의 메시지 출력

new와 change 명령어를 다양하게 입력해서 실제로 어떻게 동작하는지 직접 확인해보자. 마지막으로 exit 명령어를 입력해서 프로그램을 종료한다.

> **노트** 이 장에서 구현한 MemberDao는 메모리에 회원 데이터를 보관하므로 프로그램을 종료하면 저장한 모든 회원 데이터가 사라진다. 따라서 프로그램을 실행할 때마다 빈 회원 데이터에서 시작하게 된다. 프로그램을 종료해도 회원 데이터를 유지하려면 MySQL, 오라클과 같은 저장소에 보관해야 한다. 이 책에서는 8장에서 DB에 데이터를 보관하도록 MemberDao를 다시 구현할 것이다.

6. 스프링의 DI 설정

지금까지 의존이 무엇이고 DI를 이용해 의존 객체를 주입하는 방법에 대해 알아봤다. 그리고 객체를 생성하고 의존 주입을 이용해서 객체를 서로 연결해주는 조립기에 대해서 살펴봤다. 스프링을 설명하는 책에서 스프링 자체가 아닌 의존, DI, 조립기에 대해 먼저 알아본 이유는 스프링이 DI를 지원하는 조립기이기 때문이다. 앞서 설명한 의존, DI에 관한 내용과 조립기에 대해 이해했으면 스프링을 사용하기 위해 알아야 할 기본 중 하나를 이해한 셈이다.

실제로 스프링은 앞서 구현한 조립기와 유사한 기능을 제공한다. 즉 스프링은 Assembler 클래스의 생성자 코드처럼 필요한 객체를 생성하고 생성한 객체에 의존을 주입한다. 또한 스프링은 Assembler#getMemberRegisterService() 메서드처럼 객체를 제공하는 기능을 정의하고 있다. 차이점이라면 Assembler는 MemberRegisterService나 MemberDao와 같이 특정 타입의 클래스만 생성한 반면 스프링은 범용 조립기라는 점이다.

6.1 스프링을 이용한 객체 조립과 사용

앞서 구현한 Assembler 대신 스프링을 사용하는 코드를 작성해보자. 스프링을 사용하려면 먼저 스프링이 어떤 객체를 생성하고, 의존을 어떻게 주입할지를 정의한 설정 정보를 작성해야 한다. 이 설정 정보는 자바 코드를 이용해서 작성할 수 있다. 설정 코드는 [리스트 3.14]와 같다. config 패키지에 생성했다.

[리스트 3.14] sp5-chap03/src/main/config/AppCtx.java

```
01  package config;
02
03  import org.springframework.context.annotation.Bean;
04  import org.springframework.context.annotation.Configuration;
05
06  import spring.ChangePasswordService;
07  import spring.MemberDao;
08  import spring.MemberRegisterService;
09
10  @Configuration
11  public class AppCtx {
12
13      @Bean
14      public MemberDao memberDao() {
15          return new MemberDao();
16      }
17
18      @Bean
19      public MemberRegisterService memberRegSvc() {
```

```
20            return new MemberRegisterService(memberDao());
21        }
22
23        @Bean
24        public ChangePasswordService changePwdSvc() {
25            ChangePasswordService pwdSvc = new ChangePasswordService();
26            pwdSvc.setMemberDao(memberDao());
27            return pwdSvc;
28        }
29    }
```

10행의 @Configuration 애노테이션은 스프링 설정 클래스를 의미한다. 이 애노테이션을 붙여야 스프링 설정 클래스로 사용할 수 있다.

13행, 18행, 23행의 @Bean 애노테이션은 해당 메서드가 생성한 객체를 스프링 빈이라고 설정한다. 위 코드의 경우 세 개의 메서드에 @Bean 애노테이션을 붙였는데 각각의 메서드마다 한 개의 빈 객체를 생성한다. 이때 메서드 이름을 빈 객체의 이름으로 사용한다. 예를 들어 memberDao() 메서드를 이용해서 생성한 빈 객체는 "memberDao"라는 이름으로 스프링에 등록된다.

20행의 코드를 보면 MemberRegisterService 생성자를 호출할 때 memberDao() 메서드를 호출한다. 즉 memberDao()가 생성한 객체를 MemberRegisterService 생성자를 통해 주입한다.

23~28행의 코드는 ChangePasswordService 타입의 빈을 설정한다. 이 메서드는 세터(setMemberDao() 메서드)를 이용해서 의존 객체를 주입한다.

설정 클래스를 만들었다고 해서 끝난 것이 아니다. 객체를 생성하고 의존 객체를 주입하는 것은 스프링 컨테이너이므로 설정 클래스를 이용해서 컨테이너를 생성해야 한다. 2장에서 사용한 AnnotationConfigApplicationContext 클래스를 이용해서 스프링 컨테이너를 생성할 수 있다.

```
ApplicationContext ctx = new AnnotationConfigApplicationContext(AppCtx.class);
```

컨테이너를 생성하면 getBean() 메서드를 이용해서 사용할 객체를 구할 수 있다. 다음은 getBean() 메서드의 사용 예를 보여주고 있다.

```
// 컨테이너에서 이름이 memberRegSvc인 빈 객체를 구한다.
MemberRegisterService regSvc =
        ctx.getBean("memberRegSvc", MemberRegisterService.class);
```

위 코드는 스프링 컨테이너(ctx)로부터 이름이 "memberRegSvc"인 빈 객체를 구한다. 앞서 자바 설정을 보면 다음 코드처럼 이름이 "memberRegSvc"인 @Bean 메서드를 설정했다. 이 메서드는 MemberRegisterService 객체에 생성자를 통해 memberDao를 주입한다. 따라서 위 코드에서 구한 MemberRegisterService 객체는 내부에서 memberDao 빈 객체를 사용한다.

```
@Bean
public MemberDao memberDao() {
    return new MemberDao();
}

@Bean
public MemberRegisterService memberRegSvc() {
    return new MemberRegisterService(memberDao());
}
```

앞서 Assembler 클래스를 이용해서 작성한 MainForAssembler 클래스를 스프링 컨테이너를 사용하도록 변경하자. 변경한 MainForSpring 클래스는 [리스트 3.15]와 같다. 이 코드는 MainForAssembler 코드와 거의 동일하기 때문에, 차이가 나는 부분을 굵게 표시하고 동일한 코드는 생략했다.

[리스트 3.15] sp5-chap03/src/main/java/main/MainForSpring.java

```
01  package main;
02
03  import java.io.BufferedReader;
04  import java.io.IOException;
05  import java.io.InputStreamReader;
06
07  import org.springframework.context.ApplicationContext;
08  import org.springframework.context.annotation.AnnotationConfigApplicationContext;
09
10  import config.AppCtx;
11  import spring.ChangePasswordService;
12  import spring.DuplicateMemberException;
13  import spring.MemberNotFoundException;
14  import spring.MemberRegisterService;
15  import spring.RegisterRequest;
16  import spring.WrongIdPasswordException;
17
18  public class MainForSpring {
19
20      private static ApplicationContext ctx = null;
21
22      public static void main(String[] args) throws IOException {
```

```
23          ctx = new AnnotationConfigApplicationContext(AppCtx.class);
24
25          BufferedReader reader =
26                  new BufferedReader(new InputStreamReader(System.in));
27          while (true) {
28              System.out.println("명령어를 입력하세요:");
...             String command = reader.readLine();
40              // ... 코드생략
41              printHelp();
42          }
43      }
44
45      private static void processNewCommand(String[] arg) {
46          if (arg.length != 5) {
47              printHelp();
48              return;
49          }
50          MemberRegisterService regSvc =
51                  ctx.getBean("memberRegSvc", MemberRegisterService.class);
52          RegisterRequest req = new RegisterRequest();
...         req.setEmail(arg[1]);
57          // ... 코드생략
58          if (!req.isPasswordEqualToConfirmPassword()) {
59              System.out.println("암호와 확인이 일치하지 않습니다.₩n");
60              return;
61          }
62          try {
63              regSvc.regist(req);
64              System.out.println("등록했습니다.₩n");
65          } catch (AlreadyExistingMemberException e) {
66              System.out.println("이미 존재하는 이메일입니다.₩n");
67          }
68      }
69
70      private static void processChangeCommand(String[] arg) {
71          if (arg.length != 4) {
72              printHelp();
73              return;
74          }
75          ChangePasswordService changePwdSvc =
76                  ctx.getBean("changePwdSvc", ChangePasswordService.class);
77          try {
78              changePwdSvc.changePassword(arg[1], arg[2], arg[3]);
79              System.out.println("암호를 변경했습니다.\n");
80          } catch (MemberNotFoundException e) {
81              System.out.println("존재하지 않는 이메일입니다.\n");
82          } catch (IdPasswordNotMatchingException e) {
83              System.out.println("이메일과 암호가 일치하지 않습니다.\n");
84          }
```

```
85        }
86        // … 코드생략(printHelp() 메서드)
87    }
```

MainForSpring 클래스가 MainForAssembler 클래스와 다른 점은 Assembler 클래스 대신 스프링 컨테이너인 ApplicationContext를 사용했다는 것뿐이다. 차이가 나는 부분은 다음과 같다.

- **23행** : AnnotationConfigApplicationContext를 사용해서 스프링 컨테이너를 생성한다. 스프링 컨테이너는 Assembler와 동일하게 객체를 생성하고 의존 객체를 주입한다. Assembler는 직접 객체를 생성하는 반면에 AnnotationConfigApplicationContext는 설정 파일(AppCtx 클래스)로부터 생성할 객체와 의존 주입 대상을 정한다.
- **50~51행** : 스프링 컨테이너로부터 이름이 "memberRegSvc"인 빈 객체를 구한다.
- **75~76행** : 스프링 컨테이너로부터 이름이 "changePwdSvc"인 빈 객체를 구한다.

MainForSpring 클래스를 이클립스에서 실행하면 [그림 3.8]과 같은 내용이 콘솔에 출력된다.

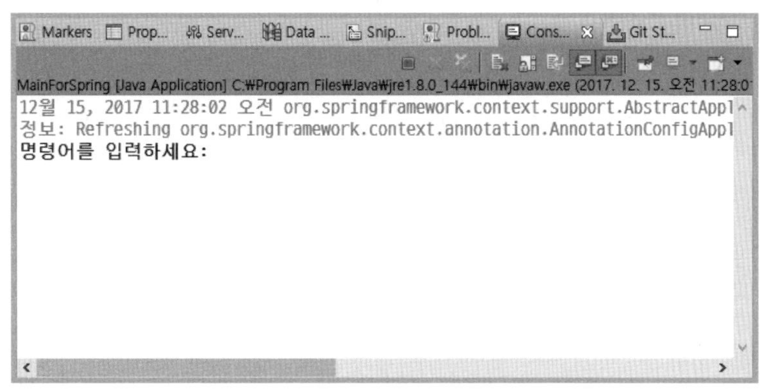

[그림 3.8] 스프링 컨테이너를 사용하는 MainForSpring 클래스 실행

[그림 3.8]을 보면 스프링 컨테이너를 초기화하는 과정에서 출력한 로그가 보인다. MainForSpring이 에러 없이 실행되면 new, change, exit 등의 명령어를 사용해서 기능이 정상적으로 동작하는지 확인할 수 있다.

에러 대응

MainForSpring 클래스를 실행할 때 몇 가지 에러가 발생할 수 있다. 주로 발생하는 에러는 다음과 같다.

1. 빈 설정 메서드에 @Bean을 붙이지 않은 경우
2. @Bean 설정 메서드의 이름과 getBean() 메서드에 전달한 이름이 다른 경우

@Bean을 붙이지 않은 경우를 보자. 이 경우 getBean() 메서드를 실행할 때 다음과 같은 익셉션이 발생한다.

Exception in thread "main" org…생략.**NoSuchBeanDefinitionException**: No bean named 'memberRegSvc' available

빈의 이름을 잘못 지정해도 익셉션이 발생한다. 예를 들어 AppCtx에서 사용한 빈 설정 메서드 이름은 "memberRegSvc"인데 getBean() 메서드에서 "memberRegSvc2"를 값으로 사용했다고 하자.

```
MemberRegisterService regSvc =
        ctx.getBean("memberRegSvc2", MemberRegisterService.class);
```

이 경우 다음과 같은 익셉션이 발생한다.

Exception in thread "main" org…생략.NoSuchBeanDefinitionException: **No bean named 'memberRegSvc2'** available

6.2 DI 방식 1 : 생성자 방식

앞서 작성한 MemberRegisterService 클래스를 보면 아래 코드처럼 생성자를 통해 의존 객체를 주입받아 필드(this.memberDao)에 할당했다.

```
public class MemberRegisterService {
   private MemberDao memberDao;

   // 생성자를 통해 의존 객체를 주입 받음
   public MemberRegisterService(MemberDao memberDao) {
      // 주입 받은 객체를 필드에 할당
      this.memberDao = memberDao;
   }

   public Long regist(RegisterRequest req) {
      // 주입 받은 의존 객체의 메서드를 사용
      Member member = memberDao.selectByEmail(req.getEmail());
      ...
      memberDao.insert(newMember);
      return newMember.getId();
   }
}
```

스프링 자바 설정에서는 생성자를 이용해서 의존 객체를 주입하기 위해 해당 설정을 담은 메서드를 호출했다.

```
@Bean
public MemberDao memberDao() {
    return new MemberDao();
}

@Bean
public MemberRegisterService memberRegSvc() {
    return new MemberRegisterService(memberDao());
}
```

생성자에 전달할 의존 객체가 두 개 이상이어도 동일한 방식으로 주입하면 된다. 생성자 파라미터가 두 개인 예제를 살펴보기 전에 예제를 실행하는데 필요한 코드를 추가하자. 추가할 코드는 MemberDao 클래스의 selectAll() 메서드이다. 아래 코드에서 굵게 표시한 부분을 추가한다.

```
import java.util.Collection;
import java.util.HashMap;
import java.util.Map;

public class MemberDao {
    … 생략
    public Collection<Member> selectAll() {
        return map.values();
    }
}
```

다음 추가할 코드는 MemberPrinter 클래스이다. 이 클래스를 [리스트 3.16]처럼 작성한다.

[리스트 3.16] sp5-chap03/src/main/java/spring/MemberPrinter.java

```
01  package spring;
02
03  public class MemberPrinter {
04
05      public void print(Member member) {
06          System.out.printf(
07                  "회원 정보: 아이디=%d, 이메일=%s, 이름=%s, 등록일=%tF₩n",
08                  member.getId(), member.getEmail(),
09                  member.getName(), member.getRegisterDateTime());
10      }
11
12  }
```

필요한 코드를 추가했으므로, 이제 생성자로 두 개의 파라미터를 전달받는 클래스를 작성해보자. 이 클래스는 [리스트 3.17]의 10행과 같이 생성자의 파라미터로 MemberDao 객체와 MemberPrinter 객체를 전달받는다.

[리스트 3.17] sp4-chap03/src/main/java/spring/MemberListPrinter.java

```
01  package spring;
02
03  import java.util.Collection;
04
05  public class MemberListPrinter {
06
07      private MemberDao memberDao;
08      private MemberPrinter printer;
09
10      public MemberListPrinter(MemberDao memberDao, MemberPrinter printer) {
11          this.memberDao = memberDao;
12          this.printer = printer;
13      }
14
15      public void printAll() {
16          Collection<Member> members = memberDao.selectAll();
17          members.forEach(m -> printer.print(m));
18      }
19  }
```

생성자가 두 개인 경우에도 동일하다. [리스트 3.18]과 같이 각 파라미터에 해당하는 메서드를 호출해서 의존 객체를 주입한다.

[리스트 3.18] sp5-chap03/src/main/java/config/AppCtx.java
(두 개 이상의 인자를 받는 생성자를 사용하는 설정 추가)

```
01  package config;
02
03  … 생략
04  import spring.MemberListPrinter;
05  import spring.MemberPrinter;
06  import spring.MemberRegisterService;
07
08  @Configuration
09  public class AppCtx {
10
11      @Bean
12      public MemberDao memberDao() {
13          return new MemberDao();
14      }
15      … 생략
16
```

```
17        @Bean
18        public MemberPrinter memberPrinter() {
19            return new MemberPrinter();
20        }
21
22        @Bean
23        public MemberListPrinter listPrinter() {
24            return new MemberListPrinter(memberDao(), memberPrinter());
25        }
26    }
```

위 설정이 올바르게 동작하는지 확인하기 위해 [리스트 3.19]의 굵게 표시한 코드(2행, 27~29행, 35~39행)를 MainForSpring 클래스에 추가하자.

[리스트 3.19] sp5-chap03/src/main/java/spring/MainForSpring.java (MemberListPrinter 관련 코드 추가)

```
01    … 생략
02    import spring.MemberListPrinter;
03    … 생략
04
05    public class MainForSpring {
06
07        private static ApplicationContext ctx = null;
08
09        public static void main(String[] args) throws IOException {
10            ctx = new AnnotationConfigApplicationContext(AppCtx.class);
11
12            BufferedReader reader =
13                    new BufferedReader(new InputStreamReader(System.in));
14            while (true) {
15                System.out.println("명령어를 입력하세요:");
16                String command = reader.readLine();
17                if (command.equalsIgnoreCase("exit")) {
18                    System.out.println("종료합니다.");
19                    break;
20                }
21                if (command.startsWith("new ")) {
22                    processNewCommand(command.split(" "));
23                    continue;
24                } else if (command.startsWith("change ")) {
25                    processChangeCommand(command.split(" "));
26                    continue;
27                } else if (command.equals("list")) {
28                    processListCommand();
29                    continue;
30                }
31                printHelp();
```

```
32            }
33        }
34        … 생략
35        private static void processListCommand() {
36            MemberListPrinter listPrinter =
37                    ctx.getBean("listPrinter", MemberListPrinter.class);
38            listPrinter.printAll();
39        }
40
41    }
```

실제 MemberListPrinter의 생성자를 통한 의존 객체 주입이 정상적으로 처리되는지 확인하기 위해 MainForSpring 코드를 실행해보자. new 명령어를 이용해서 몇 개의 회원 데이터를 추가한 뒤에 list 명령어를 실행해보자. [그림 3.9]와 같은 결과 화면을 볼 수 있을 것이다.

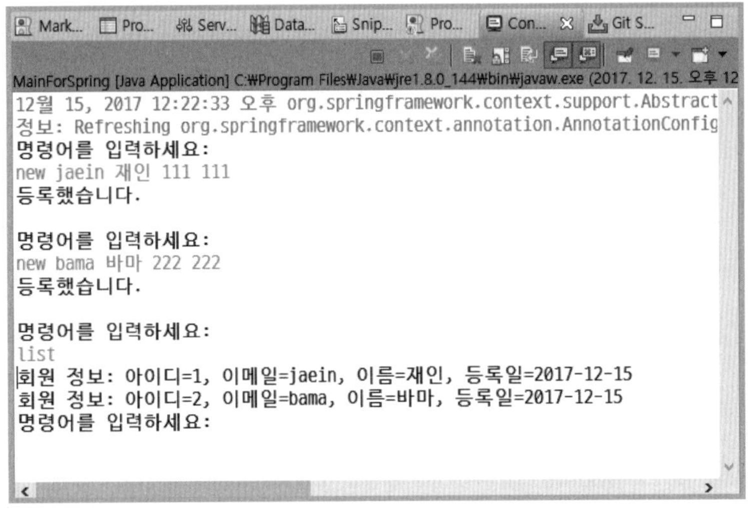

[그림 3.9] list 명령어의 실행 결과 화면

list 명령어를 입력하면 [리스트 3.19]에 새로 추가한 processListCommand() 메서드를 실행한다. 이 메서드는 스프링 컨테이너에서 "listPrinter" 빈 객체를 구한다. 앞서 [리스트 3.18]에서 이 빈 객체는 생성자를 통해서 MemberDao 객체와 MemberPrinter 객체를 주입 받았는데, [그림 3.9]의 결과를 보면 이 두 객체가 올바르게 주입되었음을 확인할 수 있다. 만약 올바르게 주입받지 못했다면 해당 필드가 null이므로 실행 과정에서 NullPointerException이 발생했을 것이다.

6.3 DI 방식 2 : 세터 메서드 방식

생성자 외에 세터 메서드를 이용해서 객체를 주입받기도 한다. 일반적인 세터(setter) 메서드는 자바빈 규칙에 따라 다음과 같이 작성한다.

- 메서드 이름이 set으로 시작한다.
- set 뒤에 첫 글자는 대문자로 시작한다.
- 파라미터가 1개이다.
- 리턴 타입이 void이다.

> **노트** 자바빈에서는 게터와 세터를 이용해서 프로퍼티를 정의한다. 예를 들어 String getName() 메서드와 void setName(String name) 메서드는 값을 읽고 쓸 수 있는 name 프로퍼티가 된다. 메서드 이름은 get이나 set으로 시작하고, get과 set 뒤에는 사용할 프로퍼티 이름의 첫 글자를 대문자로 바꾼 글자를 사용한다. age 프로퍼티가 있다면 이 프로퍼티를 위한 읽기 메서드는 getAge가 되고 쓰기 메서드는 setAge가 된다.
>
> set과 get 메서드를 각각 세터(setter)와 게터(getter)라고 부르며, setAge와 같은 쓰기 메서드는 프로퍼티 값을 변경하므로 프로퍼티 설정 메서드라고도 부른다.
>
> 이외 관련 내용은 위키피디아의 "자바빈즈"(http://bit.ly/22Rj2Ar) 문서를 참고한다.

세터 메서드를 이용해서 의존 객체를 주입받는 코드를 [리스트 3.20]과 같이 작성해보자. 이 클래스는 지정한 이메일을 갖는 Member를 찾아서 정보를 콘솔에 출력한다.

[리스트 3.20] sp5-chap03/src/main/java/spring/MemberInfoPrinter.java

```
01  package spring;
02
03  public class MemberInfoPrinter {
04
05      private MemberDao memDao;
06      private MemberPrinter printer;
07
08      public void printMemberInfo(String email) {
09          Member member = memDao.selectByEmail(email);
10          if (member == null) {
11              System.out.println("데이터 없음\n");
12              return;
13          }
14          printer.print(member);
15          System.out.println();
16      }
17
18      public void setMemberDao(MemberDao memberDao) {
19          this.memDao = memberDao;
20      }
21
22      public void setPrinter(MemberPrinter printer) {
23          this.printer = printer;
24      }
25
26  }
```

[리스트 3.20]은 18~20행과 22~24행에서 두 개의 세터 메서드를 정의하고 있다. 이 두 세터 메서드는 MemberDao 타입의 객체와 MemberPrinter 타입의 객체에 대한 의존을 주입할 때 사용된다.

세터 메서드를 이용해서 의존을 주입하는 설정 코드를 AppCtx 클래스에 추가하자. 추가한 코드는 [리스트 3.21]과 같다.

[리스트 3.21] sp5-chap03/src/main/java/config/AppCtx.java (세터 메서드 방식 예제 추가)

```
01  … 생략
02  import spring.MemberInfoPrinter;
03  … 생략
04
05  @Configuration
06  public class AppCtx {
07
08      … 생략
09
10      @Bean
11      public MemberInfoPrinter infoPrinter() {
12          MemberInfoPrinter infoPrinter = new MemberInfoPrinter();
13          infoPrinter.setMemberDao(memberDao());
14          infoPrinter.setPrinter(memberPrinter());
15          return infoPrinter;
16      }
17  }
```

위 코드에서 infoPrinter 빈은 세터 메서드를 이용해서 memberDao 빈과 memberPrinter 빈을 주입한다.

AppCtx 클래스에 세터 메서드 방식을 사용하는 설정을 추가했으므로 MainForSpring 코드에 MemberInfoPrinter 클래스를 사용하는 코드를 추가해보자. 추가한 코드를 [리스트 3.22]에 굵게 표시하였다.

[리스트 3.22] sp5-chap03/src/main/java/main/MainForSpring.java (MemberInfoPrinter 관련 코드 추가)

```
01  … 생략
02  import spring.MemberInfoPrinter;
03  … 생략
04
05  public class MainForSpring {
06
07      private static ApplicationContext ctx = null;
08
09      public static void main(String[] args) throws IOException {
```

```
10          ctx = new AnnotationConfigApplicationContext(AppCtx.class);
11
12          BufferedReader reader =
13                  new BufferedReader(new InputStreamReader(System.in));
14          while (true) {
15              System.out.println("명령어를 입력하세요:");
16              String command = reader.readLine();
17              … 생략
18              } else if (command.equals("list")) {
19                  processListCommand();
20                  continue;
21              } else if (command.startsWith("info ")) {
22                  processInfoCommand(command.split(" "));
23                  continue;
24              }
25              printHelp();
26          }
27      }
28      … 생략
29
30      private static void processInfoCommand(String[] arg) {
31          if (arg.length != 2) {
32              printHelp();
33              return;
34          }
35          MemberInfoPrinter infoPrinter =
36                  ctx.getBean("infoPrinter", MemberInfoPrinter.class);
37          infoPrinter.printMemberInfo(arg[1]);
38      }
39
40  }
```

위 코드를 실행해서 new 명령어로 회원 데이터를 등록한 뒤 21~23행에 새롭게 추가한 info 명령어를 입력해보자. [그림 3.10]과 같이 스프링 설정에 새롭게 추가한 "infoPrinter" 빈을 실행한 결과가 출력되는 것을 확인할 수 있다.

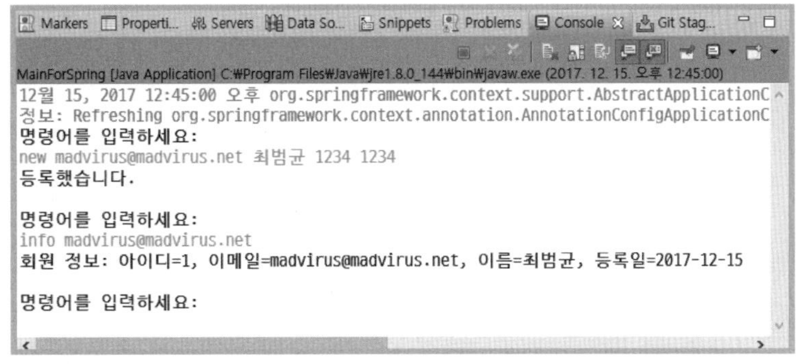

[그림 3.10] 세터를 이용해서 의존 객체를 주입 받은 infoPrinter 빈의 실행 결과

생성자 vs 세터 메서드

지금까지 생성자 DI 방식과 세터 메서드 DI 방식에 대해서 공부했다. 이 두 방식 중 무엇이 좋을까? 정답은 없다. 필자보고 어떤 방식을 선호하냐고 물어보면 필자는 상황에 따라 두 방식을 혼용해서 사용한다고 답한다. 두 방식은 각자 장점이 있다. 장점은 다음과 같다.

- 생성자 방식 : 빈 객체를 생성하는 시점에 모든 의존 객체가 주입된다.
- 설정 메서드 방식 : 세터 메서드 이름을 통해 어떤 의존 객체가 주입되는지 알 수 있다.

각 방식의 장점은 곧 다른 방식의 단점이다. 예를 들어 생성자의 파라미터 개수가 많을 경우 각 인자가 어떤 의존 객체를 설정하는지 알아내려면 생성자의 코드를 확인해야 한다. 하지만 설정 메서드 방식은 메서드 이름만으로도 어떤 의존 객체를 설정하는지 쉽게 유추할 수 있다.

반면에 생성자 방식은 빈 객체를 생성하는 시점에 필요한 모든 의존 객체를 주입받기 때문에 객체를 사용할 때 완전한 상태로 사용할 수 있다. 하지만 세터 메서드 방식은 세터 메서드를 사용해서 필요한 의존 객체를 전달하지 않아도 빈 객체가 생성되기 때문에 객체를 사용하는 시점에 NullPointerException이 발생할 수 있다.

6.4 기본 데이터 타입 값 설정

[리스트 3.23]을 보자. 이 코드는 두 개의 int 타입 값을 세터 메서드로 전달받는다.

[리스트 3.23] sp5-chap03/src/main/java/spring/VersionPrinter.java

```
01  package spring;
02
03  public class VersionPrinter {
04
05      private int majorVersion;
06      private int minorVersion;
07
08      public void print() {
09          System.out.printf("이 프로그램의 버전은 %d.%d입니다.\n\n",
10                  majorVersion, minorVersion);
11      }
12
13      public void setMajorVersion(int majorVersion) {
14          this.majorVersion = majorVersion;
15      }
16
17      public void setMinorVersion(int minorVersion) {
18          this.minorVersion = minorVersion;
19      }
20
21  }
```

int, long과 같은 기본 데이터 타입과 String 타입의 값은 일반 코드처럼 값을 설정하면 된다. 설정 예는 [리스트 3.24]와 같다.

[리스트 3.24] sp5-chap03/src/main/java/config/AppCtx.java (값 타입 관련 설정 추가)

```
01  … 생략
02  import spring.MemberPrinter;
03  … 생략
04
05  @Configuration
06  public class AppCtx {
07
08      … 생략
09
10      @Bean
11      public VersionPrinter versionPrinter() {
12          VersionPrinter versionPrinter = new VersionPrinter();
13          versionPrinter.setMajorVersion(5);
14          versionPrinter.setMinorVersion(0);
15          return versionPrinter;
16      }
17  }
```

빈 객체를 하나 더 추가했으니 실제로 동작하는지 확인하기 위한 코드를 MainFor Spring 클래스에 추가해보자. [리스트 3.25]에 추가할 코드(21~23행, 29~33행)를 굵은 글씨로 표시했다.

[리스트 3.25] sp5-chap03/src/main/java/main/MainForSpring.java (VersionPrinter 관련 코드 추가)

```
01  … 생략
02  import spring.MemberPrinter;
03  … 생략
04
05  public class MainForSpring {
06
07      private static ApplicationContext ctx = null;
08
09      public static void main(String[] args) throws IOException {
10          ctx = new AnnotationConfigApplicationContext(AppCtx.class);
11
12          BufferedReader reader =
13                  new BufferedReader(new InputStreamReader(System.in));
14          while (true) {
15              System.out.println("명령어를 입력하세요:");
16              String command = reader.readLine();
17              … 생략
18              } else if (command.startsWith("info ")) {
```

```
19                processInfoCommand(command.split(" "));
20                continue;
21            } else if (command.equals("version")) {
22                processVersionCommand();
23                continue;
24            }
25            printHelp();
26        }
27    }
28    … 생략
29    private static void processVersionCommand() {
30        VersionPrinter versionPrinter =
31                ctx.getBean("versionPrinter", VersionPrinter.class);
32        versionPrinter.print();
33    }
34
35 }
```

위 코드를 실행하고 version 명령어를 입력해보자. [그림 3.11]과 같이 versionPrinter 빈 객체의 print() 메서드가 콘솔에 출력한 메시지를 확인할 수 있을 것이다.

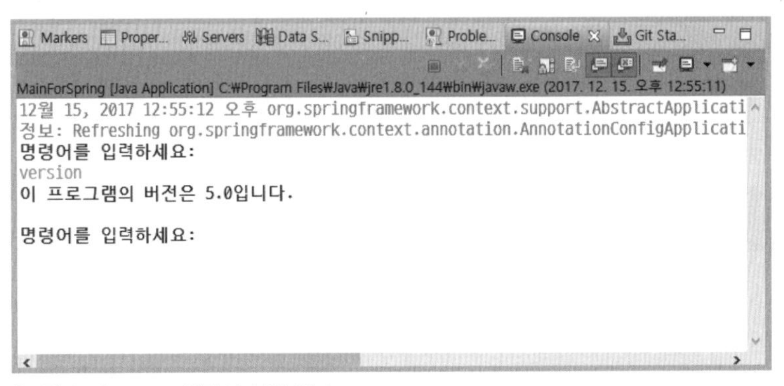

[그림 3.11] version 명령어 실행 결과

콘솔에 출력된 메시지를 보면 [리스트 3.24]에서 VersionPrinter의 빈을 설정할 때 사용한 majorVersion 프로퍼티와 minorVersion 프로퍼티의 값이 출력된 것을 알 수 있다.

7. @Configuration 설정 클래스의 @Bean 설정과 싱글톤

앞서 작성한 AppCtx 클래스의 일부 코드를 다시 보자.

```
@Configuration
public class AppCtx {
```

```
@Bean
public MemberDao memberDao() {
    return new MemberDao();
}

@Bean
public MemberRegisterService memberRegSvc() {
    return new MemberRegisterService(memberDao());
}

@Bean
public ChangePasswordService changePwdSvc() {
    ChangePasswordService pwdSvc = new ChangePasswordService();
    pwdSvc.setMemberDao(memberDao());
    return pwdSvc;
}
```

memberRegSvc() 메서드와 changePwdSvc() 메서드는 둘 다 memberDao() 메서드를 실행하고 있다. 그리고 memberDao() 메서드는 매번 새로운 MemberDao 객체를 생성해서 리턴한다. 여기서 다음과 같은 궁금증이 생긴다.

- memberDao()가 새로운 MemberDao 객체를 생성해서 리턴하므로
- memberRegSvc()에서 생성한 MemberRegisterService 객체와 changePwdSvc()에서 생성한 ChangePasswordService 객체는 서로 다른 MemberDao 객체를 사용하는 것 아닌가?
- 서로 다른 객체를 사용한다면 MainForSpring에서 new 명령어로 등록한 회원 정보를 저장할 때 사용하는 MemberDao와 change 명령어로 수정할 회원 정보를 찾을 때 사용하는 MemberDao는 다른 객체 아닌가?

memberRegSvc() 메서드와 changePwdSvc() 메서드는 내부에서 memberDao() 메서드를 호출하고 memberDao() 메서드가 불릴 때마다 새로운 MemberDao 객체를 리턴하므로 이런 궁금증이 떠오르는 것은 당연하다.

그런데 앞서 2장에서 스프링 컨테이너가 생성한 빈은 싱글톤 객체라고 한 것을 기억할 것이다. 스프링 컨테이너는 @Bean이 붙은 메서드에 대해 한 개의 객체만 생성한다. 이는 다른 설정 메서드에서 memberDao()를 몇 번을 호출하더라도 항상 같은 객체를 리턴한다는 것을 의미한다.

이게 어떻게 가능할까? 스프링은 설정 클래스를 그대로 사용하지 않는다. 대신 설정 클래스를 상속한 새로운 설정 클래스를 만들어서 사용한다. 스프링이 런타임에 생성한 설정 클래스는 다음과 유사한 방식으로 동작한다(이 코드는 어디까지나 이해를 돕기 위한

가상의 코드일 뿐 실제 스프링 코드는 이보다 훨씬 복잡하다).

```
public class AppCtxExt extends AppCtx {

    private Map<String, Object> beans = …;

    @Override
    public MemberDao memberDao() {
        if (!beans.containsKey("memberDao"))
            beans.put("memberDao", super.memberDao());

        return (MemberDao) beans.get("memberDao");
    }
```

스프링이 런타임에 생성한 설정 클래스의 memberDao() 메서드는 매번 새로운 객체를 생성하지 않는다. 대신 한 번 생성한 객체를 보관했다가 이후에는 동일한 객체를 리턴한다. 따라서 memberRegSvc() 메서드와 changePwdSvc() 메서드에서 memberDao() 메서드를 각각 실행해도 동일한 MemberDao 객체를 사용한다.

8. 두 개 이상의 설정 파일 사용하기

스프링을 이용해서 어플리케이션 개발하다보면 적게는 수십 개에서 많게는 수백여 개 이상의 빈을 설정하게 된다. 설정하는 빈의 개수가 증가하면 한 개의 클래스 파일에 설정하는 것보다 영역별로 설정 파일을 나누면 관리하기 편해진다.

스프링은 한 개 이상의 설정 파일을 이용해서 컨테이너를 생성할 수 있다. 간단히 예를 들기 위해 [리스트 3.26]과 [리스트 3.27]의 두 설정 클래스 파일을 작성해보자. 이 두 파일은 지금까지 작성한 AppCtx.java의 빈 설정을 나눠서 설정한 것이다.

[리스트 3.26] sp5-chap03/src/main/java/config/AppConf1.java

```
01  package config;
02  
03  import org.springframework.context.annotation.Bean;
04  import org.springframework.context.annotation.Configuration;
05  
06  import spring.MemberDao;
07  import spring.MemberPrinter;
08  
09  @Configuration
10  public class AppConf1 {
11  
12      @Bean
```

```
13      public MemberDao memberDao() {
14          return new MemberDao();
15      }
16
17      @Bean
18      public MemberPrinter memberPrinter() {
19          return new MemberPrinter();
20      }
21
22  }
```

[리스트 3.27] sp5-chap03/src/main/java/config/AppConf2.java

```
01  package config;
02
03  import org.springframework.beans.factory.annotation.Autowired;
04  import org.springframework.context.annotation.Bean;
05  import org.springframework.context.annotation.Configuration;
06
07  import spring.ChangePasswordService;
08  import spring.MemberDao;
09  import spring.MemberInfoPrinter;
10  import spring.MemberListPrinter;
11  import spring.MemberPrinter;
12  import spring.MemberRegisterService;
13  import spring.VersionPrinter;
14
15  @Configuration
16  public class AppConf2 {
17      @Autowired
18      private MemberDao memberDao;
19      @Autowired
20      private MemberPrinter memberPrinter;
21
22      @Bean
23      public MemberRegisterService memberRegSvc() {
24          return new MemberRegisterService(memberDao);
25      }
26
27      @Bean
28      public ChangePasswordService changePwdSvc() {
29          ChangePasswordService pwdSvc = new ChangePasswordService();
30          pwdSvc.setMemberDao(memberDao);
31          return pwdSvc;
32      }
33
34      @Bean
35      public MemberListPrinter listPrinter() {
```

```
36            return new MemberListPrinter(memberDao, memberPrinter);
37        }
38
39        @Bean
40        public MemberInfoPrinter infoPrinter() {
41            MemberInfoPrinter infoPrinter = new MemberInfoPrinter();
42            infoPrinter.setMemberDao(memberDao);
43            infoPrinter.setPrinter(memberPrinter);
44            return infoPrinter;
45        }
46
47        @Bean
48        public VersionPrinter versionPrinter() {
49            VersionPrinter versionPrinter = new VersionPrinter();
50            versionPrinter.setMajorVersion(5);
51            versionPrinter.setMinorVersion(0);
52            return versionPrinter;
53        }
54    }
```

[리스트 3.26]은 앞서 봤던 설정 클래스와 차이가 없다. 차이가 있는 것은 [리스트 3.27]이다. AppConf2.java 클래스의 17~18행 코드는 다음과 같다.

```
@Autowired
private MemberDao memberDao;
```

여기서 @Autowired 애노테이션은 스프링의 자동 주입 기능을 위한 것이다. 주입이라는 단어에서 눈치 챈 독자도 있겠지만, 이 설정은 의존 주입과 관련이 있다. 스프링 설정 클래스의 필드에 @Autowired 애노테이션을 붙이면 해당 타입의 빈을 찾아서 필드에 할당한다. 위 설정의 경우 스프링 컨테이너는 MemberDao 타입의 빈을 memberDao 필드에 할당한다. AppConf1 클래스에 MemberDao 타입의 빈을 설정했으므로 AppConf2 클래스의 memberDao 필드에는 AppConf1 클래스에서 설정한 빈이 할당된다.

@Autowired 애노테이션을 이용해서 다른 설정 파일에 정의한 빈을 필드에 할당했다면 설정 메서드에서 이 필드를 사용해서 필요한 빈을 주입하면 된다. 34~37행의 코드를 보면 필드로 주입받은 빈 객체를 생성자를 이용해서 주입하고 있다.

```
// 17~20행
@Autowired
private MemberDao memberDao;
@Autowired
private MemberPrinter memberPrinter;
```

```
// 34~37행
@Bean
public MemberListPrinter listPrinter() {
    return new MemberListPrinter(memberDao, memberPrinter);
}
```

설정 클래스가 두 개 이상이어도 스프링 컨테이너를 생성하는 코드는 크게 다르지 않다. 다음과 같이 파라미터로 설정 클래스를 추가로 전달하면 된다.

```
ctx = new AnnotationConfigApplicationContext(AppConf1.class, AppConf2.class);
```

AnnotationConfigApplicationContext의 생성자의 인자는 가변 인자이기 때문에 설정 클래스 목록을 콤마로 구분해서 전달하면 된다.

두 개 이상의 설정 파일을 사용하도록 MainForSpring 클래스의 코드를 변경한 뒤 실행하면 동일하게 동작하는 것을 확인할 수 있다.

설정 파일 두 개를 사용하는 예제 코드는 MainForSpring2.java 파일에서 확인할 수 있다.

8.1 @Configuration 애노테이션, 빈, @Autowired 애노테이션

앞서 예제에서 @Autowired 애노테이션이 출현했으니 짧게 소개하고 넘어가자. @Autowired를 포함한 자동 주입에 대한 내용은 4장에서 더 자세히 살펴본다.

@Autowired 애노테이션은 스프링 빈에 의존하는 다른 빈을 자동으로 주입하고 싶을 때 사용한다. 예를 들어 MemberInfoPrinter 클래스에 다음과 같이 @Autowired 애노테이션을 사용했다고 하자.

```
import org.springframework.beans.factory.annotation.Autowired;

public class MemberInfoPrinter {

    @Autowired
    private MemberDao memDao;
    @Autowired
    private MemberPrinter printer;

    public void printMemberInfo(String email) {
        Member member = memDao.selectByEmail(email);
        if (member == null) {
```

```
            System.out.println("데이터 없음\n");
            return;
        }
        printer.print(member);
        System.out.println();
    }

    … 세터 생략
}
```

두 필드에 @Autowired 애노테이션을 붙였다. 이렇게 @Autowired 애노테이션을 의존 주입 대상에 붙이면 다음 코드처럼 스프링 설정 클래스의 @Bean 메서드에서 의존 주입을 위한 코드를 작성하지 않아도 된다.

```
@Bean
public MemberInfoPrinter infoPrinter() {
    MemberInfoPrinter infoPrinter = new MemberInfoPrinter();
    // 세터 메서드를 사용해서 의존 주입을 하지 않아도
    // 스프링 컨테이너가 @Autowired를 붙인 필드에
    // 자동으로 해당 타입의 빈 객체를 주입
    return infoPrinter;
}
```

앞서 [리스트 3.27]의 AppConf2.java 클래스를 다시 보자. 여기서는 설정 클래스에 @Autowired 애노테이션을 사용했다.

```
@Configuration
public class AppConf2 {
    @Autowired
    private MemberDao memberDao;
    @Autowired
    private MemberPrinter memberPrinter;
```

스프링 컨테이너는 설정 클래스에서 사용한 @Autowired에 대해서도 자동 주입을 처리한다. 실제로 스프링은 @Configuration 애노테이션이 붙은 설정 클래스를 내부적으로 스프링 빈으로 등록한다. 그리고 다른 빈과 마찬가지로 @Autowired가 붙은 대상에 대해 알맞은 빈을 자동으로 주입한다.

즉 스프링 컨테이너는 AppConf2 객체를 빈으로 등록하고, @Autowired 애노테이션이 붙은 두 필드–memberDao와 memberPrinter–에 해당 타입의 빈 객체를 주입한다. 실제 다음 코드를 실행하면 스프링 컨테이너가 @Configuration 애노테이션을 붙인 설정 클래스를 스프링 빈으로 등록한다는 것을 확인할 수 있다.

```
AbstractApplicationContext ctx =
    new AnnotationConfigApplicationContext(AppConf1.class, AppConf2.class);

// @Configuration 설정 클래스도 빈으로 등록함
AppConf1 appConf1 = ctx.getBean(AppConf1.class);
System.out.println(appConf1 != null);  // true 출력
```

8.2 @Import 애노테이션 사용

두 개 이상의 설정 파일을 사용하는 또 다른 방법은 @Import 애노테이션을 사용하는 것이다. @Import 애노테이션은 함께 사용할 설정 클래스를 지정한다. 예를 들어 [리스트 3.28]의 코드를 보자. 이 코드는 앞서 작성한 AppConf1.java에 [리스트 3.28]의 11행처럼 @Import 애노테이션을 추가한 것이다.

[리스트 3.28] sp5-chap03/src/main/java/config/AppConfImport.java

```
01  package config;
02  
03  import org.springframework.context.annotation.Bean;
04  import org.springframework.context.annotation.Configuration;
05  import org.springframework.context.annotation.Import;
06  
07  import spring.MemberDao;
08  import spring.MemberPrinter;
09  
10  @Configuration
11  @Import(AppConf2.class)
12  public class AppConfImport {
13  
14      @Bean
15      public MemberDao memberDao() {
16          return new MemberDao();
17      }
18  
19      @Bean
20      public MemberPrinter memberPrinter() {
21          return new MemberPrinter();
22      }
23  }
```

AppConfImport 설정 클래스를 사용하면, @Import 애노테이션으로 지정한 AppConf2 설정 클래스도 함께 사용하기 때문에 스프링 컨테이너를 생성할 때 AppConf2 설정 클래스를 지정할 필요가 없다. [리스트 3.29]처럼 AppConfImport 클래스만 사용하면 AppConf2 클래스의 설정도 함께 사용해서 컨테이너를 초기화한다. (제공하는 소스 코드에서는 MainForImport.java를 보면 된다.)

[리스트 3.29] sp5-chap03/src/main/java/main/MainForSpring.java (AppConfImport를 사용하도록 변경)

```
01  public class MainForSpring {
02  
03      private static ApplicationContext ctx = null;
04  
05      public static void main(String[] args) throws IOException {
06          ctx = new AnnotationConfigApplicationContext(AppConfImport.class);
07          ··· 생략
08      }
09  
10      ··· 생략
11  
12  }
```

@Import 애노테이션은 다음과 같이 배열을 이용해서 두 개 이상의 설정 클래스도 지정할 수 있다.

```
@Configuration
@Import( { AppConf1.class, AppConf2.class } )
public class AppConfImport {

}
```

다중 @Import

MainForSpring에서 AppConfImport를 사용하도록 수정했다면, 이후 다른 설정 클래스를 추가해도 MainForSpring을 수정할 필요가 없다. @Import를 사용해서 포함한 설정 클래스가 다시 @Import를 사용할 수 있다. 이렇게 하면 설정 클래스를 변경해도 AnnotationConfigApplicationContext를 생성하는 코드는 최상위 설정 클래스 한 개만 사용하면 된다.

9. getBean() 메서드 사용

지금까지 작성한 예제는 getBean() 메서드를 이용해서 사용할 빈 객체를 구했다.

```
VersionPrinter versionPrinter = ctx.getBean("versionPrinter", VersionPrinter.class);
```

여기서 getBean() 메서드의 첫 번째 인자는 빈의 이름이고 두 번째 인자는 빈의 타입이다. getBean() 메서드를 호출할 때 존재하지 않는 빈 이름을 사용하면 익셉션이 발생한다. 위 코드에서 "versionPrinter" 대신에 "versionPrinter2"를 getBean() 메서드에 인자로 주면 다음과 같은 익셉션이 발생한다. 실제로는 한 줄인데 가독성을 위해 줄을 나눠 표시했다.

```
Exception in thread "main"
org.springframework.beans.factory.NoSuchBeanDefinitionException:
No bean named 'versionPrinter2' available
```

"이름이 'versionPrinter2'인 빈이 사용 가능하지 않음"("No bean named 'version Printer2' available")이라는 에러 메시지가 출력되는데, 이를 통해 getBean() 메서드에 전달한 빈 이름이 잘못되었음을 알 수 있다.

빈의 실제 타입과 getBean() 메서드에 지정한 타입이 다르면 어떻게 될까? 이름이 listPrinter인 빈의 타입이 MemberListPrinter인데 다음과 같이 getBean() 메서드에 VersionPrinter 클래스를 전달했다고 하자.

```
VersionPrinter versionPrinter = ctx.getBean("listPrinter", VersionPrinter.class);
```

이 경우 발생하는 익셉션은 다음과 같다. 원래는 한 줄인데 읽기 쉽게 하려고 여러 줄로 나눠 표시했다.

```
Exception in thread "main"
org.springframework.beans.factory.BeanNotOfRequiredTypeException:
Bean named 'listPrinter' is expected to be of type 'spring.VersionPrinter' but was
actually of type 'spring.MemberListPrinter'
```

에러 메시지는 'listPrinter'의 타입으로 VersionPrinter 타입을 기대했는데 실제 타입은 MemberListPrinter라는 사실을 알려주고 있다.

다음과 같이 빈 이름을 지정하지 않고 타입만으로 빈을 구할 수도 있다.

```
VersionPrinter versionPrinter = ctx.getBean(MemberPrinter.class);
```

이 때 해당 타입의 빈 객체가 한 개만 존재하면 해당 빈을 구해서 리턴한다. 해당 타입의 빈 객체가 존재하지 않으면 다음과 같은 익셉션이 발생한다.

```
Exception in thread "main"
org.springframework.beans.factory.NoSuchBeanDefinitionException:
No qualifying bean of type 'spring.MemberPrinter' available
```

같은 타입의 빈 객체가 두 개 이상 존재할 수도 있다. 예를 들어 설정 클래스에 다음과 같이 타입이 VersionPrinter인 빈을 두 개 설정했다고 하자.

```
@Configuration
public class AppCtx {
   ... 생략

   @Bean
   public VersionPrinter versionPrinter() {
      VersionPrinter versionPrinter = new VersionPrinter();
      versionPrinter.setMajorVersion(5);
      versionPrinter.setMinorVersion(0);
      return versionPrinter;
   }

   @Bean
   public VersionPrinter oldVersionPrinter() {
      VersionPrinter versionPrinter = new VersionPrinter();
      versionPrinter.setMajorVersion(4);
      versionPrinter.setMinorVersion(3);
      return versionPrinter;
   }

}
```

이 경우 ctx.getBean(VersionPrinter.class) 메서드를 실행하면 다음과 같은 익셉션이 발생한다.

```
Exception in thread "main"
org.springframework.beans.factory.NoUniqueBeanDefinitionException:
No qualifying bean of type 'spring.VersionPrinter' available: expected single
matching bean but found 2: versionPrinter,oldVersionPrinter
```

이 익셉션은 VersionPrinter 타입의 빈을 구하려고 하는데, 해당 타입의 빈이 한 개가 아니고 두 개(이름이 versionPrinter와 oldVersionPrinter인 빈) 존재한다는 내용을 보여준다.

2장의 '스프링 객체 컨테이너'에서 스프링 컨테이너의 주요 계층도를 설명했다. 이 계층도에서 getBean() 메서드는 BeanFactory 인터페이스에 정의되어 있다. getBean() 메서드를 실제 구현한 클래스는 AbstractApplicationContext이다.

10. 주입 대상 객체를 모두 빈 객체로 설정해야 하나?

주입할 객체가 꼭 스프링 빈이어야 할 필요는 없다. 예를 들어 MemberPrinter를 빈으로 등록하지 않고 일반 객체로 생성해서 주입할 수 있다. 다음은 설정 예이다.

```
@Configuration
public class AppCtxNoMemberPrinterBean {
    private MemberPrinter printer = new MemberPrinter();   // 빈이 아님

    … 생략

    @Bean
    public MemberListPrinter listPrinter() {
        return new MemberListPrinter(memberDao(), printer);
    }

    @Bean
    public MemberInfoPrinter infoPrinter() {
        MemberInfoPrinter infoPrinter = new MemberInfoPrinter();
        infoPrinter.setMemberDao(memberDao());
        infoPrinter.setPrinter(printer);
        return infoPrinter;
    }

    … 생략
}
```

이 설정 코드는 MemberPrinter를 빈으로 등록하지 않았다. MemberPrinter 객체를 생성해서 printer 필드에 할당하고 그 필드를 사용해서 이름이 listPrinter인 빈과 infoPrinter인 빈을 생성했다. 이렇게 해도 MemberListPrinter 객체와 MemberInfoPrinter 객체는 정상적으로 동작한다.

객체를 스프링 빈으로 등록할 때와 등록하지 않을 때의 차이는 스프링 컨테이너가 객체를 관리하는지 여부이다. 위 코드와 같이 설정하면 MemberPrinter를 빈으로 등록하지 않으므로 스프링 컨테이너에서 MemberPrinter를 구할 수 없다.

```
// MemberPrinter를 빈으로 등록하지 않았으므로
// 아래 코드는 익셉션을 발생한다.
MemberPrinter printer = ctx.getBean(MemberPrinter.class);
```

스프링 컨테이너는 자동 주입, 라이프사이클 관리 등 단순 객체 생성 외에 객체 관리를 위한 다양한 기능을 제공하는데 빈으로 등록한 객체에만 기능을 적용한다.

스프링 컨테이너가 제공하는 관리 기능이 필요 없고 getBean() 메서드로 구할 필요가 없다면 빈 객체로 꼭 등록해야 하는 것은 아니다.

최근에는 의존 자동 주입 기능을 프로젝트 전반에 걸쳐 사용하는 추세이기 때문에 의존 주입 대상은 스프링 빈으로 등록하는 것이 보통이다.

Chapter 4

의존 자동 주입

이 장에서 다룰 내용

· @Autowired를 이용한 의존 자동 주입

앞서 3장에서 스프링의 DI 설정에 대해 살펴봤다. 설정 클래스는 다음과 같이 주입할 의존 대상을 생성자나 메서드를 이용해서 주입했다. 이 코드는 의존 대상을 설정 코드에서 직접 주입한다.

```
@Configuration
public class AppCtx {

    @Bean
    public MemberDao memberDao() {
        return new MemberDao();
    }

    @Bean
    public ChangePasswordService changePwdSvc() {
        ChangePasswordService pwdSvc = new ChangePasswordService();
        pwdSvc.setMemberDao(memberDao());    // 의존 주입
        return pwdSvc;
    }
```

이렇게 의존 대상을 설정 코드에서 직접 주입하지 않고 스프링이 자동으로 의존하는 빈 객체를 주입해주는 기능도 있다. 이를 자동 주입이라고 한다. 스프링 3 버전이나 4 버전 초기에는 의존 자동 주입에 호불호가 있었으나, 스프링 부트가 나오면서 의존 자동 주입을 사용하는 추세로 바뀌었다. 필자 역시 최근에는 스프링 부트와 함께 의존 자동 주입을 기본으로 사용하는 편이다.

노트 스프링 부트에 대한 내용은 [부록 B]에서 다룬다. 스프링 자체를 학습하지 않고 스프링 부트를 바로 읽으면 이해하기 어려우므로 스프링 부트가 뭔지 궁금하더라도 나머지를 읽고 [부록 B]를 읽도록 하자.

스프링에서 의존 자동 주입을 설정하려면 @Autowired 애노테이션이나 @Resource 애노테이션을 사용하면 되는데 이 책에서는 @Autowired 애노테이션의 사용 방법을 살펴본다.

노트 @javax.annotation.Resource 애노테이션은 자바에서 제공하는 애노테이션으로 스프링은 @Resource 애노테이션뿐만 아니라 자바EE에서 제공하는 @javax.inject.Inject 애노테이션을 지원한다. 스프링은 @Autowired 애노테이션과 유사하게 이 두 애노테이션에 대해 자동 주입을 적용한다. 이 책에서는 세 가지 애노테이션 중 주로 사용하는 @Autowired 애노테이션만 설명한다.

1. 예제 프로젝트 준비

먼저 예제로 사용할 프로젝트를 생성하자. 생성 방법은 2장과 3장에서 생성했던 것과 동일하다. 기억을 되살리는 의미에서 순서를 다시 적어보았다.

- 프로젝트 폴더로 사용할 sp5-chap04 폴더를 생성한다.
- sp5-chap04 폴더에 src/main/java 하위 폴더를 생성한다.
- sp5-chap04 폴더에 pom.xml 파일을 생성한다.
- 이클립스에서 sp5-chap04 폴더에 생성한 메이븐 프로젝트를 임포트한다.

3번 과정에서 사용할 pom.xml 파일은 [리스트 4.1]과 같이 작성한다. 3장의 pom.xml과 거의 같고 08행의 artifactId를 sp5-chap04로 바꿨다.

[리스트 4.1] sp5-chap04/pom.xml

```
01  <?xml version="1.0" encoding="UTF-8"?>
02  <project xmlns="http://maven.apache.org/POM/4.0.0"
03      xmlns:xsi="http://www.w3.org/2001/XMLSchema-instance"
04      xsi:schemaLocation="http://maven.apache.org/POM/4.0.0
05          http://maven.apache.org/xsd/maven-4.0.0.xsd">
06      <modelVersion>4.0.0</modelVersion>
07      <groupId>sp5</groupId>
08      <artifactId>sp5-chap04</artifactId>
09      <version>0.0.1-SNAPSHOT</version>
10
11      <dependencies>
12          <dependency>
13              <groupId>org.springframework</groupId>
```

```
14            <artifactId>spring-context</artifactId>
15            <version>5.0.2.RELEASE</version>
16        </dependency>
17    </dependencies>
18
19    <build>
20        <plugins>
21            <plugin>
22                <artifactId>maven-compiler-plugin</artifactId>
23                <version>3.7.0</version>
24                <configuration>
25                    <source>1.8</source>
26                    <target>1.8</target>
27                    <encoding>utf-8</encoding>
28                </configuration>
29            </plugin>
30        </plugins>
31    </build>
32
33 </project>
```

이 장에서는 앞서 3장에서 작성한 예제 코드를 그대로 사용한다. 다음 파일을 4장 프로젝트에 복사한다.

- spring 패키지의 모든 자바(.java) 파일
- config 패키지의 AppCtx.java
- main 패키지의 MainForSpring.java

[그림 4.1]은 4장 프로젝트를 생성한 뒤의 폴더 구조를 보여준다.

[그림 4.1] 4장 예제를 진행하기 위한 프로젝트 구조

2. @Autowired 애노테이션을 이용한 의존 자동 주입

자동 주입 기능을 사용하면 스프링이 알아서 의존 객체를 찾아서 주입한다. 예를 들어 자동 주입을 사용하면 [그림 4.2]처럼 설정에 의존 객체를 명시하지 않아도 스프링이 필요한 의존 빈 객체를 찾아서 주입해준다.

```
@Bean
public MemberDao memberDao() {
    return new MemberDao();
}

@Bean
public ChangePasswordService changePwdSvc() {
    ChangePasswordService pwdSvc = new ChangePasswordService();
    pwdSvc.setMemberDao(memberDao());
    return pwdSvc;
}
```

자동 주입 기능을 사용하면
@Bean 메서드에서
의존을 주입하지 않아도
의존 객체가 주입됨

```
@Bean
public MemberDao memberDao() {
    return new MemberDao();
}

@Bean
public ChangePasswordService changePwdSvc() {
    ChangePasswordService pwdSvc = new ChangePasswordService();
    return pwdSvc;
}
```

[그림 4.2] 자동 주입 기능을 사용하면 의존 객체를 직접 명시하지 않아도 스프링이 의존 객체를 주입

자동 주입 기능을 사용하는 것은 매우 간단하다. 의존을 주입할 대상에 @Autowired 애노테이션을 붙이기만 하면 된다. ChangePasswordService 클래스에 @Autowired 애노테이션을 적용해보자. 결과 코드는 [리스트 4.2]와 같다.

[리스트 4.2] sp5-chap04/src/main/java/spring/ChangePasswordService.java

```
01  package spring;
02  
03  import org.springframework.beans.factory.annotation.Autowired;
04  
05  public class ChangePasswordService {
06  
07      @Autowired
08      private MemberDao memberDao;
09  
10      public void changePassword(String email, String oldPwd, String newPwd) {
11          Member member = memberDao.selectByEmail(email);
12          if (member == null)
13              throw new MemberNotFoundException();
```

```
14
15            member.changePassword(oldPwd, newPwd);
16
17            memberDao.update(member);
18        }
19
20        public void setMemberDao(MemberDao memberDao) {
21            this.memberDao = memberDao;
22        }
23
24    }
```

07행을 보면 memberDao 필드에 @Autowired 애노테이션을 붙였다. @Autowired 애노테이션을 붙이면 설정 클래스에서 의존을 주입하지 않아도 된다. 필드에 @Autowired 애노테이션이 붙어 있으면 스프링이 해당 타입의 빈 객체를 찾아서 필드에 할당한다.

@Autowired 애노테이션을 memberDao 필드에 붙였으므로 [리스트 4.3]과 같이 AppCtx 클래스의 @Bean 설정 메서드에서 의존을 주입하는 코드를 삭제하면 된다. changePwdSvc() 메서드를 보면 16행에서 생성한 ChangePasswordService 객체의 setMemberDao() 메서드를 호출하지 않는다. setMemberDao()를 호출해서 MemberDao 빈 객체를 주입하지 않아도 스프링이 MemberDao 타입의 빈 객체를 주입하기 때문이다.

[리스트 4.3] sp5-chap04/src/main/java/config/AppCtx.java

```
01    @Configuration
02    public class AppCtx {
03
04        @Bean
05        public MemberDao memberDao() {
06            return new MemberDao();
07        }
08
09        @Bean
10        public MemberRegisterService memberRegSvc() {
11            return new MemberRegisterService(memberDao());
12        }
13
14        @Bean
15        public ChangePasswordService changePwdSvc() {
16            ChangePasswordService pwdSvc = new ChangePasswordService();
17            return pwdSvc;
18        }
19        // 의존을 주입하지 않아도 스프링이 @Autowired가 붙인 필드에
20        // 해당 타입의 빈 객체를 찾아서 주입한다
21        ...
```

MainForSpring을 실행한 뒤 ChangePasswordService와 관련된 암호 변경 기능을 실행해보자. [그림 4.3]처럼 암호 변경 기능이 정상 동작하는 것을 확인할 수 있다.

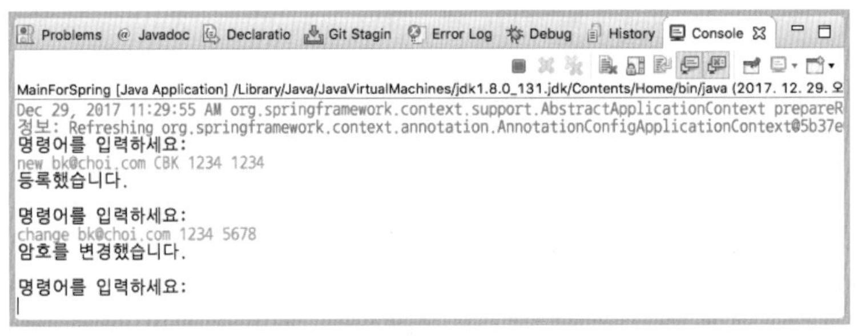

[그림 4.3] @Autowired 애노테이션을 적용한 필드에 올바르게 빈 주입

만약 @Autowired 애노테이션을 설정한 필드에 알맞은 빈 객체가 주입되지 않았다면 ChangePasswordService의 memberDao 필드는 null일 것이다. 그러면 암호 변경 기능을 실행할 때 NullPointerException이 발생하게 된다. 암호 변경 기능이 정상 동작했다는 것은 @Autowired 애노테이션을 붙인 필드에 실제 MemberDao 타입의 빈 객체가 주입되었음을 의미한다.

@Autowired 애노테이션은 메서드에도 붙일 수 있다. [리스트 4.4]와 같이 MemberInfoPrinter 클래스의 두 세터 메서드에 @Autowired 애노테이션을 붙여보자.

[리스트 4.4] sp5-chap04/src/main/java/spring/MemberInfoPrinter.java

```
01  package spring;
02
03  import org.springframework.beans.factory.annotation.Autowired;
04
05  public class MemberInfoPrinter {
06
07      private MemberDao memDao;
08      private MemberPrinter printer;
09
10      public void printMemberInfo(String email) {
11          Member member = memDao.selectByEmail(email);
12          if (member == null) {
13              System.out.println("데이터 없음₩n");
14              return;
15          }
16          printer.print(member);
17          System.out.println();
18      }
19
20      @Autowired
21      public void setMemberDao(MemberDao memberDao) {
22          this.memDao = memberDao;
```

```
23        }
24
25        @Autowired
26        public void setPrinter(MemberPrinter printer) {
27            this.printer = printer;
28        }
29
30    }
```

AppCtx 설정 클래스에서 infoPrinter() 메서드를 [리스트 4.5]와 같이 수정한다.

[리스트 4.5] sp5-chap04/src/main/java/config/AppCtx.java

```
01    @Configuration
02    public class AppCtx {
03
04        @Bean
05        public MemberDao memberDao() {
06            return new MemberDao();
07        }
08
09        … 생략
10
11        @Bean
12        public MemberPrinter memberPrinter() {
13            return new MemberPrinter();
14        }
15
16        @Bean
17        public MemberInfoPrinter infoPrinter() {
18            MemberInfoPrinter infoPrinter = new MemberInfoPrinter();
19            return infoPrinter;
20        }
21
22    }
```

18행에서 생성한 MemberInfoPrinter 객체의 두 세터 메서드를 호출하지 않도록 수정했다. MainForSpring을 다시 실행해서 MemberInfoPrinter 빈 객체를 사용하는 기능을 실행해보자. [그림 4.4]와 같이 정상 동작하는 것을 확인할 수 있다.

```
Problems @ Javadoc Declaration Git Staging Error Log Debug History Console
<terminated> MainForSpring [Java Application] /Library/Java/JavaVirtualMachines/jdk1.8.0_131.jdk/Contents/Home/bin
Dec 29, 2017 11:51:15 AM org.springframework.context.support.AbstractApplicationContext pr
정보: Refreshing org.springframework.context.annotation.AnnotationConfigApplicationContext
명령어를 입력하세요:
new choi@bk.com CBK 1234 1234
등록했습니다.

명령어를 입력하세요:
info choi@bk.com
회원 정보: 아이디=1, 이메일=choi@bk.com, 이름=CBK, 등록일=2017-12-29

명령어를 입력하세요:
exit
종료합니다.
```

[그림 4.4] @Autowired 애노테이션을 적용한 메서드에 올바르게 빈 주입

빈 객체의 메서드에 @Autowired 애노테이션을 붙이면 스프링은 해당 메서드를 호출한다. 이때 메서드 파라미터 타입에 해당하는 빈 객체를 찾아 인자로 주입한다.

[그림 4.5]는 @Autowired 애노테이션을 적용했을 때 주입이 어떻게 연결되는지 보여준다.

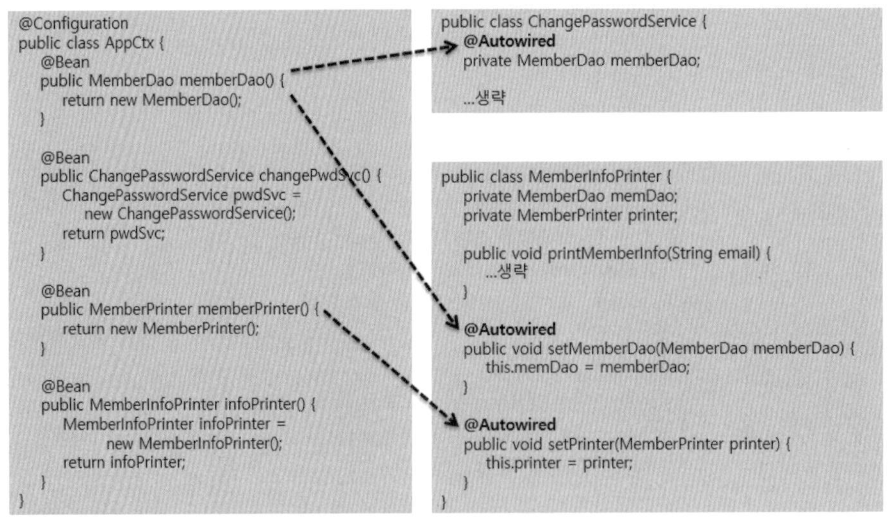

[그림 4.5] @Autowired 애노테이션과 빈의 매칭

@Autowired 애노테이션을 필드나 세터 메서드에 붙이면 스프링은 타입이 일치하는 빈 객체를 찾아서 주입한다. [그림 4.5]에서 ChangePasswordService의 memberDao 필드 타입은 MemberDao이므로 일치하는 타입을 가진 memberDao 빈이 주입된다. 비슷하게 MemberInfoPrinter의 setMemberDao() 메서드의 memberDao 파라미터 타입이 MemberDao이므로 setMemberDao() 메서드에 일치하는 타입을 가진 memberDao 빈이 주입된다.

나머지 클래스에도 @Autowired를 설정해보자. 먼저 MemberRegisterService 클래스에 [리스트 4.6]과 같은 코드를 추가한다. 05행의 memberDao 필드에 @Autowired 애노테이션을 붙였고 07~08행의 인자 없는 기본 생성자를 추가했다.

[리스트 4.6] sp5-chap04/src/main/java/spring/MemberRegisterService.java

```
01  import org.springframework.beans.factory.annotation.Autowired;
02
03  public class MemberRegisterService {
04      @Autowired
05      private MemberDao memberDao;
06
07      public MemberRegisterService() {
08      }
09
10      public MemberRegisterService(MemberDao memberDao) {
11          this.memberDao = memberDao;
12      }
13
14      … 생략
15  }
```

MemberListPrinter 클래스에도 @Autowired 애노테이션을 적용하자. 이번에는 [리스트 4.7]과 같이 세터 메서드를 추가하고 세터 메서드에 @Autowired 애노테이션을 붙여보자. 인자가 없는 기본 생성자도 추가했다.

[리스트 4.7] sp5-chap04/src/main/java/spring/MemberListPrinter.java

```
01  import org.springframework.beans.factory.annotation.Autowired;
02
03  public class MemberListPrinter {
04
05      private MemberDao memberDao;
06      private MemberPrinter printer;
07
08      public MemberListPrinter() {
09      }
10
11      … 생략
12
13      @Autowired
14      public void setMemberDao(MemberDao memberDao) {
15          this.memberDao = memberDao;
16      }
17
18      @Autowired
19      public void setMemberPrinter(MemberPrinter printer) {
20          this.printer = printer;
21      }
22  }
```

스프링 빈으로 생성할 모든 클래스에 @Autowired 애노테이션을 적용했으므로 설정 클래스에서 의존을 주입하는 코드를 변경하자. 변경한 AppCtx 클래스는 [리스트 4.8]과 같다. [리스트 4.6]과 [리스트 4.7]에 기본 생성자를 추가했는데 그 이유는 AppCtx 클래스에서 기본 생성자를 이용해서 객체를 생성하기 위함이다.

[리스트 4.8] sp5-chap04/src/main/java/config/AppCtx.java

```
01  package config;
02
03  import org.springframework.context.annotation.Bean;
04  import org.springframework.context.annotation.Configuration;
05
06  import spring.ChangePasswordService;
07  import spring.MemberDao;
08  import spring.MemberInfoPrinter;
09  import spring.MemberListPrinter;
10  import spring.MemberPrinter;
11  import spring.MemberRegisterService;
12  import spring.VersionPrinter;
13
14  @Configuration
15  public class AppCtx {
16
17      @Bean
18      public MemberDao memberDao() {
19          return new MemberDao();
20      }
21
22      @Bean
23      public MemberRegisterService memberRegSvc() {
24          return new MemberRegisterService();
25      }
26
27      @Bean
28      public ChangePasswordService changePwdSvc() {
29          return new ChangePasswordService();
30      }
31
32      @Bean
33      public MemberPriter memberPrinter() {
34          return new MemberPrinter();
35      }
36
37      @Bean
38      public MemberListPrinter listPrinter() {
39          return new MemberListPrinter();
40      }
```

```
41
42      @Bean
43      public MemberInfoPrinter infoPrinter() {
44          return new MemberInfoPrinter();
45      }
46
47      @Bean
48      public VersionPrinter versionPrinter() {
49          VersionPrinter versionPrinter = new VersionPrinter();
50          versionPrinter.setMajorVersion(5);
51          versionPrinter.setMinorVersion(0);
52          return versionPrinter;
53      }
54  }
```

모든 클래스에 @Autowired 애노테이션을 적용하고 설정 클래스에서 의존을 주입하는 코드를 제거했다. MainForSpring 클래스를 다시 실행해서 모든 것이 제대로 동작하는지 확인해보도록 하자.

2.1 일치하는 빈이 없는 경우

@Autowired 애노테이션을 적용한 대상에 일치하는 빈이 없으면 어떻게 될까? AppCtx 설정 클래스의 memberDao() 메서드를 주석 처리하고 확인해보자.

```
@Configuration
public class AppCtx {

//  @Bean
//  public MemberDao memberDao() {
//      return new MemberDao();
//  }

    @Bean
    public MemberRegisterService memberRegSvc() {
        return new MemberRegisterService();
    }
```

이 상태에서 MainForSpring을 실행하면 익셉션이 발생하면서 제대로 실행되지 않는다. 콘솔에는 다음과 같은 에러 메시지가 출력된다. 스프링 버전에 따로 에러 메시지는 조금 달라질 수 있지만 에러 내용은 유사하다.

```
Exception in thread "main" o..생략.UnsatisfiedDependencyException: Error
creating bean with name 'memberRegSvc': Unsatisfied dependency expressed
through field 'memberDao'; nested exception is o..생략.NoSuchBeanDefinitionE
xception: No qualifying bean of type 'spring.MemberDao' available: expected at
least 1 bean which qualifies as autowire candidate. Dependency annotations: {@
org.springframework.beans.factory.annotation.Autowired(required=true)}
```

에러를 보면 이름이 'memberRegSvc' 빈을 생성하는데 에러가 발생했다(Error creating bean with name 'memberRegSvc')는 내용이 나온다. 이어서 'memberDao' 필드에 대한 의존을 충족하지 않는다는 내용(Unsatisfied dependency expressed through field 'memberDao')이 나오고 적용할 수 있는 MemberDao 타입의 빈이 없다(No qualifying bean of type 'spring.MemberDao' available)는 내용이 나온다.

이 에러 메시지는 @Autowired 애노테이션을 붙인 MemberRegisterService의 memberDao 필드에 주입할 MemberDao 빈이 존재하지 않아 에러가 발생했다는 사실을 알려준다.

반대로 @Autowired 애노테이션을 붙인 주입 대상에 일치하는 빈이 두 개 이상이면 어떻게 될까? 다음과 같이 memberPrinter에 해당하는 빈 설정 메서드를 주석으로 막고 이름이 memberPrinter1()인 빈 설정과 memberPrinter2()인 빈 설정을 추가하자.

```
// @Bean
// public MemberPrinter memberPrinter() {
//     return new MemberPrinter();
// }

@Bean
public MemberPrinter memberPrinter1() {
    return new MemberPrinter();
}

@Bean
public MemberPrinter memberPrinter2() {
    return new MemberPrinter();
}
```

설정 클래스를 수정한 뒤 MainForSpring을 실행하면 다음과 익셉션 메시지가 출력된다.

```
Exception in thread "main" o.생략.UnsatisfiedDependencyException: Error
creating bean with name 'listPrinter': Unsatisfied dependency expressed through
method 'setMemberPrinter' parameter 0; nested exception is o.생략.NoUniqueBea
nDefinitionException: No qualifying bean of type 'spring.MemberPrinter' available:
expected single matching bean but found 2: memberPrinter1,memberPrinter2
```

에러 메시지는 MemberPrinter 타입의 빈을 한정할 수 없는데(No qualifying bean of type 'spring.MemberPrinter' available), 해당 타입 빈이 한 개가 아니라 이름이 memberPrinter1, memberPrinter2인 두 개의 빈을 발견했다는(expected single matching bean but found 2: memberPrinter1,memberPrinter2) 사실을 알려준다.

자동 주입을 하려면 해당 타입을 가진 빈이 어떤 빈인지 정확하게 한정할 수 있어야 하는데 MemberPrinter 타입의 빈이 두 개여서 어떤 빈을 자동 주입 대상으로 선택해야 할지 한정할 수 없다. 이 경우 스프링은 자동 주입에 실패하고 익셉션을 발생시킨다.

3. @Qualifier 애노테이션을 이용한 의존 객체 선택

자동 주입 가능한 빈이 두 개 이상이면 자동 주입할 빈을 지정할 수 있는 방법이 필요하다. 이때 @Qualifier 애노테이션을 사용한다. @Qualifier 애노테이션을 사용하면 자동 주입 대상 빈을 한정할 수 있다.

@Qualifier 애노테이션은 두 위치에서 사용 가능하다. 첫 번째는 @Bean 애노테이션을 붙인 빈 설정 메서드이다. 다음은 설정 예이다.

```
import org.springframework.beans.factory.annotation.Qualifier;
import org.springframework.context.annotation.Bean;
… 생략

@Configuration
public class AppCtx {

   … 생략

   @Bean
   @Qualifier("printer")
   public MemberPrinter memberPrinter1() {
      return new MemberPrinter();
   }

   @Bean
   public MemberPrinter memberPrinter2() {
```

```
        return new MemberPrinter();
    }

    ... 생략
}
```

이 코드에서 memberPrinter1() 메서드에 "printer" 값을 갖는 @Qualifier 애노테이션을 붙였다. 이 설정은 해당 빈의 한정 값으로 "printer"를 지정한다.

이렇게 지정한 한정 값은 @Autowired 애노테이션에서 자동 주입할 빈을 한정할 때 사용한다. 이곳이 @Qualifier 애노테이션을 사용하는 두 번째 위치이다. 다음 코드를 보자.

```
public class MemberListPrinter {

    private MemberDao memberDao;
    private MemberPrinter printer;

    ... 생략

    @Autowired
    @Qualifier("printer")
    public void setMemberPrinter(MemberPrinter printer) {
        this.printer = printer;
    }
}
```

setMemberPrinter() 메서드에 @Autowired 애노테이션을 붙였으므로 MemberPrinter 타입의 빈을 자동 주입한다. 이때 @Qualifier 애노테이션 값이 "printer"이므로 한정 값이 "printer"인 빈을 의존 주입 후보로 사용한다. 앞서 스프링 설정 클래스에서 @Qualifier 애노테이션의 값으로 "printer"를 준 MemberPrinter 타입의 빈(memberPrinter1)을 자동 주입 대상으로 사용한다.

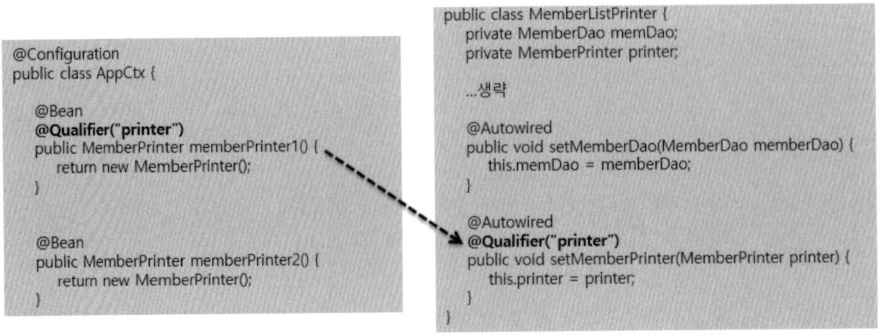

```
@Configuration
public class AppCtx {

    @Bean
    @Qualifier("printer")
    public MemberPrinter memberPrinter1() {
        return new MemberPrinter();
    }

    @Bean
    public MemberPrinter memberPrinter2() {
        return new MemberPrinter();
    }
```

```
public class MemberListPrinter {
    private MemberDao memDao;
    private MemberPrinter printer;

    ...생략

    @Autowired
    public void setMemberDao(MemberDao memberDao) {
        this.memDao = memberDao;
    }

    @Autowired
    @Qualifier("printer")
    public void setMemberPrinter(MemberPrinter printer) {
        this.printer = printer;
    }
}
```

[그림 4.6] @Qualifier 애노테이션을 이용한 자동 주입 대상 빈 지정

MemberListPrinter 클래스뿐만 아니라 MemberInfoPrinter의 setPrinter() 메서드에도 @Qualifier("printer") 애노테이션을 붙여서 의존 주입 대상을 한정한다. MemberPrinter 타입 빈을 주입받는 모든 @Autowired 애노테이션에 @Qualifier 애노테이션을 붙였으므로 다시 MainForSpring을 실행해보자. 의존 자동 주입이 정상 동작할 것이다.

@Autowired 애노테이션을 필드와 메서드에 모두 적용할 수 있으므로 @Qualifier 애노테이션도 필드와 메서드에 적용할 수 있다.

3.1 빈 이름과 기본 한정자

빈 설정에 @Qualifier 애노테이션이 없으면 빈의 이름을 한정자로 지정한다. 다음 설정 클래스를 보자.

```
@Configuration
public class AppCtx2 {

    @Bean
    public MemberPrinter printer() {
        return new MemberPrinter();
    }

    @Bean
    @Qualifier("mprinter")
    public MemberPrinter printer2() {
        return new MemberPrinter();
    }

    @Bean
    public MemberInfoPrinter2 infoPrinter() {
        MemberInfoPrinter2 infoPrinter = new MemberInfoPrinter2();
        return infoPrinter;
    }

}
```

여기서 printer() 메서드로 정의한 빈의 한정자는 빈 이름인 "printer"가 된다. printer2 빈은 @Qualifier 애노테이션 값은 "mprinter"가 한정자가 된다.

@Autowired 애노테이션도 @Qualifier 애노테이션이 없으면 필드나 파라미터 이름을 한정자로 사용한다. 예를 들어 다음 코드는 printer 필드에 일치하는 빈이 두 개 이상 존재하면 한정자로 필드 이름인 "printer"를 사용한다.

```
public class MemberInfoPrinter2 {

    @Autowired
    private MemberPrinter printer;
```

[표 4.1]은 지금까지 설명한 빈 이름과 한정자의 관계를 정리한 것이다.

[표 4.1] 빈 이름과 한정자 관계

빈 이름	@Qualifier	한정자
printer		printer
printer2	mprinter	mprinter
infoPrinter		infoPrinter

4. 상위/하위 타입 관계와 자동 주입

[리스트 4.9]를 보자. 이 클래스는 MemberPrinter 클래스를 상속한 MemberSummary Printer 클래스이다.

[리스트 4.9] sp5-chap04/src/main/java/spring/MemberSummaryPrinter.java

```
01  package spring;
02
03  public class MemberSummaryPrinter extends MemberPrinter {
04
05      @Override
06      public void print(Member member) {
07          System.out.printf(
08                  "회원 정보: 이메일=%s, 이름=%s\n",
09                  member.getEmail(), member.getName());
10      }
11
12  }
```

AppCtx 클래스 설정에서 memberPrinter2() 메서드가 MemberSummaryPrinter 타입의 빈 객체를 설정하도록 변경하자. 그리고 @Qualifier 애노테이션도 삭제한다.

```
@Configuration
public class AppCtx {

    … 생략

    @Bean
```

```
    public MemberPrinter memberPrinter1() {
        return new MemberPrinter();
    }

    @Bean
    public MemberSummaryPrinter memberPrinter2() {
        return new MemberSummaryPrinter();
    }
```

MemberListPrinter 클래스와 MemberInfoPrinter 클래스의 세터 메서드에 붙인 @Qualifier 애노테이션도 삭제한다. 그리고 MainForSpring을 다시 실행하자. 앞서 MemberPrinter 타입 빈을 두 개 설정하고 @Qualifier 애노테이션을 붙이지 않았을 때와 동일한 익셉션이 발생할 것이다.

memberPrinter2 빈을 MemberSummaryPrinter 타입으로 변경했음에도 같은 에러가 발생하는 이유는 MemberSummaryPrinter 클래스가 MemberPrinter 클래스를 상속했기 때문이다. MemberSummaryPrinter 클래스는 MemberPrinter 타입에도 할당할 수 있으므로, 스프링 컨테이너는 MemberPrinter 타입 빈을 자동 주입해야 하는 @Autowired 애노테이션 태그를 만나면 memberPrinter1 빈과 memberPrinter2 타입 빈 중에서 어떤 빈을 주입해야 할지 알 수 없다. 그래서 익셉션을 발생시키는 것이다.

이 예제에서는 MemberListPrinter 클래스와 MemberInfoPrinter 클래스가 MemberPrinter 타입의 빈을 자동 주입하므로 어떤 빈을 주입할지 결정해야 한다. 먼저 MemberInfoPrinter 클래스에는 @Qualifier 애노테이션을 사용해서 주입할 빈을 한정하자. 다음과 같이 설정 클래스와 @Autowired 애노테이션을 붙인 곳에 동일한 @Qualifier 애노테이션을 붙여서 주입할 빈을 한정한다.

```
@Configuration
public class AppCtx {

    ... 생략

    @Bean
    @Qualifier("printer")
    public MemberPrinter memberPrinter1() {
        return new MemberPrinter();
    }
    ... 생략
}

public class MemberInfoPrinter {
```

```
    private MemberDao memDao;
    private MemberPrinter printer;

    ... 생략

    @Autowired
    @Qualifier("printer")
    public void setPrinter(MemberPrinter printer) {
        this.printer = printer;
    }

}
```

MemberListPrinter 클래스에 자동 주입할 MemberPrinter 타입 빈은 두 가지 방법으로 처리할 수 있다. 첫 번째는 MemberInfoPrinter와 동일하게 @Qualifier 애노테이션을 사용하는 것이다.

```
@Configuration
public class AppCtx {

    ... 생략

    @Bean
    @Qualifier("printer")
    public MemberPrinter memberPrinter1() {
        return new MemberPrinter();
    }

    @Bean
    @Qualifier("summaryPrinter")
    public MemberSummaryPrinter memberPrinter2() {
        return new MemberSummaryPrinter();
    }

    ... 생략
}

public class MemberListPrinter {

    private MemberDao memberDao;
    private MemberPrinter printer;

    ... 생략

    @Autowired
    @Qualifier("summaryPrinter")
```

```
    public void setMemberPrinter(MemberPrinter printer) {
        this.printer = printer;
    }
}
```

두 번째 방법은 MemberListPrinter가 MemberSummaryPrinter를 사용하도록 수정하는 것이다. MemberSummaryPrinter 타입 빈은 한 개만 존재하므로 MemberSummaryPrinter 빈을 자동 주입 받도록 코드를 수정하면 자동 주입할 대상이 두 개 이상이어서 발생하는 문제를 피할 수 있다.

```
public class MemberListPrinter {

    ... 생략

    @Autowired
    public void setMemberPrinter(MemberSummaryPrinter printer) {
        this.printer = printer;
    }
}
```

5. @Autowired 애노테이션의 필수 여부

MemberPrinter 코드를 다음과 같이 바꿔보자.

```
public class MemberPrinter {
    private DateTimeFormatter dateTimeFormatter;

    public void print(Member member) {
        if (dateTimeFormatter == null) {
            System.out.printf(
                "회원 정보: 아이디=%d, 이메일=%s, 이름=%s, 등록일=%tF₩n",
                member.getId(), member.getEmail(),
                member.getName(), member.getRegisterDateTime());
        } else {
            System.out.printf(
                    "회원 정보: 아이디=%d, 이메일=%s, 이름=%s, 등록일=%s₩n",
                    member.getId(), member.getEmail(),
                    member.getName(),
                    dateTimeFormatter.format(member.getRegisterDateTime()));
        }
    }

    @Autowired
```

```
    public void setDateFormatter(DateTimeFormatter dateTimeFormatter) {
        this.dateTimeFormatter = dateTimeFormatter;
    }

}
```

dateTimeFormatter 필드가 null이면 날짜 형식을 %tF로 출력하고 이 필드가 null이 아니면 dateTimeFormatter를 이용해서 날짜 형식을 맞춰 출력하도록 print() 메서드를 수정했다. 세터 메서드는 @Autowired 애노테이션을 이용해서 자동 주입하도록 했다.

print() 메서드는 dateTimeFormatter가 null인 경우에도 알맞게 동작한다. 즉 반드시 setDateFormatter()를 통해서 의존 객체를 주입할 필요는 없다. setDateFormatter()에 주입할 빈이 존재하지 않아도 MemberPrinter가 동작하는데는 문제가 없다.

그런데 @Autowired 애노테이션은 기본적으로 @Autowired 애노테이션을 붙인 타입에 해당하는 빈이 존재하지 않으면 익셉션을 발생한다. 따라서 setDateFormatter() 메서드에서 필요로 하는 DateTimeFormatter 타입의 빈이 존재하지 않으면 익셉션이 발생한다. MemberPrinter는 setDateFormatter() 메서드에 자동 주입할 빈이 존재하지 않으면 익셉션이 발생하기보다는 그냥 dateTimeFormatter 필드가 null이면 된다.

이렇게 자동 주입할 대상이 필수가 아닌 경우에는 @Autowired 애노테이션의 required 속성을 다음과 같이 false로 지정하면 된다.

```
public class MemberPrinter {
    private DateTimeFormatter dateTimeFormatter;

    public void print(Member member) {
        … 생략
    }

    @Autowired(required = false)
    public void setDateFormatter(DateTimeFormatter dateTimeFormatter) {
        this.dateTimeFormatter = dateTimeFormatter;
    }

}
```

@Autowired 애노테이션의 required 속성을 false로 지정하면 매칭되는 빈이 없어도 익셉션이 발생하지 않으며 자동 주입을 수행하지 않는다. 위 예에서 DateTimeFormatter 타입의 빈이 존재하지 않으면 익셉션을 발생하지 않고 setDateFormatter() 메서드를 실행하지 않는다.

스프링 5 버전부터는 @Autowired 애노테이션의 required 속성을 false로 하는 대신에 다음과 같이 의존 주입 대상에 자바 8의 Optional을 사용해도 된다.

```
public class MemberPrinter {
    private DateTimeFormatter dateTimeFormatter;

    public void print(Member member) {
        ...
    }

    @Autowired
    public void setDateFormatter(Optional<DateTimeFormatter> formatterOpt) {
        if (formatterOpt.isPresent()) {
            this.dateTimeFormatter = formatterOpt.get();
        } else {
            this.dateTimeFormatter = null;
        }
    }

}
```

자동 주입 대상 타입이 Optional인 경우, 일치하는 빈이 존재하지 않으면 값이 없는 Optional을 인자로 전달하고(익셉션이 발생하지 않는다), 일치하는 빈이 존재하면 해당 빈을 값으로 갖는 Optional을 인자로 전달한다. Optional을 사용하는 코드는 값 존재 여부에 따라 알맞게 의존 객체를 사용하면 된다. 위 코드는 Optional#isPresent() 메서드가 true이면 값이 존재하므로 해당 값을 dateTimeFormatter 필드에 할당한다. 즉 DateTimeFormatter 타입 빈을 주입 받아 dateTimeFormatter 필드에 할당한다. 값이 존재하지 않으면 주입 받은 빈 객체가 없으므로 dateTimeFormatter 필드에 null을 할당한다.

필수 여부를 지정하는 세 번째 방법은 @Nullable 애노테이션을 사용하는 것이다.

```
import org.springframework.lang.Nullable;

public class MemberPrinter {
    private DateTimeFormatter dateTimeFormatter;

    public void print(Member member) {
        ... 생략
    }

    @Autowired
    public void setDateFormatter(@Nullable DateTimeFormatter dateTimeFormatter) {
        this.dateTimeFormatter = dateTimeFormatter;
```

```
        this.dateTimeFormatter = dateTimeFormatter;
    }

}
```

@Autowired 애노테이션을 붙인 세터 메서드에서 @Nullable 애노테이션을 의존 주입 대상 파라미터에 붙이면, 스프링 컨테이너는 세터 메서드를 호출할 때 자동 주입할 빈이 존재하면 해당 빈을 인자로 전달하고, 존재하지 않으면 인자로 null을 전달한다.

위 예제에서 사용한 @Nullable 애노테이션은 스프링이 제공하는 애노테이션이다. 스프링뿐만 아니라 JSR 305의 @Nullable이나 코틀린 언어의 @Nullable 애노테이션을 지원한다.

@Autowired 애노테이션의 required 속성을 false로 할 때와 차이점은 @Nullable 애노테이션을 사용하면 자동 주입할 빈이 존재하지 않아도 메서드가 호출된다는 점이다. @Autowired 애노테이션의 경우 required 속성이 false인데 대상 빈이 존재하지 않으면 세터 메서드를 호출하지 않는다.

앞서 설명한 세 가지 방식은 필드에도 그대로 적용된다. 필드에 @Autowired 애노테이션을 사용했다면 required 속성을 false로 지정하거나 Optional을 사용하거나 @Nullable 애노테이션을 사용해서 필수 여부를 지정할 수 있다. 다음은 required 속성을 false로 지정한 예이다.

```
public class MemberPrinter {
    @Autowired(required=false)
    private DateTimeFormatter dateTimeFormatter;

    public void print(Member member) {
        ...
    }
```

다음은 필드 타입으로 Optional을 사용한 예이다. Optional을 사용했으므로 Optional을 사용하도록 코드를 알맞게 수정한다.

```
public class MemberPrinter {
    @Autowired
    private Optional<DateTimeFormatter> formatterOpt;

    public void print(Member member) {
        DateTimeFormatter dateTimeFormatter = formatterOpt.orElse(null);
        if (dateTimeFormatter == null) {
            ... 생략    }
```

```
        } else {
            ··· 생략
        }
    }
```

다음 코드는 @Nullable 애노테이션 사용 예이다.

```
public class MemberPrinter {
    @Autowired
    @Nullable
    private DateTimeFormatter dateTimeFormatter;

    public void print(Member member) {
        ...
    }
```

5.1 생성자 초기화와 필수 여부 지정 방식 동작 이해

[리스트 4.10]을 보자.

[리스트 4.10] 자동 주입 대상 필드를 기본 생성자에서 초기화한 예

```
01 public class MemberPrinter {
02     private DateTimeFormatter dateTimeFormatter;
03 
04     public MemberPrinter() {
05         dateTimeFormatter = DateTimeFormatter.ofPattern("yyyy년 MM월 dd일");
06     }
07 
08     public void print(Member member) {
09         if (dateTimeFormatter == null) {
10             System.out.printf(
11                 "회원 정보: 아이디=%d, 이메일=%s, 이름=%s, 등록일=%tF\n",
12                 member.getId(), member.getEmail(),
13                 member.getName(), member.getRegisterDateTime());
14         } else {
15             System.out.printf(
16                 "회원 정보: 아이디=%d, 이메일=%s, 이름=%s, 등록일=%s\n",
17                 member.getId(), member.getEmail(),
18                 member.getName(),
19                 dateTimeFormatter.format(member.getRegisterDateTime()));
20         }
21     }
22 
23     @Autowired(required = false)
24     public void setDateFormatter(DateTimeFormatter dateTimeFormatter) {
25         this.dateTimeFormatter = dateTimeFormatter;
26     }
```

이 코드는 기본 생성자에서 dateTimeFormatter 필드의 값을 초기화한다. 23행에서 @Autowired 애노테이션의 required 속성은 false로 지정했다.

DateTimeFormatter 타입의 빈이 존재하지 않은 상태에서 MainForSpring을 실행한 뒤 info 명령어로 회원 정보를 출력해보자. [그림 4.7]과 같이 기본 생성자에서 초기화한 DateTimeFormatter를 사용해서 회원의 가입 일자를 출력하는 것을 확인할 수 있다.

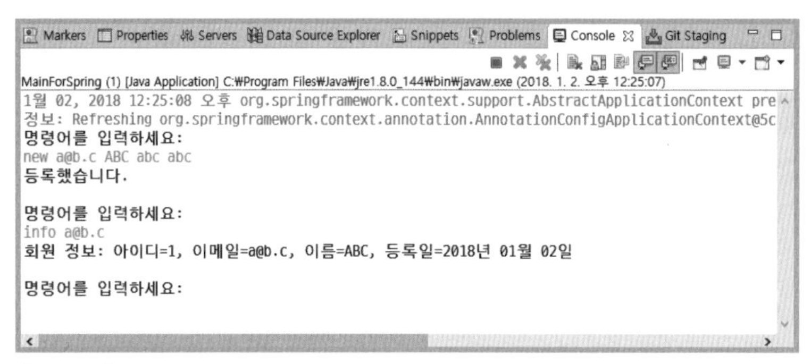

[그림 4.7] @Autowired 애노테이션의 required 속성이 false이면, 매칭되는 빈이 존재하지 않을 때 기본 생성자에서 초기화한 값을 null로 바꾸지 않음.

이 실행 결과를 통해 @Autowired 애노테이션의 required 속성이 false이면 일치하는 빈이 존재하지 않을 때 자동 주입 대상이 되는 필드나 메서드에 null을 전달하지 않는다는 것을 알 수 있다. 만약 일치하는 빈이 존재하지 않을 때 24-26행의 setDateFormatter() 메서드에 null을 인자로 주어 호출한다면 05행의 기본 생성자에서 초기화한 DateTimeFormatter의 형식으로 날짜 형식을 출력하지 않을 것이다.

@Autowired(required = false) 대신에 @Nullable을 사용하도록 바꿔보자.

```
public class MemberPrinter {
    private DateTimeFormatter dateTimeFormatter;

    public MemberPrinter() {
        dateTimeFormatter = DateTimeFormatter.ofPattern("yyyy년 MM월 dd일");
    }

    public void print(Member member) {
        … 동일 코드
    }

    @Autowired
    public void setDateFormatter(@Nullable DateTimeFormatter dateTimeFormatter) {
        this.dateTimeFormatter = dateTimeFormatter;
    }
```

MainForSpring을 실행한 뒤에 info 명령어를 실행하면 [그림 4.8]과 같이 dateTime Formatter가 null일 때의 결과가 출력된다.

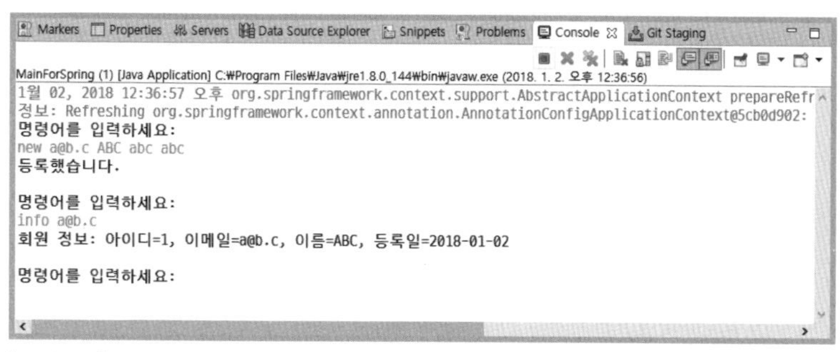

[그림 4.8] @Nullable 애노테이션을 사용하면 매칭되는 빈이 존재하지 않을 때 null 값으로 할당

@Nullable 애노테이션을 사용할 경우 스프링 컨테이너는 의존 주입 대상이 존재하지 않으면 null을 값으로 전달한다. 위 예의 경우 setDateFormatter() 메서드에 null을 전달한다. 스프링 컨테이너는 빈을 초기화하기 위해 기본 생성자를 이용해서 객체를 생성하고 의존 자동 주입을 처리하기 위해 setDateFormatter() 메서드를 호출한다. 그래서 기본 생성자에서 dateTimeFormatter 필드를 초기화해도 setDateFormatter() 메서드가 null을 전달받게 되어 dateTimeFormatter 필드가 다시 null로 바뀐 것이다.

일치하는 빈이 없으면 값 할당 자체를 하지 않는 @Autowired(required = false)와 달리 @Nullable 애노테이션을 사용하면 일치하는 빈이 없을 때 null 값을 할당한다. 유사하게 Optional 타입은 매칭되는 빈이 없으면 값이 없는 Optional을 할당한다. 기본 생성자에서 자동 주입 대상이 되는 필드를 초기화할 때는 이 점에 유의해야 한다.

6. 자동 주입과 명시적 의존 주입 간의 관계

설정 클래스에서 의존을 주입했는데 자동 주입 대상이면 어떻게 될까? AppCtx 설정 클래스의 infoPrinter() 메서드를 [리스트 4.11]과 같이 변경해보자.

[리스트 4.11] AppCtx 클래스의 infoPrinter 메서드 변경

```
01  @Configuration
02  public class AppCtx {
03  
04      … 생략
05  
06      @Bean
07      @Qualifier("printer")
08      public MemberPrinter memberPrinter1() {
09          return new MemberPrinter();
10      }
```

```
11
12      @Bean
13      @Qualifier("summaryPrinter")
14      public MemberSummaryPrinter memberPrinter2() {
15          return new MemberSummaryPrinter();
16      }
17
18      @Bean
19      public MemberListPrinter listPrinter() {
20          return new MemberListPrinter();
21      }
22
23      @Bean
24      public MemberInfoPrinter infoPrinter() {
25          MemberInfoPrinter infoPrinter = new MemberInfoPrinter();
26          infoPrinter.setPrinter(memberPrinter2());
27          return infoPrinter;
28      }
29
30      ... 생략
31  }
```

infoPrinter() 메서드는 MemberInfoPrinter#setPrinter() 메서드를 호출해서 memberPrinter2 빈을 주입하고 있다. memberPrinter2 빈은 MemberSummaryPrinter 객체이므로 이메일과 이름만 출력한다([리스트 4.9]를 다시 보자).

MemberInfoPrinter#setPrinter() 메서드는 다음과 같이 @Autowired 애노테이션이 붙어 있다.

```
public class MemberInfoPrinter {
    ...

    @Autowired
    @Qualifier("printer")
    public void setPrinter(MemberPrinter printer) {
        this.printer = printer;
    }
}
```

이 상태에서 MainForSpring을 실행하고 info 명령어를 실행해보자. 출력 결과를 보면 아래와 같이 회원의 전체 정보를 보여준다. 이는 26행에서 주입한 memberPrinter2 빈이(MemberSummaryPrinter 타입 객체가) 아닌 memberPrinter1 빈을 사용해서 회원 정보를 출력한 것을 의미한다.

```
명령어를 입력하세요:
new a@b.c ABC abc abc
등록했습니다.

명령어를 입력하세요:
info a@b.c
회원 정보: 아이디=1, 이메일=a@b.c, 이름=ABC, 등록일=2018-01-02
```

즉 설정 클래스에서 세터 메서드를 통해 의존을 주입해도 해당 세터 메서드에 @Autowired 애노테이션이 붙어 있으면 자동 주입을 통해 일치하는 빈을 주입한다. 따라서 @Autowired 애노테이션을 사용했다면 설정 클래스에서 객체를 주입하기보다는 스프링이 제공하는 자동 주입 기능을 사용하는 편이 낫다.

자동 주입을 하는 코드와 수동으로 주입하는 코드가 섞여 있으면 주입을 제대로 하지 않아서 NullPointerException이 발생했을 때 원인을 찾는 데 오랜 시간이 걸릴 수 있다. 의존 자동 주입을 사용한다면 일관되게 사용해야 이런 문제가 줄어든다. 의존 자동 주입을 사용하고 있다면 일부 자동 주입을 적용하기 어려운 코드를 제외한 나머지 코드는 의존 자동 주입을 사용하자.

Chapter 5

컴포넌트 스캔

이 장에서 다룰 내용

· 컴포넌트 스캔

자동 주입과 함께 사용하는 추가 기능이 컴포넌트 스캔이다. 컴포넌트 스캔은 스프링이 직접 클래스를 검색해서 빈으로 등록해주는 기능이다. 설정 클래스에 빈으로 등록하지 않아도 원하는 클래스를 빈으로 등록할 수 있으므로 컴포넌트 스캔 기능을 사용하면 설정 코드가 크게 줄어든다.

이 장의 예제는 4장에서 작성한 코드에서 시작할 것이다. 4장 예제를 그대로 사용해도 되고 sp5-chap05 프로젝트를 만들고 4장 코드를 복사해서 시작해도 된다. sp5-chap05 프로젝트를 만든다면 pom.xml의 <artifactId> 태그의 값을 sp5-chap05로 바꾼 뒤에 이클립스에 임포트한다.

1. @Component 애노테이션으로 스캔 대상 지정

스프링이 검색해서 빈으로 등록할 수 있으려면 클래스에 @Component 애노테이션을 붙여야 한다. @Component 애노테이션은 해당 클래스를 스캔 대상으로 표시한다. 예제에서 사용할 코드 중에서 다음 코드에 @Component 애노테이션을 붙여볼 것이다.

- ChangePasswordService
- MemberDao
- MemberInfoPrinter
- MemberListPrinter
- MemberRegisterService

먼저 MemberDao 클래스에 [리스트 5.1]과 같이 @Component 애노테이션을 붙인다.

[리스트 5.1] @Component 애노테이션을 MemberDao 클래스에 붙인 예

```
01  package spring;
02
03  import java.util.Collection;
04  import java.util.HashMap;
05  import java.util.Map;
06
07  import org.springframework.stereotype.Component;
08
09  @Component
10  public class MemberDao {
11
12      private static long nextId = 0;
13
14      private Map<String, Member> map = new HashMap<>();
15
16      public Member selectByEmail(String email) {
17          return map.get(email);
18      }
19
20      … 생략
21  }
```

ChangePasswordService 클래스와 MemberRegisterService 클래스에도 동일하게 @Component 애노테이션을 붙인다.

MemberInfoPrinter 클래스에는 [리스트 5.2]와 같이 @Component 애노테이션에 속성값을 준다.

[리스트 5.2] @Component 애노테이션에 속성값을 사용한 예

```
01  package spring;
02
03  import org.springframework.beans.factory.annotation.Autowired;
04  import org.springframework.beans.factory.annotation.Qualifier;
05  import org.springframework.stereotype.Component;
06
07  @Component("infoPrinter")
08  public class MemberInfoPrinter {
09
10      private MemberDao memDao;
11      private MemberPrinter printer;
12
13      … 생략
14  }
```

@Component 애노테이션에 값을 주었는지에 따라 빈으로 등록할 때 사용할 이름이 결정된다. 앞서 [리스트 5.1]에서는 @Component 애노테이션에 값을 주지 않았다. 이 경우 클래스 이름의 첫 글자를 소문자로 바꾼 이름을 빈 이름으로 사용한다. 예를 들어 클래스 이름이 MemberDao이면 빈 이름으로 "memberDao"를 사용하고 클래스 이름이 MemberRegisterService이면 빈 이름으로 "memberRegisterService"를 사용한다.

@Component 애노테이션에 값을 주면 그 값을 빈 이름으로 사용한다. [리스트 5.2]의 경우 클래스 이름은 MemberInfoPrinter이지만 빈 이름으로 "infoPrinter"를 사용한다.

MemberListPrinter 클래스도 다음과 같이 @Component 애노테이션을 설정한다. "listPrinter"를 빈 이름으로 설정했다.

```
@Component("listPrinter")
public class MemberListPrinter {

    private MemberDao memberDao;
    private MemberPrinter printer;
```

2. @ComponentScan 애노테이션으로 스캔 설정

@Component 애노테이션을 붙인 클래스를 스캔해서 스프링 빈으로 등록하려면 설정 클래스에 @ComponentScan 애노테이션을 적용해야 한다. 설정 클래스인 AppCtx에 @ComponentScan 애노테이션을 적용한 코드는 [리스트 5.3]과 같다.

[리스트 5.3] sp5-chap05/src/main/java/config/AppCtx.java

```
01  package config;
02  
03  import org.springframework.beans.factory.annotation.Qualifier;
04  import org.springframework.context.annotation.Bean;
05  import org.springframework.context.annotation.ComponentScan;
06  import org.springframework.context.annotation.Configuration;
07  
08  import spring.MemberPrinter;
09  import spring.MemberSummaryPrinter;
10  import spring.VersionPrinter;
11  
12  @Configuration
13  @ComponentScan(basePackages = {"spring"})
14  public class AppCtx {
15  
16      @Bean
17      @Qualifier("printer")
18      public MemberPrinter memberPrinter1() {
```

```
19            return new MemberPrinter();
20        }
21
22        @Bean
23        @Qualifier("summaryPrinter")
24        public MemberSummaryPrinter memberPrinter2() {
25            return new MemberSummaryPrinter();
26        }
27
28        @Bean
29        public VersionPrinter versionPrinter() {
30            VersionPrinter versionPrinter = new VersionPrinter();
31            versionPrinter.setMajorVersion(5);
32            versionPrinter.setMinorVersion(0);
33            return versionPrinter;
34        }
35    }
```

4장에서 작성한 AppCtx 클래스와 비교해보자. 스프링 컨테이너가 @Component 애노테이션을 붙인 클래스를 검색해서 빈으로 등록해주기 때문에 설정 코드가 줄어든 것을 알 수 있다.

13행에서 @ComponentScan 애노테이션의 basePackages 속성값은 {"spring"}이다. 이 속성은 스캔 대상 패키지 목록을 지정한다. 13행에서는 "spring" 값 한 개만 존재하는데 이는 spring 패키지와 그 하위 패키지에 속한 클래스를 스캔 대상으로 설정한다. 스캔 대상에 해당하는 클래스 중에서 @Component 애노테이션이 붙은 클래스의 객체를 생성해서 빈으로 등록한다.

3. 예제 실행

MainForSpring 클래스에서 일부 수정할 코드가 있다. MainForSpring 코드를 보면 다음과 같이 이름으로 빈을 검색하는 코드가 있다.

```
// processNewCommand() 메서드
MemberRegisterService regSvc =
    ctx.getBean("memberRegSvc", MemberRegisterService.class);

// processChangeCommand() 메서드
ChangePasswordService changePwdSvc =
    ctx.getBean("changePwdSvc", ChangePasswordService.class);

// processListCommand() 메서드
MemberListPrinter listPrinter =
```

```
    ctx.getBean("listPrinter", MemberListPrinter.class);

// processInfoCommand() 메서드
MemberInfoPrinter infoPrinter =
    ctx.getBean("infoPrinter", MemberInfoPrinter.class);

// processVersionCommand() 메서드
VersionPrinter versionPrinter =
    ctx.getBean("versionPrinter", VersionPrinter.class);
```

이 중에서 MemberRegisterService 타입 빈과 ChangePasswordService 타입의 빈은 이름이 달라졌다. 이 두 클래스에 @Component 애노테이션을 붙일 때 속성값을 주지 않았는데, 이 경우 클래스 이름의 첫 글자를 소문자로 바꾼 이름을 빈 이름으로 사용한다. 따라서 MemberRegisterService 타입 빈 객체의 이름은 "memberRegisterService"가 되고 ChangePasswordService 타입 빈 객체의 이름은 "changePasswordService"가 된다.

이 두 타입의 빈을 구하는 코드를 다음과 같이 타입만으로 구하도록 변경한다.

```
// processNewCommand() 메서드: 62행
MemberRegisterService regSvc = ctx.getBean(MemberRegisterService.class);

// processChangeCommand() 메서드: 87행
ChangePasswordService changePwdSvc = ctx.getBean(ChangePasswordService.
class);
```

MemberListPrinter 클래스와 MemberInfoPrinter 클래스는 @Component 애노테이션 속성값으로 빈 이름을 알맞게 지정했으므로 MainForSpring에서 빈을 구하는 코드를 수정할 필요가 없다.

MainForSpring 클래스를 수정하고 컴포넌트 스캔으로 등록한 MemberRegister Service 타입 빈과 MemberInfoPrinter 타입 빈을 사용하는 new 명령어와 info 명령어를 실행해보자. 정상 동작할 것이다.

4. 스캔 대상에서 제외하거나 포함하기

excludeFilters 속성을 사용하면 스캔할 때 특정 대상을 자동 등록 대상에서 제외할 수 있다. 다음 코드는 excludeFilters 속성의 사용 예를 보여준다.

```
import org.springframework.context.annotation.ComponentScan;
import org.springframework.context.annotation.FilterType;
import org.springframework.context.annotation.ComponentScan.Filter;

@Configuration
@ComponentScan(basePackages = {"spring" },
    excludeFilters = @Filter(type = FilterType.REGEX, pattern = "spring\\..*Dao"))
public class AppCtxWithExclude {
    @Bean
    public MemberDao memberDao() {
        return new MemberDao();
    }

    @Bean
    @Qualifier("printer")
    public MemberPrinter memberPrinter1() {
        return new MemberPrinter();
    }
```

이 코드는 @Filter 애노테이션의 type 속성값으로 FilterType.REGEX를 주었다. 이는 정규표현식을 사용해서 제외 대상을 지정한다는 것을 의미한다. pattern 속성은 FilterType에 적용할 값을 설정한다. 위 설정에서는 "spring."으로 시작하고 Dao로 끝나는 정규표현식을 지정했으므로 spring.MemberDao 클래스를 컴포넌트 스캔 대상에서 제외한다.

FilterType.ASPECTJ를 필터 타입으로 설정할 수도 있다. 이 타입을 사용하면 정규표현식 대신 AspectJ 패턴을 사용해서 대상을 지정한다. 다음 코드는 설정 예이다.

```
@Configuration
@ComponentScan(basePackages = {"spring" },
    excludeFilters = @Filter(type = FilterType.ASPECTJ, pattern = "spring.*Dao"))
public class AppCtxWithExclude {
    @Bean
    public MemberDao memberDao() {
        return new MemberDao();
    }
```

AspectJ 패턴은 정규표현식과 다른데 이에 관한 내용은 7장에서 살펴본다. 일단 지금은 "spring.*Dao" AspectJ 패턴은 spring 패키지의 Dao로 끝나는 타입을 지정한다는 정도로만 알고 넘어가자. 위 설정을 사용하면 spring 패키지에서 이름이 Dao로 끝나는 타입을 컴포넌트 스캔 대상에서 제외한다.

AspectJ 패턴이 동작하려면 의존 대상에 aspectjweaver 모듈을 추가해야 한다.

```
<dependencies>
    <dependency>
        <groupId>org.springframework</groupId>
        <artifactId>spring-context</artifactId>
        <version>5.0.2.RELEASE</version>
    </dependency>

    <dependency>
        <groupId>org.aspectj</groupId>
        <artifactId>aspectjweaver</artifactId>
        <version>1.8.13</version>
    </dependency>

</dependencies>
```

patterns 속성은 String[] 타입이므로 배열을 이용해서 패턴을 한 개 이상 지정할 수 있다.

특정 애노테이션을 붙인 타입을 컴포넌트 대상에서 제외할 수도 있다. 예를 들어 다음의@NoProduct나 @ManualBean 애노테이션을 붙인 클래스는 컴포넌트 스캔 대상에서 제외하고 싶다고 하자.

```
@Retention(RUNTIME)
@Target(TYPE)
public @interface NoProduct {
}

@Retention(RUNTIME)
@Target(TYPE)
public @interface ManualBean {
}
```

이 두 애노테이션을 붙인 클래스를 컴포넌트 스캔 대상에서 제외하려면 다음과 같이 excludeFilters 속성을 설정한다.

```
@Configuration
@ComponentScan(basePackages = {"spring", "spring2" },
    excludeFilters = @Filter(type = FilterType.ANNOTATION,
                             classes = {NoProduct.class, ManualBean.class } ))
public class AppCtxWithExclude {
    @Bean
    public MemberDao memberDao() {
        return new MemberDao();
    }
```

type 속성값으로 FilterType.ANNOTATION을 사용하면 classes 속성에 필터로 사용할 애노테이션 타입을 값으로 준다. 이 코드는 @ManualBean 애노테이션을 제외 대상에 추가했으므로 다음 클래스를 컴포넌트 스캔 대상에서 제외한다.

```
@ManualBean
@Component
public class MemberDao {
    ...
}
```

특정 타입이나 그 하위 타입을 컴포넌트 스캔 대상에서 제외하려면 ASSIGNABLE_TYPE을 FilterType으로 사용한다.

```
@Configuration
@ComponentScan(basePackages = {"spring" },
    excludeFilters = @Filter(type = FilterType.ASSIGNABLE_TYPE,
                             classes = MemberDao.class ))
public class AppCtxWithExclude {
```

classes 속성에는 제외할 타입 목록을 지정한다. 위 설정은 제외할 타입이 한 개이므로 배열 표기를 사용하지 않았다.

설정할 필터가 두 개 이상이면 @ComponentScan의 excludeFilters 속성에 배열을 사용해서 @Filter 목록을 전달하면 된다. 다음은 예이다.

```
@Configuration
@ComponentScan(basePackages = {"spring" },
    excludeFilters = {
        @Filter(type = FilterType.ANNOTATION, classes = ManualBean.class ),
        @Filter(type = FilterType.REGEX, pattern = "spring2\\..*")
})
public class AppCtxWithExclude {
```

4.1 기본 스캔 대상

@Component 애노테이션을 붙인 클래스만 컴포넌트 스캔 대상에 포함되는 것은 아니다. 다음 애노테이션을 붙인 클래스가 컴포넌트 스캔 대상에 포함된다.

- @Component(org.springframework.stereotype 패키지)
- @Controller(org.springframework.stereotype 패키지)
- @Service(org.springframework.stereotype 패키지)
- @Repository(org.springframework.stereotype 패키지)

- @Aspect(org.aspectj.lang.annotation 패키지)
- @Configuration(org.springframework.context.annotation 패키지)

@Aspect 애노테이션을 제외한 나머지 애노테이션은 실제로는 @Component 애노테이션에 대한 특수 애노테이션이다. 예를 들어 @Controller 애노테이션은 다음과 같다.

```
@Target({ElementType.TYPE})
@Retention(RetentionPolicy.RUNTIME)
@Documented
@Component
public @interface Controller {

    @AliasFor(annotation = Component.class)
    String value() default "";

}
```

@Component 애노테이션이 붙어 있는데, 스프링은 @Controller 애노테이션을 @Component 애노테이션과 동일하게 컴포넌트 스캔 대상에 포함한다. @Controller 애노테이션이나 @Repository 애노테이션 등은 컴포넌트 스캔 대상이 될뿐만 아니라 스프링 프레임워크에서 특별한 기능과 연관되어 있다. 예를 들어 @Controller 애노테이션은 웹 MVC와 관련 있고 @Repository 애노테이션은 DB 연동과 관련 있다. 각 애노테이션의 용도는 관련 장에서 살펴보도록 하자.

5. 컴포넌트 스캔에 따른 충돌 처리

컴포넌트 스캔 기능을 사용해서 자동으로 빈을 등록할 때에는 충돌에 주의해야 한다. 크게 빈 이름 충돌과 수동 등록에 따른 충돌이 발생할 수 있다. 이에 대해 차례대로 살펴보자.

5.1 빈 이름 충돌

spring 패키지와 spring2 패키지에 MemberRegisterService 클래스가 존재하고 두 클래스 모두 @Component 애노테이션을 붙였다고 하자. 이 상태에서 다음 @ComponentScan 애노테이션을 사용하면 어떻게 될까?

```
@Configuration
@ComponentScan(basePackages = {"spring", "spring2" })
public class AppCtx {
    ...
}
```

위 설정을 이용해서 스프링 컨테이너를 생성하면 다음과 같이 익셉션이 발생한다.

```
Exception in thread "main" o..생략.BeanDefinitionStoreException: Failed
to parse configuration class [config.AppCtx]; nested exception is o..생
략.ConflictingBeanDefinitionException: Annotation-specified bean name
'memberRegisterService' for bean class [spring2.MemberRegisterService]
conflicts with existing, non-compatible bean definition of same name and class
[spring.MemberRegisterService]
```

에러 메시지를 보면 spring2.MemberRegisterService 클래스를 빈으로 등록할 때 사용한 빈 이름인 memberRegisterService가 타입이 일치하지 않는 spring.MemberRegisterService 타입의 빈 이름과 충돌난다는 것을 알 수 있다.

이런 문제는 컴포넌트 스캔 과정에서 쉽게 발생할 수 있다. 이렇게 컴포넌트 스캔 과정에서 서로 다른 타입인데 같은 빈 이름을 사용하는 경우가 있다면 둘 중 하나에 명시적으로 빈 이름을 지정해서 이름 충돌을 피해야 한다.

5.2 수동 등록한 빈과 충돌

이 장을 진행하면서 MemberDao 클래스에 @Component 애노테이션을 붙였다.

```
@Component
public class MemberDao {
    ...
}
```

MemberDao 클래스는 컴포넌트 스캔 대상이다. 자동 등록된 빈의 이름은 클래스 이름의 첫 글자를 소문자로 바꾼 "memberDao"이다. 그런데 다음과 같이 설정 클래스에 직접 MemberDao 클래스를 "memberDao"라는 이름의 빈으로 등록하면 어떻게 될까?

```
@Configuration
@ComponentScan(basePackages = {"spring"})
public class AppCtx {

    @Bean
    public MemberDao memberDao() {
        MemberDao memberDao = new MemberDao();
        return memberDao;
    }
```

스캔할 때 사용하는 빈 이름과 수동 등록한 빈 이름이 같은 경우 수동 등록한 빈이 우선한다. 즉 MemberDao 타입 빈은 AppCtx에서 정의한 한 개만 존재한다.

다음과 같이 다른 이름을 사용하면 어떻게 될까?

```
@Configuration
@ComponentScan(basePackages = {"spring"})
public class AppCtx {

    @Bean
    public MemberDao memberDao2() {
        MemberDao memberDao = new MemberDao();
        return memberDao;
    }
```

이 경우 스캔을 통해 등록한 "memberDao" 빈과 수동 등록한 "memberDao2" 빈이 모두 존재한다. MemberDao 타입의 빈이 두 개가 생성되므로 자동 주입하는 코드는 @Qualifier 애노테이션을 사용해서 알맞은 빈을 선택해야 한다.

Chapter 6

빈 라이프사이클과 범위

이 장에서 다룰 내용

· 컨테이너 초기화와 종료
· 빈 객체의 라이프사이클
· 싱글톤과 프로토타입 범위

1. 컨테이너 초기화와 종료

스프링 컨테이너는 초기화와 종료라는 라이프사이클을 갖는다. 2장에서 작성한 Main.java 코드의 일부를 다시 보자.

```
// 1. 컨테이너 초기화
AnnotationConfigApplicationContext ctx =
        new AnnotationConfigApplicationContext(AppContext.class);

// 2. 컨테이너에서 빈 객체를 구해서 사용
Greeter g = ctx.getBean("greeter", Greeter.class);
String msg = g.greet("스프링");
System.out.println(msg);

// 3. 컨테이너 종료
ctx.close();
```

위 코드를 보면 AnnotationConfigApplicationContext의 생성자를 이용해서 컨텍스트 객체를 생성하는데 이 시점에 스프링 컨테이너를 초기화한다. 스프링 컨테이너는 설정 클래스에서 정보를 읽어와 알맞은 빈 객체를 생성하고 각 빈을 연결(의존 주입)하는 작업을 수행한다.

컨테이너 초기화가 완료되면 컨테이너를 사용할 수 있다. 컨테이너를 사용한다는 것은 getBean()과 같은 메서드를 이용해서 컨테이너에 보관된 빈 객체를 구한다는 것을 뜻한다.

컨테이너 사용이 끝나면 컨테이너를 종료한다. 컨테이너를 종료할 때 사용하는 메서드가 close() 메서드이다. close() 메서드는 AbstractApplicationContext 클래스에 정의되어 있다. 자바 설정을 사용하는 AnnotationConfigApplicationContext 클래스나 XML 설정을 사용하는 GenericXmlApplicationContext 클래스 모두 AbstractApplicationContext 클래스를 상속받고 있다. 따라서 앞서 코드처럼 close() 메서드를 이용해서 컨테이너를 종료할 수 있다.

컨테이너를 초기화하고 종료할 때에는 다음의 작업도 함께 수행한다.

- 컨테이너 초기화 → 빈 객체의 생성, 의존 주입, 초기화
- 컨테이너 종료 → 빈 객체의 소멸

스프링 컨테이너의 라이프사이클에 따라 빈 객체도 자연스럽게 생성과 소멸이라는 라이프사이클을 갖는다. 이에 대한 내용을 이어서 살펴보자.

6장 예제 프로젝트는 2장 또는 3장의 예제와 동일하게 생성한다. pom.xml의 artifactId 값만 sp5-chap06으로 변경하자.

2. 스프링 빈 객체의 라이프사이클

스프링 컨테이너는 빈 객체의 라이프사이클을 관리한다. 컨테이너가 관리하는 빈 객체의 라이프사이클은 [그림 6.1]과 같다.

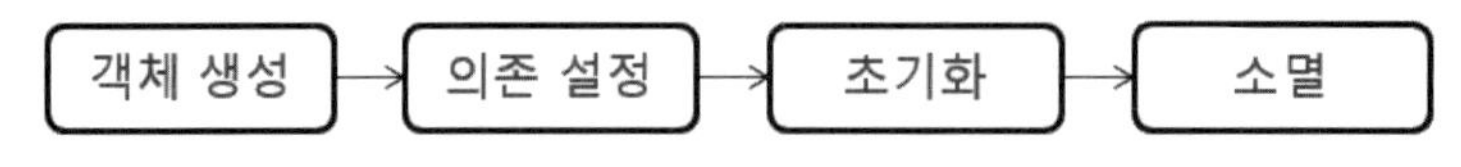

[그림 6.1] 빈 객체의 라이프사이클

스프링 컨테이너를 초기화할 때 스프링 컨테이너는 가장 먼저 빈 객체를 생성하고 의존을 설정한다. 의존 자동 주입을 통한 의존 설정이 이 시점에 수행된다. 모든 의존 설정이

완료되면 빈 객체의 초기화를 수행한다. 빈 객체를 초기화하기 위해 스프링은 빈 객체의 지정된 메서드를 호출한다.

스프링 컨테이너를 종료하면 스프링 컨테이너는 빈 객체의 소멸을 처리한다. 이때에도 지정한 메서드를 호출한다.

2.1 빈 객체의 초기화와 소멸 : 스프링 인터페이스

스프링 컨테이너는 빈 객체를 초기화하고 소멸하기 위해 빈 객체의 지정한 메서드를 호출한다. 스프링은 다음의 두 인터페이스에 이 메서드를 정의하고 있다.

- org.springframework.beans.factory.InitializingBean
- org.springframework.beans.factory.DisposableBean

두 인터페이스는 다음과 같다.

```
public interface InitializingBean {
    void afterPropertiesSet() throws Exception;
}

public interface DisposableBean {
    void destroy() throws Exception;
}
```

빈 객체가 InitializingBean 인터페이스를 구현하면 스프링 컨테이너는 초기화 과정에서 빈 객체의 afterPropertiesSet() 메서드를 실행한다. 빈 객체를 생성한 뒤에 초기화 과정이 필요하면 InitializingBean 인터페이스를 상속하고 afterPropertiesSet() 메서드를 알맞게 구현하면 된다.

스프링 컨테이너는 빈 객체가 DisposableBean 인터페이스를 구현한 경우 소멸 과정에서 빈 객체의 destroy() 메서드를 실행한다. 빈 객체의 소멸 과정이 필요하면 DisposableBean 인터페이스를 상속하고 destroy() 메서드를 알맞게 구현하면 된다.

초기화와 소멸 과정이 필요한 예가 데이터베이스 커넥션 풀이다. 커넥션 풀을 위한 빈 객체는 초기화 과정에서 데이터베이스 연결을 생성한다. 컨테이너를 사용하는 동안 연결을 유지하고 빈 객체를 소멸할 때 사용중인 데이터베이스 연결을 끊어야 한다.

또 다른 예로 채팅 클라이언트가 있다. 채팅 클라이언트는 시작할 때 서버와 연결을 생성하고 종료할 때 연결을 끊는다. 이때 서버와의 연결을 생성하고 끊는 작업을 초기화 시점과 소멸 시점에 수행하면 된다.

InitializingBean 인터페이스와 DisposableBean 인터페이스를 구현한 간단한 클래스를 통해서 실제로 초기화 메서드와 소멸 메서드가 언제 실행되는지 확인해보자. 사용할 클래스는 [리스트 6.1]과 같다.

[리스트 6.1] sp5-chap06/src/main/java/spring/Client.java

```
01  package spring;
02  
03  import org.springframework.beans.factory.DisposableBean;
04  import org.springframework.beans.factory.InitializingBean;
05  
06  public class Client implements InitializingBean, DisposableBean {
07  
08      private String host;
09  
10      public void setHost(String host) {
11          this.host = host;
12      }
13  
14      @Override
15      public void afterPropertiesSet() throws Exception {
16          System.out.println("Client.afterPropertiesSet() 실행");
17      }
18  
19      public void send() {
20          System.out.println("Client.send() to " + host);
21      }
22  
23      @Override
24      public void destroy() throws Exception {
25          System.out.println("Client.destroy() 실행");
26      }
27  
28  }
```

각 메서드는 콘솔에 관련 메시지를 출력하도록 구현했다. 이 메시지를 출력한 이유는 실행되는 순서를 확인하기 위함이다.

Client 클래스를 위한 설정 클래스는 [리스트 6.2]와 같다.

[리스트 6.2] sp5-chap06/src/main/java/config/AppCtx.java

```
01  package config;
02  
03  import org.springframework.context.annotation.Bean;
04  import org.springframework.context.annotation.Configuration;
05  
```

```
06  import spring.Client;
07
08  @Configuration
09  public class AppCtx {
10
11      @Bean
12      public Client client() {
13          Client client = new Client();
14          client.setHost("host");
15          return client;
16      }
17  }
```

이제 AppCtx를 이용해서 스프링 컨테이너를 생성하고 Client 빈 객체를 구해 사용하는 코드를 [리스트 6.3]과 같이 작성한다.

[리스트 6.3] sp5-chap06/src/main/java/main/Main.java

```
01  package main;
02
03  import java.io.IOException;
04
05  import org.springframework.context.annotation.AnnotationConfigApplicationContext;
06  import org.springframework.context.support.AbstractApplicationContext;
07
08  import config.AppCtx;
09  import spring.Client;
10
11  public class Main {
12
13      public static void main(String[] args) throws IOException {
14          AbstractApplicationContext ctx =
15                  new AnnotationConfigApplicationContext(AppCtx.class);
16
17          Client client = ctx.getBean(Client.class);
18          client.send();
19
20          ctx.close();
21      }
22
23  }
```

Main 클래스를 실행해보자. 다음과 같은 메시지가 출력될 것이다.

```
1월 09, 2018 8:22:33 오전 o..생략.AbstractApplicationContext prepareRefresh
정보: Refreshing o..생략.AnnotationConfigApplicationContext@5cb0d902: startup
date [Tue Jan 09 08:22:33 KST 2018]; root of context hierarchy
Client.afterPropertiesSet() 실행
Client.send() to host
1월 09, 2018 8:22:33 오전 o..생략.AbstractApplicationContext doClose
정보: Closing o..생략.AnnotationConfigApplicationContext@5cb0d902: startup
date [Tue Jan 09 08:22:33 KST 2018]; root of context hierarchy
Client.destroy() 실행
```

콘솔에 출력된 메시지의 순서를 보면 먼저 afterPropertiesSet() 메서드를 실행했다. 즉 스프링 컨테이너는 빈 객체 생성을 마무리한 뒤에 초기화 메서드를 실행한다. 가장 마지막에 destroy() 메서드를 실행했다. 이 메서드는 스프링 컨테이너를 종료하면 호출된다는 것을 알 수 있다. 20행의 ctx.close() 코드가 없다면 컨테이너의 종료 과정을 수행하지 않기 때문에 빈 객체의 소멸 과정도 실행되지 않는다.

2.2 빈 객체의 초기화와 소멸 : 커스텀 메서드

모든 클래스가 InitializingBean 인터페이스와 DisposableBean 인터페이스를 상속받아 구현할 수 있는 것은 아니다. 직접 구현한 클래스가 아닌 외부에서 제공받은 클래스를 스프링 빈 객체로 설정하고 싶을 때도 있다. 이 경우 소스 코드를 받지 않았다면 두 인터페이스를 구현하도록 수정할 수 없다. 이렇게 InitializingBean 인터페이스와 Disposable Bean 인터페이스를 구현할 수 없거나 이 두 인터페이스를 사용하고 싶지 않은 경우에는 스프링 설정에서 직접 메서드를 지정할 수 있다.

방법은 간단하다. @Bean 태그에서 initMethod 속성과 destroyMethod 속성을 사용해서 초기화 메서드와 소멸 메서드의 이름을 지정하면 된다. 예를 들어 [리스트 6.4]를 보자.

[리스트 6.4] sp5-chap06/src/main/java/spring/Client2.java

```
01  package spring;
02
03  public class Client2 {
04
05      private String host;
06
07      public void setHost(String host) {
08          this.host = host;
09      }
10
11      public void connect() {
12          System.out.println("Client2.connect() 실행");
13      }
14
```

```
15        public void send() {
16            System.out.println("Client2.send() to " + host);
17        }
18
19        public void close() {
20            System.out.println("Client2.close() 실행");
21        }
22
23    }
```

Client2 클래스를 빈으로 사용하려면 초기화 과정에서 connect() 메서드를 실행하고 소멸 과정에서 close() 메서드를 실행해야 한다면 다음과 같이 @Bean 애노테이션의 initMethod 속성과 destroyMethod 속성에 초기화와 소멸 과정에서 사용할 메서드 이름인 connect와 close를 지정해주기만 하면 된다.

```
@Bean(initMethod = "connect", destroyMethod = "close")
public Client2 client2() {
    Client2 client = new Client2();
    client.setHost("host");
    return client;
}
```

위 설정을 [리스트 6.2]의 AppCtx 클래스에 추가한 뒤 다시 Main을 실행하자. 다음과 같이 Client2 빈 객체를 위한 초기화 메서드와 소멸 메서드가 실행된 것을 알 수 있다.

```
1월 09, 2018 8:34:04 오전 o..생략.AbstractApplicationContext prepareRefresh
정보: Refreshing o..생략.AnnotationConfigApplicationContext@5cb0d902: startup
date [Tue Jan 09 08:34:04 KST 2018]; root of context hierarchy
Client.afterPropertiesSet() 실행
Client2.connect() 실행
Client.send() to host
1월 09, 2018 8:34:04 오전 o..생략.AbstractApplicationContext doClose
정보: Closing o..생략.AnnotationConfigApplicationContext@5cb0d902: startup
date [Tue Jan 09 08:34:04 KST 2018]; root of context hierarchy
Client2.close() 실행
Client.destroy() 실행
```

설정 클래스 자체는 자바 코드이므로 initMethod 속성을 사용하는 대신 다음과 같이 빈 설정 메서드에서 직접 초기화를 수행해도 된다.

```
@Bean(destroyMethod = "close")
public Client2 client2() {
    Client2 client = new Client2();
    client.setHost("host");
    client.connect();
    return client;
}
```

설정 코드에서 초기화 메서드를 직접 실행할 때 주의할 점은 초기화 메서드가 두 번 불리지 않도록 하는 것이다. 예를 들어 아래 코드를 보자.

```
@Bean
public Client client() {
    Client client = new Client();
    client.setHost("host");
    client.afterPropertiesSet();
    return client;
}
```

이 코드는 빈 설정 메서드에서 afterPropertiesSet() 메서드를 호출한다. 그런데 Client 클래스는 InitializingBean 인터페이스를 구현했기 때문에 스프링 컨테이너는 빈 객체 생성 이후에 afterPropertiesSet() 메서드를 실행한다. 즉 afterPropertiesSet() 메서드가 두 번 호출되는 것이다. 초기화 관련 메서드를 빈 설정 코드에서 직접 실행할 때는 이렇게 초기화 메서드가 두 번 호출되지 않도록 주의해야 한다.

initMethod 속성과 destroyMethod 속성에 지정한 메서드는 파라미터가 없어야 한다. 이 두 속성에 지정한 메서드에 파라미터가 존재할 경우 스프링 컨테이너는 익셉션을 발생시킨다.

3. 빈 객체의 생성과 관리 범위

2장에서 우리는 스프링 컨테이너는 빈 객체를 한 개만 생성한다고 했다. 예를 들어 아래 코드와 같이 동일한 이름을 갖는 빈 객체를 구하면 client1과 client2는 동일한 빈 객체를 참조한다고 설명했다.

```
Client client1 = ctx.getBean("client", Client.class);
Client client2 = ctx.getBean("client", Client.class);
// client1 == client2 → true
```

이렇게 한 식별자에 대해 한 개의 객체만 존재하는 빈은 싱글톤(singleton) 범위(scope)를 갖는다. 별도 설정을 하지 않으면 빈은 싱글톤 범위를 갖는다.

사용 빈도가 낮긴 하지만 프로토타입 범위의 빈을 설정할 수도 있다. 빈의 범위를 프로토타입으로 지정하면 빈 객체를 구할 때마다 매번 새로운 객체를 생성한다. 예를 들어 "client" 이름을 갖는 빈을 프로토타입 범위의 빈으로 설정했다면 다음 코드의 getBean() 메서드는 매번 새로운 객체를 생성해서 리턴하기 때문에 client1과 client2는 서로 다른 객체가 된다.

```
// client 빈의 범위가 프로토타입일 경우, 매번 새로운 객체 생성
Client client1 = ctx.getBean("client", Client.class);
Client client2 = ctx.getBean("client", Client.class);
// client1 != client2 → true
```

특정 빈을 프로토타입 범위로 지정하려면 다음과 같이 값으로 "prototype"을 갖는 @Scope 애노테이션을 @Bean 애노테이션과 함께 사용하면 된다.

```
import org.springframework.context.annotation.Scope;

@Configuration
public class AppCtxWithPrototype {

    @Bean
    @Scope("prototype")
    public Client client() {
        Client client = new Client();
        client.setHost("host");
        return client;
    }
```

싱글톤 범위를 명시적으로 지정하고 싶다면 @Scope 애노테이션 값으로 "singleton"을 주면 된다.

```
@Bean(initMethod = "connect", destroyMethod = "close")
@Scope("singleton")
public Client2 client2() {
    Client2 client = new Client2();
    client.setHost("host");
    return client;
}
```

프로토타입 범위의 설정 예는 제공 소스의 AppCtxWithPrototype.java와 MainWithPrototype.java에서 확인할 수 있다.

프로토타입 범위를 갖는 빈은 완전한 라이프사이클을 따르지 않는다는 점에 주의해야 한다. 스프링 컨테이너는 프로토타입의 빈 객체를 생성하고 프로퍼티를 설정하고 초기화 작업까지는 수행하지만, 컨테이너를 종료한다고 해서 생성한 프로토타입 빈 객체의 소멸 메서드를 실행하지는 않는다. 따라서 프로토타입 범위의 빈을 사용할 때에는 빈 객체의 소멸 처리를 코드에서 직접 해야 한다.

Chapter 7

AOP 프로그래밍

이 장에서 다룰 내용

· 프록시와 AOP
· 스프링 AOP 구현

뒤에서 설명할 트랜잭션의 처리 방식을 이해하려면 AOP(Aspect Oriented Programming)를 알아야 한다. 이 장은 어쩌면 이 책에서 가장 어려운 내용을 담고 있을지도 모르겠다. 이 장을 읽다가 이해가 잘 안 된다면 다음 장으로 넘어간 뒤 필요할 때 다시 읽어도 된다.

1. 프로젝트 준비

이번에 생성할 메이븐 프로젝트의 pom.xml 파일에는 다음과 같이 aspectjweaver 의존을 추가한다. 이 모듈은 스프링이 AOP를 구현할 때 사용하는 모듈이다.

```
<dependencies>
    <dependency>
        <groupId>org.springframework</groupId>
        <artifactId>spring-context</artifactId>
        <version>5.0.2.RELEASE</version>
    </dependency>
    <dependency>
        <groupId>org.aspectj</groupId>
        <artifactId>aspectjweaver</artifactId>
        <version>1.8.13</version>
    </dependency>
</dependencies>
```

스프링 프레임워크의 AOP 기능은 spring-aop 모듈이 제공하는데 spring-context 모듈을 의존 대상에 추가하면 spring-aop 모듈도 함께 의존 대상에 포함된다. 따라서 spring-aop 모듈에 대한 의존을 따로 추가하지 않아도 된다. aspectjweaver 모듈은 AOP를 설정하는데 필요한 애노테이션을 제공하므로 이 의존을 추가해야 한다.

메이븐 프로젝트를 생성하고 이클립스에 임포트했다면 [리스트7.1]과 [리스트7.2] 그리고 [리스트7.3]과 같이 코드를 작성하자.

[리스트 7.1] sp5-chap07/src/main/java/chap07/Calculator.java

```
01  package chap07;
02
03  public interface Calculator {
04
05      public long factorial(long num);
06
07  }
```

[리스트 7.1]은 계승을 구하기 위한 인터페이스를 정의한다.

양의 정수 n의 계승은 n!으로 표현하며 n!은 1부터 n까지 숫자의 곱을 의미한다. 예를 들어 4!의 값은 4*3*2*1의 결과인 24가 된다.

Calculator 인터페이스를 구현한 첫 번째 클래스는 [리스트 7.2]처럼 for 문을 이용해서 계승 값을 구했다.

[리스트 7.2] sp5-chap07/src/main/java/chap07/ImpeCalculator.java

```
01  package chap07;
02
03  public class ImpeCalculator implements Calculator {
04
05      @Override
06      public long factorial(long num) {
07          long result = 1;
08          for (long i = 1; i <= num; i++) {
09              result *= i;
10          }
11          return result;
12      }
13  }
```

Calculator 인터페이스를 구현한 두 번째 클래스는 [리스트 7.3]과 같이 재귀호출을 이용해서 계승을 구한다.

[리스트 7.3] sp5-chap07/src/main/java/chap07/RecCalculator.java

```
01  package chap07;
02
03  public class RecCalculator implements Calculator {
04
05      @Override
06      public long factorial(long num) {
07          if (num == 0)
08              return 1;
09          else
10              return num * factorial(num - 1);
11      }
12  }
```

2. 프록시와 AOP

앞에서 구현한 계승 구현 클래스의 실행 시간을 출력하려면 어떻게 해야 할까? 쉬운 방법은 메서드의 시작과 끝에서 시간을 구하고 이 두 시간의 차이를 출력하는 것이다. 예를 들어 ImpeCalculator 클래스를 다음과 같이 수정하면 된다.

```
public class ImpeCalculator implements Calcualtor {
    @Override
    public long factorial(long num) {
        long start = System.currentTimeMillis();
        long result = 1;
        for (int i = 1; i <= num; i++) {
            result *= i;
        }
        long end = System.currentTimeMillis();
        System.out.printf("ImpeCalculator.factorial(%d) 실행 시간 = %d\n",
                          num, (end-start));
        return result;
    }
}
```

RecCalculator 클래스는 약간 복잡해진다. RecCalculator 클래스의 factorial() 메서드는 재귀 호출로 구현해서 factorial() 메서드의 시작과 끝에 시간을 구해서 차이를 출력하는 코드를 넣으면 메시지가 여러 번 출력되는 문제가 있다. factorial(2)를 실행하면 내부적으로 다시 factorial(1)이 실행되고, 다시 factorial(0)이 실행된다. 따라서 실행 시간을 출력하는 메시지가 3번 출력된다.

```
public class RecCalculator implements Calculator {
    @Overridc
    public long factorial(long num) {
        long start = System.currentTimeMillis();
        try {
            if (num == 0)
                return 1;
            else
                return num * factorial(num - 1);
        } finally {
            long end = System.currentTimeMillis();
            System.out.printf("RecCalculator.factorial(%d) 실행 시간 = %d\n",
                    num, (end - start));
        }
    }
}
```

RecCalculator를 고려하면 실행 시간을 출력하기 위해 기존 코드를 변경하는 것보다는 차라리 다음 코드처럼 메서드 실행 전후에 값을 구하는 게 나을지도 모른다.

```
ImpeCalculator impeCal = new ImpeCalculator();
long start1 = System.currentTimeMillis();
long fourFactorial1 = impeCal.factorial(4);
long end1 = System.currentTimeMillis();
System.out.printf("ImpeCalculator.factorial(4) 실행 시간 = %d\n",
                  (end1 - start1));

RecCalculator recCal = new RecCalculator();
long start2 = System.currentTimeMillis();
long fourFactorial2 = recCal.factorial(4);
long end2 = System.currentTimeMillis();
System.out.printf("RecCalculator.factorial(4) 실행 시간 = %d\n",
                  (end2 - start2));
```

그런데 위 방식도 문제가 있다. 실행 시간을 밀리초 단위가 아니라 나노초 단위로 구해야 한다면 어떻게 될까? 위 코드에서 굵게 표시한 시간을 구하고 출력하는 코드가 중복되어 있어 두 곳을 모두 변경해야 한다.

기존 코드를 수정하지 않고 코드 중복도 피할 수 있는 방법은 없을까? 이때 출현하는 것이 바로 프록시 객체이다. 일단 코드부터 보자.

[리스트 7.4] sp5-chap07/src/main/java/chap07/ExeTimeCalculator.java

```
01  package chap07;
02
03  public class ExeTimeCalculator implements Calculator {
04
05      private Calculator delegate;
06
07      public ExeTimeCalculator(Calculator delegate) {
08          this.delegate = delegate;
09      }
10
11      @Override
12      public long factorial(long num) {
13          long start = System.nanoTime();
14          long result = delegate.factorial(num);
15          long end = System.nanoTime();
16          System.out.printf("%s.factorial(%d) 실행 시간 = %d\n",
17                  delegate.getClass().getSimpleName(),
18                  num, (end - start));
19          return result;
20      }
21
22  }
```

ExeTimeCalculator 클래스는 Calculator 인터페이스를 구현하고 있다. 이 클래스는 생성자를 통해 다른 Calculator 객체를 전달받아 delegate 필드에 할당하고 14행처럼 factorial() 메서드에서 delegate.factorial() 메서드를 실행한다. 그리고 delegate.factorial()의 코드를 실행하기 전후에 13행과 15행처럼 현재 시간을 구해 차이를 출력한다. 즉 delegate.factorial()의 실행 시간을 구해서 출력한다.

ExeTimeCalculator 클래스를 사용하면 다음과 같은 방법으로 ImpeCalculator의 실행 시간을 측정할 수 있다.

```
ImpeCalculator impeCal = new ImpeCalculator();
ExeTimeCalculator calculator = new ExeTimeCalculator(impeCal);
long result = calculator.factorial(4);
```

위 코드에서 calculator.factorial()을 실행하면 [그림 7.1]과 같은 순서로 코드가 실행된다.

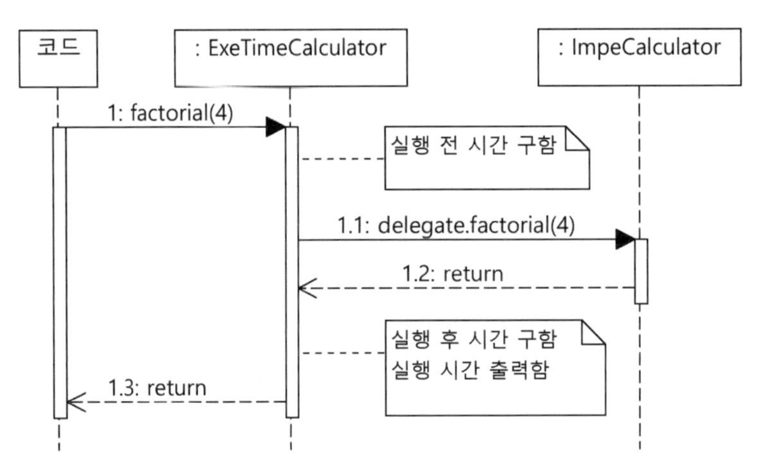

[그림 7.1] ExeTimeCalculator의 실행 흐름

[그림 7.1]의 실행 흐름을 보면 ExeTimeCalculator 클래스의 factorial() 메서드는 결과적으로 ImpeCalculator의 factorial() 메서드의 실행 시간을 구해서 콘솔에 출력하게 된다. 실제로 실행 시간을 출력하는지 [리스트 7.5]를 실행해서 확인하자.

[리스트 7.5] sp5-chap07/src/main/java/main/MainProxy.java

```
01  package main;
02
03  import chap07.ImpeCalculator;
04  import chap07.RecCalculator;
05  import chap07.ExeTimeCalculator;
06
07  public class MainProxy {
08
09      public static void main(String[] args) {
10          ExeTimeCalculator ttCal1 = new ExeTimeCalculator(new ImpeCalculator());
11          System.out.println(ttCal1.factorial(20));
12
13          ExeTimeCalculator ttCal2 = new ExeTimeCalculator(new RecCalculator());
14          System.out.println(ttCal2.factorial(20));
15      }
16  }
```

위 코드를 보면 10행과 13행에서 각각 ImpeCalculator 객체와 RecCalculator 객체를 이용해서 ExeTimeCalculator를 생성한다. 따라서 11행의 ttCal1.factorial(20)은 ImpeCalculator 객체의 factorial(20) 실행 시간을 출력하고, 14행의 ttCal2.factorial(20)은 RecCalculator 객체의 factorial(20) 실행 시간을 출력한다. 실제 실행 결과는 다음과 같다.

```
ImpeCalculator.factorial(20) 실행 시간 = 3123
2432902008176640000
RecCalculator.factorial(20) 실행 시간 = 3570
2432902008176640000
```

위 결과에서 다음을 알 수 있다.

- 기존 코드를 변경하지 않고 실행 시간을 출력할 수 있다. ImpeCalculator 클래스나 RecCalculator 클래스의 코드 변경 없이 이 두 클래스의 factorial() 메서드 실행 시간을 출력할 수 있게 되었다.
- 실행 시간을 구하는 코드의 중복을 제거했다. 나노초 대신에 밀리초를 사용해서 실행 시간을 구하고 싶다면 ExeTimeCalculator 클래스만 변경하면 된다.

이것이 가능한 이유는 ExeTimeCalculator 클래스를 다음과 같이 구현했기 때문이다.

- factorial() 기능 자체를 직접 구현하기보다는 다른 객체에 factorial()의 실행을 위임한다. ([리스트 7.4]의 14행)
- 계산 기능 외에 다른 부가적인 기능을 실행한다. 여기서 부가적인 기능은 실행 시간 측정이다.

이렇게 핵심 기능의 실행은 다른 객체에 위임하고 부가적인 기능을 제공하는 객체를 프록시(proxy)라고 부른다. 실제 핵심 기능을 실행하는 객체는 대상 객체라고 부른다. [그림 7.1]에서 ExeTimeCalculator가 프록시이고 ImpeCalculator 객체가 프록시의 대상 객체가 된다.

> **노트** 엄밀히 말하면 지금 작성한 코드는 프록시(proxy)라기 보다는 데코레이터(decorator) 객체에 가깝다. 프록시는 접근 제어 관점에 초점이 맞춰져 있다면, 데코레이터는 기능 추가와 확장에 초점이 맞춰져 있기 때문이다. 예제에서는 기존 기능에 시간 측정 기능을 추가하고 있기 때문에 데코레이터에 가깝지만 스프링의 레퍼런스 문서에서 AOP를 설명할 때 프록시란 용어를 사용하고 있어 이 책에서도 프록시를 사용했다.

프록시의 특징은 핵심 기능은 구현하지 않는다는 점이다. ImpeCalculator나 RecCalculator는 팩토리얼 연산이라는 핵심 기능을 구현하고 있다. 반면에 ExeTimeCalculator 클래스는 팩토리얼 연산 자체를 구현하고 있지 않다.

프록시는 핵심 기능을 구현하지 않는 대신 여러 객체에 공통으로 적용할 수 있는 기능을 구현한다. 이 예에서 ExeTimeCalculator 클래스는 ImpeCalculator 객체와 RecCalculator 객체에 공통으로 적용되는 실행 시간 측정 기능을 구현하고 있다.

정리하면 ImpeCalculator와 RecCalculator는 팩토리얼을 구한다는 핵심 기능 구현에 집중하고 프록시인 ExeTimeCalculator는 실행 시간 측정이라는 공통 기능 구현에 집중한다. 이렇게 공통 기능 구현과 핵심 기능 구현을 분리하는 것이 AOP의 핵심이다.

2.1 AOP

AOP는 Aspect Oriented Programming의 약자로, 여러 객체에 공통으로 적용할 수 있는 기능을 분리해서 재사용성을 높여주는 프로그래밍 기법이다. AOP는 핵심 기능과 공통 기능의 구현을 분리함으로써 핵심 기능을 구현한 코드의 수정 없이 공통 기능을 적용할 수 있게 만들어 준다.

> 노트 Aspect Oriented Programming을 우리말로는 '관점 지향 프로그래밍' 정도로 많이 번역하고 있으나, 여기서 Aspect는 구분되는 기능이나 요소를 의미하기 때문에 '관점' 보다는 '기능' 내지 '관심'이라는 표현이 더 알맞다.

핵심 기능과 공통 기능을 구분해서 구현하는 방법은 이미 앞에서 살펴봤다. 팩토리얼 계산 기능(핵심 기능)의 코드(ImpeCalculator 클래스와 RecCalculator) 수정 없이 계산 시간 측정 기능(공통)을 프록시(ExeTimeCalculator)를 사용해서 구현할 수 있었다. 스프링도 프록시를 이용해서 AOP를 구현하고 있다.

AOP의 기본 개념은 핵심 기능에 공통 기능을 삽입하는 것이다. 즉 핵심 기능의 코드를 수정하지 않으면서 공통 기능의 구현을 추가하는 것이 AOP이다. 핵심 기능에 공통 기능을 삽입하는 방법에는 다음 세 가지가 있다.

- 컴파일 시점에 코드에 공통 기능을 삽입하는 방법
- 클래스 로딩 시점에 바이트 코드에 공통 기능을 삽입하는 방법
- 런타임에 프록시 객체를 생성해서 공통 기능을 삽입하는 방법

첫 번째 방법은 AOP 개발 도구가 소스 코드를 컴파일 하기 전에 공통 구현 코드를 소스에 삽입하는 방식으로 동작한다. 두 번째 방법은 클래스를 로딩할 때 바이트 코드에 공통 기능을 클래스에 삽입하는 방식으로 동작한다. 이 두 가지는 스프링 AOP에서는 지원하지 않으며 AspectJ와 같이 AOP 전용 도구를 사용해서 적용할 수 있다.

스프링이 제공하는 AOP 방식은 프록시를 이용한 세 번째 방식이다. 두 번째 방식을 일부 지원하지만 널리 사용되는 방법은 프록시를 이용한 방식이다. 프록시 방식은 앞서 살펴본 것처럼 중간에 프록시 객체를 생성한다. 그리고 [그림 7.2]처럼 실제 객체의 기능을 실행하기 전 · 후에 공통 기능을 호출한다.

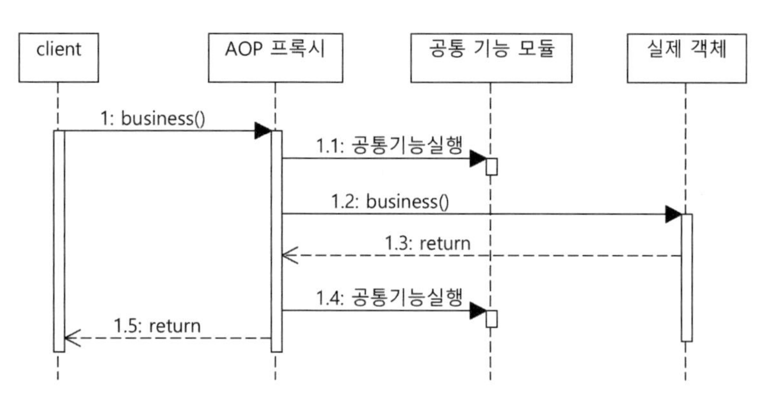

[그림 7.2] 프록시 기반의 AOP

스프링 AOP는 프록시 객체를 자동으로 만들어준다. 따라서 ExeTimeCalculator 클래스처럼 상위 타입의 인터페이스를 상속받은 프록시 클래스를 직접 구현할 필요가 없다. 단지 공통 기능을 구현한 클래스만 알맞게 구현하면 된다.

AOP에서 공통 기능을 Aspect라고 하는데 Aspect 외에 알아두어야 할 용어를 [표 7.1]에 정리했다.

[표 7.1] AOP 주요 용어

용어	의미
Advice	언제 공통 관심 기능을 핵심 로직에 적용할 지를 정의하고 있다. 예를 들어 '메서드를 호출하기 전'(언제)에 '트랜잭션 시작'(공통 기능) 기능을 적용한다는 것을 정의한다.
Joinpoint	Advice를 적용 가능한 지점을 의미한다. 메서드 호출, 필드 값 변경 등이 Joinpoint에 해당한다. 스프링은 프록시를 이용해서 AOP를 구현하기 때문에 메서드 호출에 대한 Joinpoint만 지원한다.
Pointcut	Joinpoint의 부분 집합으로서 실제 Advice가 적용되는 Joinpoint를 나타낸다. 스프링에서는 정규 표현식이나 AspectJ의 문법을 이용하여 Pointcut을 정의할 수 있다.
Weaving	Advice를 핵심 로직 코드에 적용하는 것을 weaving이라고 한다.
Aspect	여러 객체에 공통으로 적용되는 기능을 Aspect라고 한다. 트랜잭션이나 보안 등이 Aspect의 좋은 예이다.

2.2 Advice의 종류

스프링은 프록시를 이용해서 메서드 호출 시점에 Aspect를 적용하기 때문에 구현 가능한 Advice의 종류는 [표 7.2]와 같다.

[표 7.2] 스프링에서 구현 가능한 Advice 종류

종류	설명
Before Advice	대상 객체의 메서드 호출 전에 공통 기능을 실행한다.
After Returning Advice	대상 객체의 메서드가 익셉션 없이 실행된 이후에 공통 기능을 실행한다.
After Throwing Advice	대상 객체의 메서드를 실행하는 도중 익셉션이 발생한 경우에 공통 기능을 실행한다.
After Advice	익셉션 발생 여부에 상관없이 대상 객체의 메서드 실행 후 공통 기능을 실행한다. (try-catch-finally의 finally 블록과 비슷하다.)
Around Advice	대상 객체의 메서드 실행 전, 후 또는 익셉션 발생 시점에 공통 기능을 실행하는데 사용된다.

이 중에서 널리 사용되는 것은 Around Advice이다. 이유는 대상 객체의 메서드를 실행하기 전/후, 익셉션 발생 시점 등 다양한 시점에 원하는 기능을 삽입할 수 있기 때문이다. 캐시 기능, 성능 모니터링 기능과 같은 Aspect를 구현할 때에는 Around Advice를 주로 이용한다. 이 책에서도 Around Advice의 구현 방법에 대해서만 살펴볼 것이다.

3. 스프링 AOP 구현

스프링 AOP를 이용해서 공통 기능을 구현하고 적용하는 방법은 단순하다. 다음과 같은 절차만 따르면 된다.

- Aspect로 사용할 클래스에 @Aspect 애노테이션을 붙인다.
- @Pointcut 애노테이션으로 공통 기능을 적용할 Pointcut을 정의한다.
- 공통 기능을 구현한 메서드에 @Around 애노테이션을 적용한다.

3.1 @Aspect, @Pointcut, @Around를 이용한 AOP 구현

개발자는 공통 기능을 제공하는 Aspect 구현 클래스를 만들고 자바 설정을 이용해서 Aspect를 어디에 적용할지 설정하면 된다. Aspect는 @Aspect 애노테이션을 이용해서 구현한다. 프록시는 스프링 프레임워크가 알아서 만들어준다. 이에 대한 설명은 잠시 뒤에 하고 일단 실행 시간을 측정하는 Aspect를 구현해보자. [리스트 7.6]은 Aspect 구현 예이다. [리스트 7.6]의 코드는 Around Advice에서 사용할 Aspect이다. 이 문장이 어렵게 느껴지면 다음과 같이 읽어보자. "위 코드는 메서드 실행 전/후(Around Advice)에 사용할 공통 기능(Aspect)이다".

[리스트 7.6] sp4-chap07/src/main/java/aspect/ExeTimeAspect.java

```
01  package aspect;
02
03  import java.util.Arrays;
04
05  import org.aspectj.lang.ProceedingJoinPoint;
06  import org.aspectj.lang.Signature;
07  import org.aspectj.lang.annotation.Around;
08  import org.aspectj.lang.annotation.Aspect;
09  import org.aspectj.lang.annotation.Pointcut;
10
11  @Aspect
12  public class ExeTimeAspect {
13
14      @Pointcut("execution(public * chap07..*(..))")
15      private void publicTarget() {
16      }
17
18      @Around("publicTarget()")
19      public Object measure(ProceedingJoinPoint joinPoint) throws Throwable {
20          long start = System.nanoTime();
21          try {
22              Object result = joinPoint.proceed();
23              return result;
24          } finally {
25              long finish = System.nanoTime();
26              Signature sig = joinPoint.getSignature();
27              System.out.printf("%s.%s(%s) 실행 시간 : %d ns\n",
28                      joinPoint.getTarget().getClass().getSimpleName(),
29                      sig.getName(), Arrays.toString(joinPoint.getArgs()),
30                      (finish - start));
31          }
32      }
33  }
```

[리스트 7.6]의 각 애노테이션과 메서드에 대해 알아보자. 먼저 @Aspect 애노테이션을 적용한 클래스는 Advice와 Pointcut을 함께 제공한다.

@Pointcut은 공통 기능을 적용할 대상을 설정한다. @Pointcut 애노테이션의 값으로 사용할 수 있는 execution 명시자에 대해서는 뒤에서 살펴볼 것이다. 일단 지금은 14행의 설정은 chap07 패키지와 그 하위 패키지에 위치한 타입의 public 메서드를 Pointcut으로 설정한다는 정도만 이해하고 넘어가자.

@Around 애노테이션은 Around Advice를 설정한다. @Around 애노테이션의 값이 "publicTarget()"인데 이는 publicTarget() 메서드에 정의한 Pointcut에 공통 기능을 적

용한다는 것을 의미한다. publicTarget() 메서드는 chap07 패키지와 그 하위 패키지에 위치한 public 메서드를 Pointcut으로 설정하고 있으므로, chap07 패키지나 그 하위 패키지에 속한 빈 객체의 public 메서드에 @Around가 붙은 measure() 메서드를 적용한다.

measure() 메서드의 ProceedingJoinPoint 타입 파라미터는 프록시 대상 객체의 메서드를 호출할 때 사용한다. 22행의 코드처럼 proceed() 메서드를 사용해서 실제 대상 객체의 메서드를 호출한다. 이 메서드를 호출하면 대상 객체의 메서드가 실행되므로 이 코드 이전과 이후에 공통 기능을 위한 코드를 위치시키면 된다. [리스트 7.6]은 22행의 코드를 실행하기 전과 후에 현재 시간을 구한 뒤 27~30행에서 실행 시간을 출력하고 있다.

26행, 28행, 29행을 보면 ProceedingJoinPoint의 getSignature(), getTarget(), getArgs() 등의 메서드를 사용하고 있다. 각 메서드는 호출한 메서드의 시그너처, 대상 객체, 인자 목록을 구하는데 사용된다. 이 메서드를 사용해서 대상 객체의 클래스 이름과 메서드 이름을 출력한다. 각 메서드에 대한 내용은 뒤에서 다시 살펴보도록 하자.

자바에서 메서드 이름과 파라미터를 합쳐서 메서드 시그너처라고 한다. 메서드 이름이 다르거나 파라미터 타입, 개수가 다르면 시그너처가 다르다고 표현한다. 자바에서 메서드의 리턴 타입이나 익셉션 타입은 시그너처에 포함되지 않는다.

공통 기능을 적용하는데 필요한 코드를 구현했으므로 스프링 설정 클래스를 작성할 차례이다. 설정 클래스는 [리스트 7.7]과 같다.

[리스트 7.7] sp5-chap07/src/main/java/config/AppCtx.java

```
01  package config;
02
03  import org.springframework.context.annotation.Bean;
04  import org.springframework.context.annotation.Configuration;
05  import org.springframework.context.annotation.EnableAspectJAutoProxy;
06
07  import aspect.ExeTimeAspect;
08  import chap07.Calculator;
09  import chap07.RecCalculator;
10
11  @Configuration
12  @EnableAspectJAutoProxy
13  public class AppCtx {
14      @Bean
15      public ExeTimeAspect exeTimeAspect() {
16          return new ExeTimeAspect();
17      }
18
19      @Bean
20      public Calculator calculator() {
```

```
21            return new RecCalculator();
22        }
23
24    }
25
```

@Aspect 애노테이션을 붙인 클래스를 공통 기능으로 적용하려면 @EnableAspectJAutoProxy 애노테이션을 설정 클래스에 붙여야 한다. 이 애노테이션을 추가하면 스프링은 @Aspect 애노테이션이 붙은 빈 객체를 찾아서 빈 객체의 @Pointcut 설정과 @Around 설정을 사용한다.

[리스트 7.6]의 ExeTimeAspect 클래스에 설정한 코드를 다시 보자.

```
@Pointcut("execution(public * chap07..*(..))")
private void publicTarget() {
}

@Around("publicTarget()")
public Object measure(ProceedingJoinPoint joinPoint) throws Throwable {
    ...
}
```

@Around 애노테이션은 Pointcut으로 publicTarget() 메서드를 설정했다. publicTarget() 메서드의 @Pointcut은 chap07 패키지나 그 하위 패키지에 속한 빈 객체의 public 메서드를 설정한다. [리스트 7.7]에서 19~22행에 설정한 Calculator 타입이 chap07 패키지에 속하므로 calculator 빈에 ExeTimeAspect 클래스에 정의한 공통 기능인 measure()를 적용한다.

@Enable 류 애노테이션

스프링은 @EnableAspectJAutoProxy와 같이 이름이 Enable로 시작하는 다양한 애노테이션을 제공한다. @Enable로 시작하는 애노테이션은 관련 기능을 적용하는데 필요한 다양한 스프링 설정을 대신 처리한다. 예를 들어 @EnableAspectJAutoProxy 애노테이션은 프록시 생성과 관련된 AnnotationAwareAspectJAutoProxyCreator 객체를 빈으로 등록한다. 웹 개발과 관련된 @EnableWebMvc 애노테이션 역시 웹 개발과 관련된 다양한 설정을 등록한다.

@Enable 류의 애노테이션은 복잡한 스프링 설정을 대신 하기 때문에 개발자가 쉽게 스프링을 사용할 수 있도록 만들어준다. 실제로 @Enable 류의 애노테이션이 스프링에 어떻게 동작하는지 궁금한 독자는 "스프링 @Enable 설정 세 가지 구현 방식(https://goo.gl/v51hlz)" 글을 참고하기 바란다.

calculator 빈에 공통 기능이 적용되는 확인해보자. [리스트 7.8]은 [리스트 7.7]의

AppCtx 설정을 사용해서 스프링 컨테이너를 생성한 예이다.

[리스트 7.8] sp5-chap07/src/main/java/main/MainAspect.java

```
01  package main;
02
03  import org.springframework.context.annotation.AnnotationConfigApplicationContext;
04
05  import chap07.Calculator;
06  import config.AppCtx;
07
08  public class MainAspect {
09
10      public static void main(String[] args) {
11          AnnotationConfigApplicationContext ctx =
12                  new AnnotationConfigApplicationContext(AppCtx.class);
13
14          Calculator cal = ctx.getBean("calculator", Calculator.class);
15          long fiveFact = cal.factorial(5);
16          System.out.println("cal.factorial(5) = " + fiveFact);
17          System.out.println(cal.getClass().getName());
18          ctx.close();
19      }
20
21  }
```

MainAspect를 실행해보자. 다음과 같은 문구가 콘솔에 출력될 것이다.

```
RecCalculator.factorial([5]) 실행 시간 : 50201 ns
cal.factorial(5) = 120
com.sun.proxy.$Proxy17
```

여기서 첫 번째 줄은 ExeTimeAspect 클래스의 measure() 메서드가 출력한 것이다([리스트 7.6]의 27~30행). 세 번째 줄은 [리스트 7.8]의 17행에서 출력한 코드이다. 이 출력 결과를 보면 14행에서 구한 Calculator 타입이 RecCalculator 클래스가 아니고 $Proxy17이다. 이 타입은 스프링이 생성한 프록시 타입이다(프록시 클래스의 이름은 자바 버전이나 스프링 버전에 따라 달라질 수 있다). 실제 15행에서 cal.factorial(5) 코드를 호출할 때 실행되는 과정은 [그림 7.3]과 같다.

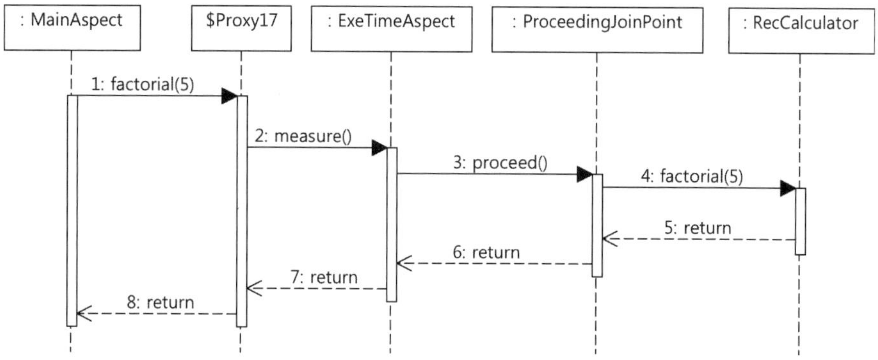

[그림 7.3] measure() 메서드의 실행 과정

AOP를 적용하지 않았으면 14행에서 리턴한 객체는 프록시 객체가 아닌 RecCalculator 타입이었을 것이다. AOP를 적용하지 않으면 어떻게 되는지 실제로 확인해보자. AppCtx 클래스에서 exeTimeAspect() 메서드를 주석처리하고 다시 MainAspect 클래스를 실행해보자. 콘솔에 다음과 같은 메시지가 출력될 것이다.

```
cal.factorial(5) = 120
chap07.RecCalculator
```

실행 결과를 보면 타입이 RecCalculator 클래스임을 알 수 있다.

3.2 ProceedingJoinPoint의 메서드

Around Advice에서 사용할 공통 기능 메서드는 대부분 파라미터로 전달받은 ProceedingJoinPoint의 proceed() 메서드만 호출하면 된다. 예를 들어 [리스트 7.6]의 ExeTimeAspect 클래스도 다음처럼 proceed() 메서드를 호출했다.

```
public class ExeTimeAspect {
    public Object measure(ProceedingJoinPoint joinPoint) throws Throwable {
        long start = System.nanoTime();
        try {
            Object result = joinPoint.proceed();
            return result;
        } finally {
            … 생략
        }
    }
}
```

물론 호출되는 대상 객체에 대한 정보, 실행되는 메서드에 대한 정보, 메서드를 호출할 때 전달된 인자에 대한 정보가 필요할 때가 있다. 이들 정보에 접근할 수 있도록 ProceedingJoinPoint 인터페이스는 다음 메서드를 제공한다.

- Signature getSignature() : 호출되는 메서드에 대한 정보를 구한다.
- Object getTarget() : 대상 객체를 구한다.
- Object[] getArgs() : 파라미터 목록을 구한다.

org.aspectj.lang.Signature 인터페이스는 다음 메서드를 제공한다. 각 메소드는 호출되는 메서드의 정보를 제공한다.

- String getName() : 호출되는 메서드의 이름을 구한다.
- String toLongString() : 호출되는 메서드를 완전하게 표현한 문장을 구한다(메서드의 리턴 타입, 파라미터 타입이 모두 표시된다).
- String toShortString() : 호출되는 메서드를 축약해서 표현한 문장을 구한다(기본 구현은 메서드의 이름만을 구한다).

4. 프록시 생성 방식

MainAspect 클래스([리스트 7.8])의 14행 코드를 다음과 같이 변경해보자.

```
// 수정 전
Calculator cal = ctx.getBean("calculator", Calculator.class);

// 수정 후 (import에도 RecCalculator 추가)
RecCalculator cal = ctx.getBean("calculator", RecCalculator.class);
```

getBean() 메서드에 Calculator 타입 대신에 RecCalculator 타입을 사용하도록 수정했다. 자바 설정 파일을 보면 다음과 같이 "calculator" 빈을 생성할 때 사용한 타입이 RecCalculator 클래스이므로 문제가 없어 보인다.

```
// AppCtx 파일의 19-22행
@Bean
public Calculator calculator() {
    return new RecCalculator();
}
```

코드 수정 후에 MainAspect 클래스를 실행해 보자. 정상 실행될 것이라는 예상과 달리 다음과 같은 익셉션이 발생한다.

```
Exception in thread "main" o..생략.BeanNotOfRequiredTypeException: Bean named 'calculator' is expected to be of type 'chap07.RecCalculator' but was actually of type 'com.sun.proxy.$Proxy17'
```

익셉션 메시지를 보면 getBean() 메서드에 사용한 타입이 RecCalculator인데 반해 실제 타입은 $Proxy17이라는 메시지가 나온다. $Proxy17은 스프링이 런타임에 생성한 프록시 객체의 클래스 이름이다. 이 $Proxy17 클래스는 RecCalculator 클래스가 상속받은 Calculator 인터페이스를 상속받게 된다. 즉 [그림 7.4]와 같은 계층 구조를 갖는다.

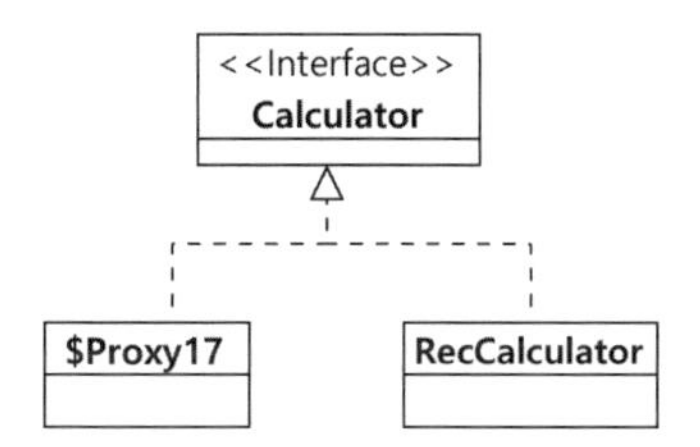

[그림 7.4] 빈 객체가 인터페이스를 상속하면 인터페이스를 이용해서 프록시를 생성

스프링은 AOP를 위한 프록시 객체를 생성할 때 실제 생성할 빈 객체가 인터페이스를 상속하면 인터페이스를 이용해서 프록시를 생성한다. 앞서 예에서도 RecCalculator 클래스가 Calculator 인터페이스를 상속하므로 Calculator 인터페이스를 상속받은 프록시 객체를 생성했다. 따라서 아래 코드처럼 빈의 실제 타입이 RecCalculator라고 하더라도 "calculator" 이름에 해당하는 빈 객체의 타입은 [그림 7.4]처럼 Calculator 인터페이스를 상속받은 프록시 타입이 된다.

```
// 설정 클래스:
// AOP 적용시 RecCalculator가 상속받은 Calculator 인터페이스를 이용해서 프록시 생성
@Bean
public Calculator calculator() {
    return new RecCalculator();
}

// 자바 코드:
// "calculator" 빈의 실제 타입은 Calculator를 상속한 프록시 타입이므로
// RecCalculator로 타입 변환을 할 수 없기 때문에 익셉션 발생
RecCalculator cal = ctx.getBean("calculator", RecCalculator.class);
```

빈 객체가 인터페이스를 상속할 때 인터페이스가 아닌 클래스를 이용해서 프록시를 생성하고 싶다면 다음과 같이 설정하면 된다.

```
@Configuration
@EnableAspectJAutoProxy(proxyTargetClass = true)
public class AppCtx {
```

@EnableAspectJAutoProxy 애노테이션의 proxyTargetClass 속성을 true로 지정하면 인터페이스가 아닌 자바 클래스를 상속받아 프록시를 생성한다. 스프링이 프록시를 이용해 생성한 빈 객체를 구할 때 다음과 같이 getBean() 메서드에 실제 클래스를 이용해서 빈 객체를 구할 수 있게 된다.

```
@Configuration
@EnableAspectJAutoProxy(proxyTargetClass = true)
public class AppCtx {
    ...
}

// 자바 코드, "calculator" 프록시의 실제 타입은 RecCalculator를 상속받았으므로
// RecCalculator로 타입 변환 가능
RecCalculator cal = ctx.getBean("calculator", RecCalculator.class);
```

4.1 execution 명시자 표현식

Aspect를 적용할 위치를 지정할 때 사용한 Pointcut 설정을 보면 execution 명시자를 사용했다.

```
@Pointcut("execution(public * chap07..*(..))")
private void publicTarget() {
}
```

execution 명시자는 Advice를 적용할 메서드를 지정할 때 사용한다. 기본 형식은 다음과 같다.

```
execution(수식어패턴? 리턴타입패턴 클래스이름패턴?메서드이름패턴(파라미터패턴))
```

'수식어패턴'은 생략 가능하며 public, protected 등이 온다. 스프링 AOP는 public 메서드에만 적용할 수 있기 때문에 사실상 public만 의미있다.

'리턴타입패턴'은 리턴 타입을 명시한다. '클래스이름패턴'과 '메서드이름패턴'은 클래스 이름 및 메서드 이름을 패턴으로 명시한다. '파라미터패턴'은 매칭될 파라미터에 대해서 명시한다.

각 패턴은 '*'을 이용하여 모든 값을 표현할 수 있다. 또한, '..'(점 두 개)을 이용하여 0개 이상이라는 의미를 표현할 수 있다.

다음은 몇 가지 예다.

[표 7.3] execution 명시자 예시

예	설명
execution(public void set*(..))	리턴 타입이 void이고, 메서드 이름이 set으로 시작하고, 파라미터가 0개 이상인 메서드 호출. 파라미터 부분에 '..'을 사용하여 파라미터가 0개 이상인 것을 표현했다.
execution(* chap07.*.*())	chap07 패키지의 타입에 속한 파라미터가 없는 모든 메서드 호출
execution(* chap07..*.*(..))	chap07 패키지 및 하위 패키지에 있는, 파라미터가 0개 이상인 메서드 호출. 패키지 부분에 '..'을 사용하여 해당 패키지 또는 하위 패키지를 표현했다.
execution(Long chap07.Calculator.factorial(..))	리턴 타입이 Long인 Calculator 타입의 factorial() 메서드 호출
execution(* get*(*))	이름이 get으로 시작하고 파라미터가 한 개인 메서드 호출
execution(* get*(*, *))	이름이 get으로 시작하고 파라미터가 두 개인 메서드 호출
execution(* read*(Integer, ..))	메서드 이름이 read로 시작하고, 첫 번째 파라미터 타입이 Integer이며, 한 개 이상의 파라미터를 갖는 메서드 호출

4.2 Advice 적용 순서

한 Pointcut에 여러 Advice를 적용할 수도 있다. [리스트 7.9]를 보자.

[리스트 7.9] sp5-chap07/src/main/java/aspect/CacheAspect.java

```
01  package aspect;
02
03  import java.util.HashMap;
04  import java.util.Map;
05
06  import org.aspectj.lang.ProceedingJoinPoint;
07  import org.aspectj.lang.annotation.Around;
08  import org.aspectj.lang.annotation.Aspect;
09  import org.aspectj.lang.annotation.Pointcut;
10
11  @Aspect
12  public class CacheAspect {
```

```
13
14        private Map<Long, Object> cache = new HashMap<>();
15
16        @Pointcut("execution(public * chap07..*(long))")
17        public void cacheTarget() {
18        }
19
20        @Around("cacheTarget()")
21        public Object execute(ProceedingJoinPoint joinPoint) throws Throwable {
22            Long num = (Long) joinPoint.getArgs()[0];
23            if (cache.containsKey(num)) {
24                System.out.printf("CacheAspect: Cache에서 구함[%d]\n", num);
25                return cache.get(num);
26            }
27
28            Object result = joinPoint.proceed();
29            cache.put(num, result);
30            System.out.printf("CacheAspect: Cache에 추가[%d]\n", num);
31            return result;
32        }
33
34    }
```

CacheAspect 클래스는 간단하게 캐시를 구현한 공통 기능이다. 동작 순서는 아래와 같다.

- **22행** : 첫 번째 인자를 Long 타입으로 구한다.
- **23~26행** : 22행에서 구한 키값이 cache에 존재하면 키에 해당하는 값을 구해서 리턴한다.
- **28행** : 22행에서 구한 키값이 cache에 존재하지 않으면 프록시 대상 객체를 실행한다.
- **29행** : 프록시 대상 객체를 실행한 결과를 cache에 추가한다.
- **31행** : 프록시 대상 객체의 실행 결과를 리턴한다.

@Around 값으로 cacheTarget() 메서드를 지정했다. @Pointcut 설정은 첫 번째 인자가 long인 메서드를 대상으로 한다. 따라서 execute() 메서드는 앞서 작성한 Calculator의 factorial(long) 메서드에 적용된다.

새로운 Aspect를 구현했으므로 스프링 설정 클래스에 [리스트 7.10]과 같이 두 개의 Aspect를 추가할 수 있다. ExeTimeAspect는 앞서 구현한 시간 측정 Aspect이다. 두 Aspect에서 설정한 Pointcut은 모두 Calculator 타입의 factorial() 메서드에 적용된다.

[리스트 7.10] sp5-chap07/src/main/java/config/AppCtxWithCache.java

```
01  package config;
02  
03  import org.springframework.context.annotation.Bean;
04  import org.springframework.context.annotation.Configuration;
05  import org.springframework.context.annotation.EnableAspectJAutoProxy;
06  
07  import aspect.CacheAspect;
08  import aspect.ExeTimeAspect;
09  import chap07.Calculator;
10  import chap07.RecCalculator;
11  
12  @Configuration
13  @EnableAspectJAutoProxy
14  public class AppCtxWithCache {
15  
16      @Bean
17      public CacheAspect cacheAspect() {
18          return new CacheAspect();
19      }
20  
21      @Bean
22      public ExeTimeAspect exeTimeAspect() {
23          return new ExeTimeAspect();
24      }
25  
26      @Bean
27      public Calculator calculator() {
28          return new RecCalculator();
39      }
30  
31  }
```

이 설정 클래스를 이용하는 예제 코드를 [리스트 7.11]과 같이 작성하자.

[리스트 7.11] sp5-chap07/src/main/java/main/MainAspectWithCache.java

```
01  package main;
02  
03  import org.springframework.context.annotation.AnnotationConfigApplicationContext;
04  
05  import chap07.Calculator;
06  import config.AppCtxWithCache;
07  
08  public class MainAspectWithCache {
09  
10      public static void main(String[] args) {
```

```
11          AnnotationConfigApplicationContext ctx =
12              new AnnotationConfigApplicationContext(AppCtxWithCache.class);
13
14          Calculator cal = ctx.getBean("calculator", Calculator.class);
15          cal.factorial(7);
16          cal.factorial(7);
17          cal.factorial(5);
18          cal.factorial(5);
19          ctx.close();
20      }
21
22  }
```

MainAspectWithCache 클래스를 실행하면 [그림 7.5]와 같은 결과가 출력될 것이다. 좌측에 굵은 글씨는 어떤 코드를 실행한 결과인지 구분하기 위해 표시한 것이다.

```
15행 결과, 첫 번째 factorial(7) | RecCalculator.factorial([7]) 실행 시간 : 26775 ns
                               | CacheAspect: Cache에 추가[7]
16행 결과, 두 번째 factorial(7) | CacheAspect: Cache에서 구함[7]
17행 결과, 첫 번째 factorial(5) | RecCalculator.factorial([5]) 실행 시간 : 6247 ns
                               | CacheAspect: Cache에 추가[5]
18행 결과, 두 번째 factorial(5) | CacheAspect: Cache에서 구함[5]
```

[그림 7.5] CacheAspect가 먼저 적용되었을 때의 실행 결과

"RecCalculator.factiroal(숫자) 실행 시간" 메시지는 ExeTimeAspect가 출력한다([리스트 7.6] 참고). "CacheAspect: Cache에 추가"나 "CacheAspect: Cache에서 구함" 메시지는 CacheAspect가 출력한다([리스트 7.9] 참고).

결과를 보면 첫 번째 factorial(7)을 실행할 때와 두 번째 factorial(7)을 실행할 때 콘솔에 출력되는 내용이 다르다. 첫 번째 실행 결과는 ExeTimeAspect와 CacheAspect가 모두 적용되었고 두 번째 실행 결과는 CacheAspect만 적용되었다. 이렇게 첫 번째와 두 번째 실행 결과가 다른 이유는 Advice를 다음 순서로 적용했기 때문이다.

[그림 7.6] Advice 적용 순서

14행에서 구한 calculator 빈은 실제로는 CacheAspect 프록시 객체이다. 근데 CacheAspect 프록시 객체의 대상 객체는 ExeTimeAspect의 프록시 객체이다. 그리고 ExeTimeAspect 프록시의 대상 객체가 실제 대상 객체이다.

```
Calculator cal = ctx.getBean("calculator", Calculator.class); // 14행
cal.factorial(7); // CacheAspect 실행→ExeTimeAspect 실행→대상 객체 실행
```

그래서 cal.factorial(7)을 실행하면 CacheAspect의 코드가 먼저 실행된다. 실제 실행 순서는 [그림 7.7]과 같다.

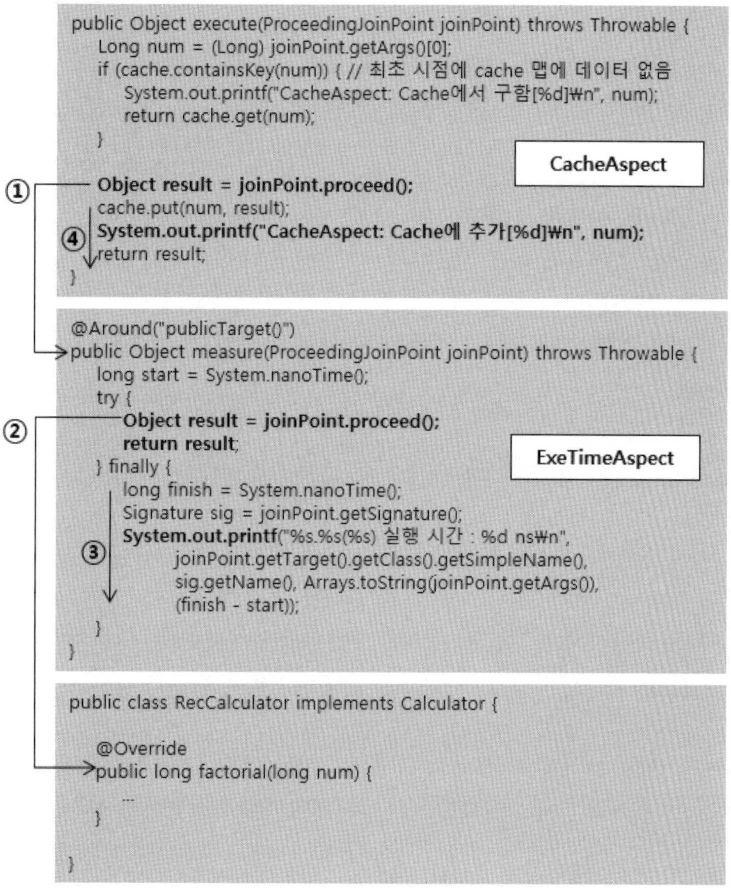

```
public Object execute(ProceedingJoinPoint joinPoint) throws Throwable {
    Long num = (Long) joinPoint.getArgs()[0];
    if (cache.containsKey(num)) { // 최초 시점에 cache 맵에 데이터 없음
        System.out.printf("CacheAspect: Cache에서 구함[%d]₩n", num);
        return cache.get(num);
    }

    Object result = joinPoint.proceed();
    cache.put(num, result);
    System.out.printf("CacheAspect: Cache에 추가[%d]₩n", num);
    return result;
}
```

CacheAspect

```
@Around("publicTarget()")
public Object measure(ProceedingJoinPoint joinPoint) throws Throwable {
    long start = System.nanoTime();
    try {
        Object result = joinPoint.proceed();
        return result;
    } finally {
        long finish = System.nanoTime();
        Signature sig = joinPoint.getSignature();
        System.out.printf("%s.%s(%s) 실행 시간 : %d ns₩n",
                joinPoint.getTarget().getClass().getSimpleName(),
                sig.getName(), Arrays.toString(joinPoint.getArgs()),
                (finish - start));
    }
}
```

ExeTimeAspect

```
public class RecCalculator implements Calculator {

    @Override
    public long factorial(long num) {
        ...
    }

}
```

[그림 7.7] factorial(7)을 처음 실행할 때의 실행 흐름

CacheAspect는 cache 맵에 데이터가 존재하지 않으면 joinPoint.proceed()를 실행해서 대상을 실행한다. 그 대상이 ExeTimeAspect이므로 ExeTimeAspect의 measure() 메서드가 실행된다(①). ExeTimeAspect는 실제 대상 객체를 실행하고(②) 콘솔에 실행 시간을 출력한다(③). ExeTimeAspect 실행이 끝나면 CacheAspect는 cache 맵에 데이터를 넣고 콘솔에 "CacheAspect: Cache에 추가" 메시지를 출력한다(④). 그래서 factorial(7)을 처음 실행할 때에는 ExeTimeAspect가 출력하는 메시지가 먼저 출력되고 CacheAspect가 출력하는 메시지가 뒤에 출력되는 것이다.

factorial(7)을 두 번째 실행할 때는 실행 흐름이 [그림 7.8]과 같이 달라진다.

```
public Object execute(ProceedingJoinPoint joinPoint) throws Throwable {
    Long num = (Long) joinPoint.getArgs()[0];
①  if (cache.containsKey(num)) { // 최초 시점에 cache 맵에 데이터 없음
②      System.out.printf("CacheAspect: Cache에서 구함[%d]₩n", num);
        return cache.get(num);
    }

    Object result = joinPoint.proceed();
    cache.put(num, result);
    System.out.printf("CacheAspect: Cache에 추가[%d]₩n", num);
    return result;
}
```

[그림 7.7] factorial(7)을 처음 실행할 때의 실행 흐름

처음 factorial(7)을 호출하면 CacheAspect의 cache 맵에 데이터를 추가한다. 따라서 factorial(7)을 두 번째 호출하면 [그림 7.8]의 cache.containsKey(num)이 true를 리턴하므로 콘솔에 "CacheAspect: Cache에서 구함" 메시지를 출력하고 cache 맵에 담긴 값을 리턴하고 끝난다. 이 경우 joinPoint.proceed()를 실행하지 않으므로 ExeTimeAspect나 실제 객체가 실행되지 않는다. 콘솔에도 다음과 같이 CacheAspect가 생성한 메시지만 출력된다.

```
CacheAspect: Cache에서 구함[7]
```

어떤 Aspect가 먼저 적용될지는 스프링 프레임워크나 자바 버전에 따라 달라질 수 있기 때문에 적용 순서가 중요하다면 직접 순서를 지정해야 한다. 이럴 때 사용하는 것이 @Order 애노테이션이다. @Aspect 애노테이션과 함께 @Order 애노테이션을 클래스에 붙이면 @Order 애노테이션에 지정한 값에 따라 적용 순서를 결정한다.

@Order 애노테이션의 값이 작으면 먼저 적용하고 크면 나중에 적용한다. 예를 들어 다음과 같이 두 Aspect 클래스에 @Order 애노테이션을 적용했다고 하자.

```
import org.springframework.core.annotation.Order;

@Aspect
@Order(1)
public class ExeTimeAspect {
    ...
}

@Aspect
@Order(2)
public class CacheAspect {
    ...
}
```

ExeTimeAspect에 적용한 @Order 애노테이션 값이 1이고 CacheAspect에 적용한 @Order 애노테이션의 값이 2이므로 [그림 7.9]와 같이 ExeTimeAspect가 먼저 적용되고 그다음에 CacheAspect가 적용된다.

[그림 7.9] @Order 애노테이션을 이용해서 적용 순서 변경 가능

@Order 애노테이션으로 적용 순서를 변경한 뒤에 다시 MainAspectWithCache 클래스를 실행해보자. 다음과 같이 factorial(7)을 처음 실행할 때와 두 번째 실행할 때 모두 두 Aspect가 적용되는 것을 확인할 수 있다.

```
CacheAspect: Cache에 추가[7]
RecCalculator.factorial([7]) 실행 시간 : 326207 ns
CacheAspect: Cache에서 구함[7]
RecCalculator.factorial([7]) 실행 시간 : 96836 ns
```

4.3 @Around의 Pointcut 설정과 @Pointcut 재사용

@Pointcut 애노테이션이 아닌 @Around 애노테이션에 execution 명시자를 직접 지정할 수도 있다. 다음은 설정 예이다.

```
@Aspect
public class CacheAspect {

    @Around("execution(public * chap07..*(..))")
    public Object execute(ProceedingJoinPoint joinPoint) throws Throwable {
        ...
    }

}
```

만약 같은 Pointcut을 여러 Advice가 함께 사용한다면 공통 Pointcut을 재사용할 수도 있다. 사실 이미 Pointcut을 재사용하는 코드를 앞서 작성했다. ExeTimeAspect를 다시 보자.

```
@Aspect
public class ExeTimeAspect {

    @Pointcut("execution(public * chap07..*(..))")
```

```
    private void publicTarget() {
    }

    @Around("publicTarget()")
    public Object measure(ProceedingJoinPoint joinPoint) throws Throwable {
        ...
    }

}
```

이 코드에서 @Around는 publicTarget() 메서드에 설정한 Pointcut을 사용한다. publicTarget() 메서드는 private인데 이 경우 같은 클래스에 있는 @Around 애노테이션에서만 해당 설정을 사용할 수 있다. 다른 클래스에 위치한 @Around 애노테이션에서 publicTarget() 메서드의 Pointcut을 사용하고 싶다면 publicTarget() 메서드를 public으로 바꾸면 된다.

```
@Aspect
public class ExeTimeAspect {

    @Pointcut("execution(public * chap07..*(..))")
    public void publicTarget() {
    }

}
```

그리고 해당 Pointcut의 완전한 클래스 이름을 포함한 메서드 이름을 @Around 애노테이션에서 사용하면 된다. 예를 들어 다음 설정은 CacheAspect 클래스의 @Around 메서드에서 ExeTimeAspect 클래스의 publicTarget()에 정의된 Pointcut을 사용한다.

```
@Aspect
public class CacheAspect {

    @Around("aspect.ExeTimeAspect.publicTarget()")
    public Object execute(ProceedingJoinPoint joinPoint) throws Throwable {
        ...
    }

}
```

CacheAspect와 ExeTimeAspect 클래스는 같은 패키지에 위치하므로 패키지 이름이 없는 간단한 클래스 이름으로 설정할 수 있다.

```
@Aspect
public class CacheAspect {

    @Around("ExeTimeAspect.publicTarget()")
    public Object execute(ProceedingJoinPoint joinPoint) throws Throwable {
        ...
    }

}
```

여러 Aspect에서 공통으로 사용하는 Pointcut이 있다면 [그림 7.10]과 같이 별도 클래스에 Pointcut을 정의하고, 각 Aspect 클래스에서 해당 Pointcut을 사용하도록 구성하면 Pointcut 관리가 편해진다.

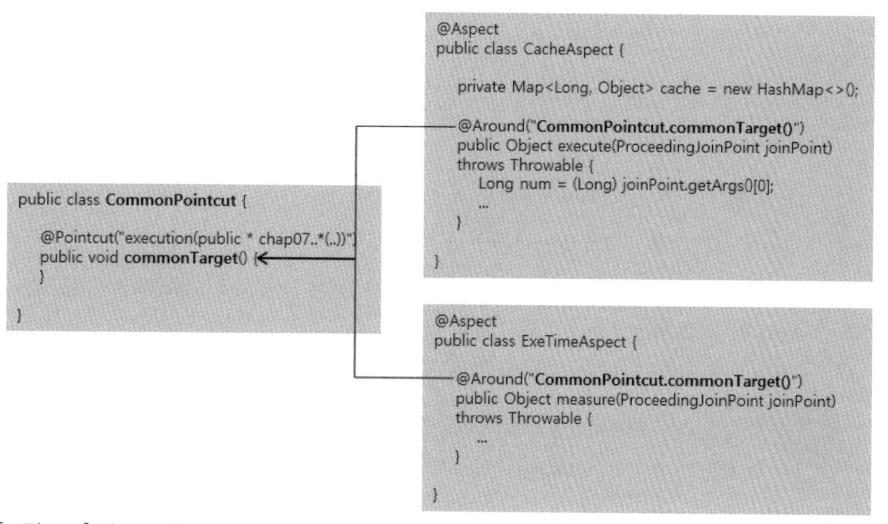

[그림 7.10] 별도 클래스로 분리해서 Pointcut 재사용하기

[그림 7.10]에서 @Pointcut을 설정한 CommonPointcut은 빈으로 등록할 필요가 없다. @Around 애노테이션에서 해당 클래스에 접근 가능하면 해당 Pointcut을 사용할 수 있다.

Chapter 8

DB 연동

이 장에서 다룰 내용

· DataSource 설정
· JdbcTemplate을 이용한 쿼리 실행
· DB 관련 익셉션 변환 처리
· 트랜잭션 처리

많은 웹 어플리케이션은 데이터를 보관하기 위해 MySQL이나 오라클과 같은 DBMS를 사용한다. 자바에서는 JDBC API를 사용하거나 JPA, MyBatis와 같은 기술을 사용해서 DB 연동을 처리한다. 이 책에서는 JDBC를 위해 스프링이 제공하는 JdbcTemplate의 사용법을 설명한다.

> 노트 이 책에서는 JDBC 자체는 설명하지 않는다. JDBC 자체에 대한 이해가 필요한 독자는 자바 기초 서적이나 관련 문서를 꼭 읽도록 하자.

1. JDBC 프로그래밍의 단점을 보완하는 스프링

JDBC 프로그래밍을 경험한 독자는 [그림 8.1]과 같은 코드에 익숙할 것이다.

반복되는 코드

```
Member member;
Connection conn = null;
PreparedStatement pstmt = null;
ResultSet rs = null;
try {
  conn = DriverManager.getConnection("jdbc:mysql://localhost/spring5fs", "spring5", "spring5");
```

핵심 코드

```
  pstmt = conn.prepareStatement("select * from MEMBER where EMAIL = ?");
  pstmt.setString(1, email);
  rs = pstmt.executeQuery();
  if (rs.next()) {
     member = new Member(rs.getString("EMAIL"),
         rs.getString("PASSWORD"),
         rs.getString("NAME"),
         rs.getTimestamp("REGDATE"));
    member.setId(rs.getLong("ID"));
    return member;
  } else {
    return null;
  }
```

반복되는 코드

```
} catch (SQLException e) {
  e.printStackTrace();
  throw e;
} finally {
  if (rs != null)
    try { rs.close(); } catch (SQLException e2) {}
  if (pstmt != null)
    try { pstmt.close(); } catch (SQLException e1) {}
  if (conn != null)
    try { conn.close(); } catch (SQLException e) {}
}
```

[그림 8.1] JDBC API를 이용한 DB 연동 코드 구조

JDBC API를 이용하면 [그림 8.1] 코드처럼 DB 연동에 필요한 Connection을 구한 다음 쿼리를 실행하기 위한 PreparedStatement를 생성한다. 그리고 쿼리를 실행한 뒤에는 finally 블록에서 ResultSet, PreparedStatement, Connection을 닫는다.

여기서 문제는 [그림 8.1]에 점선으로 표시한 부분이다. 점선으로 표시한 코드는 사실상 데이터 처리와는 상관없는 코드지만 JDBC 프로그래밍을 할 때 구조적으로 반복된다. 실제 핵심은 점선으로 표시한 부분을 제외한 나머지 코드로 전체 코드의 절반도 되지 않는다.

구조적인 반복을 줄이기 위한 방법은 템플릿 메서드 패턴과 전략 패턴을 함께 사용하는 것이다. 스프링은 바로 이 두 패턴을 엮은 JdbcTemplate 클래스를 제공한다. 이 클래스를 사용하면 [그림 8.1] 코드를 다음과 같이 변경할 수 있다.

```
List<Member> results = jdbcTemplate.query(
    "select * from MEMBER where EMAIL = ?",
    new RowMapper<Member>() {
        @Override
        public Member mapRow(ResultSet rs, int rowNum) throws SQLException {
            Member member = new Member(rs.getString("EMAIL"),
```

```
                    rs.getString("PASSWORD"),
                    rs.getString("NAME"),
                    rs.getTimestamp("REGDATE"));
                member.setId(rs.getLong("ID"));
                return member;
            }
        },
        email);
return results.isEmpty() ? null : results.get(0);
```

아직 이 코드가 어떤 의미를 갖는지 모르지만 [그림 8.1]과 비교하면 구조적으로 중복되는 코드가 꽤 줄었다. 자바 8의 람다를 사용하면 다음과 같이 코드를 더 줄일 수 있다.

```
List<Member> results = jdbcTemplate.query(
        "select * from MEMBER where EMAIL = ?",
        (ResultSet rs, int rowNum) -> {
            Member member = new Member(rs.getString("EMAIL"),
                    rs.getString("PASSWORD"),
                    rs.getString("NAME"),
                    rs.getTimestamp("REGDATE"));
            member.setId(rs.getLong("ID"));
            return member;
        },
        email);
return results.isEmpty() ? null : results.get(0);
```

스프링이 제공하는 또 다른 장점은 트랜잭션 관리가 쉽다는 것이다. JDBC API로 트랜잭션을 처리하려면 다음과 같이 Connection의 setAutoCommit(false)을 이용해서 자동 커밋을 비활성화하고 commit()과 rollback() 메서드를 이용해서 트랜잭션을 커밋하거나 롤백해야 한다.

```
public void insert(Member member) {
    Connection conn = null;
    PreparedStatement pstmt = null;
    try {
        conn = DriverManager.getConnection(
                "jdbc:mysql://localhost/spring4fs?characterEncoding=utf8",
                "spring4", "spring4");
        conn.setAutoCommit(false);

        ...(DB 쿼리 실행)

        conn.commit();
    } catch(SQLException ex) {
```

```
        if (conn != null)
            try { conn.rollback(); } catch (SQLException e) {}
    } finally {
        if (pstmt != null)
            try { pstmt.close(); } catch (SQLException e) {}
        if (conn != null)
            try { conn.close(); } catch (SQLException e) {}
    }
}
```

스프링을 사용하면 트랜잭션을 적용하고 싶은 메서드에 @Transactional 애노테이션을 붙이기만 하면 된다.

```
@Transactional
public void insert(Member member) {
    ...
}
```

커밋과 롤백 처리는 스프링이 알아서 처리하므로 코드를 작성하는 사람은 트랜잭션 처리를 제외한 핵심 코드만 집중해서 작성하면 된다.

2. 프로젝트 준비

이 장에서 사용할 예제 코드 대부분은 앞서 작성했었던 3장에서 가져올 것이다. 3장 예제를 작성하지 않았다면 책에서 제공하는 소스 코드를 다운로드한 뒤에 따라 해도 된다.

2.1 프로젝트 생성

먼저 8장을 위한 메이븐 프로젝트를 생성한다. 기억을 되살리는 의미에서 생성 과정을 요약했다(더 자세한 절차는 2장을 참고한다).

- 프로젝트를 위한 sp5-chap08 폴더를 생성한다.
- sp5-chap08의 하위 폴더로 src\main\java 폴더를 생성한다.
- sp5-chap08 폴더에 pom.xml 파일을 생성한다.

pom.xml 파일은 [리스트 8.1]과 같다.

[리스트 8.1] sp5-chap08/pom.xml

```
01  <?xml version="1.0" encoding="UTF-8"?>
02  <project xmlns="http://maven.apache.org/POM/4.0.0"
03     xmlns:xsi="http://www.w3.org/2001/XMLSchema-instance"
04     xsi:schemaLocation="http://maven.apache.org/POM/4.0.0
05        http://maven.apache.org/xsd/maven-4.0.0.xsd">
06     <modelVersion>4.0.0</modelVersion>
07     <groupId>sp5</groupId>
08     <artifactId>sp5-chap08</artifactId>
09     <version>0.0.1-SNAPSHOT</version>
10
11     <dependencies>
12        <dependency>
13           <groupId>org.springframework</groupId>
14           <artifactId>spring-context</artifactId>
15           <version>5.0.2.RELEASE</version>
16        </dependency>
17        <dependency>
18           <groupId>org.springframework</groupId>
19           <artifactId>spring-jdbc</artifactId>
20           <version>5.0.2.RELEASE</version>
21        </dependency>
22        <dependency>
23           <groupId>org.apache.tomcat</groupId>
24           <artifactId>tomcat-jdbc</artifactId>
25           <version>8.5.27</version>
26        </dependency>
27        <dependency>
28           <groupId>mysql</groupId>
29           <artifactId>mysql-connector-java</artifactId>
30           <version>5.1.45</version>
31        </dependency>
32     </dependencies>
33
34     <build>
35        <plugins>
36           <plugin>
37              <artifactId>maven-compiler-plugin</artifactId>
38              <version>3.7.0</version>
39              <configuration>
40                 <source>1.8</source>
41                 <target>1.8</target>
42                 <encoding>utf-8</encoding>
43              </configuration>
44           </plugin>
45        </plugins>
46     </build>
47
48  </project>
```

다음은 pom.xml 파일에 새로 추가한 의존 모듈이다.

- **spring-jdbc (17~21행)** : JdbcTemplate 등 JDBC 연동에 필요한 기능을 제공한다.
- **tomcat-jdbc (22~26행)** : DB 커넥션풀 기능을 제공한다.
- **mysql-connector-java (27~31행)** : MySQL 연결에 필요한 JDBC 드라이버를 제공한다.

스프링이 제공하는 트랜잭션 기능을 사용하려면 spring-tx 모듈이 필요한데, spring-jdbc 모듈에 대한 의존을 추가하면 spring-tx 모듈도 자동으로 포함된다. 따라서 위 pom.xml에 spring-tx 모듈을 따로 추가하지 않아도 spring-tx 모듈을 사용할 수 있다.

커넥션 풀이란?

실제 서비스 운영 환경에서는 서로 다른 장비를 이용해서 자바 프로그램과 DBMS를 실행한다. 자바 프로그램에서 DBMS로 커넥션을 생성하는 시간은 (컴퓨터 입장에서) 매우 길기 때문에 DB 커넥션을 생성하는 시간은 전체 성능에 영향을 줄 수 있다. 또한 동시에 접속하는 사용자수가 많으면 사용자마다 DB 커넥션을 생성해서 DBMS에 부하를 준다.

최초 연결에 따른 응답 속도 저하와 동시 접속자가 많을 때 발생하는 부하를 줄이기 위해 사용하는 것이 커넥션 풀이다. 커넥션 풀은 일정 개수의 DB 커넥션을 미리 만들어두는 기법이다. DB 커넥션이 필요한 프로그램은 커넥션 풀에서 커넥션을 가져와 사용한 뒤 커넥션을 다시 풀에 반납한다. 커넥션을 미리 생성해두기 때문에 커넥션을 사용하는 시점에서 커넥션을 생성하는 시간을 아낄 수 있다. 또한 동시 접속자가 많더라도 커넥션을 생성하는 부하가 적기 때문에 더 많은 동시 접속자를 처리할 수 있다. 커넥션도 일정 개수로 유지해서 DBMS에 대한 부하를 일정 수준으로 유지할 수 있게 해 준다.

이런 이유로 실제 서비스 운영 환경에서는 매번 커넥션을 생성하지 않고 커넥션 풀을 사용해서 DB 연결을 관리한다. DB 커넥션 풀 기능을 제공하는 모듈로는 Tomcat JDBC, HikariCP, DBCP, c3p0 등이 존재한다. 현시점에서 지속적인 개발, 성능 등을 고려하면 Tomcat JDBC나 HikariCP를 권한다. 이 책에서는 Tomcat JDBC 모듈을 사용한다.

프로젝트를 생성했다면 이클립스에 임포트한다. 그리고 3장의 예제 코드에서 다음 코드를 복사한다. 이들 코드는 모두 spring 패키지에 속하므로 spring 패키지를 생성한 뒤에 복사하면 된다.

- ChangePasswordService.java
- DuplicateMemberException.java
- Member.java, MemberDao.java
- MemberInfoPrinter.java, MemberListPrinter.java
- MemberNotFoundException.java
- MemberPrinter.java
- MemberRegisterService.java, RegisterRequest.java
- WrongIdPasswordException.java

이 장에서는 DB를 사용해서 MemberDao 클래스를 구현할 것이므로 [리스트 8.2]와 같이 MemberDao의 메서드 코드를 삭제하고 저장하자. 하나씩 채워 나갈 것이다.

[리스트 8.2] sp5-chap08/src/main/java/spring/MemberDao.java

```
01  package spring;
02
03  import java.util.Collection;
04
05  public class MemberDao {
06
07      public Member selectByEmail(String email) {
08          return null;
09      }
10
11      public void insert(Member member) {
12      }
13
14      public void update(Member member) {
15      }
16
17      public Collection<Member> selectAll() {
18          return null;
19      }
20  }
```

2.2 DB 테이블 생성

이 책에서는 DBMS로 MySQL을 사용한다. MySQL 설치 방법이 궁금한 독자는 구글에서 "MySQL 설치"로 검색해보자. 많은 자료가 있다.

MySQL에 root 사용자로 연결한 뒤 [리스트 8.3]에 표시한 쿼리를 실행해서 DB 사용자, 데이터베이스, 테이블을 생성한다.

[리스트 8.3] sp5-chap08/src/sql/ddl.sql

```
01  create user 'spring5'@'localhost' identified by 'spring5';
02
03  create database spring5fs character set=utf8;
04
05  grant all privileges on spring5fs.* to 'spring5'@'localhost';
06
07  create table spring5fs.MEMBER (
08      ID int auto_increment primary key,
09      EMAIL varchar(255),
10      PASSWORD varchar(100),
11      NAME varchar(100),
```

```
12        REGDATE datetime,
13        unique key (EMAIL)
14    ) engine=InnoDB character set = utf8;
```

위 SQL을 실행하면 다음 작업을 수행한다.

- **01행** : MySQL DB에 spring5 계정 생성 (암호로 spring5 사용)
- **03행** : spring5fs DB 생성
- **05행** : spring5fs DB에 spring5 계정이 접근할 수 있도록 권한 부여
- **07~14행** : spring5fs DB에 MEMBER 테이블 생성

한글 등 다국어 보관을 위해 데이터베이스와 테이블의 캐릭터셋을 UTF-8로 설정했다. MySQL은 03행과 14행처럼 "utf-8"이 아닌 하이픈(-)이 없는 "utf8"을 사용한다.

spring5 계정으로 MySQL에 접속한 뒤에 다음 쿼리를 실행해서 예제에서 사용할 데이터를 미리 생성한다.

```
insert into MEMBER (EMAIL, PASSWORD, NAME, REGDATE)
values ('madvirus@madvirus.net', '1234', 'cbk', now());
```

DB 테이블과 사용할 데이터까지 생성했다. 남은 작업은 스프링이 지원하는 DB 지원 기능을 사용해서 MemberDao 클래스를 구현하고 이를 사용하는 것뿐이다.

3. DataSource 설정

JDBC API는 DriverManager 외에 DataSource를 이용해서 DB 연결을 구하는 방법을 정의하고 있다. DataSource를 사용하면 다음 방식으로 Connection을 구할 수 있다.

```
Connection conn = null;
try {
    // dataSource는 생성자나 설정 메서드를 이용해서 주입받음
    conn = dataSource.getConnection();
    ...
```

스프링이 제공하는 DB 연동 기능은 DataSource를 사용해서 DB Connection을 구한다. DB 연동에 사용할 DataSource를 스프링 빈으로 등록하고 DB 연동 기능을 구현한 빈 객체는 DataSource를 주입받아 사용한다.

Tomcat JDBC 모듈은 javax.sql.DataSource를 구현한 DataSource 클래스를 제공한다.

이 클래스를 스프링 빈으로 등록해서 DataSource로 사용할 수 있다. [리스트 8.4]는 설정 예이다.

[리스트 8.4] sp5-chap08/src/main/java/config/AppCtx.java

```
01  package config;
02
03  import org.apache.tomcat.jdbc.pool.DataSource;
04  import org.springframework.context.annotation.Bean;
05  import org.springframework.context.annotation.Configuration;
06
07  @Configuration
08  public class DbConfig {
09
10      @Bean(destroyMethod = "close")
11      public DataSource dataSource() {
12          DataSource ds = new DataSource();
13          ds.setDriverClassName("com.mysql.jdbc.Driver");
14          ds.setUrl("jdbc:mysql://localhost/spring5fs?characterEncoding=utf8");
15          ds.setUsername("spring5");
16          ds.setPassword("spring5");
17          ds.setInitialSize(2);
18          ds.setMaxActive(10);
19          return ds;
20      }
21  }
```

주요 코드는 다음과 같다.

- 12행 : DataSource 객체를 생성한다.
- 13행 : JDBC 드라이버 클래스를 지정한다. MySQL 드라이버 클래스를 사용한다.
- 14행 : JDBC URL을 지정한다. 데이터베이스와 테이블의 캐릭터셋을 UTF-8로 설정했으므로 characterEncoding 파라미터를 이용해서 MySQL에 연결할 때 사용할 캐릭터셋을 UTF-8로 지정했다. "utf8"에 하이픈이 없음에 유의하자.
- 15~16행 : DB에 연결할 때 사용할 사용자 계정과 암호를 지정한다.

10행을 보면 destroyMethod 속성값을 close로 설정했다. close 메서드는 커넥션 풀에 보관된 Connection을 닫는다.

3.1 Tomcat JDBC의 주요 프로퍼티

Tomcat JDBC 모듈의 org.apache.tomcat.jdbc.pool.DataSource 클래스는 커넥션 풀 기능을 제공하는 DataSource 구현 클래스이다. DataSource 클래스는 커넥션을 몇 개 만들지 지정할 수 있는 메서드를 제공한다. 주요 설정 메서드는 [표 8.1]과 같다.

[표 8.1] Tomcat JDBC DataSource 클래스의 주요 프로퍼티

설정 메서드	설명
setInitialSize(int)	커넥션 풀을 초기화할 때 생성할 초기 커넥션 개수를 지정한다. 기본값은 10이다.
setMaxActive(int)	커넥션 풀에서 가져올 수 있는 최대 커넥션 개수를 지정한다. 기본값은 100이다.
setMaxIdle(int)	커넥션 풀에 유지할 수 있는 최대 커넥션 개수를 지정한다. 기본값은 maxActive와 같다.
setMinIdle(int)	커넥션 풀에 유지할 최소 커넥션 개수를 지정한다. 기본값은 initialSize에서 가져온다.
setMaxWait(int)	커넥션 풀에서 커넥션을 가져올 때 대기할 최대 시간을 밀리초 단위로 지정한다. 기본값은 30000밀리초(30초)이다.
setMaxAge(long)	최초 커넥션 연결 후 커넥션의 최대 유효 시간을 밀리초 단위로 지정한다. 기본값은 0이다. 0은 유효 시간이 없음을 의미한다.
setValidationQuery(String)	커넥션이 유효한지 검사할 때 사용할 쿼리를 지정한다. 언제 검사할지는 별도 설정으로 지정한다. 기본값은 null이다. null이면 검사를 하지 않는다. "select 1"이나 "select 1 from dual"과 같은 쿼리를 주로 사용한다.
setValidationQueryTimeout(int)	검사 쿼리의 최대 실행 시간을 초 단위로 지정한다. 이 시간을 초과하면 검사에 실패한 것으로 간주한다. 0 이하로 지정하면 비활성화한다. 기본값은 -1이다.
setTestOnBorrow(boolean)	풀에서 커넥션을 가져올 때 검사 여부를 지정한다. 기본값은 false이다.
setTestOnReturn(boolean)	풀에 커넥션을 반환할 때 검사 여부를 지정한다. 기본값은 false이다.
setTestWhileIdle(boolean)	커넥션이 풀에 유휴 상태로 있는 동안에 검사할지 여부를 지정한다. 기본값은 false이다.
setMinEvictableIdleTimeMillis(int)	커넥션 풀에 유휴 상태로 유지할 최소 시간을 밀리초 단위로 지정한다. testWhileIdle이 true이면 유휴 시간이 이 값을 초과한 커넥션을 풀에서 제거한다. 기본값은 60000밀리초(60초)이다.
setTimeBetweenEvictionRunsMillis(int)	커넥션 풀의 유휴 커넥션을 검사할 주기를 밀리초 단위로 지정한다. 기본값은 5000밀리초(5초)이다. 이 값을 1초 이하로 설정하면 안 된다.

위 설정을 이해하려면 커넥션의 상태를 알아야 한다. 커넥션 풀은 커넥션을 생성하고 유지한다. 커넥션 풀에 커넥션을 요청하면 해당 커넥션은 활성(active) 상태가 되고, 커넥션을 다시 커넥션 풀에 반환하면 유휴(idle) 상태가 된다. DataSource#getConnection()

을 실행하면 커넥션 풀에서 커넥션을 가져와 커넥션이 활성 상태가 된다. 반대로 커넥션을 종료(close)하면 커넥션은 풀로 돌아가 유휴 상태가 된다. 예를 들어 [리스트 8.5]를 보자. Connection을 구하고 종료하는 코드를 명시적으로 보여주기 위해 Connection 관련 코드와 Statement, ResultSet 코드를 별도의 try 블록으로 나눴다.

[리스트 8.5] sp5-chap08/src/main/java/dbquery/DbQuery.java

```
01  package dbquery;
02
03  import java.sql.Connection;
04  import java.sql.ResultSet;
05  import java.sql.SQLException;
06  import java.sql.Statement;
07
08  import javax.sql.DataSource;
09
10  public class DbQuery {
11      private DataSource dataSource;
12
13      public DbQuery(DataSource dataSource) {
14          this.dataSource = dataSource;
15      }
16
17      public int count() {
18          Connection conn = null;
19          try {
20              conn = dataSource.getConnection(); // 풀에서 구함
21              try (Statement stmt = conn.createStatement();
22                   ResultSet rs = stmt.executeQuery("select count(*) from MEMBER")) {
23                  rs.next();
24                  return rs.getInt(1);
25              }
26          } catch (SQLException e) {
27              throw new RuntimeException(e);
28          } finally {
29              if (conn != null)
30                  try {
31                      conn.close(); // 풀에 반환
32                  } catch (SQLException e) {
33                  }
34          }
35      }
36
37  }
```

20행의 코드를 실행하면 DataSource에서 커넥션을 구하는데 이때 풀에서 커넥션을 가져온다. 이 시점에서 커넥션 conn은 활성 상태이다. 커넥션 사용이 끝나고 31행에서 커

넥션을 종료하면 실제 커넥션을 끊지 않고 풀에 반환한다. 풀에 반환된 커넥션은 다시 유휴 상태가 된다.

maxActive는 활성 상태가 가능한 최대 커넥션 개수를 지정한다. maxActive를 40으로 지정하면 이는 동시에 커넥션 풀에서 가져올 수 있는 커넥션 개수가 40개라는 뜻이다. 활성 상태 커넥션이 40개인데 커넥션 풀에 다시 커넥션을 요청하면 다른 커넥션이 반환될 때까지 대기한다. 이 대기 시간이 maxWait이다. 대기 시간 내에 풀에 반환된 커넥션이 있으면 해당 커넥션을 구하게 되고, 대기 시간 내에 반환된 커넥션이 없으면 익셉션이 발생한다.

커넥션 풀을 사용하는 이유는 성능 때문이다. 매번 새로운 커넥션을 생성하면 그때마다 연결 시간이 소모된다. 커넥션 풀을 사용하면 미리 커넥션을 생성했다가 필요할 때에 커넥션을 꺼내 쓰므로 커넥션을 구하는 시간이 줄어 전체 응답 시간도 짧아진다. 그래서 커넥션 풀을 초기화할 때 최소 수준의 커넥션을 미리 생성하는 것이 좋다. 이때 생성할 커넥션 개수를 initialSize로 지정한다.

커넥션 풀에 생성된 커넥션은 지속적으로 재사용된다. 그런데 한 커넥션이 영원히 유지되는 것은 아니다. DBMS 설정에 따라 일정 시간 내에 쿼리를 실행하지 않으면 연결을 끊기도 한다. 예를 들어 DBMS에 5분 동안 쿼리를 실행하지 않으면 DB 연결을 끊도록 설정했는데, 커넥션 풀에 특정 커넥션이 5분 넘게 유휴 상태로 존재했다고 하자. 이 경우 DBMS는 해당 커넥션의 연결을 끊지만 커넥션은 여전히 풀 속에 남아 있다. 이 상태에서 해당 커넥션을 풀에서 가져와 사용하면 연결이 끊어진 커넥션이므로 익셉션이 발생하게 된다.

업무용 시스템과 같이 특정 시간대에 사용자가 없으면 이런 상황이 발생할 수 있다. 이런 문제를 방지하려면 커넥션 풀의 커넥션이 유효한지 주기적으로 검사해야 한다. 이와 관련된 속성이 minEvictableIdleTimeMillis, timeBetweenEvictionRunsMillis, testWhileIdle이다. 예를 들어 10초 주기로 유휴 커넥션이 유효한지 여부를 검사하고 최소 유휴 시간을 3분으로 지정하고 싶다면 다음 설정을 사용한다.

```
@Bean(destroyMethod = "close")
public DataSource dataSource() {
    DataSource ds = new DataSource();
    ds.setDriverClassName("com.mysql.jdbc.Driver");
    ds.setUrl("jdbc:mysql://localhost/spring5fs?characterEncoding=utf8");
    ds.setUsername("spring5");
    ds.setPassword("spring5");
    ds.setInitialSize(2);
    ds.setMaxActive(10);
    ds.setTestWhileIdle(true);   // 유휴 커넥션 검사
    ds.setMinEvictableIdleTimeMillis(1000 * 60 * 3);    // 최소 유휴 시간 3분
```

```
    ds.setTimeBetweenEvictionRunsMillis(1000 * 10);    // 10초 주기
    return ds;
}
```

4. JdbcTemplate을 이용한 쿼리 실행

스프링을 사용하면 DataSource나 Connection, Statemement, ResultSet을 직접 사용하지 않고 JdbcTemplate을 이용해서 편리하게 쿼리를 실행할 수 있다. 앞서 비워 둔 MemberDao 클래스에 코드를 채워나가면서 JdbcTemplate의 사용법을 익혀보자.

4.1 JdbcTemplate 생성하기

가장 먼저 해야 할 작업은 JdbcTemplate 객체를 생성하는 것이다. 코드는 [리스트 8.6]과 같다.

[리스트 8.6] sp5-chap08/src/main/java/dbquery/DbQuery.java

```
01  package spring;
02  
03  import javax.sql.DataSource;
04  
05  import org.springframework.jdbc.core.JdbcTemplate;
06  
07  public class MemberDao {
08  
09      private JdbcTemplate jdbcTemplate;
10  
11      public MemberDao(DataSource dataSource) {
12          this.jdbcTemplate = new JdbcTemplate(dataSource);
13      }
14  
```

[리스트 8.6]은 MemberDao 클래스에 JdbcTemplate 객체를 생성하는 코드를 추가한 것이다. JdbcTemplate 객체를 생성하려면 12행 코드처럼 DataSource를 생성자에 전달하면 된다. 이를 위해 DataSource를 주입받도록 MemberDao 클래스의 생성자를 구현했다. 물론 다음과 같이 설정 메서드 방식을 이용해서 DataSource를 주입받고 JdbcTemplate을 생성해도 된다.

```
public class MemberDao {

    private JdbcTemplate jdbcTemplate;

    public setDataSource(DataSource dataSource) {
```

```
        this.jdbcTemplate = new JdbcTemplate(dataSource);
    }
```

JdbcTemplate을 생성하는 코드를 MemberDao 클래스에 추가했으니 스프링 설정에 MemberDao 빈 설정을 추가한다.

[리스트 8.7] sp5-chap08/src/main/java/config/AppCtx.java에 MemberDao 설정 추가

```
01  @Configuration
02  public class AppCtx {
03
04      @Bean(destroyMethod = "close")
05      public DataSource dataSource() {
06          DataSource ds = new DataSource();
07          ds.setDriverClassName("com.mysql.jdbc.Driver");
08          ds.setUrl("jdbc:mysql://localhost/spring5fs?characterEncoding=utf8");
09          ds.setUsername("spring5");
10          ds.setPassword("spring5");
11          … 생략
12          return ds;
13      }
14
15      @Bean
16      public MemberDao memberDao() {
17          return new MemberDao(dataSource());
18      }
19  }
```

4.2 JdbcTemplate을 이용한 조회 쿼리 실행

JdbcTemplate 클래스는 SELECT 쿼리 실행을 위한 query() 메서드를 제공한다. 자주 사용되는 쿼리 메서드는 다음과 같다.

- List<T> query(String sql, RowMapper<T> rowMapper)
- List<T> query(String sql, Object[] args, RowMapper<T> rowMapper)
- List<T> query(String sql, RowMapper<T> rowMapper, Object... args)

query() 메서드는 sql 파라미터로 전달받은 쿼리를 실행하고 RowMapper를 이용해서 ResultSet의 결과를 자바 객체로 변환한다. sql 파라미터가 아래와 같이 인덱스 기반 파라미터를 가진 쿼리이면 args 파라미터를 이용해서 각 인덱스 파라미터의 값을 지정한다.

```
select * from member where email = ?
```

쿼리 실행 결과를 자바 객체로 변환할 때 사용하는 RowMapper 인터페이스는 다음과 같다.

```
package org.springframework.jdbc.core;

public interface RowMapper<T> {
    T mapRow(ResultSet rs, int rowNum) throws SQLException;
}
```

RowMapper의 mapRow() 메서드는 SQL 실행 결과로 구한 ResultSet에서 한 행의 데이터를 읽어와 자바 객체로 변환하는 매퍼 기능을 구현한다. RowMapper 인터페이스를 구현한 클래스를 작성할 수도 있지만 임의 클래스나 람다식으로 RowMapper의 객체를 생성해서 query() 메서드에 전달할 때도 많다. 예를 들어 [리스트 8.8]처럼 임의 클래스를 이용해서 MemberDao의 selectByEmail() 메서드를 구현할 수 있다.

[리스트 8.8] sp5-chap08/src/main/java/spring/MemberDao.java (selectByEmail 메서드 구현 추가)

```
01  package spring;
02
03  import java.sql.ResultSet;
04  import java.sql.SQLException;
05  import java.sql.Timestamp;
06  import java.util.List;
07
08  import javax.sql.DataSource;
09
10  import org.springframework.jdbc.core.JdbcTemplate;
11  import org.springframework.jdbc.core.RowMapper;
12
13  public class MemberDao {
14
15      private JdbcTemplate jdbcTemplate;
16
17      public MemberDao(DataSource dataSource) {
18          this.jdbcTemplate = new JdbcTemplate(dataSource);
19      }
20
21      public Member selectByEmail(String email) {
22          List<Member> results = jdbcTemplate.query(
23              "select * from MEMBER where EMAIL = ?",
24              new RowMapper<Member>() {
25                  @Override
26                  public Member mapRow(ResultSet rs, int rowNum)
27                          throws SQLException {
```

```
28                  Member member = new Member(
29                      rs.getString("EMAIL"),
30                      rs.getString("PASSWORD"),
31                      rs.getString("NAME"),
32                      rs.getTimestamp("REGDATE").toLocalDateTime());
33                  member.setId(rs.getLong("ID"));
34                  return member;
35              }
36          },
37          email);
38
39      return results.isEmpty() ? null : results.get(0);
40  }
41  ...코드생략
```

23행은 JdbcTemplate의 query() 메서드를 이용해서 쿼리를 실행한다. 이 쿼리는 인덱스 파라미터(물음표)를 포함하고 있다. 인덱스 파라미터에 들어갈 값은 37행에서 지정한다. 이 query() 메서드의 세 번째 파라미터는 가변 인자로 인덱스 파라미터가 두 개 이상이면 다음과 같이 인덱스 파라미터 설정에 사용할 각 값을 콤마로 구분한다.

```
List<Member> results = jdbcTemplate.query(
    "select * from MEMBER where EMAIL = ? and NAME = ?",
    new RowMapper<Member>() { ...코드생략 },
    email, name);    // 물음표 개수만큼 해당되는 값 전달
```

24~36행은 임의 클래스를 이용해서 RowMapper의 객체를 전달하고 있다. 이 RowMapper는 ResultSet에서 데이터를 읽어와 Member 객체로 변환해주는 기능을 제공하므로 RowMapper의 타입 파라미터로 Member를 사용했다(RowMapper<Member> 타입). 26행의 mapRow() 메서드는 파라미터로 전달받은 ResultSet에서 데이터를 읽어와 Member 객체를 생성해서 리턴하도록 구현했다.

람다를 사용하면 임의 클래스를 사용하는 것보다 간결하다.

```
List<Member> results = jdbcTemplate.query(
    "select * from MEMBER where EMAIL = ?",
    (ResultSet rs, int rowNum) -> {
        Member member = new Member(
                rs.getString("EMAIL"),
                rs.getString("PASSWORD"),
                rs.getString("NAME"),
                rs.getTimestamp("REGDATE").toLocalDateTime());
        member.setId(rs.getLong("ID"));
        return member;
```

```
    },
    email);
```

동일한 RowMapper 구현을 여러 곳에서 사용한다면 아래 코드처럼 RowMapper 인터페이스를 구현한 클래스를 만들어서 코드 중복을 막을 수 있다.

```
// RowMapper를 구현한 클래스를 작성
public class MemberRowMapper implements RowMapper<Member> {
    @Override
    public Member mapRow(ResultSet rs, int rowNum) throws SQLException {
        Member member = new Member(
                rs.getString("EMAIL"),
                rs.getString("PASSWORD"),
                rs.getString("NAME"),
                rs.getTimestamp("REGDATE").toLocalDateTime());
        member.setId(rs.getLong("ID"));
        return member;
    }
}

// MemberRowMapper 객체 생성
List<Member> results = jdbcTemplate.query(
    "select * from MEMBER where EMAIL = ? and NAME = ?",
    new MemberRowMapper(),
    email, name);
```

selectByEmail() 메서드는 지정한 이메일에 해당하는 MEMBER 데이터가 존재하면 해당 Member 객체를 리턴하고 그렇지 않으면 null을 리턴하도록 구현했다. 앞서 구현한 [리스트 8.8]의 39행을 보면 아래 코드처럼 results가 비어 있는 경우와 그렇지 않은 경우를 구분해서 리턴 값을 처리한 것을 알 수 있다.

```
List<Member> results = jdbcTemplate.query(
    "select * from MEMBER where EMAIL = ?",
    new RowMapper<Member>() { … 코드생략 },
    email);

return results.isEmpty() ? null : results.get(0);    // 39행 코드
```

query() 메서드는 쿼리를 실행한 결과가 존재하지 않으면 길이가 0인 List를 리턴하므로 List가 비어 있는지 여부로 결과가 존재하지 않는지 확인할 수 있다.

MemberDao에서 JdbcTemplate의 query()를 사용하는 또 다른 메서드는 selectAll()로 [리스트 8.9]처럼 구현할 수 있다. 참고로 selectAll() 메서드의 리턴 타입을 18행과 같이

Collection<Member>에서 List<Member>로 변경했다.

[리스트 8.9] sp5-chap08/src/main/java/spring/MemberDao.java (selectAll 메서드 구현 추가)

```
01  package spring;
02
03  import java.sql.ResultSet;
04  import java.sql.SQLException;
05  import java.sql.Timestamp;
06  import java.util.List;
07
08  import javax.sql.DataSource;
09
10  import org.springframework.jdbc.core.JdbcTemplate;
11  import org.springframework.jdbc.core.RowMapper;
12
13  public class MemberDao {
14
15      private JdbcTemplate jdbcTemplate;
16      … 코드생략
17
18      public List<Member> selectAll() {
19          List<Member> results = jdbcTemplate.query("select * from MEMBER",
20                                  new RowMapper<Member>() {
21                  @Override
22                  public Member mapRow(ResultSet rs, int rowNum)
23                          throws SQLException {
24                      Member member = new Member(
25                          rs.getString("EMAIL"),
26                          rs.getString("PASSWORD"),
27                          rs.getString("NAME"),
28                          rs.getTimestamp("REGDATE").toLocalDateTime());
29                      member.setId(rs.getLong("ID"));
30                      return member;
31                  }
32              });
33          return results;
34      }
35
36  }
```

위 코드는 selectByEmail() 메서드와 동일한 RowMapper 임의 클래스를 사용했다. 다음과 같이 Member를 위한 RowMapper 구현 클래스를 이용하도록 두 메서드를 수정하면 RowMapper 임의 클래스나 람다 식 중복을 제거할 수 있다.

```
public Member selectByEmail(String email) {
    List<Member> results = jdbcTemplate.query(
            "select * from MEMBER where EMAIL = ?",
            new MemberRowMapper(),
            email);

    return results.isEmpty() ? null : results.get(0);
}

public Collection<Member> selectAll() {
    List<Member> results = jdbcTemplate.query("select * from MEMBER",
            new MemberRowMapper());
    return results;
}
```

4.3 결과가 1행인 경우 사용할 수 있는 queryForObject() 메서드

다음은 MEMBER 테이블의 전체 행 개수를 구하는 코드이다. 이 코드는 query() 메서드를 사용했다.

```
public int count() {
    List<Integer> results = jdbcTemplate.query(
        "select count(*) from MEMBER",
        new RowMapper<Integer>() {
            @Override
            public Integer mapRow(ResultSet rs, int rowNum) throws SQLException {
                return rs.getInt(1);
            }
        });
    return results.get(0);
}
```

count(*) 쿼리는 결과가 한 행 뿐이니 쿼리 결과를 List로 받기보다는 Integer와 같은 정수 타입으로 받으면 편리할 것이다. 이를 위한 메서드가 바로 queryForObject()이다. queryForObject()를 이용하면 count(*) 쿼리 실행 코드를 [리스트 8.10]처럼 구현할 수 있다(MemberDao.java에 count() 메서드를 추가한다).

[리스트 8.10] sp5-chap08/src/main/java/spring/MemberDao.java (count() 메서드 구현 추가)

```
01  public class MemberDao {
02
03      private JdbcTemplate jdbcTemplate;
04
05      … 코드생략
```

```
06
07        public int count() {
08            Integer count = jdbcTemplate.queryForObject(
09                    "select count(*) from MEMBER", Integer.class);
10            return count;
11        }
12
13    }
```

queryForObject() 메서드는 쿼리 실행 결과 행이 한 개인 경우에 사용할 수 있는 메서드다. queryForObject() 메서드의 두 번째 파라미터는 칼럼을 읽어올 때 사용할 타입을 지정한다. 예를 들어 평균을 구한다면 다음처럼 Double 타입을 사용할 수 있다.

```
double avg = queryForObject(
        "select avg(height) from FURNITURE where TYPE=? and STATUS=?",
        Double.class,
        100, "S" );
```

이 코드에서 볼 수 있듯이 queryForObject() 메서드도 쿼리에 인덱스 파라미터(물음표)를 사용할 수 있다. 인덱스 파라미터가 존재하면 파라미터의 값을 가변 인자로 전달한다.

실행 결과 칼럼이 두 개 이상이면 RowMapper를 파라미터로 전달해서 결과를 생성할 수 있다. 예를 들어 특정 ID를 갖는 회원 데이터를 queryForObject()로 읽어오고 싶다면 다음 코드를 사용할 수 있다.

```
Member member = jdbcTemplate.queryForObject(
        "select * from MEMBER where ID = ?",
        new RowMapper<Member>() {
            @Override
            public Member mapRow(ResultSet rs, int rowNum)
                    throws SQLException {
                Member member = new Member(rs.getString("EMAIL"),
                        rs.getString("PASSWORD"),
                        rs.getString("NAME"),
                        rs.getTimestamp("REGDATE").toLocalDateTime());
                member.setId(rs.getLong("ID"));
                return member;
            }
        },
        100);
```

queryForObject() 메서드를 사용한 위 코드와 기존의 query() 메서드를 사용한 코드의 차이점은 리턴 타입이 List가 아니라 RowMapper로 변환해주는 타입(위 코드에서는

Member)이라는 점이다.

주요 queryForObject() 메서드는 다음과 같다.

- T queryForObject(String sql, Class<T> requiredType)
- T queryForObject(String sql, Class<T> requiredType, Object... args)
- T queryForObject(String sql, RowMapper<T> rowMapper)
- T queryForObject(String sql, RowMapper<T> rowMapper, Object... args)

queryForObject() 메서드를 사용하려면 쿼리 실행 결과는 반드시 한 행이어야 한다. 만약 쿼리 실행 결과 행이 없거나 두 개 이상이면 IncorrectResultSizeDataAccessException이 발생한다. 행의 개수가 0이면 하위 클래스인 EmptyResultDataAccessException이 발생한다. 따라서 결과 행이 정확히 한 개가 아니면 queryForObject() 메서드 대신 query() 메서드를 사용해야 한다.

4.4 JdbcTemplate을 이용한 변경 쿼리 실행

INSERT, UPDATE, DELETE 쿼리는 update() 메서드를 사용한다.

- int update(String sql)
- int update(String sql, Object... args)

update() 메서드는 쿼리 실행 결과로 변경된 행의 개수를 리턴한다. update() 메서드의 사용 예는 [리스트 8.11]과 같다.

[리스트 8.11] p5-chap08/src/main/java/spring/MemberDao.java (update 메서드 구현 추가)

```
01  package spring;
02
03  … 코드생략
04
05  public class MemberDao {
06
07      private JdbcTemplate jdbcTemplate;
08
09      public MemberDao(DataSource dataSource) {
10          this.jdbcTemplate = new JdbcTemplate(dataSource);
11      }
12      … 코드 생략
13
14      public void update(Member member) {
15          jdbcTemplate.update(
16              "update MEMBER set NAME = ?, PASSWORD = ? where EMAIL = ?",
```

```
17            member.getName(), member.getPassword(), member.getEmail());
18        }
19
20        … 코드 생략
21    }
```

4.5 PreparedStatementCreator를 이용한 쿼리 실행

지금까지 작성한 코드는 다음과 같이 쿼리에서 사용할 값을 인자로 전달했다.

```
jdbcTemplate.update(
        "update MEMBER set NAME = ?, PASSWORD = ? where EMAIL = ?",
        member.getName(), member.getPassword(), member.getEmail());
```

위 코드는 첫 번째 인덱스 파라미터, 두 번째 파라미터, 세 번째 파라미터의 값으로 각각 member.getName(), member.getPassword(), member.getEmail()을 사용했다. 대부분 이와 같은 방법으로 쿼리의 인덱스 파라미터의 값을 전달할 수 있다.

PreparedStatemet의 set 메서드를 사용해서 직접 인덱스 파라미터의 값을 설정해야 할 때도 있다. 이 경우 PreparedStatementCreator를 인자로 받는 메서드를 이용해서 직접 PreparedStatement를 생성하고 설정해야 한다.

PreparedStatementCreator 인터페이스는 다음과 같다.

```
package org.springframework.jdbc.core;

import java.sql.Connection;
import java.sql.PreparedStatement;
import java.sql.SQLException;

public interface PreparedStatementCreator {
    PreparedStatement createPreparedStatement(Connection con) throws
SQLException;
}
```

PreparedStatementCreator 인터페이스의 createPreparedStatement() 메서드는 Connection 타입의 파라미터를 갖는다. PreparedStatementCreator를 구현한 클래스는 createPreparedStatement() 메서드의 파라미터로 전달받는 Connection을 이용해서 PreparedStatement 객체를 생성하고 인덱스 파라미터를 알맞게 설정한 뒤에 리턴하면 된다. 다음은 PreparedStatementCreator 인터페이스 예제 코드이다.

```
jdbcTemplate.update(new PreparedStatementCreator() {
    @Override
    public PreparedStatement createPreparedStatement(Connection con)
    throws SQLException {
        // 파라미터로 전달받은 Connection을 이용해서 PreparedStatement 생성
        PreparedStatement pstmt = con.prepareStatement(
          "insert into MEMBER (EMAIL, PASSWORD, NAME, REGDATE) values (?, ?, ?, ?)");
        // 인덱스 파라미터의 값 설정
        pstmt.setString(1,  member.getEmail());
        pstmt.setString(2,  member.getPassword());
        pstmt.setString(3,  member.getName());
        pstmt.setTimestamp(4,  Timestamp.valueOf(member.getRegisterDateTime()));
        // 생성한 PreparedStatement 객체 리턴
        return pstmt;
    }
});
```

JdbcTemplate 클래스가 제공하는 메서드 중에서 PreparedStatementCreator 인터페이스를 파라미터로 갖는 메서드는 다음과 같다.

- List<T> query(PreparedStatementCreator psc, RowMapper<T> rowMapper)
- int update(PreparedStatementCreator psc)
- int update(PreparedStatementCreator psc, KeyHolder generatedKeyHolder)

위 목록에서 세 번째 메서드는 자동 생성되는 키값을 구할 때 사용한다. 이에 대한 내용을 이어서 살펴보자.

4.6 INSERT 쿼리 실행 시 KeyHolder를 이용해서 자동 생성 키값 구하기

MySQL의 AUTO_INCREMENT 칼럼은 행이 추가되면 자동으로 값이 할당되는 칼럼으로서 주요키 칼럼에 사용된다. 앞서 MEMBER 테이블을 생성할 때 사용한 쿼리도 다음 코드처럼 주요키 칼럼을 AUTO_INCREMENT 칼럼으로 지정했다.

```
create table spring5fs.MEMBER (
    ID int auto_increment primary key,
    EMAIL varchar(255),
    PASSWORD varchar(100),
    NAME varchar(100),
    REGDATE datetime,
    unique key (EMAIL)
) engine=InnoDB character set = utf8;
```

AUTO_INCREMENT와 같은 자동 증가 칼럼을 가진 테이블에 값을 삽입하면 해당 칼럼의 값이 자동으로 생성된다. 따라서 아래 코드처럼 INSERT 쿼리에 자동 증가 칼럼에 해당하는 값은 지정하지 않는다.

```
// 자동 증가 칼럼인 ID 칼럼의 값을 지정하지 않음
jdbcTemplate.update(
    "insert into MEMBER (EMAIL, PASSWORD, NAME, REGDATE) values (?, ?, ?, ?)",
    member.getEmail(), member.getPassword(), member.getName(),
    new Timestamp(member.getRegisterDate().getTime()));
```

그런데 쿼리 실행 후에 생성된 키값을 알고 싶다면 어떻게 해야 할까? update() 메서드는 변경된 행의 개수를 리턴할 뿐 생성된 키값을 리턴하지는 않는다.

JdbcTemplate은 자동으로 생성된 키값을 구할 수 있는 방법을 제공하고 있다. 그것은 바로 KeyHolder를 사용하는 것이다. KeyHolder를 사용하면 [리스트 8.12]와 같이 MemberDao의 insert() 메서드에서 삽입하는 Member 객체의 ID 값을 구할 수 있다.

[리스트 8.12] sp5-chap08/src/main/java/spring/MemberDao.java (insert 메서드 구현)

```
01 … 코드생략
02 import org.springframework.jdbc.support.GeneratedKeyHolder;
03 import org.springframework.jdbc.support.KeyHolder;
04
05 public class MemberDao {
06
07     private JdbcTemplate jdbcTemplate;
08     … 코드생략
09
10     public void insert(final Member member) {
11         KeyHolder keyHolder = new GeneratedKeyHolder();
12         jdbcTemplate.update(new PreparedStatementCreator() {
13             @Override
14             public PreparedStatement createPreparedStatement(Connection con)
15             throws SQLException {
16                 PreparedStatement pstmt = con.prepareStatement(
17                     "insert into MEMBER (EMAIL, PASSWORD, NAME, REGDATE) "+
18                     "values (?, ?, ?, ?)",
19                     new String[] {"ID"} );
20                 pstmt.setString(1,  member.getEmail());
21                 pstmt.setString(2,  member.getPassword());
22                 pstmt.setString(3,  member.getName());
23                 pstmt.setTimestamp(4,
24                     Timestamp.valueOf(member.getRegisterDateTime()));
25                 return pstmt;
26             }
```

```
27            }, keyHolder);
28            Number keyValue = keyHolder.getKey();
29            member.setId(keyValue.longValue());
30        }
31        … 코드생략
```

11행 GeneratedKeyHolder 객체를 생성한다. 이 클래스는 자동 생성된 키값을 구해주는 KeyHolder 구현 클래스이다.

12행 update() 메서드는 PreparedStatementCreator 객체와 KeyHolder 객체를 파라미터로 갖는다.

12-27행 PreparedStatementCreator 임의 클래스를 이용해서 PreparedStatement 객체를 직접 생성한다. 여기서 주목할 점은 16~19행이다. 16~19행 코드는 Connection의 preparedStatement() 메서드를 이용해서 PreparedStatement 객체를 생성하는데 두 번째 파라미터로 String 배열인 {"ID"}를 주었다. 이 두 번째 파라미터는 자동 생성되는 키 칼럼 목록을 지정할 때 사용한다. MEMBER 테이블은 ID 칼럼이 자동 증가 키 칼럼이므로 두 번째 파라미터 값으로 {"ID"}를 주었다.

27행 JdbcTemplate.update() 메서드의 두 번째 파라미터로 11행에서 생성한 KeyHolder 객체를 전달한다. 코드가 복잡한데 PreparedStatementCreator 부분을 생략해서 보면 KeyHolder를 update() 메서드의 두 번째 인자로 전달한 것을 알 수 있다.

```
KeyHolder keyHolder = new GeneratedKeyHolder();
jdbcTemplate.update(new PreparedStatementCreator() { … 생략}, keyHolder);
```

JdbcTemplate의 update() 메서드는 PreparedStatement를 실행한 후 자동 생성된 키값을 KeyHolder에 보관한다. KeyHolder에 보관된 키값은 getKey() 메서드를 이용해서 구한다. 이 메서드는 java.lang.Number를 리턴하므로 Number의 intValue(), longValue() 등의 메서드를 사용해서 원하는 타입의 값으로 변환할 수 있다. 28~29행 코드는 longValue() 메서드를 이용해서 키값을 long 타입으로 변환했다.

```
Number keyValue = keyHolder.getKey();
member.setId(keyValue.longValue());
```

람다식 사용해보기

자바8을 사용한다면 람다식을 사용해서 임의 클래스를 이용한 객체 생성 코드를 조금 더 간결하게 작성할 수 있다. 예를 들어 [리스트 8.12]의 12~27행의 코드를 람다식을 사용해서 다시 작성하면 다음과 같이 작성할 수 있다.

```
jdbcTemplate.update((Connection con) -> {
        PreparedStatement pstmt = con.prepareStatement(
                "insert into MEMBER (EMAIL, PASSWORD, NAME, REGDATE) " +
                "values (?, ?, ?, ?)",
                new String[] {"ID"} );
        pstmt.setString(1,  member.getEmail());
        pstmt.setString(2,  member.getPassword());
        pstmt.setString(3,  member.getName());
        pstmt.setTimestamp(4,
                new Timestamp(member.getRegisterDate().getTime()));
        return pstmt;
    }, keyHolder);
```

자바8 버전을 사용한다면 람다식을 적극 사용해서 코드 가독성을 높여 보자.

5. MemberDao 테스트하기

지금까지 JdbcTemplate을 이용해서 MemberDao 클래스를 완성했다. 간단한 메인 클래스를 작성해서 MemberDao가 정상적으로 동작하는지 확인해보자. 앞선 과정을 잘 따랐다면 아래 코드처럼 AppCtx 클래스에 MemberDao 빈과 DataSource 빈을 설정했을 것이다.

```
package config;

import org.apache.tomcat.jdbc.pool.DataSource;
import org.springframework.context.annotation.Bean;
import org.springframework.context.annotation.Configuration;

import spring.MemberDao;

@Configuration
public class AppCtx {

    @Bean(destroyMethod = "close")
    public DataSource dataSource() {
        DataSource ds = new DataSource();
        ds.setDriverClassName("com.mysql.jdbc.Driver");
        ds.setUrl("jdbc:mysql://localhost/spring5fs?characterEncoding=utf8");
        ds.setUsername("spring5");
        ds.setPassword("spring5");
```

```
        ds.setInitialSize(2);
        ds.setMaxActive(10);
        ds.setTestWhileIdle(true);
        ds.setMinEvictableIdleTimeMillis(60000 * 3);
        ds.setTimeBetweenEvictionRunsMillis(10 * 1000);
        return ds;
    }

    @Bean
    public MemberDao memberDao() {
        return new MemberDao(dataSource());
    }
}
```

이 설정을 사용하는 메인 클래스를 [리스트 8.13]처럼 작성한다.

[리스트 8.13] sp5-chap08/src/main/java/main/MainForMemberDao.java

```
01  package main;
02
03  import java.time.LocalDateTime;
04  import java.time.format.DateTimeFormatter;
05  import java.util.List;
06
07  import org.springframework.context.annotation.AnnotationConfigApplicationContext;
08
09  import config.AppCtx;
10  import spring.Member;
11  import spring.MemberDao;
12
13  public class MainForMemberDao {
14      private static MemberDao memberDao;
15
16      public static void main(String[] args) {
17          AnnotationConfigApplicationContext ctx =
18                  new AnnotationConfigApplicationContext(AppCtx.class);
19
20          memberDao = ctx.getBean(MemberDao.class);
21
22          selectAll();
23          updateMember();
24          insertMember();
25
26          ctx.close();
27      }
28
29      private static void selectAll() {
```

```
30         System.out.println("----- selectAll");
31         int total = memberDao.count();
32         System.out.println("전체 데이터: " + total);
33         List<Member> members = memberDao.selectAll();
34         for (Member m : members) {
35             System.out.println(m.getId() + ":" + m.getEmail() + ":" + m.getName());
36         }
37     }
38
39     private static void updateMember() {
40         System.out.println("----- updateMember");
41         Member member = memberDao.selectByEmail("madvirus@madvirus.net");
42         String oldPw = member.getPassword();
43         String newPw = Double.toHexString(Math.random());
44         member.changePassword(oldPw, newPw);
45
46         memberDao.update(member);
47         System.out.println("암호 변경: " + oldPw + " > " + newPw);
48     }
49
50     private static DateTimeFormatter formatter =
51             DateTimeFormatter.ofPattern("MMddHHmmss");
52
53     private static void insertMember() {
54         System.out.println("----- insertMember");
55
56         String prefix = formatter.format(LocalDateTime.now());
57         Member member = new Member(prefix + "@test.com",
58                 prefix, prefix, LocalDateTime.now());
59         memberDao.insert(member);
60         System.out.println(member.getId() + " 데이터 추가");
61     }
62
63 }
```

코드가 다소 긴데 코드 자체는 어렵지 않다. 먼저 17~18행에서는 AppCtx 설정을 사용해서 스프링 컨테이너를 생성한다. 20행에서는 컨테이너로부터 "memberDao" 빈을 구해서 정적 필드인 memberDao 필드에 할당한다.

selectAll() 메서드를 보자. 이 메서드는 31행에서 memberDao.count() 메서드를 실행해서 전체 행의 개수를 구한다. 33행은 memberDao.selectAll() 메서드를 이용해서 전체 Member 데이터를 구한 뒤 콘솔에 차례대로 출력한다.

updateMember() 메서드를 보자. 이 메서드는 41행에서 EMAIL 칼럼 값이 "madvirus@madvirus.net"인 Member 객체를 구한다. 그런 뒤 43행에서 임의의 새로운 암호를 생성하고 44행의 member.changePassword() 메서드를 이용해서 새로운 암호를 설정한다. 그리고 46행에서 memberDao.update()를 통해 변경 내역을 DB에 반영한다.

마지막으로 insertMember() 메서드를 보자. 이 메서드는 57~58행에서 새로 추가할 Member 객체를 생성한다. 기존 데이터와 신규 데이터를 구분하기 위해 현재시간을 "MMddHHmm" 형태로 변환한 문자열을 이메일, 암호, 이름에 사용했다. 예를 들어 1월 2일 오전 3시 4분에 실행하면 "01020304" 문자열을 56행의 prefix 변수에 할당한다. Member 객체를 생성한 뒤에 59행의 memberDao.insert() 메서드를 이용해서 DB에 새로운 데이터를 추가한다. 추가한 뒤에는 60행처럼 member.getId()를 실행해서 새로 생성된 ID(키) 값을 출력한다. ([리스트 8.12]의 MemberDao.insert() 코드를 보면 KeyHolder에서 구한 키값을 member.setId()로 설정하므로 57행의 memberDao.insert() 코드를 실행한 뒤에는 member.getId()로 새로 생성된 키값을 구할 수 있다.)

MEMBER 테이블을 생성한 뒤 데이터를 추가하지 않았다면 다음 쿼리를 이용해서 한 개의 데이터를 추가하자.

```
insert into MEMBER (EMAIL, PASSWORD, NAME, REGDATE)
values ('madvirus@madvirus.net', '1234', 'cbk', now());
```

데이터를 추가했다면 MainForMemberDao 클래스를 실행하자. 처음 실행한 경우 다음과 비슷한 결과가 콘솔에 출력될 것이다. 연결 설정을 잘못했으면 익셉션이 발생하는데 이에 대한 내용은 잠시 뒤에 살펴보도록 하겠다.

```
----- selectAll
전체 데이터: 1
1:madvirus@madvirus.net:cbk
----- updateMember
암호 변경: 1234 > 0x1.4d567593abc3ep-1
----- insertMember
2 데이터 추가
```

출력 결과를 보면 다음과 같이 동작한 것을 확인할 수 있다.

- selectAll() 메서드 : 전체 데이터 개수와 전체 데이터 출력
- updateMember() 메서드 : 암호를 변경
- insertMember() 메서드 : 새로 추가된 데이터의 ID로 2를 사용

처음 실행하면 전체 데이터는 두 개가 되는데 DB에서 직접 select 쿼리를 실행해서 확인해보도록 하자. 또는 MainForMemberDao 클래스를 한 번 더 실행해보자. 그러면 selectAll() 메서드에서 두 개의 데이터를 출력하는 것을 확인할 수 있을 것이다.

```
----- selectAll
전체 데이터: 2
1:madvirus@madvirus.net:cbk
2:0211101907@test.com:0211101907
----- updateMember
암호 변경: 0x1.5860c053b3abap-1 > 0x1.6d22ee32f1f52p-1
----- insertMember
3 데이터 추가
```

5.1 DB 연동 과정에서 발생 가능한 익셉션

MainForMemberDao 클래스를 실행할 때 DB 연결 정보가 올바르지 않으면 다음과 같은 익셉션이 발생할 수 있다(콘솔에 메시지가 출력된다).

```
java.sql.SQLException: Access denied for user 'spring5'@'localhost' (using
password: YES)
    at com.mysql.jdbc.SQLError.createSQLException(SQLError.java:965)
    … 생략
    at main.MainForMemberDao.main(MainForMemberDao.java:22)

Exception in thread "main" org.springframework.jdbc.CannotGetJdbcConnecti
onException: Failed to obtain JDBC Connection; nested exception is java.sql.
SQLException: Access denied for user 'spring5'@'localhost' (using password:
YES)
    at org.springframework.jdbc.datasource.DataSourceUtils.
getConnection(DataSourceUtils.java:81)
    … 생략
    at main.MainForMemberDao.main(MainForMemberDao.java:22)
Caused by: java.sql.SQLException: Access denied for user 'spring5'@'localhost'
(using password: YES)
    at com.mysql.jdbc.SQLError.createSQLException(SQLError.java:965)
    … 생략
```

밑줄 그은 에러 메시지는 MySQL 서버에 연결할 권한이 없는 경우에 발생한다. 예를 들어 MySQL DB에 생성한 'spring5fs' DB에 접근할 때 사용한 'spring5' 계정의 암호를 잘못 입력한 경우 위 메시지가 발생한다. DB 연결 정보는 DataSource에 있으므로 DataSource를 잘못 설정하면 연결을 구할 수 없다는 익셉션(CannotGetJdbcConnectionException)이 발생한다. 예를 들어 DB에 연결할 때 사용해야 할 계정/암호가 'spring5'/'spring5'인데 다음처럼 암호를 잘못 지정하면 연결을 하지 못해 익셉션이 발생하게 된다.

```
@Bean(destroyMethod = "close")
public DataSource dataSource() {
    DataSource ds = new DataSource();
    ds.setDriverClassName("com.mysql.jdbc.Driver");
    ds.setUrl("jdbc:mysql://localhost/spring5fs?characterEncoding=utf8");
    ds.setUsername("spring5");
    ds.setPassword("badpw");
    … 생략
    return ds;
}
```

DB를 실행하지 않았거나 방화벽에 막혀 있어서 DB에 연결할 수 없다면 연결 자체를 할 수 없다는 에러 메시지가 출력된다(MySQL JDBC 드라이버 버전에 따라 일부 메시지가 다를 수 있다).

```
Exception in thread "main" org.springframework.jdbc.CannotGetJdbcConnectio
nException: Failed to obtain JDBC Connection; nested exception is com.mysql.
jdbc.exceptions.jdbc4.CommunicationsException: Communications link failure

The last packet sent successfully to the server was 0 milliseconds ago. The
driver has not received any packets from the server.
    at org.생략.DataSourceUtils.getConnection(DataSourceUtils.java:81)
    … 생략
    at main.MainForMemberDao.main(MainForMemberDao.java:22)
Caused by: com.mysql.jdbc.exceptions.jdbc4.CommunicationsException:
Communications link failure
```

로컬에 설치된 DBMS를 이용해서 테스트할 때 이런 에러가 발생하는 이유는 주로 DBMS를 실행하지 않았기 때문이므로 DBMS를 실행했는지 확인해보면 된다.

잘못된 쿼리를 사용하는 것도 주요 에러 원인이다. 예를 들어 다음 코드는 개발자들이 자주 하는 실수를 보여준다.

```
jdbcTemplate.update("update MEMBER set NAME = ?, PASSWORD = ? where" +
        "EMAIL = ?",
        member.getName(), member.getPassword(), member.getEmail());
```

이 코드는 잘못된 부분이 없는 것 같지만 실제 사용하는 쿼리는 다음과 같다.

```
update MEMBER set NAME = ?, PASSWORD = ? whereEMAIL = ?
```

쿼리를 보면 where 뒤에 존재해야 하는 공백문자가 없다. 문자열을 연결할 때 줄이 바뀌는 부분에서 실수로 공백문자를 누락하면 다음과 유사한 익셉션이 발생한다.

```
Exception in thread "main" org.springframework.jdbc.BadSqlGrammarException:
PreparedStatementCallback; bad SQL grammar [update MEMBER set NAME
= ?, PASSWORD = ? whereEMAIL = ?]; nested exception is com.mysql.jdbc.
exceptions.jdbc4.MySQLSyntaxErrorException: You have an error in your SQL
syntax; check the manual that corresponds to your MySQL server version for the
right syntax to use near 'whereEMAIL = 'madvirus@madvirus.net'' at line 1
    … 생략
    at main.MainForMemberDao.main(MainForMemberDao.java:23)
Caused by: com.mysql.jdbc.exceptions.jdbc4.MySQLSyntaxErrorException: You
have an error in your SQL syntax; check the manual that corresponds to your
MySQL server version for the right syntax to use near 'whereEMAIL = 'madvirus@
madvirus.net'' at line 1
    … 생략
```

지금까지 DB 연동 과정에서 자주 발생하는 세 가지 종류의 익셉션에 대해 살펴봤다. 이외에도 에러 메시지를 보면 문제 발생 원인을 찾는 데 도움이 된다. DB 연동 코드를 실행하는 과정에서 익셉션이 발생하면 당황하지 말고 익셉션 메시지를 차분히 살펴보는 습관을 들이자.

6. 스프링의 익셉션 변환 처리

SQL 문법이 잘못됐을 때 발생한 메시지를 보면 익셉션 클래스가 org.springframework.jdbc 패키지에 속한 BadSqlGrammarException 클래스임을 알 수 있다. 에러 메시지를 보면 BadSqlGrammarException이 발생한 이유는 MySQLSyntaxErrorException이 발생했기 때문이다.

```
org.springframework.jdbc.BadSqlGrammarException: … 생략
… 생략
Caused by: com.mysql.jdbc.exceptions.jdbc4.MySQLSyntaxErrorException: … 생략
```

위 익셉션이 발생할 때 사용한 코드는 다음과 같았다.

```
jdbcTemplate.update("update MEMBER set NAME = ?, PASSWORD = ? where" +
        "EMAIL = ?",
        member.getName(), member.getPassword(), member.getEmail());
```

BadSqlGrammarException을 발생한 메서드는 JdbcTemplate 클래스의 update() 메

서드이다. JdbcTemplate의 update() 메서드는 DB 연동을 위해 JDBC API를 사용하는데, JDBC API를 사용하는 과정에서 SQLException이 발생하면 이 익셉션을 알맞은 DataAccessException으로 변환해서 발생한다. 즉 다음과 유사한 방식으로 익셉션을 변환해서 재발생한다.

```
try {
    … JDBC 사용 코드
} catch(SQLException ex) {
    throw convertSqlToDataException(ex);
}
```

예를 들어 MySQL용 JDBC 드라이버는 SQL 문법이 잘못된 경우 SQLException을 상속받은MySQLSyntaxErrorException을 발생시키는데 JdbcTemplate은 이 익셉션을 DataAccessException을 상속받은 BadSqlGrammarException으로 변환한다.

DataAccessException은 스프링이 제공하는 익셉션 타입으로 데이터 연결에 문제가 있을 때 스프링 모듈이 발생시킨다. 그렇다면 스프링은 왜 SQLException을 그대로 전파하지 않고 SQLException을 DataAccessException으로 변환할까?

주된 이유는 연동 기술에 상관없이 동일하게 익셉션을 처리할 수 있도록 하기 위함이다. 스프링은 JDBC뿐만 아니라 JPA, 하이버네이트 등에 대한 연동을 지원하고 MyBatis는 자체적으로 스프링 연동 기능을 제공한다. 그런데 각각의 구현기술마다 익셉션을 다르게 처리해야 한다면 개발자는 기술마다 익셉션 처리 코드를 작성해야 할 것이다. 각 연동 기술에 따라 발생하는 익셉션을 스프링이 제공하는 익셉션으로 변환함으로써 [그림 8.2]와 같이 구현 기술에 상관없이 동일한 코드로 익셉션을 처리할 수 있게 된다.

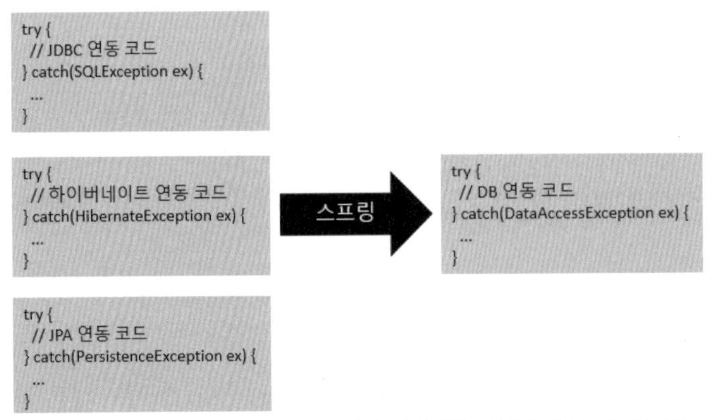

[그림 8.2] 스프링의 연동 기능을 사용하면 익셉션을 동일한 방식으로 처리할 수 있다.

앞에서 BadSqlGrammarException은 DataAccessException을 상속받은 하위 타입이라고 했다. BadSqlGrammarException은 실행할 쿼리가 올바르지 않은 경우에 사

용된다. 스프링은 이 외에도 DuplicateKeyException, QueryTimeoutException 등 DataAccessException을 상속한 다양한 익셉션 클래스를 제공한다. 각 익셉션 클래스의 이름은 문제가 발생한 원인을 의미한다. 따라서 익셉션이 발생한 경우 익셉션 타입의 이름만으로도 어느 정도 문제 원인을 유추할 수 있다.

DataAccessException은 RuntimeException이다. JDBC를 직접 이용하면 다음과 같이 try~catch를 이용해서 익셉션을 처리해야 하는데(또는 메서드의 throws에 반드시 SQLException을 지정해야 하는데) DataAccessException은 RuntimeException이므로 필요한 경우에만 익셉션을 처리하면 된다.

```
// JDBC를 직접 사용하면 SQLException을 반드시 알맞게 처리해주어야 함
try {
    pstmt = conn.prepareStatement(someQuery);
    ...
} catch(SQLException ex) {
    ... // SQLException을 알맞게 처리해 주어야 함
}

// 스프링을 사용하면 DataAccessException을 필요한 경우에만
// try-catch로 처리해주면 된다.
jdbcTemplate.update(someQuery, param1);
```

7. 트랜잭션 처리

이메일이 유효한지 여부를 판단하기 위해 실제로 검증 목적의 메일을 발송하는 서비스를 사용한 경험이 있을 것이다. 이들 서비스는 이메일에 함께 보낸 링크를 클릭하면 최종적으로 이메일이 유효하다고 판단하고 해당 이메일을 사용할 수 있도록 한다. 이렇게 이메일 인증 시점에 테이블의 데이터를 변경하는 기능은 다음 코드처럼 회원 정보에서 이메일을 수정하고 인증 상태를 변경하는 두 쿼리를 실행할 것이다.

```
jdbcTemplate.update("update MEMBER set EMAIL = ?", email);
jdbcTemplate.update("insert into EMAIL_AUTH values (?, 'T')", email);
```

그런데 만약 첫 번째 쿼리를 실행한 후 두 번째 쿼리를 실행하는 시점에 문제가 발생하면 어떻게 될까? 예를 들어 코드를 잘못 수정/배포해서 두 번째 쿼리에서 사용할 테이블 이름이 잘못되었을 수도 있고, 중복된 값이 존재해서 INSERT 쿼리를 실행하는데 실패할 수도 있다. 두 번째 쿼리가 실패했음에도 불구하고 첫 번째 쿼리 실행 결과가 DB에 반영되면 이후 해당 사용자의 이메일 주소는 인증되지 않은 채로 계속 남아 있게 될 것이다. 따라서 두 번째 쿼리 실행에 실패하면 첫 번째 쿼리 실행 결과도 취소해야 올바른 상태를 유지한다.

이렇게 두 개 이상의 쿼리를 한 작업으로 실행해야 할 때 사용하는 것이 트랜잭션(transaction)이다. 트랜잭션은 여러 쿼리를 논리적으로 하나의 작업으로 묶어준다. 한 트랜잭션으로 묶인 쿼리 중 하나라도 실패하면 전체 쿼리를 실패로 간주하고 실패 이전에 실행한 쿼리를 취소한다. 쿼리 실행 결과를 취소하고 DB를 기존 상태로 되돌리는 것을 롤백(rollback)이라고 부른다. 반면에 트랜잭션으로 묶인 모든 쿼리가 성공해서 쿼리 결과를 DB에 실제로 반영하는 것을 커밋(commit)이라고 한다.

트랜잭션을 시작하면 트랜잭션을 커밋하거나 롤백할 때까지 실행한 쿼리들이 하나의 작업 단위가 된다. JDBC는 Connection의 setAutoCommit(false)를 이용해서 트랜잭션을 시작하고 commit()과 rollback()을 이용해서 트랜잭션을 반영(커밋)하거나 취소(롤백)한다.

```
Connection conn = null;
try {
    conn = DriverManager.getConnection(jdbcUrl, user, pw);
    conn.setAutoCommit(false);    // 트랜잭션 범위 시작
    ... 쿼리 실행
    conn.commit();    // 트랜잭션 범위 종료 : 커밋
} catch(SQLException ex) {
    if (conn != null)
        // 트랜잭션 범위 종료 : 롤백
        try { conn.rollback(); } catch (SQLException e) {}
} finally {
    if (conn != null)
        try { conn.close(); } catch (SQLException e) {}
}
```

위와 같은 방식은 코드로 직접 트랜잭션 범위를 관리하기 때문에 개발자가 트랜잭션을 커밋하는 코드나 롤백하는 코드를 누락하기 쉽다. 게다가 구조적인 중복이 반복되는 문제도 있다. 스프링이 제공하는 트랜잭션 기능을 사용하면 중복이 없는 매우 간단한 코드로 트랜잭션 범위를 지정할 수 있다. 이어서 이 내용을 살펴보자.

7.1 @Transactional을 이용한 트랜잭션 처리

스프링이 제공하는 @Transactional 애노테이션을 사용하면 트랜잭션 범위를 매우 쉽게 지정할 수 있다. 다음과 같이 트랜잭션 범위에서 실행하고 싶은 메서드에 @Transactional 애노테이션만 붙이면 된다.

```
import org.springframework.transaction.annotation.Transactional;

@Transactional
public void changePassword(String email, String oldPwd, String newPwd) {
    Member member = memberDao.selectByEmail(email);
```

```
    if (member == null)
        throw new MemberNotFoundException();
    member.changePassword(oldPwd, newPwd);

    memberDao.update(member);
}
```

스프링은 @Transactional 애노테이션이 붙은 changePassword() 메서드를 동일한 트랜잭션 범위에서 실행한다. 따라서 memberDao.selectByEmail()에서 실행하는 쿼리와 member.changePassword()에서 실행하는 쿼리는 한 트랜잭션에 묶인다.

@Transactional 애노테이션이 제대로 동작하려면 다음의 두 가지 내용을 스프링 설정에 추가해야 한다.

- 플랫폼 트랜잭션 매니저(PlatformTransactionManager) 빈 설정
- @Transactional 애노테이션 활성화 설정

다음은 설정 예를 보여주고 있다.

```
import org.springframework.jdbc.datasource.DataSourceTransactionManager;
import org.springframework.transaction.PlatformTransactionManager;
import org.springframework.transaction.annotation.EnableTransactionManagement;

@Configuration
@EnableTransactionManagement
public class AppCtx {

    @Bean(destroyMethod = "close")
    public DataSource dataSource() {
        DataSource ds = new DataSource();
        ds.setDriverClassName("com.mysql.jdbc.Driver");
        ds.setUrl("jdbc:mysql://localhost/spring5fs?characterEncoding=utf8");
        … 생략
        return ds;
    }

    @Bean
    public PlatformTransactionManager transactionManager() {
        DataSourceTransactionManager tm = new DataSourceTransactionManager();
        tm.setDataSource(dataSource());
        return tm;
    }
```

```
    @Bean
    public MemberDao memberDao() {
        return new MemberDao(dataSource());
    }
}
```

PlatformTransactionManager는 스프링이 제공하는 트랜잭션 매니저 인터페이스이다. 스프링은 구현기술에 상관없이 동일한 방식으로 트랜잭션을 처리하기 위해 이 인터페이스를 사용한다. JDBC는 DataSourceTransactionManager 클래스를 PlatformTransactionManager로 사용한다. 위 설정에서 보듯이 dataSource 프로퍼티를 이용해서 트랜잭션 연동에 사용할 DataSource를 지정한다.

@EnableTransactionManagement 애노테이션은 @Transactional 애노테이션이 붙은 메서드를 트랜잭션 범위에서 실행하는 기능을 활성화한다. 등록된 PlatformTransactionManager 빈을 사용해서 트랜잭션을 적용한다.

트랜잭션 처리를 위한 설정을 완료하면 트랜잭션 범위에서 실행하고 싶은 스프링 빈 객체의 메서드에 @Transactional 애노테이션을 붙이면 된다. 예를 들어 ChangePasswordService 클래스의 changePassword() 메서드를 트랜잭션 범위에서 실행하고 싶으면 [리스트 8.14]처럼 changePassword() 메서드에 @Transactional 애노테이션을 붙이면 된다.

[리스트 8.14] sp5-chap08/src/main/java/spring/ChangePasswordService.java

```
01  package spring;
02
03  import org.springframework.transaction.annotation.Transactional;
04
05  public class ChangePasswordService {
06
07      private MemberDao memberDao;
08
09      @Transactional
10      public void changePassword(String email, String oldPwd, String newPwd) {
11          Member member = memberDao.selectByEmail(email);
12          if (member == null)
13              throw new MemberNotFoundException();
14
15          member.changePassword(oldPwd, newPwd);
16
17          memberDao.update(member);
18      }
19
20      public void setMemberDao(MemberDao memberDao) {
21          this.memberDao = memberDao;
```

```
22      }
23
24  }
```

실제로 트랜잭션 범위에서 실행되는지 확인해보자. 먼저 앞서 작성한 AppCtx 설정 클래스에 트랜잭션 관련 설정과 ChangePasswordService 클래스를 빈으로 추가하자.

[리스트 8.15] sp5-chap08/src/main/java/config/AppCtx.java

```
01  package config;
02
03  import org.apache.tomcat.jdbc.pool.DataSource;
04  import org.springframework.context.annotation.Bean;
05  import org.springframework.context.annotation.Configuration;
06  import org.springframework.jdbc.datasource.DataSourceTransactionManager;
07  import org.springframework.transaction.PlatformTransactionManager;
08  import org.springframework.transaction.annotation.EnableTransactionManagement;
09
10  import spring.ChangePasswordService;
11  import spring.MemberDao;
12
13  @Configuration
14  @EnableTransactionManagement
15  public class AppCtx {
16
17      @Bean(destroyMethod = "close")
18      public DataSource dataSource() {
19          DataSource ds = new DataSource();
20          ds.setDriverClassName("com.mysql.jdbc.Driver");
21          ds.setUrl("jdbc:mysql://localhost/spring5fs?characterEncoding=utf8");
22          ds.setUsername("spring5");
23          ds.setPassword("spring5");
24          ds.setInitialSize(2);
25          ds.setMaxActive(10);
26          ds.setTestWhileIdle(true);
27          ds.setMinEvictableIdleTimeMillis(60000 * 3);
28          ds.setTimeBetweenEvictionRunsMillis(10 * 1000);
29          return ds;
30      }
31
32      @Bean
33      public PlatformTransactionManager transactionManager() {
34          DataSourceTransactionManager tm = new DataSourceTransactionManager();
35          tm.setDataSource(dataSource());
36          return tm;
37      }
38
39      @Bean
```

```
40      public MemberDao memberDao() {
41          return new MemberDao(dataSource());
42      }
43
44      @Bean
45      public ChangePasswordService changePwdSvc() {
46          ChangePasswordService pwdSvc = new ChangePasswordService();
47          pwdSvc.setMemberDao(memberDao());
48          return pwdSvc;
49      }
50  }
```

changePwdSvc 빈을 이용해서 암호 변경 기능을 실행하는 메인 클래스는 [리스트 8.16]과 같이 작성한다.

[리스트 8.16] sp5-chap08/src/main/java/spring/MainForCPS.java

```
01  package main;
02
03  import org.springframework.context.annotation.AnnotationConfigApplicationContext;
04
05  import config.AppCtx;
06  import spring.ChangePasswordService;
07  import spring.MemberNotFoundException;
08  import spring.WrongIdPasswordException;
09
10  public class MainForCPS {
11
12      public static void main(String[] args) {
13          AnnotationConfigApplicationContext ctx =
14                  new AnnotationConfigApplicationContext(AppCtx.class);
15
16          ChangePasswordService cps =
17                  ctx.getBean("changePwdSvc", ChangePasswordService.class);
18          try {
19              cps.changePassword("madvirus@madvirus.net", "1234", "1111");
20              System.out.println("암호를 변경했습니다.");
21          } catch (MemberNotFoundException e) {
22              System.out.println("회원 데이터가 존재하지 않습니다.");
23          } catch (WrongIdPasswordException e) {
24              System.out.println("암호가 올바르지 않습니다.");
25          }
26
27          ctx.close();
28
29      }
30  }
```

위 코드를 실행하면 실제로 트랜잭션이 시작되고 커밋되는지 확인할 수 없다. 이를 확인하는 방법은 스프링이 출력하는 로그 메시지를 보는 것이다. 트랜잭션과 관련 로그 메시지를 추가로 출력하기 위해 Logback를 사용해보자.

> **노트**
> 스프링 5 버전은 자체 로깅 모듈인 spring-jcl을 사용한다. 이 로깅 모듈은 직접 로그를 남기지 않고 다른 로깅 모듈을 사용해서 로그를 남긴다. 예를 들어 클래스 패스에 Logback이 존재하면 Logback을 이용해서 로그를 남기고 Log4j2가 존재하면 Log4j2를 이용해서 로그를 남긴다. 따라서 사용할 로깅 모듈만 클래스 패스에 추가해주면 된다.

먼저 pom.xml 파일이나 build.gradle 파일에 Logback 모듈을 추가하자. 메이븐의 경우 [리스트 8.17]의 30~40행에 추가한 의존을 pom.xml 파일에 추가하면 된다.

[리스트 8.17] sp5-chap08/pom.xml

```
01  <?xml version="1.0" encoding="UTF-8"?>
02  <project …생략>
03      <modelVersion>4.0.0</modelVersion>
04      <groupId>sp5</groupId>
05      <artifactId>sp5-chap08</artifactId>
06      <version>0.0.1-SNAPSHOT</version>
07
08      <dependencies>
09          <dependency>
10              <groupId>org.springframework</groupId>
11              <artifactId>spring-context</artifactId>
12              <version>5.0.2.RELEASE</version>
13          </dependency>
14          <dependency>
15              <groupId>org.springframework</groupId>
16              <artifactId>spring-jdbc</artifactId>
17              <version>5.0.2.RELEASE</version>
18          </dependency>
19          <dependency>
20              <groupId>org.apache.tomcat</groupId>
21              <artifactId>tomcat-jdbc</artifactId>
22              <version>8.5.27</version>
23          </dependency>
24          <dependency>
25              <groupId>mysql</groupId>
26              <artifactId>mysql-connector-java</artifactId>
27              <version>5.1.45</version>
28          </dependency>
29
30          <dependency>
31              <groupId>org.slf4j</groupId>
32              <artifactId>slf4j-api</artifactId>
```

```
33            <version>1.7.25</version>
34        </dependency>
35
36        <dependency>
37            <groupId>ch.qos.logback</groupId>
38            <artifactId>logback-classic</artifactId>
39            <version>1.2.3</version>
40        </dependency>
41    </dependencies>
42
43    ... 생략
44
45 </project>
```

클래스 패스에 Logback 설정 파일을 위치시켜야 하므로 src/main/resources 폴더도 추가한다. 의존 설정과 src/main/resources 폴더를 추가했다면 이클립스에서 인식하도록 프로젝트를 업데이트해야 한다. [그림 8.3]에서 보는 것처럼 프로젝트에서 마우스 오른쪽 버튼을 클릭한 뒤 [Maven]→[Update Project] 메뉴를 실행하면 프로젝트 정보를 업데이트한다.

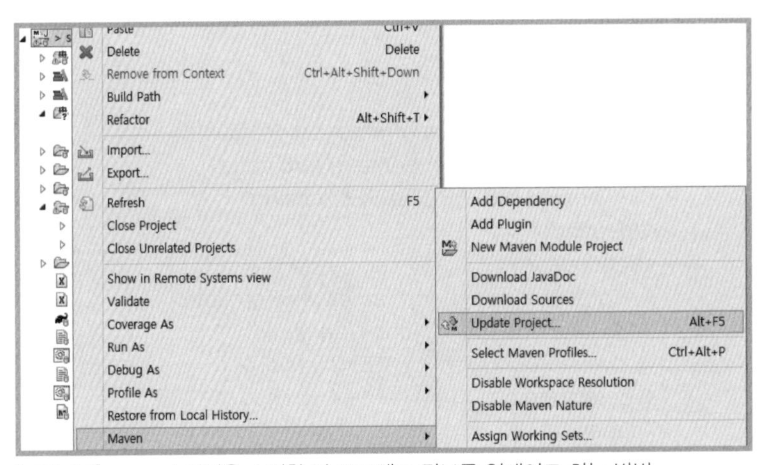

[그림 8.3] pom.xml 파일을 수정한 뒤 프로젝트 정보를 업데이트 하는 방법

Logback은 로그 메시지 형식과 기록 위치를 설정 파일에서 읽어온다. 이 설정 파일을 src/main/resources에 [리스트 8.18]과 같이 작성한다. 13행은 스프링의 JDBC 관련 모듈에서 출력하는 로그 메시지를 상세하게("DEBUG" 레벨) 보기 위한 설정이다.

[리스트 8.18] sp5-chap08/src/main/resources/logback.xml

```
01 <?xml version="1.0" encoding="UTF-8"?>
02
03 <configuration>
04     <appender name="stdout" class="ch.qos.logback.core.ConsoleAppender">
05         <encoder>
```

```
06             <pattern>%d %5p %c{2} - %m%n</pattern>
07         </encoder>
08     </appender>
09     <root level="INFO">
10         <appender-ref ref="stdout" />
11     </root>
12 
13     <logger name="org.springframework.jdbc" level="DEBUG" />
14 </configuration>
```

이제 [리스트 8.16]의 MainForCPS 클래스를 실행해보자. 실행하기 전에 암호를 미리 변경해두자. [리스트 8.16]의 19행을 보면 다음처럼 기존 암호가 "1234"이고 새 암호를 "1111"로 변경하도록 코드를 작성했다. 따라서 UPDATE MEMBER SET PASSWORD = '1234' where EMAIL = 'madvirus@madvirus.net' 쿼리를 실행해서 암호를 변경해 놓도록 하자.

```
try {
    cps.changePassword("madvirus@madvirus.net", "1234", "1111");
    System.out.println("암호를 변경했습니다.");
} catch (MemberNotFoundException e) {
    System.out.println("회원 데이터가 존재하지 않습니다.");
} catch (IdPasswordNotMatchingException e) {
    System.out.println("암호가 올바르지 않습니다.");
}
```

MainForCPS 클래스가 정상 실행되면 다음과 유사한 로그 메시지가 콘솔에 출력된다(핵심 로그만 표시하기 위해 많은 부분을 생략했다).

```
2018-02-12 11:06:49,211 DEBUG o.s.j.d.DataSourceTransactionManager - Switching JDBC Connection [ProxyConnection..생략] to manual commit
2018-02-12 11:06:49,229 DEBUG o.s.j.c.JdbcTemplate - Executing prepared SQL query
2018-02-12 11:06:49,230 DEBUG o.s.j.c.JdbcTemplate - Executing prepared SQL statement [select * from MEMBER where EMAIL = ?]
2018-02-12 11:06:49,289 DEBUG o.s.j.c.JdbcTemplate - Executing prepared SQL update
2018-02-12 11:06:49,290 DEBUG o.s.j.c.JdbcTemplate - Executing prepared SQL statement [update MEMBER set NAME = ?, PASSWORD = ? where EMAIL = ?]
2018-02-12 11:06:49,291 DEBUG o.s.j.c.JdbcTemplate - SQL update affected 1 rows
2018-02-12 11:06:49,292 DEBUG o.s.j.d.DataSourceTransactionManager - Initiating transaction commit
2018-02-12 11:06:49,292 DEBUG o.s.j.d.DataSourceTransactionManager - Committing JDBC transaction on Connection [ProxyConnection..생략]
2018-02-12 11:06:49,295 DEBUG o.s.j.d.DataSourceTransactionManager - Releasing JDBC Connection [ProxyConnection..생략] after transaction
```

```
2018-02-12 11:06:49,295 DEBUG o.s.j.d.DataSourceUtils - Returning JDBC Connection
to DataSource
암호를 변경했습니다.
```

굵은 글씨에 밑줄로 표시한 메시지를 보면 트랜잭션을 시작하고 커밋한다는 로그를 확인할 수 있다.

DB에 있는 암호와 코드에서 입력한 암호가 맞지 않는다면 changePassword() 메서드를 실행할 때 WrongIdPasswordException이 발생한다. 이때 콘솔에 출력되는 로그 메시지를 확인해보자(MainForCPS를 실행하면 암호가 변경되므로 이 클래스를 한 번 더 실행하면 암호가 일치하지 않게 되어 WrongIdPasswordException이 발생한다).

```
2018-02-12 11:32:00,547 DEBUG o.s.j.d.DataSourceTransactionManager -
Switching JDBC Connection [ProxyConnection..생략] to manual commit
2018-02-12 11:32:00,568 DEBUG o.s.j.c.JdbcTemplate - Executing prepared
SQL query
2018-02-12 11:32:00,569 DEBUG o.s.j.c.JdbcTemplate - Executing prepared
SQL statement [select * from MEMBER where EMAIL = ?]
2018-02-12 11:32:00,659 DEBUG o.s.j.d.DataSourceTransactionManager -
Initiating transaction rollback
2018-02-12 11:32:00,659 DEBUG o.s.j.d.DataSourceTransactionManager -
Rolling back JDBC transaction on Connection [ProxyConnection..생략]
2018-02-12 11:32:00,661 DEBUG o.s.j.d.DataSourceTransactionManager -
Releasing JDBC Connection [ProxyConnection..생략] after transaction
2018-02-12 11:32:00,661 DEBUG o.s.j.d.DataSourceUtils - Returning JDBC
Connection to DataSource
암호가 올바르지 않습니다.
```

트랜잭션을 롤백했다는 로그 메시지가 찍힌다. 여기서 의문점이 하나 생긴다. 도대체 트랜잭션을 시작하고, 커밋하고, 롤백하는 것은 누가 어떻게 처리하는 걸까? 이에 관한 내용을 이해하려면 프록시를 알아야 한다.

7.2 @Transactional과 프록시

앞서 7장에서 여러 빈 객체에 공통으로 적용되는 기능을 구현하는 방법으로 AOP를 설명했는데 트랜잭션도 공통 기능 중 하나이다. 스프링은 @Transactional 애노테이션을 이용해서 트랜잭션을 처리하기 위해 내부적으로 AOP를 사용한다. 스프링에서 AOP는 프록시를 통해서 구현된다는 것을 기억한다면 트랜잭션 처리도 프록시를 통해서 이루어진다고 유추할 수 있을 것이다.

실제로 @Transactional 애노테이션을 적용하기 위해 @EnableTransaction Management 태그를 사용하면 스프링은 @Transactional 애노테이션이 적용된 빈 객체를 찾아서 알맞은 프록시 객체를 생성한다. 예를 들어 앞서 MainForCPS 예제의 경우 [그림 8.4]와 같은 구조로 프록시를 사용하게 된다.

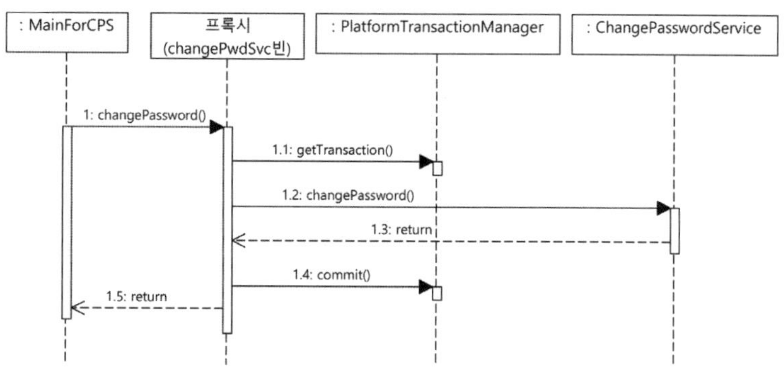

[그림 8.4] 스프링은 프록시를 이용해서 트랜잭션을 처리한다.

ChangePasswordService 클래스의 메서드에 @Transactional 애노테이션이 적용되어 있으므로 스프링은 트랜잭션 기능을 적용한 프록시 객체를 생성한다. MainForCPS 클래스에서 getBean("changePwdSvc", ChangePasswordService.class) 코드를 실행하면 ([리스트 8.16]의 16~17행), ChangePasswordService 객체 대신에 트랜잭션 처리를 위해 생성한 프록시 객체를 리턴한다.

이 프록시 객체는 @Transactional 애노테이션이 붙은 메서드를 호출하면 [그림 8.4]의 1.1 과정처럼 PlatformTransactionManager를 사용해서 트랜잭션을 시작한다. 트랜잭션을 시작한 후 실제 객체의 메서드를 호출하고(1.2~1.3 과정), 성공적으로 실행되면 트랜잭션을 커밋한다(1.4 과정).

7.3 @Transactional 적용 메서드의 롤백 처리

커밋을 수행하는 주체가 프록시 객체였던 것처럼 롤백을 처리하는 주체 또한 프록시 객체이다. 예제 코드를 보자.

```
try {
    cps.changePassword("madvirus@madvirus.net", "1234", "1111");
    System.out.println("암호를 변경했습니다.");
} catch (MemberNotFoundException e) {
    System.out.println("회원 데이터가 존재하지 않습니다.");
} catch (WrongIdPasswordException e) {
    System.out.println("암호가 올바르지 않습니다.");
}
```

이 코드의 실행 결과를 보면 WrongIdPasswordException이 발생했을 때 트랜잭션이 롤백된 것을 알 수 있다. 실제로 @Transactional을 처리하기 위한 프록시 객체는 원본 객체의 메서드를 실행하는 과정에서 RuntimeException이 발생하면 [그림 8.5]와 같이 트랜잭션을 롤백한다.

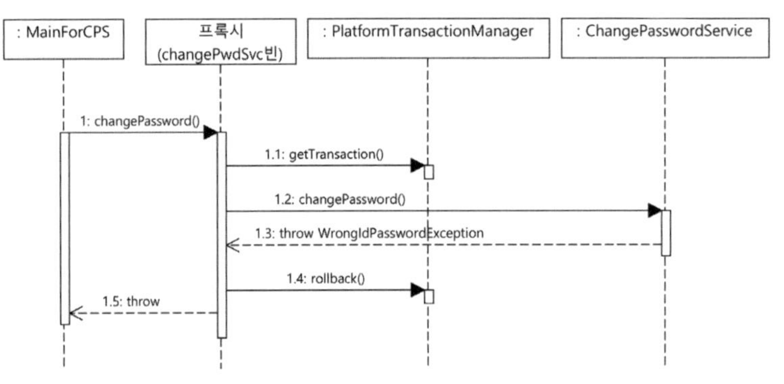

[그림 8.5] 트랜잭션 처리를 위한 프록시는 원본 객체의 메서드에서 RuntimeException이 발생하면 트랜잭션을 롤백한다.

별도 설정을 추가하지 않으면 발생한 익셉션이 RuntimeException일 때 트랜잭션을 롤백한다. WrongIdPasswordException 클래스를 구현할 때 RuntimeException을 상속한 이유는 바로 트랜잭션 롤백을 염두해 두었기 때문이다.

JdbcTemplate은 DB 연동 과정에 문제가 있으면 DataAccessException을 발생한다고 했는데 DataAccessException 역시 RuntimeException을 상속받고 있다. 따라서 JdbcTemplate의 기능을 실행하는 도중 익셉션이 발생해도 프록시는 트랜잭션을 롤백한다.

SQLException은 RuntimeException을 상속하고 있지 않으므로 SQLException이 발생하면 트랜잭션을 롤백하지 않는다. RuntimeException 뿐만 아니라 SQLException이 발생하는 경우에도 트랜잭션을 롤백하고 싶다면 @Transactional의 rollbackFor 속성을 사용해야 한다. 다음은 이 속성의 사용 예이다.

```
@Transactional(rollbackFor = SQLException.class)
public void someMethod() {
    ...
}
```

위와 같이 @Transactional의 rollbackFor 속성을 설정하면 RuntimeException뿐만 아니라 SQLException이 발생하는 경우에도 트랜잭션을 롤백한다. 여러 익셉션 타입을 지정하고 싶다면 {SQLException.class, IOException.class}와 같이 배열로 지정하면 된다.

rollbackFor와 반대 설정을 제공하는 것이 noRollbackFor 속성이다. 이 속성은 지정한 익셉션이 발생해도 롤백시키지 않고 커밋할 익셉션 타입을 지정할 때 사용한다.

7.4 @Transactional의 주요 속성

@Transactional 애노테이션의 주요 속성은 [표 8.2]와 같다. 보통 이들 속성을 사용할 일이 없지만 간혹 필요할 때가 있으니 이런 속성이 있다는 정도는 알고 넘어가도록 하자.

[표 8.2] @Transactional 애노테이션의 주요 속성

속성	타입	설명
value	String	트랜잭션을 관리할 때 사용할 PlatformTransaction Manager 빈의 이름을 지정한다. 기본값은 " "이다.
propagation	Propagation	트랜잭션 전파 타입을 지정한다. 기본값은 Propagation.REQUIRED이다.
isolation	Isolation	트랜잭션 격리 레벨을 지정한다. 기본값은 Isolation.DEFAULT이다.
timeout	int	트랜잭션 제한 시간을 지정한다. 기본값은 -1로 이 경우 데이터베이스의 타임아웃 시간을 사용한다. 초 단위로 지정한다.

* Propagation과 Isolation 열거 타입은 org.springframework.transaction.annotation 패키지에 정의되어 있다.

@Transactional 애노테이션의 value 속성값이 없으면 등록된 빈 중에서 타입이 PlatformTransactionManager인 빈을 사용한다. 앞서 [리스트 8.15]의 AppCtx 설정 클래스는 DataSourceTransactionManager를 트랜잭션 관리자로 사용했다.

```
// AppCtx 설정 클래스의 플랫폼 트랜잭션 매니저 빈 설정
@Bean
public PlatformTransactionManager transactionManager() {
    DataSourceTransactionManager tm = new DataSourceTransactionManager();
    tm.setDataSource(dataSource());
    return tm;
}
```

Propagation 열거 타입에 정의되어 있는 값 목록은 [표 8.3]과 같다. Propagation은 트랜잭션 전파와 관련된 것으로 이에 대한 내용은 뒤에서 설명한다.

[표 8.3] Propagation 열거 타입의 주요 값

값	설명
REQUIRED	메서드를 수행하는 데 트랜잭션이 필요하다는 것을 의미한다. 현재 진행 중인 트랜잭션이 존재하면 해당 트랜잭션을 사용한다. 존재하지 않으면 새로운 트랜잭션을 생성한다.

MANDATORY	메서드를 수행하는 데 트랜잭션이 필요하다는 것을 의미한다. 하지만 REQUIRED와 달리 진행 중인 트랜잭션이 존재하지 않을 경우 익셉션이 발생한다.
REQUIRES_NEW	항상 새로운 트랜잭션을 시작한다. 진행 중인 트랜잭션이 존재하면 기존 트랜잭션을 일시 중지하고 새로운 트랜잭션을 시작한다. 새로 시작된 트랜잭션이 종료된 뒤에 기존 트랜잭션이 계속된다.
SUPPORTS	메서드가 트랜잭션을 필요로 하지는 않지만, 진행 중인 트랜잭션이 존재하면 트랜잭션을 사용한다는 것을 의미한다. 진행 중인 트랜잭션이 존재하지 않더라도 메서드는 정상적으로 동작한다.
NOT_SUPPORTED	메서드가 트랜잭션을 필요로 하지 않음을 의미한다. SUPPORTS와 달리 진행 중인 트랜잭션이 존재할 경우 메서드가 실행되는 동안 트랜잭션은 일시 중지되고 메서드 실행이 종료된 후에 트랜잭션을 계속 진행한다.
NEVER	메서드가 트랜잭션을 필요로 하지 않는다. 만약 진행 중인 트랜잭션이 존재하면 익셉션이 발생한다.
NESTED	진행 중인 트랜잭션이 존재하면 기존 트랜잭션에 중첩된 트랜잭션에서 메서드를 실행한다. 진행 중인 트랜잭션이 존재하지 않으면 REQUIRED와 동일하게 동작한다. 이 기능은 JDBC 3.0 드라이버를 사용할 때에만 적용된다(JTA Provider가 이 기능을 지원할 경우에도 사용 가능하다).

Isolation 열거 타입에 정의된 값은 [표 8.4]와 같다.

[표 8.4] Isolation 열거 타입에 정의된 값

값	설명
DEFAULT	기본 설정을 사용한다.
READ_UNCOMMITTED	다른 트랜잭션이 커밋하지 않은 데이터를 읽을 수 있다.
READ_COMMITTED	다른 트랜잭션이 커밋한 데이터를 읽을 수 있다.
REPEATABLE_READ	처음에 읽어 온 데이터와 두 번째 읽어 온 데이터가 동일한 값을 갖는다.
SERIALIZABLE	동일한 데이터에 대해서 동시에 두 개 이상의 트랜잭션을 수행할 수 없다.

노트 트랜잭션 격리 레벨은 동시에 DB에 접근할 때 그 접근을 어떻게 제어할지에 대한 설정을 다룬다. 트랜잭션 격리 레벨을 SERIALIZABLE로 설정하면 동일 데이터에 100개 연결이 접근하면 한 번에 한 개의 연결만 처리한다. 이는 마치 100명이 줄을 서서 차례대로 처리되는 것과 비슷하기 때문에 전반적인 응답 속도가 느려지는 문제가 발생할 수 있다. 따라서 격리 레벨에 대해 잘 모르는 초보 개발자는 격리 레벨 설정을 건드리지 말고 격리 레벨 설정이 필요한지 선배 개발자에게 물어보자.

7.5 @EnableTransactionManagement 애노테이션의 주요 속성

@EnableTransactionManagement 애노테이션이 제공하는 속성은 [표 8.5]와 같다.

[표 8.5] @EnableTransactionManagement 애노테이션의 속성

속성	설명
proxyTargetClass	클래스를 이용해서 프록시를 생성할지 여부를 지정한다. 기본값은 false로서 인터페이스를 이용해서 프록시를 생성한다.
order	AOP 적용 순서를 지정한다. 기본값은 가장 낮은 우선순위에 해당하는 int의 최댓값이다.

7.6 트랜잭션 전파

[표 8.3]의 Propagation 열거 타입 값 목록에서 REQUIRED 값의 설명은 다음과 같다.

- 메서드를 수행하는 데 트랜잭션이 필요하다는 것을 의미한다. 현재 진행 중인 트랜잭션이 존재하면 해당 트랜잭션을 사용한다. 존재하지 않으면 새로운 트랜잭션을 생성한다.

이 설명을 이해하려면 트랜잭션 전파가 무엇인지 알아야 한다. 이해를 돕기 위해 [그림 8.6]의 자바 코드와 스프링 설정을 보자.

```
public class SomeService {
    private AnyService anyService;

    @Transactional
    public void some() {
        anyService.any();
    }

    public void setAnyService(AnyService as) {
        this.anyService = as;
    }
}

public class AnyService {
    @Transactional
    public void any() { ... }
}
```

```
@Configuration
@EnableTransactionManagement
public class Config {
    @Bean
    public SomeService some() {
        SomeService some = new SomeService();
        some.setAnyService(any());
        return some;
    }

    @Bean
    public AnyService any() {
        return new AnyService();
    }

    // DataSourceTransactionManager 빈 설정
    // DataSource 설정
}
```

[그림 8.6] 트랜잭션은 전파된다.

SomeService 클래스와 AnyService 클래스는 둘 다 @Transactional 애노테이션을 적용하고 있다. [그림 8.6]의 설정에 따르면 두 클래스에 대해 프록시가 생성된다. 즉 SomeService의 some() 메서드를 호출하면 트랜잭션이 시작되고 AnyService의 any() 메서드를 호출해도 트랜잭션이 시작된다. 그런데 some() 메서드는 내부에서 다시 any() 메서드를 호출하고 있다. 이 경우 트랜잭션 처리는 어떻게 될까?

@Transactional의 propagation 속성은 기본값이 Propagation.REQUIRED이다. REQUIRED는 현재 진행 중인 트랜잭션이 존재하면 해당 트랜잭션을 사용하고 존재하지 않으면 새로운 트랜잭션을 생성한다고 했다. 처음 some() 메서드를 호출하면 트랜잭션을 새로 시작한다. 하지만 some() 메서드 내부에서 any() 메서드를 호출하면 이미 some() 메서드에 의해 시작된 트랜잭션이 존재하므로 any() 메서드를 호출하는 시점에

는 트랜잭션을 새로 생성하지 않는다. 대신 존재하는 트랜잭션을 그대로 사용한다. 즉 some() 메서드와 any() 메서드를 한 트랜잭션으로 묶어서 실행하는 것이다.

만약 any() 메서드에 적용한 @Transactional의 propagation 속성값이 REQUIRES_NEW라면 기존 트랜잭션이 존재하는지 여부에 상관없이 항상 새로운 트랜잭션을 시작한다. 따라서 이 경우에는 some() 메서드에 의해 트랜잭션이 생성되고 다시 any() 메서드에 의해 트랜잭션이 생성된다.

다음 코드를 보자.

```
public class ChangePasswordService {
    … 생략

    @Transactional
    public void changePassword(String email, String oldPwd, String newPwd) {
        Member member = memberDao.selectByEmail(email);
        if (member == null)
            throw new MemberNotFoundException();

        member.changePassword(oldPwd, newPwd);

        memberDao.update(member);
    }
}

public class MemberDao {
    private JdbcTemplate jdbcTemplate;
    … 생략

    // @Transactional 없음
    public void update(Member member) {
        jdbcTemplate.update(
                "update MEMBER set NAME = ?, PASSWORD = ? where EMAIL = ?",
                member.getName(), member.getPassword(), member.getEmail());
    }
}
```

changePassword() 메서드는 MemberDao의 update() 메서드를 호출하고 있다. 그런데 MemberDao.update() 메서드는 @Transactional 애노테이션이 적용되어 있지 않다. 이런 경우 트랜잭션 처리는 어떻게 될까?

비록 update() 메서드에 @Transactional이 붙어 있지 않지만 JdbcTemplate 클래스 덕에 트랜잭션 범위에서 쿼리를 실행할 수 있게 된다. JdbcTemplate은 진행 중인 트랜잭션이 존재하면 해당 트랜잭션 범위에서 쿼리를 실행한다. 위 코드의 실행 흐름을 다이어그램으로 표시하면 [그림 8.7]과 같다.

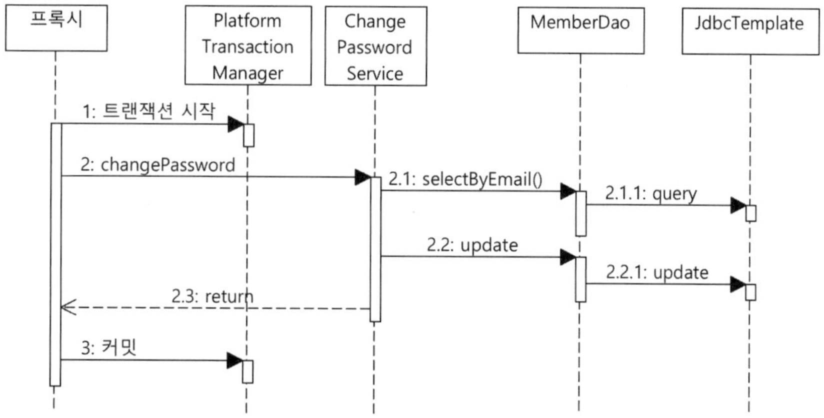

[그림 8.7] JdbcTemplate은 트랜잭션이 진행 중이면 트랜잭션 범위에서 쿼리를 실행한다.

[그림 8.7]을 보면 과정 1에서 트랜잭션을 시작한다. ChangePasswordService의 @Transactional이 붙은 메서드를 실행하므로 프록시가 트랜잭션을 시작한다. [과정 2.1.1]과 [과정 2.2.1]은 JdbcTemplate을 실행한다. [과정 2.1.1]과 [과정 2.2.1]을 실행하는 시점에서 트랜잭션이 진행 중이다(트랜잭션은 커밋 시점인 [과정 3]에서 끝난다). 이 경우 JdbcTemplate은 이미 진행 중인 트랜잭션 범위에서 쿼리를 실행한다. 따라서 changePassword() 메서드에서 실행하는 모든 쿼리는 하나의 트랜잭션 범위에서 실행된다. 한 트랜잭션 범위에서 실행되므로 [과정 2]와 [과정 2.3] 사이에 익셉션이 발생해서 트랜잭션이 롤백되면 [과정 2.2.1]의 수정 쿼리도 롤백된다.

8. 전체 기능 연동한 코드 실행

3장과 마찬가지로 콘솔에서 명령어로 회원 데이터를 등록하고 변경하고 조회하는 메인 프로그램을 예제 코드로 제공했다. 예제 코드를 다운로드 받아보면 완성된 AppCtx 설정 클래스와 Main 클래스를 확인할 수 있다. Main 클래스는 3장에서 작성한 MainForSpring 클래스와 유사하다. 소스 코드는 다소 길어서 일부만 수록했다. 완전한 코드는 제공하는 예제 코드를 참고하기 바란다.

먼저 완성된 AppCtx 파일은 [리스트 8.19]와 같다.

[리스트 8.19] sp5-chap08/src/main/java/config/AppCtx.java

```
01  package config;
02
03  import org.apache.tomcat.jdbc.pool.DataSource;
04  import org.springframework.context.annotation.Bean;
05  import org.springframework.context.annotation.Configuration;
```

```
06  import org.springframework.jdbc.datasource.DataSourceTransactionManager;
07  import org.springframework.transaction.PlatformTransactionManager;
08  import org.springframework.transaction.annotation.EnableTransactionManagement;
09
10  import spring.ChangePasswordService;
11  import spring.MemberDao;
12  import spring.MemberInfoPrinter;
13  import spring.MemberListPrinter;
14  import spring.MemberPrinter;
15  import spring.MemberRegisterService;
16
17  @Configuration
18  @EnableTransactionManagement
19  public class AppCtx {
20
21      @Bean(destroyMethod = "close")
22      public DataSource dataSource() {
23          DataSource ds = new DataSource();
24          ds.setDriverClassName("com.mysql.jdbc.Driver");
25          ds.setUrl("jdbc:mysql://localhost/spring5fs?characterEncoding=utf8");
26          ds.setUsername("spring5");
27          ds.setPassword("spring5");
28          ds.setInitialSize(2);
29          ds.setMaxActive(10);
30          ds.setTestWhileIdle(true);
31          ds.setMinEvictableIdleTimeMillis(60000 * 3);
32          ds.setTimeBetweenEvictionRunsMillis(10 * 1000);
33          return ds;
34      }
35
36      @Bean
37      public PlatformTransactionManager transactionManager() {
38          DataSourceTransactionManager tm = new DataSourceTransactionManager();
39          tm.setDataSource(dataSource());
40          return tm;
41      }
42
43      @Bean
44      public MemberDao memberDao() {
45          return new MemberDao(dataSource());
46      }
47
48      @Bean
49      public MemberRegisterService memberRegSvc() {
50          return new MemberRegisterService(memberDao());
51      }
52
53      @Bean
54      public ChangePasswordService changePwdSvc() {
```

```
55         ChangePasswordService pwdSvc = new ChangePasswordService();
56         pwdSvc.setMemberDao(memberDao());
57         return pwdSvc;
58      }
59
60      @Bean
61      public MemberPrinter memberPrinter() {
62         return new MemberPrinter();
63      }
64
65      @Bean
66      public MemberListPrinter listPrinter() {
67         return new MemberListPrinter(memberDao(), memberPrinter());
68      }
69
70      @Bean
71      public MemberInfoPrinter infoPrinter() {
72         MemberInfoPrinter infoPrinter = new MemberInfoPrinter();
73         infoPrinter.setMemberDao(memberDao());
74         infoPrinter.setPrinter(memberPrinter());
75         return infoPrinter;
76      }
77   }
```

콘솔을 이용해서 회원 정보를 등록하고 수정하고 조회하는 기능을 제공하는 Main 클래스의 일부 코드는 [리스트 8.20]과 같다.

[리스트 8.20] sp5-chap08/src/main/java/main/Main.java

```
01   package main;
02
03   import java.io.BufferedReader;
04   import java.io.IOException;
05   import java.io.InputStreamReader;
06
07   import org.springframework.context.annotation.AnnotationConfigApplicationContext;
08
09   import config.AppCtx;
10   import spring.ChangePasswordService;
11   import spring.DuplicateMemberException;
12   import spring.MemberInfoPrinter;
13   import spring.MemberListPrinter;
14   import spring.MemberNotFoundException;
15   import spring.MemberRegisterService;
16   import spring.RegisterRequest;
17   import spring.WrongIdPasswordException;
18
19   public class Main {
```

```
20
21    private static AnnotationConfigApplicationContext ctx = null;
22
23    public static void main(String[] args) throws IOException {
24        ctx = new AnnotationConfigApplicationContext(AppCtx.class);
25
26        BufferedReader reader =
27                new BufferedReader(new InputStreamReader(System.in));
28        while (true) {
29            System.out.println("명령어를 입력하세요:");
30            String command = reader.readLine();
31            if (command.equalsIgnoreCase("exit")) {
32                System.out.println("종료합니다.");
33                break;
34            }
35            if (command.startsWith("new ")) {
36                processNewCommand(command.split(" "));
37            } else if (command.startsWith("change ")) {
38                processChangeCommand(command.split(" "));
39            } else if (command.equals("list")) {
40                processListCommand();
41            } else if (command.startsWith("info ")) {
42                processInfoCommand(command.split(" "));
43            } else {
44                printHelp();
45            }
46        }
47        ctx.close();
48    }
49
50    private static void processNewCommand(String[] arg) {
51        if (arg.length != 5) {
52            printHelp();
53            return;
54        }
55        MemberRegisterService regSvc =
56                ctx.getBean("memberRegSvc", MemberRegisterService.class);
57        RegisterRequest req = new RegisterRequest();
58        req.setEmail(arg[1]);
59        req.setName(arg[2]);
60        req.setPassword(arg[3]);
61        req.setConfirmPassword(arg[4]);
62
63        if (!req.isPasswordEqualToConfirmPassword()) {
64            System.out.println("암호와 확인이 일치하지 않습니다.₩n");
65            return;
66        }
67        try {
68            regSvc.regist(req);
```

```
69            System.out.println("등록했습니다.\n");
70        } catch (DuplicateMemberException e) {
71            System.out.println("이미 존재하는 이메일입니다.\n");
72        }
73    }
74
75    … 생략
```

Main 클래스의 실행 방법은 3장과 동일하다 [그림 8.8]은 실행 결과이다. 콘솔에 출력된 메시지를 보면 DB와 연동하는 것을 확인할 수 있다(앞서 [리스트 8.17]과 [리스트 8.18]의 Logback 관련 설정을 추가한 경우에 로그 메시지가 [그림 8.8]과 같이 출력된다).

[그림 8.8] Main 클래스의 실행 예

Chapter 9

스프링 MVC 시작하기

이 장에서 다룰 내용

· **간단한 스프링 MVC 예제**

스프링을 사용하는 여러 이유가 있지만 한 가지 이유를 꼽자면 스프링이 지원하는 웹 MVC 프레임워크 때문이다. 스프링 MVC의 설정 방법만 익혀두면 웹 개발에 필요한 다양한 기능을 구현할 수 있게 된다. 일단 이 장에서는 스프링 MVC 프레임워크를 이용해서 간단한 웹 프로그램을 작성해서 실행해 보고 이후 점진적으로 입문에 필요한 내용을 공부해 나갈 것이다.

1. 프로젝트 생성

웹 어플리케이션 개발을 위한 메이븐/그레이들 프로젝트는 웹을 위한 디렉토리 구조가 추가된다. 프로젝트를 위한 sp5-chap09 폴더를 생성했다면 그 하위에 다음 폴더를 생성한다.

- src/main/java
- src/main/webapp
- src/main/webapp/WEB-INF
- src/main/webapp/WEB-INF/view

그 동안 보지 못했던 src/main/webapp 폴더와 src/main/webapp/WEB-INF 폴더가 추가되었다. 우선 webapp은 HTML, CSS, JS, JSP 등 웹 어플리케이션을 구현하는데 필요한 코드가 위치한다. WEB-INF에는 web.xml 파일이 위치한다.

> **노트** 서블릿 스펙에 따르면 WEB-INF 폴더의 하위 폴더로 lib 폴더와 classes 폴더를 생성하고 각각의 폴더에 필요한 jar 파일과 컴파일 된 클래스 파일이 위치해야 한다. 하지만 메이븐이나 그레이들 프로젝트의 경우 필요한 jar 파일은 pom.xml/build.gradle 파일의 의존을 통해 지정하고 컴파일된 결과는 target 폴더나 build 폴더에 위치한다. 때문에 WEB-INF 폴더 밑에 lib 폴더나 classes 폴더를 생성할 필요가 없다.

이 예제에서 사용할 pom.xml 파일은 [리스트 9.1]과 같다. 지금까지 작성했던 pom.xml 파일과의 차이점이 있다면 10행의 〈packaging〉의 값으로 war를 주었다는 점이다. 이 태그의 기본값은 jar로서 서블릿/JSP를 이용한 웹 어플리케이션을 개발할 경우 war를 값으로 주어야 한다(참고로 war는 web application archive를 의미한다).

[리스트 9.1] sp5-chap09/pom.xml

```
01  <?xml version="1.0" encoding="UTF-8"?>
02  <project xmlns="http://maven.apache.org/POM/4.0.0"
03     xmlns:xsi="http://www.w3.org/2001/XMLSchema-instance"
04     xsi:schemaLocation="http://maven.apache.org/POM/4.0.0
05        http://maven.apache.org/xsd/maven-4.0.0.xsd">
06     <modelVersion>4.0.0</modelVersion>
07     <groupId>sp5</groupId>
08     <artifactId>sp5-chap09</artifactId>
09     <version>0.0.1-SNAPSHOT</version>
10     <packaging>war</packaging>
11
12     <dependencies>
13        <dependency>
14           <groupId>javax.servlet</groupId>
15           <artifactId>javax.servlet-api</artifactId>
16           <version>3.1.0</version>
17           <scope>provided</scope>
18        </dependency>
19
20        <dependency>
21           <groupId>javax.servlet.jsp</groupId>
22           <artifactId>javax.servlet.jsp-api</artifactId>
23           <version>2.3.2-b02</version>
24           <scope>provided</scope>
25        </dependency>
26
27        <dependency>
28           <groupId>javax.servlet</groupId>
29           <artifactId>jstl</artifactId>
30           <version>1.2</version>
31        </dependency>
32
33        <dependency>
```

```
34            <groupId>org.springframework</groupId>
35            <artifactId>spring-webmvc</artifactId>
36            <version>5.0.2.RELEASE</version>
37        </dependency>
38    </dependencies>
39
40    <build>
41        <plugins>
42            <plugin>
43                <artifactId>maven-compiler-plugin</artifactId>
44                <version>3.7.0</version>
45                <configuration>
46                    <source>1.8</source>
47                    <target>1.8</target>
48                    <encoding>utf-8</encoding>
49                </configuration>
50            </plugin>
51        </plugins>
52    </build>
53
54 </project>
```

13~37행은 스프링을 이용해서 웹 어플리케이션 개발하는데 필요한 의존을 설정한다. 서블릿 3.1, JSP 2.3, JSTL 1.2에 대한 의존을 추가했고 스프링 MVC를 사용하기 위해 spring-webmvc 모듈에 대한 의존을 추가했다.

그레이들을 사용한다면 [리스트 9.2]와 같이 build.gradle 파일을 작성한다.

[리스트 9.2] sp5-chap09/build.gradle

```
01 apply plugin: 'java'
02 apply plugin: 'war'
03
04 sourceCompatibility = 1.8
05 targetCompatibility = 1.8
06 compileJava.options.encoding = "UTF-8"
07
08 repositories {
09     mavenCentral()
10 }
11
12 dependencies {
13     providedCompile 'javax.servlet:javax.servlet-api:3.1.0'
14     providedRuntime 'javax.servlet.jsp:javax.servlet.jsp-api:2.3.2-b02'
15     compile 'javax.servlet:jstl:1.2'
16     compile 'org.springframework:spring-webmvc:5.0.2.RELEASE'
17 }
```

```
18
19  task wrapper(type: Wrapper) {
20      gradleVersion = '4.4'
21  }
```

02행에서 적용한 'war' 플러그인은 자바 웹 어플리케이션을 위한 플러그인이다. 메이븐 설정과 마찬가지로 서블릿 3.1, JSP 2.3, JSTL 1.2에 대한 의존과 spring-webmvc 모듈에 대한 의존을 추가했다.

프로젝트를 생성했다면 이클립스에서 임포트하자. 이클립스는 메이븐 WAR 프로젝트를 이클립스의 WTP 프로젝트로 임포트하므로 이클립스에서 톰캣을 설정한 뒤에 웹 어플리케이션을 실행해 볼 수 있다.

2. 이클립스 톰캣 설정

이클립스에서 웹 프로젝트를 테스트하려면 톰캣이나 제티와 같은 웹 서버를 설정해야 한다. 서블릿3.1과 JSP 2.3 버전을 기준으로 톰캣 8/8.5/9 버전을 사용하면 된다. 이 책에서는 톰캣 8.5 버전을 사용해서 테스트할 것이다.

톰캣을 이용해서 웹 어플리케이션을 테스트하기 위해 톰캣 8.5를 이클립스에 서버로 등록하자. 먼저 할 일은 톰캣을 다운로드하는 것이다. https://tomcat.apache.org/download-80.cgi 사이트에서 zip이나 tar.gz으로 압축된 톰캣을 다운로드한다. 알맞은 폴더에 다운로드한 파일의 압축을 해제한다. C:\ 폴더에 압축을 풀었다면 C:\apache-tomcat-8.5.XX 폴더에 톰캣이 설치된다(XX 숫자는 톰캣 버전에 따라 다르다. 책에서는 8.5.27 버전을 사용했다.) 톰캣을 설치했다면 다음 절차에 따라 이클립스에 서버를 등록하자.

- [Window]→[Preferences] 메뉴 실행
  - 맥 OS용 이클립스에서 [Eclipse]→[환경설정] 메뉴
- Server/Runtime Environments 선택
- [Add] 버튼을 눌러 톰캣 서버를 등록한다.

[Add] 버튼을 클릭하면 [그림 9.1]과 같은 창이 나타난다.

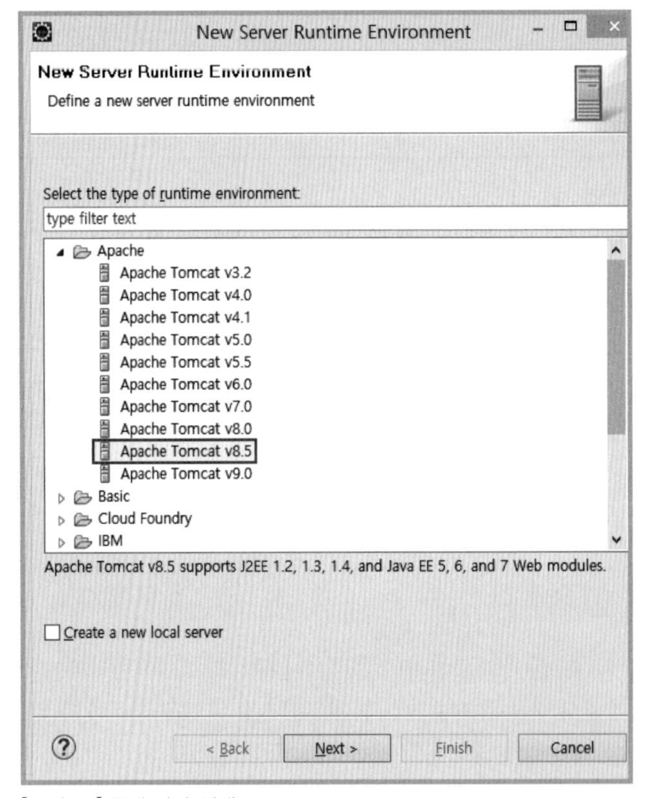

[그림 9.1] 톰캣 서버 선택

설치한 버전에 맞는 톰캣 서버 선택 후 [Next] 버튼을 클릭하면 [그림 9.2]와 같이 톰캣 설치 디렉토리를 선택하는 화면이 나타난다.

New Server Runtime Environment
Tomcat Server
Specify the installation directory
Name:
Apache Tomcat v8.5
Tomcat installation directory:
C:₩apache-tomcat-8.5.27
Browse...
Download and Install...
JRE:
Workbench default JRE
Installed JREs...
< Back
Next >
Finish
Cancel

[그림 9.2] 톰캣 설치 경로 선택

[Browse] 버튼을 클릭해서 톰캣이 설치된 폴더를 선택하고 [Finish] 버튼을 클릭한다. 그러면 [그림 9.3]처럼 서버 실행 환경(Server Runtime Environments)에 톰캣 실행 환경이 추가된 것을 확인할 수 있다.

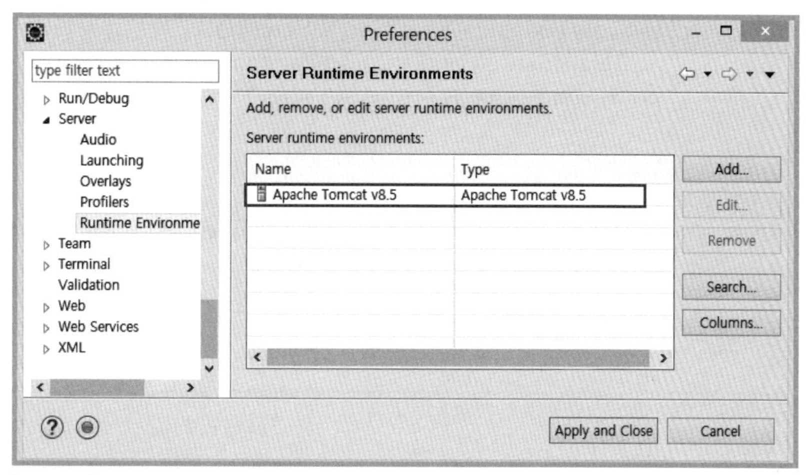

[그림 9.3] 서버 실행 환경 등록 완료

3. 스프링 MVC를 위한 설정

이 장에서 만들 예제가 매우 간단하지만 스프링 MVC를 실행하는데 필요한 최소 설정은 해야 한다. 그 설정은 다음과 같다.

- 스프링 MVC의 주요 설정(HandlerMapping, ViewResolver 등)
- 스프링의 DispatcherServlet 설정

두 설정을 차례대로 작성해보자.

3.1 스프링 MVC 설정

이 장에서 사용할 스프링 MVC 설정은 [리스트 9.3]과 같다.

[리스트 9.3] sp5-chap09/src/main/java/config/MvcConfig.java

```
01    package config;
02
03    import org.springframework.context.annotation.Configuration;
04    import org.springframework.web.servlet.config.annotation.DefaultServletHandlerConfigurer;
05    import org.springframework.web.servlet.config.annotation.EnableWebMvc;
06    import org.springframework.web.servlet.config.annotation.ViewResolverRegistry;
07    import org.springframework.web.servlet.config.annotation.WebMvcConfigurer;
08
```

```
09 @Configuration
10 @EnableWebMvc
11 public class MvcConfig implements WebMvcConfigurer {
12
13     @Override
14     public void configureDefaultServletHandling(
15             DefaultServletHandlerConfigurer configurer) {
16         configurer.enable();
17     }
18
19     @Override
20     public void configureViewResolvers(ViewResolverRegistry registry) {
21         registry.jsp("/WEB-INF/view/", ".jsp");
22     }
23
24 }
```

위 설정을 간단하게 설명하면 다음과 같다.

- **10행** : @EnableWebMvc 애노테이션은 스프링 MVC 설정을 활성화한다. 스프링 MVC를 사용하는데 필요한 다양한 설정을 생성한다.
- **13~17행** : DispatcherServlet의 매핑 경로를 '/'로 주었을 때, JSP/HTML/CSS 등을 올바르게 처리하기 위한 설정을 추가한다. DispatcherServlet에 대한 내용은 이 책을 진행하면서 설명한다.
- **19~22행** : JSP를 이용해서 컨트롤러의 실행 결과를 보여주기 위한 설정을 추가한다.

스프링 MVC를 사용하려면 다양한 구성 요소를 설정해야 한다. 이 요소를 처음부터 끝까지 직접 구성하면 설정이 매우 복잡해진다. 실제로 스프링 2.5나 3 버전에서 스프링 MVC를 사용하려면 상황에 맞는 설정을 일일이 구성해야 했다. 이런 복잡한 설정을 대신해 주는 것이 바로 @EnableWebMvc 애노테이션이다.

@EnableWebMvc 애노테이션을 사용하면 내부적으로 다양한 빈 설정을 추가해준다. 이 설정을 직접하려면 수십 줄에 가까운 코드를 작성해야 한다.

@EnableWebMvc 애노테이션이 스프링 MVC를 사용하는데 필요한 기본적인 구성을 설정해준다면, WebMvcConfigurer 인터페이스는 스프링 MVC의 개별 설정을 조정할 때 사용한다. [리스트 9.3]에서 configureDefaultServletHandling() 메서드와 configureViewResolvers() 메서드는 WebMvcConfigurer 인터페이스에 정의된 메서드로 각각 디폴트 서블릿과 ViewResolver와 관련된 설정을 조정한다. 이 두 메서드가 내부적으로 생성한 설정의 경우에도 관련 빈을 직접 설정하면 20~30여 줄의 코드를 작성해야 한다.

아직 각 설정이 어떻게 작용하는지 모르지만, 이 설정 코드에서 중요한 점은 위 설정이면 스프링 MVC를 이용해서 웹 어플리케이션 개발하는데 필요한 최소 설정이 끝난다는 것이다.

3.2 web.xml 파일에 DispatcherServlet 설정

스프링 MVC가 웹 요청을 처리하려면 DispatcherServlet을 통해서 웹 요청을 받아야 한다. 이를 위해 web.xml 파일에 DispatcherServlet을 등록한다. src/main/webapp/WEB-INF 폴더에 web.xml 파일을 작성하면 된다. 이 예에서 사용할 web.xml 파일은 [리스트 9.4]와 같다.

[리스트 9.4] sp5-chap09/src/main/webapp/WEB-INF/web.xml

```
01  <?xml version="1.0" encoding="UTF-8"?>
02
03  <web-app xmlns="http://xmlns.jcp.org/xml/ns/javaee"
04     xmlns:xsi="http://www.w3.org/2001/XMLSchema-instance"
05     xsi:schemaLocation="http://xmlns.jcp.org/xml/ns/javaee
06             http://xmlns.jcp.org/xml/ns/javaee/web-app_3_1.xsd"
07     version="3.1">
08
09     <servlet>
10        <servlet-name>dispatcher</servlet-name>
11        <servlet-class>
12           org.springframework.web.servlet.DispatcherServlet
13        </servlet-class>
14        <init-param>
15           <param-name>contextClass</param-name>
16           <param-value>
17  org.springframework.web.context.support.AnnotationConfigWebApplicationContext
18           </param-value>
19        </init-param>
20        <init-param>
21           <param-name>contextConfigLocation</param-name>
22           <param-value>
23              config.MvcConfig
24              config.ControllerConfig
25           </param-value>
26        </init-param>
27        <load-on-startup>1</load-on-startup>
28     </servlet>
29
30     <servlet-mapping>
31        <servlet-name>dispatcher</servlet-name>
32        <url-pattern>/</url-pattern>
33     </servlet-mapping>
34
```

```
35     <filter>
36        <filter-name>encodingFilter</filter-name>
37        <filter-class>
38           org.springframework.web.filter.CharacterEncodingFilter
39        </filter-class>
40        <init-param>
41           <param-name>encoding</param-name>
42           <param-value>UTF-8</param-value>
43        </init-param>
44     </filter>
45     <filter-mapping>
46        <filter-name>encodingFilter</filter-name>
47        <url-pattern>/*</url-pattern>
48     </filter-mapping>
49
50  </web-app>
```

09~28행은 DispatcherServlet을 등록하는데, 각 행은 다음의 의미를 갖는다.

- **10~13행** : DispatcherServlet을 dispatcher라는 이름으로 등록한다.
- **14~19행** : contextClass 초기화 파라미터를 설정한다. 자바 설정을 사용하는 경우 AnnotationConfigWebApplicationContext 클래스를 사용한다. 이 클래스는 자바 설정을 이용하는 웹 어플리케이션 용 스프링 컨테이너 클래스이다.
- **20~26행** : contextConfiguration 초기화 파라미터의 값을 지정한다. 이 파라미터에는 스프링 설정 클래스 목록을 지정한다. 각 설정 파일의 경로는 줄바꿈이나 콤마로 구분한다.
- **27행** : 톰캣과 같은 컨테이너가 웹 어플리케이션을 구동할 때 이 서블릿을 함께 실행하도록 설정한다.
- **30~33행** : 모든 요청을 DispatcherServlet이 처리하도록 서블릿 매핑을 설정했다.
- **35~48행** : HTTP 요청 파라미터의 인코딩 처리를 위한 서블릿 필터를 등록한다. 스프링은 인코딩 처리를 위한 필터인 CharacterEncodingFilter 클래스를 제공한다. 40~43행처럼 encoding 초기화 파라미터를 설정해서 HTTP 요청 파라미터를 읽어올 때 사용할 인코딩을 지정한다.

DispatcherServlet은 초기화 과정에서 contextConfiguration 초기화 파라미터에 지정한 설정 파일을 이용해서 스프링 컨테이너를 초기화한다. 즉, [리스트 9.4]의 설정은 MvcConfig 클래스와 ControllerConfig 클래스를 이용해서 스프링 컨테이너를 생성한다. 앞서 MvcConfig 클래스만 작성하고 ControllerConfig 클래스는 아직 작성하지 않았는데 이 파일은 컨트롤러 구현 부분에서 작성할 것이다.

4. 코드 구현

필요한 설정은 끝났다. 남은 것은 실제로 코드를 구현하고 실행해보는 것뿐이다. 여기서 작성할 코드는 다음과 같다.

- 클라이언트의 요청을 알맞게 처리할 컨트롤러
- 처리 결과를 보여줄 JSP

매우 단순한 코드지만 스프링 MVC를 이용해서 웹 어플리케이션을 개발할 때 필요한 코드가 무엇인지 이해하는데 충분할 것이다.

4.1 컨트롤러 구현

사용할 컨트롤러 코드는 [리스트 9.5]와 같다.

[리스트 9.5] sp5-chap09/src/main/java/chap09/HelloController.java

```
01    package chap09;
02
03    import org.springframework.stereotype.Controller;
04    import org.springframework.ui.Model;
05    import org.springframework.web.bind.annotation.GetMapping;
06    import org.springframework.web.bind.annotation.RequestParam;
07
08    @Controller
09    public class HelloController {
10
11        @GetMapping("/hello")
12        public String hello(Model model,
13                @RequestParam(value = "name", required = false) String name) {
14            model.addAttribute("greeting", "안녕하세요, " + name);
15            return "hello";
16        }
17    }
```

HelloController 코드에서 각 줄은 다음과 같은 의미를 지닌다.

- 08행 : @Controller 애노테이션을 적용한 클래스는 스프링 MVC에서 컨트롤러로 사용한다.
- 11행 : @GetMapping 애노테이션은 메서드가 처리할 요청 경로를 지정한다. 위 코드의 경우 "/hello" 경로로 들어온 요청을 hello() 메서드를 이용해서 처리한다고 설정했다. 이름에서 알 수 있듯이 HTTP 요청 메서드 중 GET 메서드에 대한 매핑을 설정한다.
- 12행 : Model 파라미터는 컨트롤러의 처리 결과를 뷰에 전달할 때 사용한다.
- 13행 : @RequestParam 애노테이션은 HTTP 요청 파라미터의 값을 메서드의 파라미터로 전

달할 때 사용된다. 위 코드의 경우 name 요청 파라미터의 값을 name 파라미터에 전달한다.

- **14행** : "greeting"이라는 모델 속성에 값을 설정한다. 값으로는 "안녕하세요", 와 name 파라미터의 값을 연결한 문자열을 사용한다. 뒤에서 작성할 JSP 코드는 이 속성을 이용해서 값을 출력한다.
- **15행** : 컨트롤러의 처리 결과를 보여줄 뷰 이름으로 "hello"를 사용한다.

스프링 MVC 프레임워크에서 컨트롤러(Controller)란 간단히 설명하면 웹 요청을 처리하고 그 결과를 뷰에 전달하는 스프링 빈 객체이다. 스프링 컨트롤러로 사용될 클래스는 @Controller 애노테이션을 붙여야 하고, @GetMapping 애노테이션이나 @PostMapping 애노테이션과 같은 요청 매핑 애노테이션을 이용해서 처리할 경로를 지정해 주어야 한다.

@GetMapping 애노테이션과 요청 URL 간의 관계 그리고 @RequestParam 애노테이션과 요청 파라미터와의 관계는 [그림 9.4]와 같다.

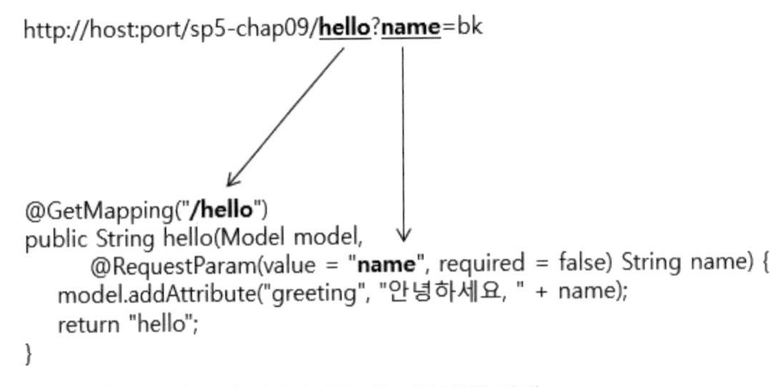

[그림 9.4] 요청 경로 및 파라미터와 애노테이션의 관계

@GetMapping 애노테이션의 값은 서블릿 컨텍스트 경로(또는 웹 어플리케이션 경로)를 기준으로 한다. 예를 들어 톰캣의 경우 webapps\sp5-chap09 폴더는 웹 브라우저에서 http://host/sp5-chap09 경로에 해당하는데, 이때 sp5-chap09가 컨텍스트 경로가 된다. 컨텍스트 경로가 /sp5-chap09이므로 http://host/sp5-chap09/main/list 경로를 처리하기 위한 컨트롤러는 @GetMapping("/main/list")를 사용해야 한다. 이 장에서 사용할 컨텍스트 경로는 /sp5-chap09이므로, [리스트 9.5]의 11행에서 사용한 @GetMapping 애노테이션을 통해 처리되는 URL은 http://host/sp5-chap09/hello가 된다.

13행의 @RequestParam 애노테이션은 HTTP 요청 파라미터를 메서드의 파라미터로 전달받을 수 있게 해 준다. @RequestParam 애노테이션의 value 속성은 HTTP 요청 파라미터의 이름을 지정하고 required 속성은 필수 여부를 지정한다. [그림 9.4]의 경우 name 요청 파라미터의 값인 "bk"가 hello() 메서드의 name 파라미터에 전달된다.

14행의 코드를 보면 파라미터로 전달받은 Model 객체의 addAttribute() 메서드를 실행하고 있는데 이는 뷰에 전달할 데이터를 지정하기 위해 사용된다. 뷰에 대해서는 JSP 구현에서 설명하기로 하고 일단은 Model의 addAttribute() 메서드에 대해 살펴보자.

```
model.addAttribute("greeting", "안녕하세요, " + name);    // 14행
```

Model#addAttribute() 메서드의 첫 번째 파라미터는 데이터를 식별하는데 사용되는 속성 이름이고 두 번째 파라미터는 속성 이름에 해당하는 값이다. 뷰 코드는 이 속성 이름을 사용해서 컨트롤러가 전달한 데이터에 접근하게 된다.

마지막으로 @GetMapping이 붙은 메서드는 컨트롤러의 실행 결과를 보여줄 뷰 이름을 리턴한다. 예제 코드에서는 "hello"를 뷰 이름으로 리턴했다. 이 뷰 이름은 논리적인 이름이며 실제로 뷰 이름에 해당하는 뷰 구현을 찾아주는 것은 ViewResolver가 처리한다. ViewResolver가 무엇인지는 다음 장에서 살펴볼 것이다.

컨트롤러를 구현했다면 컨트롤러를 스프링 빈으로 등록할 차례이다. 컨트롤러 클래스를 빈으로 등록할 때 사용할 설정 파일을 [리스트 9.6]과 같이 작성한다.

[리스트 9.6] sp4-chap09/src/main/java/config/ControllerConfig.java

```
01  package config;
02  
03  import org.springframework.context.annotation.Bean;
04  import org.springframework.context.annotation.Configuration;
05  
06  import chap09.HelloController;
07  
08  @Configuration
09  public class ControllerConfig {
10  
11      @Bean
12      public HelloController helloController() {
13          return new HelloController();
14      }
15  
16  }
```

4.2 JSP 구현

컨트롤러가 생성한 결과를 보여줄 뷰 코드를 만들어보자. 뷰 코드는 JSP를 이용해서 구현한다. 앞서 프로젝트 생성 과정에서 src/main/webapp/WEB-INF 폴더에 view 폴더를 만들었는데 이 view 폴더에 [리스트 9.6]처럼 hello.jsp 파일을 추가하자.

[리스트 9.7] sp5-chap09/src/main/webapp/WEB-INF/view/hello.jsp

```
01    <%@ page contentType="text/html; charset=utf-8" %>
02    <!DOCTYPE html>
03    <html>
04      <head>
05        <title>Hello</title>
06      </head>
07      <body>
08        인사말: ${greeting}
09      </body>
10    </html>
```

HelloController의 hello() 메서드가 리턴한 뷰 이름은 "hello"였는데 JSP 파일의 이름을 보면 "hello.jsp"이다. 여기서 뭔가 관계가 있을 거라 유추해 볼 수 있는데 뷰 이름과 JSP 파일과의 연결은 MvcConfig 클래스의 다음 설정을 통해서 이루어진다.

```
@Override
public void configureViewResolvers(ViewResolverRegistry registry) {
    registry.jsp("/WEB-INF/view/", ".jsp");
}
```

registry.jsp() 코드는 JSP를 뷰 구현으로 사용할 수 있도록 해주는 설정이다. jsp() 메서드의 첫 번째 인자는 JSP 파일 경로를 찾을 때 사용할 접두어이며 두 번째 인자는 접미사이다. 뷰 이름의 앞과 뒤에 각각 접두어와 접미사를 붙여서 최종적으로 사용할 JSP 파일의 경로를 결정한다. 예를 들어 뷰 이름이 "hello"인 경우 사용하는 JSP 파일 경로는 [그림 9.5]와 같이 결정된다.

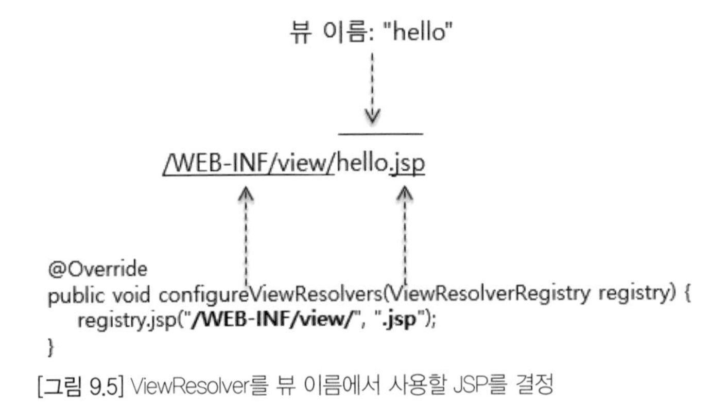

[그림 9.5] ViewResolver를 뷰 이름에서 사용할 JSP를 결정

hello.jsp 코드의 08행을 보면 다음과 같은 JSP EL(Expression Language)을 사용했다.

```
인사말: ${greeting}
```

이 표현식의 "greeting"은 컨트롤러 구현에서 Model에 추가한 속성의 이름인 "greeting"과 동일하다. 이렇게 컨트롤러에서 설정한 속성을 뷰 JSP 코드에서 접근할 수 있는 이유는 스프링 MVC 프레임워크가 [그림 9.6]처럼 모델에 추가한 속성을 JSP 코드에서 접근할 수 있게 HttpServletRequest에 옮겨주기 때문이다.

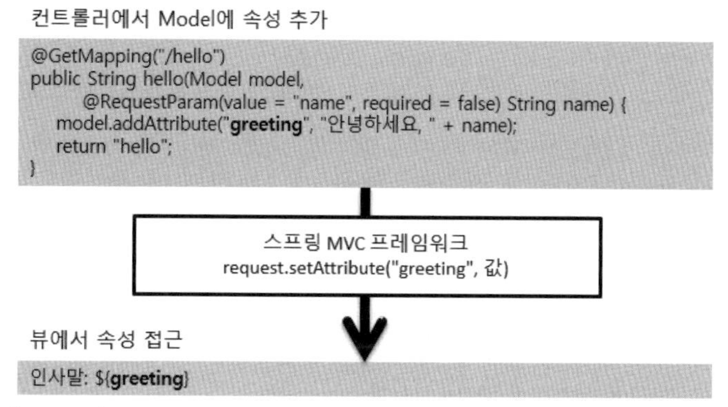

[그림 9.6] 스프링 MVC 프레임워크는 모델 데이터를 뷰에서 접근할 수 있게 만들어준다.

따라서 JSP로 뷰 코드를 구현할 경우 컨트롤러에서 추가한 속성의 이름을 이용해서 속성값을 응답 결과에 출력하게 된다.

5. 실행하기

필요한 코드를 모두 작성했다. 이제 남은 것은 실제로 실행해보는 것뿐이다. 먼저 이클립스의 프로젝트를 선택하고 마우스 오른쪽 버튼을 클릭한 뒤 [그림 9.7]처럼 서버 실행 메뉴를 선택한다.

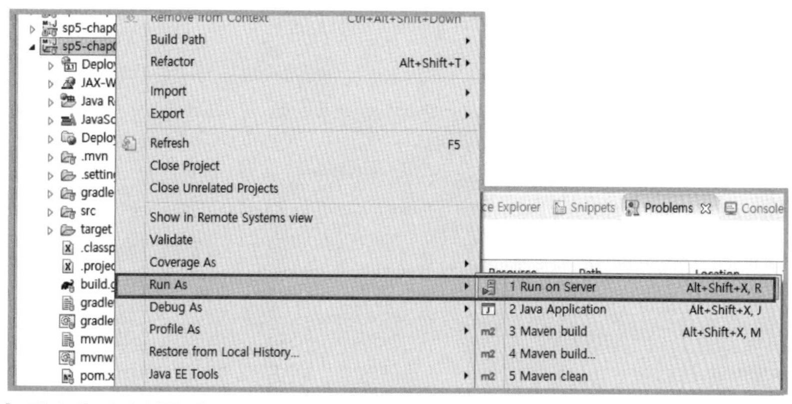

[그림 9.7] 서버 실행 메뉴

[Run on Server] 메뉴를 실행하면 [그림 9.8]과 같이 서버를 선택하는 화면이 출력된다.

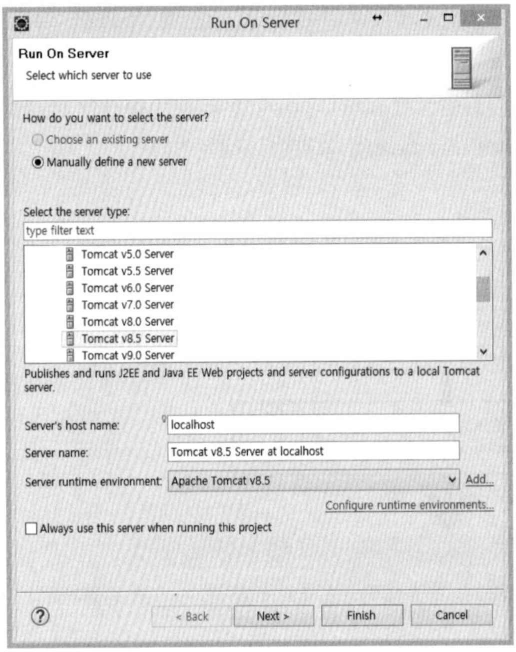

[그림 9.8] 서버 선택 화면

최초로 서버를 선택할 때에는 'Manually define a new server'처럼 신규 서버를 정의하는 메뉴가 선택된다. 두 번째부터는 'Choose an existing server'로 기존에 사용한 서버를 선택할 수 있다. [그림 9.8]에서 'Server runtime environment' 항목에는 이 장의 앞부분에서 설정한 톰캣 서버 실행 환경을 선택한다.

[그림 9.8]에서 [Next] 버튼을 클릭하면 [그림 9.9]처럼 서버에서 실행할 웹 프로젝트를 선택하는 화면이 나온다.

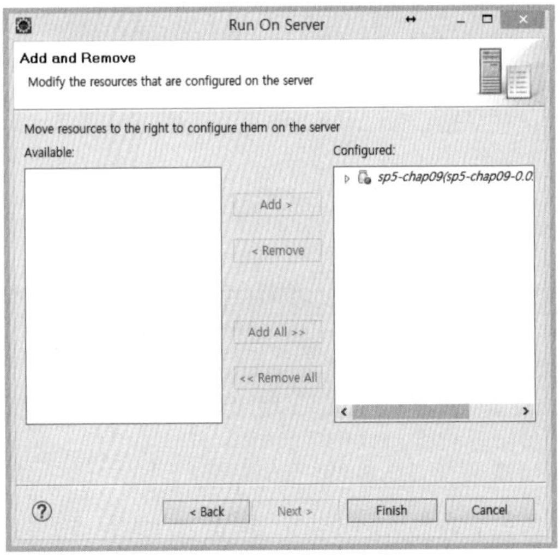

[그림 9.9] 서버에서 실행할 프로젝트 선택

[그림 9.9]에서 'Configured' 목록에 'sp5-chap09' 프로젝트를 위치시킨다. 다른 프로젝트가 'Configured' 목록에 보인다면 [Remove] 버튼을 사용해서 다른 프로젝트를 왼쪽의 'Available'로 이동시킨다.

이제 [Finish] 버튼을 눌러보자. 그러면 톰캣 서버가 실행되면서 콘솔에 관련 로그 메시지가 출력될 것이다. 서버 실행이 완료되면 이클립스의 내장 브라우저가 실행되고 [그림 9.10]과 같은 에러 화면이 출력될 것이다.

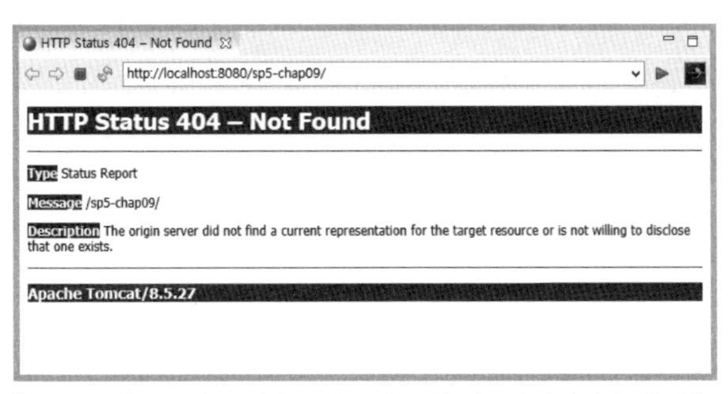

[그림 9.10] 이클립스 내장 브라우저로 웹 어플리케이션에 접근한 화면.
index.jsp 파일을 만들어주면 이 화면을 피할 수 있다.

타임아웃 에러 처리

이클립스에서 톰캣을 구동할 때 다음과 같은 오류 창이 나타나면서 실행에 실패할 때가 있다.

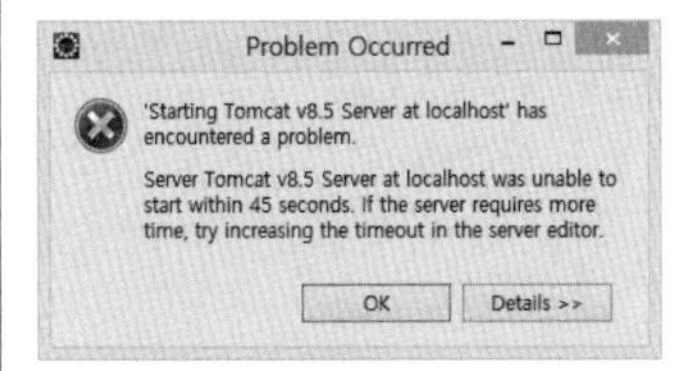

이는 45초 안에 톰캣의 구동이 끝나지 않아 발생한 에러이다. 이 문제를 해소하려면 이클립스의 톰캣 시작 시간제한을 늘려주거나 톰캣의 구동 시간을 줄여주면 된다. 이에 관한 내용은 다음 글을 참고한다.

- 이클립스 톰캣 구동 시간 제한 설정 : http://javacan.tistory.com/474
- 톰캣 시작 시간 단축 : http://javacan.tistory.com/475

404 에러 화면이 보인다고 놀라지 말자. /sp5-chap09/ 경로로 접근할 경우 톰캣은 index.jsp나 index.html 파일을 찾는데 그 파일이 존재하지 않아서 404 에러가 발생한 것이다. 우리가 확인할 경로는 /hello이므로, 웹 브라우저에 다음의 주소를 입력해보자.

- http://localhost:8080/sp5-chap09/hello?name=bk

위 주소를 입력하면 웹 브라우저에 [그림 9.11]과 같은 응답 결과가 출력되는 것을 확인할 수 있을 것이다.

[그림 9.11] 스프링 MVC 프레임워크를 이용해서 /hello 요청 경로를 처리한 결과

실행 결과를 보면 hello.jsp에서 생성한 결과가 웹 브라우저에 출력된 것을 알 수 있고, name 파라미터로 지정한 값이 HelloController를 거쳐 JSP까지 전달된 것을 알 수 있다.

6. 정리

이 장에서 우리는 다음 작업을 했다.

- 스프링 MVC 설정
- 웹 브라우저의 요청을 처리할 컨트롤러 구현
- 컨트롤러의 처리 결과를 보여줄 뷰 코드 구현

우리가 앞으로 살펴볼 코드는 이 장에서 작성한 코드의 구조를 크게 벗어나지 않는다. 단지 다음과 같은 확장이 있을 뿐이다.

- 컨트롤러에서 서비스나 DAO를 사용해서 클라이언트의 요청을 처리
- 컨트롤러에서 요청 파라미터의 값을 하나의 객체로 받고 값 검증
- 스프링이 제공하는 JSP 커스텀 태그를 이용해서 폼 처리
- 컨트롤러에서 세션이나 쿠키를 사용
- 인터셉터로 컨트롤러에 대한 접근 처리
- JSON 응답 처리

이들에 관한 내용을 이어지는 각 장에서 살펴볼 것이다.

Chapter 10

스프링 MVC 프레임워크 동작 방식

이 장에서 다룰 내용

- 스프링 MVC 구성 요소
- DispatcherServlet
- WebMvcConfigurer과 스프링 MVC 설정

다음 코드는 앞 장에서 예제 코드를 실행하기 위해 사용한 스프링 MVC 설정이다.

```
@Configuration
@EnableWebMvc
public class MvcConfig implements WebMvcConfigurer {

    @Override
    public void configureDefaultServletHandling(
            DefaultServletHandlerConfigurer configurer) {
        configurer.enable();
    }

    @Override
    public void configureViewResolvers(ViewResolverRegistry registry) {
        registry.jsp("/WEB-INF/view/", ".jsp");
    }

}
```

위 설정을 하면 남은 작업은 컨트롤러와 뷰 생성을 위한 JSP 코드를 작성하는 것이다. 개발자는 스프링 MVC가 어떻게 컨트롤러를 실행하고 뷰를 찾는지 자세히 알지 못해도 어느 정도 스프링 MVC를 이용해서 웹 어플리케이션을 개발해 나갈 수 있다.

단순해 보이는 이 설정은 실제로 백여 줄에 가까운 설정을 대신 만들어주는데 이것 모두를 알 필요는 없다. 하지만 스프링 MVC를 구성하는 주요 요소가 무엇이고 각 구성 요소

들이 서로 어떻게 연결되는지 이해하면 다양한 환경에서 스프링 MVC를 빠르게 적용하는데 많은 도움이 된다.

스프링 MVC는 웹 요청을 처리하기 위해 다양한 구성 요소를 연동하는데 이 장에서는 핵심 구성 요소에 대해 살펴보도록 하자.

1. 스프링 MVC 핵심 구성 요소

스프링 MVC의 핵심 구성 요소와 각 요소 간의 관계는 [그림 10.1]과 같이 정리할 수 있다. 이 그림은 매우 중요하므로 설명을 읽을 때 수시로 이 그림을 참조하면 내용을 이해하는데 도움이 된다.

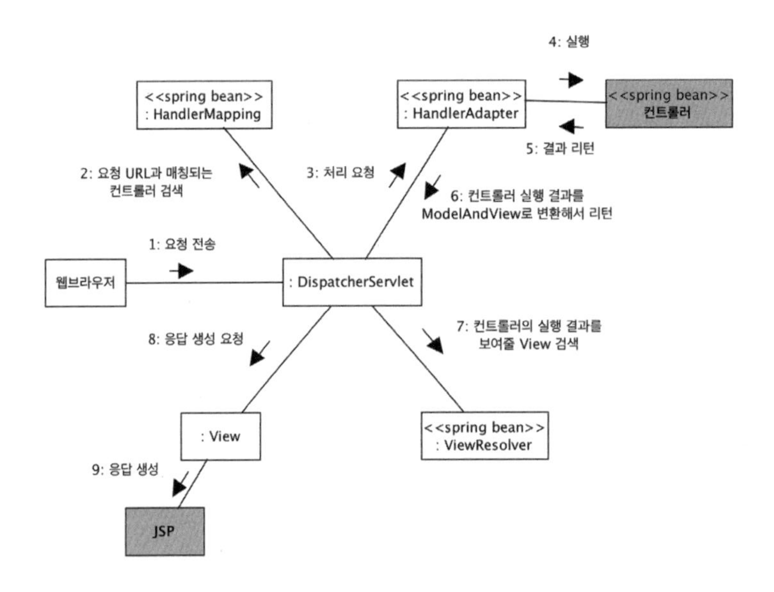

[그림 10.1] 스프링 MVC의 핵심 구성 요소

그림에서 〈〈spring bean〉〉이라고 표시한 것은 스프링 빈으로 등록해야 하는 것을 의미한다. 회색 배경을 가진 구성 요소는 개발자가 직접 구현해야 하는 요소이다. 예를 들어 컨트롤러 구성 요소는 개발자가 직접 구현해야 하고 스프링 빈으로 등록해야 한다. 앞서 9장에서 구현한 HelloController가 컨트롤러에 해당한다.

[그림 10.1]의 중앙에 위치한 DispatcherServlet은 모든 연결을 담당한다. 웹 브라우저로부터 요청이 들어오면 DispatcherServlet은 그 요청을 처리하기 위한 컨트롤러 객체를 검색한다. 이때 DispatcherServlet은 직접 컨트롤러를 검색하지 않고 HandlerMapping이라는 빈 객체에게 컨트롤러 검색을 요청한다(2번 과정에 해당).

HandlerMapping은 클라이언트의 요청 경로를 이용해서 이를 처리할 컨트롤러 빈 객체를 DispatcherServlet에 전달한다. 예를 들어 웹 요청 경로가 '/hello'라면 등록된 컨트롤러 빈 중에서 '/hello' 요청 경로를 처리할 컨트롤러를 리턴한다.

컨트롤러 객체를 DispatcherServlet이 전달받았다고 해서 바로 컨트롤러 객체의 메서드를 실행할 수 있는 것은 아니다. DispatcherServlet은 @Controller 애노테이션을 이용해서 구현한 컨트롤러뿐만 아니라 스프링 2.5까지 주로 사용됐던 Controller 인터페이스를 구현한 컨트롤러, 그리고 특수 목적으로 사용되는 HttpRequestHandler 인터페이스를 구현한 클래스를 동일한 방식으로 실행할 수 있도록 만들어졌다. @Controller, Controller 인터페이스, HttpRequestHandler 인터페이스를 동일한 방식으로 처리하기 위해 중간에 사용되는 것이 바로 HandlerAdapter 빈이다.

DispatcherServlet은 HandlerMapping이 찾아준 컨트롤러 객체를 처리할 수 있는 HandlerAdapter 빈에게 요청 처리를 위임한다([그림 10.1]의 3번 과정). HandlerAdapter는 컨트롤러의 알맞은 메서드를 호출해서 요청을 처리하고(4~5번 과정) 그 결과를 DispatcherServlet에 리턴한다(6번 과정). 이때 HandlerAdapter는 컨트롤러의 처리 결과를 ModelAndView라는 객체로 변환해서 DispatcherServlet에 리턴한다.

HandlerAdapter로부터 컨트롤러의 요청 처리 결과를 ModelAndView로 받으면 DispatcherServlet은 결과를 보여줄 뷰를 찾기 위해 ViewResolver 빈 객체를 사용한다(7번 과정). ModelAndView는 컨트롤러가 리턴한 뷰 이름을 담고 있는데 ViewResolver는 이 뷰 이름에 해당하는 View 객체를 찾거나 생성해서 리턴한다. 응답을 생성하기 위해 JSP를 사용하는 ViewResolver는 매번 새로운 View 객체를 생성해서 DispatcherServlet에 리턴한다.

DispatcherServlet은 ViewResolver가 리턴한 View 객체에게 응답 결과 생성을 요청한다(8번 과정). JSP를 사용하는 경우 View 객체는 JSP를 실행함으로써 웹 브라우저에 전송할 응답 결과를 생성하고 이로써 모든 과정이 끝이 난다.

처리 과정을 보면 DispatcherServlet를 중심으로 HandlerMapping, HandlerAdapter, 컨트롤러, ViewResolver, View, JSP가 각자 역할을 수행해서 클라이언트의 요청을 처리하는 것을 알 수 있다. 이 중 하나라도 어긋나면 클라이언트의 요청을 처리할 수 없게 되므로 각 구성 요소를 올바르게 설정하는 것이 중요하다.

1.1 컨트롤러와 핸들러

클라이언트의 요청을 실제로 처리하는 것은 컨트롤러이고 DispatcherServlet은 클라이언트의 요청을 전달받는 창구 역할을 한다. 앞서 설명했듯이 DispatcherServlet은 클라이언트의 요청을 처리할 컨트롤러를 찾기 위해 HandlerMapping을 사용한다. 컨트롤러를 찾아주는 객체는 ControllerMapping 타입이어야 할 것 같은데 실제는 HandlerMapping이다. 왜 HandlerMapping일까?

스프링 MVC는 웹 요청을 처리할 수 있는 범용 프레임워크이다. 이 책에서는 @Controller 애노테이션을 붙인 클래스를 이용해서 클라이언트의 요청을 처리하지만 원한다면 자신이 직접 만든 클래스를 이용해서 클라이언트의 요청을 처리할 수도 있다. 즉 DispatcherServlet 입장에서는 클라이언트 요청을 처리하는 객체의 타입이 반드시 @Controller를 적용한 클래스일 필요는 없다. 실제로 스프링이 클라이언트의 요청을 처리하기 위해 제공하는 타입 중에는 HttpRequestHandler도 존재한다.

이런 이유로 스프링 MVC는 웹 요청을 실제로 처리하는 객체를 핸들러(Handler)라고 표현하고 있으며 @Controller 적용 객체나 Controller 인터페이스를 구현한 객체는 모두 스프링 MVC 입장에서는 핸들러가 된다. 따라서 특정 요청 경로를 처리해주는 핸들러를 찾아주는 객체를 HandlerMapping이라고 부른다.

DispatcherServlet은 핸들러 객체의 실제 타입에 상관없이 실행 결과를 ModelAndView라는 타입으로만 받을 수 있으면 된다. 그런데 핸들러의 실제 구현 타입에 따라 ModelAndView를 리턴하는 객체도(Controller 인터페이스를 구현한 클래스의 객체) 있고, 그렇지 않은 객체도(9장에서 구현한 HelloController) 있다. 따라서 핸들러의 처리 결과를 ModelAndView로 변환해주는 객체가 필요하며 HandlerAdapter가 이 변환을 처리해준다.

핸들러 객체의 실제 타입마다 그에 알맞은 HandlerMapping과 HandlerAdapter가 존재하기 때문에, 사용할 핸들러의 종류에 따라 해당 HandlerMapping과 HandlerAdapter를 스프링 빈으로 등록해야 한다. 물론 스프링이 제공하는 설정 기능을 사용하면 이 두 종류의 빈을 직접 등록하지 않아도 된다. 이에 대한 내용은 해당 부분에서 다시 설명할 것이다.

2. DispatcherServlet과 스프링 컨테이너

9장의 web.xml 파일을 보면 다음과 같이 DispatcherServlet의 contextConfiguration 초기화 파라미터를 이용해서 스프링 설정 클래스 목록을 전달했다.

```
<servlet>
    <servlet-name>dispatcher</servlet-name>
    <servlet-class>
        org.springframework.web.servlet.DispatcherServlet
    </servlet-class>
    <init-param>
        <param-name>contextClass</param-name>
```

```
        <param-value>
    org.springframework.web.context.support.AnnotationConfigWebApplicationContext
        </param-value>
    </init-param>
    <init-param>
        <param-name>contextConfigLocation</param-name>
        <param-value>
            config.MvcConfig
            config.ControllerConfig
        </param-value>
    </init-param>
    <load-on-startup>1</load-on-startup>
</servlet>
```

DispatcherServlet은 전달받은 설정 파일을 이용해서 스프링 컨테이너를 생성하는데 앞에서 언급한 HandlerMapping, HandlerAdapter, 컨트롤러, ViewResolver 등의 빈은 [그림 10.2]처럼 DispatcherServlet이 생성한 스프링 컨테이너에서 구한다. 따라서 DispatcherServlet이 사용하는 설정 파일에 이들 빈에 대한 정의가 포함되어 있어야 한다.

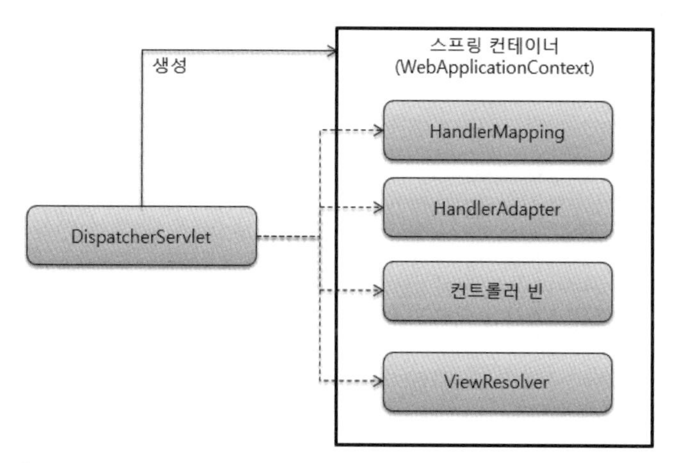

[그림 10.2] DispatcherServlet은 스프링 컨테이너를 생성하고,
그 컨테이너로부터 필요한 빈 객체를 구한다.

3. @Controller를 위한 HandlerMapping과 HandlerAdapter

@Controller 적용 객체는 DispatcherServlet 입장에서 보면 한 종류의 핸들러 객체이다. DispatcherServlet은 웹 브라우저의 요청을 처리할 핸들러 객체를 찾기 위해 HandlerMapping을 사용하고 핸들러를 실행하기 위해 HandlerAdapter를 사용한다. DispatcherServlet은 스프링 컨테이너에서 HandlerMapping과 HandlerAdapter 타입의 빈을 사용하므로 핸들러에 알맞은 HandlerMapping 빈과 HandlerAdapter

빈이 스프링 설정에 등록되어 있어야 한다. 그런데 9장에서 작성한 예제를 보면 HandlerMapping이나 HandlerAdapter 클래스를 빈으로 등록하는 코드는 보이지 않는다. 단지 @EnableWebMvc 애노테이션만 추가했다.

```
@Configuration
@EnableWebMvc
public class MvcConfig {
    ...
}
```

9장에서 언급했지만 위 설정은 매우 다양한 스프링 빈 설정을 추가해준다. 이 설정을 사용하지 않고 설정 코드를 직접 작성하려면 백 여 줄에 가까운 코드를 입력해야 한다. 이 태그가 빈으로 추가해주는 클래스 중에는 @Controller 타입의 핸들러 객체를 처리하기 위한 다음의 두 클래스도 포함되어 있다(패키지 이름이 너무 길어서 org.springframework.web 부분을 o.s.w로 표현했다).

- o.s.w.servlet.mvc.method.annotation.RequestMappingHandlerMapping
- o.s.w.servlet.mvc.method.annotation.RequestMappingHandlerAdapter

RequestMappingHandlerMapping은 @Controller 애노테이션이 적용된 객체의 요청 매핑 애노테이션(@GetMapping) 값을 이용해서 웹 브라우저의 요청을 처리할 컨트롤러 빈을 찾는다.

RequestMappingHandlerAdapter는 컨트롤러의 메서드를 알맞게 실행하고 그 결과를 ModelAndView 객체로 변환해서 DispatcherServlet에 리턴한다. 9장의 HelloController 클래스를 다시 보자.

```
@Controller
public class HelloController {

    @RequestMapping("/hello")
    public String hello(Model model,
            @RequestParam(value = "name", required = false) String name) {
        model.addAttribute("greeting", "안녕하세요, " + name);
        return "hello";
    }
}
```

RequestMappingHandlerAdapter 클래스는 "/hello" 요청 경로에 대해 hello() 메서드를 호출한다. 이때 Model 객체를 생성해서 첫 번째 파라미터로 전달한다. 비슷하게 이름이 "name"인 HTTP 요청 파라미터의 값을 두 번째 파라미터로 전달한다.

RequestMappingHandlerAdapter는 컨트롤러 메서드 결과 값이 String 타입이면 해당 값을 뷰 이름으로 갖는 ModelAndView 객체를 생성해서 DispatcherServlet에 리턴한다. 이때 첫 번째 파라미터로 전달한 Model 객체에 보관된 값도 ModelAndView에 함께 전달한다. 예제 코드는 "hello"를 리턴하므로 뷰 이름으로 "hello"를 사용한다.

4. WebMvcConfigurer 인터페이스와 설정

@EnableWebMvc 애노테이션을 사용하면 @Controller 애노테이션을 붙인 컨트롤러를 위한 설정을 생성한다. 또한 @EnableWebMvc 애노테이션을 사용하면 WebMvcConfigurer 타입의 빈을 이용해서 MVC 설정을 추가로 생성한다. 9장에서 사용한 설정을 다시 보자.

```
@Configuration
@EnableWebMvc
public class MvcConfig implements WebMvcConfigurer {

    @Override
    public void configureDefaultServletHandling(
            DefaultServletHandlerConfigurer configurer) {
        configurer.enable();
    }

    @Override
    public void configureViewResolvers(ViewResolverRegistry registry) {
        registry.jsp("/WEB-INF/view/", ".jsp");
    }

}
```

여기서 설정 클래스는 WebMvcConfigurer 인터페이스를 상속하고 있다. @Configuration 애노테이션을 붙인 클래스 역시 컨테이너에 빈으로 등록되므로 MvcConfig 클래스는 WebMvcConfigurer 타입의 빈이 된다.

@EnableWebMvc 애노테이션을 사용하면 WebMvcConfigurer 타입인 빈 객체의 메서드를 호출해서 MVC 설정을 추가한다. 예를 들어 ViewResolver 설정을 추가하기 위해 WebMvcConfigurer 타입인 빈 객체의 configureViewResolvers() 메서드를 호출한다. 따라서 WebMvcConfigurer 인터페이스를 구현한 설정 클래스는 configureViewResolvers() 메서드를 재정의해서 알맞은 뷰 관련 설정을 추가하면 된다. 9장에서는 JSP를 위한 설정을 추가했다.

스프링 5 버전은 자바 8 버전부터 지원하는 디폴트 메서드를 사용해서 WebMvc

Configurer 인터페이스의 메서드에 기본 구현을 제공하고 있다. 다음은 스프링 5 버전이 제공하는 WebMvcConfigurer 인터페이스의 일부 구현 코드이다.

```
public interface WebMvcConfigurer {

    default void configurePathMatch(PathMatchConfigurer configurer) {
    }

    default void configureDefaultServletHandling(
            DefaultServletHandlerConfigurer configurer) {
    }

    default void addFormatters(FormatterRegistry registry) {
    }

    default void addInterceptors(InterceptorRegistry registry) {
    }

    default void configureViewResolvers(ViewResolverRegistry registry) {
    }

    ... 생략
```

기본 구현은 모두 빈 구현이다. 이 인터페이스를 상속한 설정 클래스는 재정의가 필요한 메서드만 구현하면 된다. 9장 설정 예제도 모든 메서드가 아닌 두 개의 메서드만 재정의했다.

WebMvcConfigurer 인터페이스의 각 메서드마다 설정 대상이 다른데 이후 내용을 진행하면서 주요 메서드의 설정 방법에 대해서 알아볼 것이다.

스프링 4.x 버전은 자바 6을 기준으로 한다. 자바 7 버전까지는 인터페이스에 디폴트 메서드가 없기 때문에 설정 클래스에서 WebMvcConfigurer 인터페이스를 상속하면 인터페이스에 정의되어 있는 모든 메서드를 추가해야 했다. 이런 이유로 WebMvcConfigurer 인터페이스 대신 이 인터페이스의 기본 구현을 제공하는 WebMvcConfigurerAdapter 클래스를 상속해서 필요한 메서드만 재정의하는 방식으로 설정했다.

5. JSP를 위한 ViewResolver

컨트롤러 처리 결과를 JSP를 이용해서 생성하기 위해 다음 설정을 사용한다.

```
@Configuration
@EnableWebMvc
public class MvcConfig implements WebMvcConfigurer {

    @Override
    public void configureViewResolvers(ViewResolverRegistry registry) {
        registry.jsp("/WEB-INF/view/", ".jsp");
    }

}
```

WebMvcConfigurer 인터페이스에 정의된 configureViewResolvers() 메서드는 ViewResolverRegistry 타입의 registry 파라미터를 갖는다. ViewResolverRegistry#jsp() 메서드를 사용하면 JSP를 위한 ViewResolver를 설정할 수 있다.

위 설정은 o.s.w.servlet.view.InternalResourceViewResolver 클래스를 이용해서 다음 설정과 같은 빈을 등록한다.

```
@Bean
public ViewResolver viewResolver() {
    InternalResourceViewResolver vr = new InternalResourceViewResolver();
    vr.setPrefix("/WEB-INF/view/");
    vr.setSuffix(".jsp");
    return vr;
}
```

컨트롤러의 실행 결과를 받은 DispatcherServlet은 ViewResolver에게 뷰 이름에 해당하는 View 객체를 요청한다. 이때 InterenalResourceViewResolver는 "prefix+뷰이름+suffix"에 해당하는 경로를 뷰 코드로 사용하는 InternalResourceView 타입의 View 객체를 리턴한다. 예를 들어 뷰 이름이 "hello"라면 "/WEB-INF/view/hello.jsp" 경로를 뷰 코드로 사용하는 InternalResourceView 객체를 리턴한다. DispatcherServlet이 InternalResourceView 객체에 응답 생성을 요청하면 InternalResourceView 객체는 경로에 지정한 JSP 코드를 실행해서 응답 결과를 생성한다.

DispatcherServlet은 컨트롤러의 실행 결과를 HandlerAdapter를 통해서 ModelAndView 형태로 받는다고 했다. Model에 담긴 값은 View 객체에 Map 형식으로 전달된다. 예를 들어 HelloController 클래스는 다음과 같이 Model에 "greeting" 속성을 설정했다.

```
@Controller
public class HelloController {

    @RequestMapping("/hello")
    public String hello(Model model,
            @RequestParam(value = "name", required = false) String name) {
        model.addAttribute("greeting", "안녕하세요, " + name);
        return "hello";
    }
}
```

이 경우 DispatcherServlet은 View 객체에 응답 생성을 요청할 때 greeting 키를 갖는 Map 객체를 View 객체에 전달한다. View 객체는 전달받은 Map 객체에 담긴 값을 이용해서 알맞은 응답 결과를 출력한다. InternalResourceView 는 Map 객체에 담겨 있는 키 값을 request.setAttribute()를 이용해서 request의 속성에 저장한다. 그런 뒤 해당 경로의 JSP를 실행한다.

결과적으로 컨트롤러에서 지정한 Model 속성은 request 객체 속성으로 JSP에 전달되기 때문에 JSP는 다음과 같이 모델에 지정한 속성 이름을 사용해서 값을 사용할 수 있게 된다.

```
<%-- JSP 코드에서 모델의 속성 이름을 사용해서 값 접근 --%>
인사말: ${greeting}
```

6. 디폴트 핸들러와 HandlerMapping의 우선순위

9장의 web.xml 설정을 보면 DispatcherServlet에 대한 매핑 경로를 다음과 같이 '/'로 주었다.

```
<servlet>
    <servlet-name>dispatcher</servlet-name>
    <servlet-class>
        org.springframework.web.servlet.DispatcherServlet
    </servlet-class>
    … 생략
</servlet>

<servlet-mapping>
    <servlet-name>dispatcher</servlet-name>
    <url-pattern>/</url-pattern>
</servlet-mapping>
```

매핑 경로가 '/'인 경우 .jsp로 끝나는 요청을 제외한 모든 요청을 DispatcherServlet이 처리한다. 즉 /index.html이나 /css/bootstrap.css와 같이 확장자가 .jsp가 아닌 모든 요청을 DispatcherServlet이 처리하게 된다.

그런데 @EnableWebMvc 애노테이션이 등록하는 HandlerMapping은 @Controller 애노테이션을 적용한 빈 객체가 처리할 수 있는 요청 경로만 대응할 수 있다. 예를 들어 등록된 컨트롤러가 한 개이고 그 컨트롤러가 @GetMapping("/hello") 설정을 사용한다면, /hello 경로만 처리할 수 있게 된다. 따라서 "/index.html" 이나 "/css/bootstrap.css"와 같은 요청을 처리할 수 있는 컨트롤러 객체를 찾지 못해 DispatcherServlet은 404 응답을 전송한다.

"/index.html"이나 "/css/boostrap.css"와 같은 경로를 처리하기 위한 컨트롤러 객체를 직접 구현할 수도 있지만, 그보다는 WebMvcConfigurer의 configureDefaultServletHandling() 메서드를 사용하는 것이 편리하다. 9장에서도 다음 설정을 사용했다.

```
@Configuration
@EnableWebMvc
public class MvcConfig implements WebMvcConfigurer {

    @Override
    public void configureDefaultServletHandling(
            DefaultServletHandlerConfigurer configurer) {
        configurer.enable();
    }
```

위 설정에서 DefaultServletHandlerConfigurer#enable() 메서드는 다음의 두 빈 객체를 추가한다.

- DefaultServletHttpRequestHandler
- SimpleUrlHandlerMapping

DefaultServletHttpRequestHandler는 클라이언트의 모든 요청을 WAS(웹 어플리케이션 서버, 톰캣이나 웹로직 등)가 제공하는 디폴트 서블릿에 전달한다. 예를 들어 "/index.html"에 대한 처리를 DefaultServletHttpRequestHandler에 요청하면 이 요청을 다시 디폴트 서블릿에 전달해서 처리하도록 한다. 그리고 SimpleUrlHandlerMapping을 이용해서 모든 경로("/**")를 DefaultServletHttp RequestHandler를 이용해서 처리하도록 설정한다.

@EnableWebMvc 애노테이션이 등록하는 RequestMappingHandlerMapping의 적용 우선순위가 DefaultServletHandlerConfigurer#enable() 메서드가 등록하는

SimpleUrlHandlerMapping의 우선순위보다 높다. 때문에 웹 브라우저의 요청이 들어오면 DispatcherServlet은 다음과 같은 방식으로 요청을 처리한다.

① RequestMappingHandlerMapping을 사용해서 요청을 처리할 핸들러를 검색한다.
- 존재하면 해당 컨트롤러를 이용해서 요청을 처리한다.

② 존재하지 않으면 SimpleUrlHandlerMapping을 사용해서 요청을 처리할 핸들러를 검색한다.
- DefaultServletHandlerConfigurer#enable() 메서드가 등록한 SimpleUrlHandlerMapping은 "/**" 경로(즉 모든 경로)에 대해 DefaultServletHttpRequestHandler를 리턴한다.
- DispatcherServlet은 DefaultServletHttpRequestHandler에 처리를 요청한다.
- DefaultServletHttpRequestHandler는 디폴트 서블릿에 처리를 위임한다.

예를 들어 "/index.html" 경로로 요청이 들어오면 1번 과정에서 해당하는 컨트롤러를 찾지 못하므로 2번 과정을 통해 디폴트 서블릿이 /index.html 요청을 처리하게 된다.

DefaultServletHandlerConfigurer#enable() 외에 몇몇 설정도 SimpleUrlHandlerMapping을 등록하는데 DefaultServletHandlerConfigurer#enable()이 등록하는 SimpleUrlHandlerMapping의 우선순위가 가장 낮다. 따라서 DefaultServletHandlerConfigurer#enable()을 설정하면 별도 설정이 없는 모든 요청 경로를 디폴트 서블릿이 처리하게 된다.

7. 직접 설정 예

@EnableWebMvc 애노테이션을 사용하지 않아도 스프링 MVC를 사용할 수 있다. 차이는 @EnableWebMvc 애노테이션과 WebMvcConfigurer 인터페이스를 사용할 때보다 설정해야 할 빈이 많은 것뿐이다. 9장 예제를 실행할 수 있는 수준의 설정 예는 다음과 같다.

```
@Configuration
public class MvcConfig {

    @Bean
    public HandlerMapping handlerMapping() {
        RequestMappingHandlerMapping hm =
                new RequestMappingHandlerMapping();
        hm.setOrder(0);
        return hm;
    }

    @Bean
    public HandlerAdapter handlerAdapter() {
```

```
        RequestMappingHandlerAdapter ha =
                new RequestMappingHandlerAdapter();
        return ha;
    }

    @Bean
    public HandlerMapping simpleHandlerMapping() {
        SimpleUrlHandlerMapping hm = new SimpleUrlHandlerMapping();
        Map<String, Object> pathMap = new HashMap<>();
        pathMap.put("/**", defaultServletHandler());
        hm.setUrlMap(pathMap);
        return hm;
    }

    @Bean
    public HttpRequestHandler defaultServletHandler() {
        DefaultServletHttpRequestHandler handler =
                            new DefaultServletHttpRequestHandler();
        return handler;
    }

    @Bean
    public HandlerAdapter requestHandlerAdapter() {
        HttpRequestHandlerAdapter ha = new HttpRequestHandlerAdapter();
        return ha;
    }

    @Bean
    public ViewResolver viewResolver() {
        InternalResourceViewResolver vr = new InternalResourceViewResolver();
        vr.setPrefix("/WEB-INF/view/");
        vr.setSuffix(".jsp");
        return vr;
    }

}
```

8. 정리

이 장에서는 스프링 MVC의 주요 구성 요소가 무엇이고 개략적인 수준에서 각 구성 요소의 동작 방식을 살펴봤다. DispatcherServlet은 웹 브라우저의 요청을 받기 위한 창구 역할을 하고, 다른 주요 구성 요소들을 이용해서 요청 흐름을 제어하는 역할을 한다. HandlerMapping은 클라이언트의 요청을 처리할 핸들러 객체를 찾아준다. 핸들러(커맨드) 객체는 클라이언트의 요청을 실제로 처리한 뒤 뷰 정보와 모델을 설정한다. HandlerAdapter는 DispatcherServlet과 핸들러 객체 사이의 변환을 알맞게 처리해 준다. ViewResolver는 요청 처리 결과를 생성할 View를 찾아주고 View는 최종적으로 클라이언트에 응답을 생성해서 전달한다.

실제 동작 방식은 이 장에서 설명한 것보다 훨씬 더 복잡하지만 지금 설명한 일련의 처리 과정을 머리속에 그릴 수 있으면 스프링 MVC를 이용한 웹 개발을 어렵지 않게 해 나갈 수 있다. 이 장에서는 예제 없이 설명만 했는데 직접 코드를 작성하고 실행하는 것만큼 흥미로운 것은 없을 것이다. 다음 장부터는 다시 예제를 만들어 나가면서 웹 개발에 필요한 기본적인 내용들을 점진적으로 배워 나가도록 하자.

Chapter 11

MVC 1 : 요청 매핑, 커맨드 객체, 리다이렉트, 폼 태그, 모델

이 장에서 다룰 내용

· @RequestMapping 설정
· 요청 파라미터 접근
· 리다이렉트
· 개발 환경 구축
· 스프링 폼 태그
· 모델 처리

스프링 MVC를 사용해서 웹 어플리케이션을 개발한다는 것은 결국 컨트롤러와 뷰 코드를 구현한다는 것을 뜻한다. 대부분 설정은 개발 초기에 완성된다. 개발이 완료될 때까지 개발자가 만들어야 하는 코드는 컨트롤러와 뷰 코드이다. 어떤 컨트롤러를 이용해서 어떤 요청 경로를 처리할지 결정하고, 웹 브라우저가 전송한 요청에서 필요한 값을 구하고, 처리 결과를 JSP를 이용해서 보여주면 된다. 이 장에서는 기본적인 컨트롤러와 뷰의 구현 방법을 배울 것이다.

1. 프로젝트 준비

예제 프로젝트를 준비하자. 프로젝트로 사용할 sp5-chap11 폴더를 생성하고 다음과 같이 하위 폴더를 생성한다.

- src/main/java : 자바 코드, 설정 파일 위치
- src/main/webapp : HTML, CSS, JS 등이 위치할 폴더
- src/main/webapp/WEB-INF : web.xml 파일이 위치할 폴더
- src/main/webapp/WEB-INF/view : 컨트롤러의 결과를 보여줄 JSP 파일 위치

폴더를 생성했다면 sp5-chap11 폴더에 [리스트 11.1]과 같이 pom.xml 파일을 작성한다.

[리스트 11.1] sp5-chap11/pom.xml

```
01  <?xml version="1.0" encoding="UTF-8"?>
02  <project xmlns="http://maven.apache.org/POM/4.0.0"
03     xmlns:xsi="http://www.w3.org/2001/XMLSchema-instance"
04     xsi:schemaLocation="http://maven.apache.org/POM/4.0.0
05        http://maven.apache.org/xsd/maven-4.0.0.xsd">
06     <modelVersion>4.0.0</modelVersion>
07     <groupId>sp5</groupId>
08     <artifactId>sp5-chap11</artifactId>
09     <version>0.0.1-SNAPSHOT</version>
10     <packaging>war</packaging>
11
12     <dependencies>
13        <dependency>
14           <groupId>javax.servlet</groupId>
15           <artifactId>javax.servlet-api</artifactId>
16           <version>3.1.0</version>
17           <scope>provided</scope>
18        </dependency>
19
20        <dependency>
21           <groupId>javax.servlet.jsp</groupId>
22           <artifactId>javax.servlet.jsp-api</artifactId>
23           <version>2.3.2-b02</version>
24           <scope>provided</scope>
25        </dependency>
26
27        <dependency>
28           <groupId>javax.servlet</groupId>
29           <artifactId>jstl</artifactId>
30           <version>1.2</version>
31        </dependency>
32
33        <dependency>
34           <groupId>org.springframework</groupId>
35           <artifactId>spring-webmvc</artifactId>
36           <version>5.0.2.RELEASE</version>
37        </dependency>
38
39        <dependency>
40           <groupId>org.springframework</groupId>
41           <artifactId>spring-jdbc</artifactId>
42           <version>5.0.2.RELEASE</version>
43        </dependency>
44        <dependency>
45           <groupId>org.apache.tomcat</groupId>
46           <artifactId>tomcat-jdbc</artifactId>
47           <version>8.5.27</version>
```

```
48          </dependency>
49          <dependency>
50              <groupId>mysql</groupId>
51              <artifactId>mysql-connector-java</artifactId>
52              <version>5.1.45</version>
53          </dependency>
54      </dependencies>
55
56      <build>
57          <plugins>
58              <plugin>
59                  <artifactId>maven-compiler-plugin</artifactId>
60                  <version>3.7.0</version>
61                  <configuration>
62                      <source>1.8</source>
63                      <target>1.8</target>
64                      <encoding>utf-8</encoding>
65                  </configuration>
66              </plugin>
67          </plugins>
68      </build>
69
70  </project>
```

〈dependencies〉 부분을 보면 웹을 위한 모듈과 DB 연동을 위한 모듈을 설정한 것을 알 수 있다. 이 장에서는 DB 연동이 필요한 웹 어플리케이션을 만든다. 이 과정에서 스프링 MVC의 기본적인 기능 구현을 배울 것이다.

앞서 예제에서 작성했던 코드 중 일부를 복사하자. 8장의 예제 코드 중 spring 패키지에 있는 다음 파일을 같은 패키지에 복사한다.

- ChangePasswordService.java
- DuplicateMemberException.java
- Member.java
- MemberDao.java
- MemberNotFoundException.java
- MemberRegisterService.java
- RegisterRequest.java
- WrongIdPasswordException.java

8장에서 생성한 데이터베이스도 그대로 사용한다. DB를 생성하지 않았다면 8장 내용을 참고해서 데이터베이스와 테이블을 생성한다.

이클립스에 프로젝트를 임포트하고 설정 파일을 작성할 차례이다. 두 개의 스프링 설정 파일과 web.xml 파일을 작성할 것이다. 먼저 서비스 클래스와 DAO 클래스를 위한 스프링 설정 클래스를 [리스트 11.2]와 같이 작성한다. DataSource와 트랜잭션 관련 설정도 포함되어 있다.

[리스트 11.2] sp5-chap11/src/main/java/config/MemberConfig.java

```
01 package config;
02 
03 import org.apache.tomcat.jdbc.pool.DataSource;
04 import org.springframework.context.annotation.Bean;
05 import org.springframework.context.annotation.Configuration;
06 import org.springframework.jdbc.datasource.DataSourceTransactionManager;
07 import org.springframework.transaction.PlatformTransactionManager;
08 import org.springframework.transaction.annotation.EnableTransactionManagement;
09 
10 import spring.ChangePasswordService;
11 import spring.MemberDao;
12 import spring.MemberRegisterService;
13 
14 @Configuration
15 @EnableTransactionManagement
16 public class MemberConfig {
17 
18     @Bean(destroyMethod = "close")
19     public DataSource dataSource() {
20         DataSource ds = new DataSource();
21         ds.setDriverClassName("com.mysql.jdbc.Driver");
22         ds.setUrl("jdbc:mysql://localhost/spring5fs?characterEncoding=utf8");
23         ds.setUsername("spring5");
24         ds.setPassword("spring5");
25         ds.setInitialSize(2);
26         ds.setMaxActive(10);
27         ds.setTestWhileIdle(true);
28         ds.setMinEvictableIdleTimeMillis(60000 * 3);
29         ds.setTimeBetweenEvictionRunsMillis(10 * 1000);
30         return ds;
31     }
32 
33     @Bean
34     public PlatformTransactionManager transactionManager() {
35         DataSourceTransactionManager tm = new DataSourceTransactionManager();
36         tm.setDataSource(dataSource());
37         return tm;
38     }
39 
40     @Bean
41     public MemberDao memberDao() {
42         return new MemberDao(dataSource());
```

```
43      }
44
45      @Bean
46      public MemberRegisterService memberRegSvc() {
47          return new MemberRegisterService(memberDao());
48      }
49
50      @Bean
51      public ChangePasswordService changePwdSvc() {
52          ChangePasswordService pwdSvc = new ChangePasswordService();
53          pwdSvc.setMemberDao(memberDao());
54          return pwdSvc;
55      }
56  }
```

스프링 MVC를 위한 기본 설정 파일은 [리스트 11.3]과 같이 작성한다.

[리스트 11.3] sp5-chap11/src/main/java/config/MvcConfig.java

```
01  package config;
02
03  import org.springframework.context.annotation.Configuration;
04  import org.springframework.web.servlet.config.annotation.
05              DefaultServletHandlerConfigurer;
06  import org.springframework.web.servlet.config.annotation.EnableWebMvc;
07  import org.springframework.web.servlet.config.annotation.ViewResolverRegistry;
08  import org.springframework.web.servlet.config.annotation.WebMvcConfigurer;
09
10  @Configuration
11  @EnableWebMvc
12  public class MvcConfig implements WebMvcConfigurer {
13
14      @Override
15      public void configureDefaultServletHandling(
16              DefaultServletHandlerConfigurer configurer) {
17          configurer.enable();
18      }
19
20      @Override
21      public void configureViewResolvers(ViewResolverRegistry registry) {
22          registry.jsp("/WEB-INF/view/", ".jsp");
23      }
24
25  }
```

web.xml 파일은 [리스트 11.4]와 같이 작성한다. contextConfiguration 초기화 파라미터 설정(20~27행)을 제외하면 9장의 web.xml 파일과 동일하다.

[리스트 11.4] sp5-chap11/src/main/webapp/WEB-INF/web.xml

```
01  <?xml version="1.0" encoding="UTF-8"?>
02  
03  <web-app xmlns="http://xmlns.jcp.org/xml/ns/javaee"
04     xmlns:xsi="http://www.w3.org/2001/XMLSchema-instance"
05     xsi:schemaLocation="http://xmlns.jcp.org/xml/ns/javaee
06            http://xmlns.jcp.org/xml/ns/javaee/web-app_3_1.xsd"
07     version="3.1">
08  
09     <servlet>
10        <servlet-name>dispatcher</servlet-name>
11        <servlet-class>
12           org.springframework.web.servlet.DispatcherServlet
13        </servlet-class>
14        <init-param>
15           <param-name>contextClass</param-name>
16           <param-value>
17  org.springframework.web.context.support.AnnotationConfigWebApplicationContext
18           </param-value>
19        </init-param>
20        <init-param>
21           <param-name>contextConfigLocation</param-name>
22           <param-value>
23              config.MemberConfig
24              config.MvcConfig
25              config.ControllerConfig
26           </param-value>
27        </init-param>
28        <load-on-startup>1</load-on-startup>
29     </servlet>
30  
31     <servlet-mapping>
32        <servlet-name>dispatcher</servlet-name>
33        <url-pattern>/</url-pattern>
34     </servlet-mapping>
35  
36     <filter>
37        <filter-name>encodingFilter</filter-name>
38        <filter-class>
39           org.springframework.web.filter.CharacterEncodingFilter
40        </filter-class>
41        <init-param>
42           <param-name>encoding</param-name>
43           <param-value>UTF-8</param-value>
44        </init-param>
45     </filter>
46     <filter-mapping>
47        <filter-name>encodingFilter</filter-name>
```

```
48        <url-pattern>/*</url-pattern>
49      </filter-mapping>
50
51    </web-app>
```

프로젝트 준비가 끝났다. 이제 예제를 완성해 나가면서 스프링 MVC의 주요 기능들을 하나씩 배워보자.

2. 요청 매핑 애노테이션을 이용한 경로 매핑

웹 어플리케이션을 개발하는 것은 다음 코드를 작성하는 것이다.

- 특정 요청 URL을 처리할 코드
- 처리 결과를 HTML과 같은 형식으로 응답하는 코드

이 중 첫 번째는 @Controller 애노테이션을 사용한 컨트롤러 클래스를 이용해서 구현한다. 컨트롤러 클래스는 요청 매핑 애노테이션을 사용해서 메서드가 처리할 요청 경로를 지정한다. 요청 매핑 애노테이션에는 @RequestMapping, @GetMapping, @PostMapping 등이 있다. 앞서 HelloController 클래스는 다음과 같이 @GetMapping 애노테이션을 사용해서 "/hello" 요청 경로를 hello() 메서드가 처리하도록 설정했다.

```
import org.springframework.stereotype.Controller;
import org.springframework.ui.Model;
import org.springframework.web.bind.annotation.RequestMapping;
import org.springframework.web.bind.annotation.RequestParam;

@Controller
public class HelloController {

    @GetMapping("/hello")
    public String hello(Model model,
            @RequestParam(value = "name", required = false) String name) {
        model.addAttribute("greeting", "안녕하세요, " + name);
        return "hello";
    }
}
```

요청 매핑 애노테이션을 적용한 메서드를 두 개 이상 정의할 수도 있다. 예를 들어 회원 가입 과정을 생각해보자. 일반적인 회원 가입 과정은 '약관 동의' → '회원 정보 입력' → '가입 완료'인데 각 과정을 위한 URL을 다음과 같이 정할 수 있을 것이다(여기서 /sp5-chap11은 컨텍스트 경로라고 하자).

- 약관 동의 화면 요청 처리 : http://localhost:8080/sp5-chap11/register/step1
- 회원 정보 입력 화면 : http://localhost:8080/sp5-chap11/register/step2
- 가입 처리 결과 화면 : http://localhost:8080/sp5-chap11/register/step3

이렇게 여러 단계를 거쳐 하나의 기능이 완성되는 경우 관련 요청 경로를 한 개의 컨트롤러 클래스에서 처리하면 코드 관리에 도움이 된다. 다음과 같이 회원 가입 과정을 처리하는 컨트롤러 클래스를 한 개만 만들고 세 개의 메서드에서 각 요청 경로를 처리하도록 구현할 수 있다.

```
@Controller
public class RegistController {

    @RequestMapping("/register/step1")
    public String handleStep1() {
        return "register/step1";
    }

    @RequestMapping("/register/step2")
    public String handleStep2() {
        ...
    }

    @RequestMapping("/register/step3")
    public String handleStep3() {
        ...
    }
}
```

이 코드를 보면 각 요청 매핑 애노테이션의 경로가 "/register"로 시작한다. 이 경우 다음 코드처럼 공통되는 부분의 경로를 담은 @RequestMapping 애노테이션을 클래스에 적용하고 각 메서드는 나머지 경로를 값으로 갖는 요청 매핑 애노테이션을 적용할 수 있다.

```
@Controller
@RequestMapping("/register")    // 각 메서드에 공통되는 경로
public class RegistController {

    @RequestMapping("/step1")    // 공통 경로를 제외한 나머지 경로
    public String handleStep1() {
        return "register/step1";
    }

    @RequestMapping("/step2")
    public String handleStep2() {
        ...
```

```
    }
    ...
```

스프링 MVC는 클래스에 적용한 요청 매핑 애노테이션의 경로와 메서드에 적용한 요청 매핑 애노테이션의 경로를 합쳐서 경로를 찾기 때문에 위 코드에서 handleStep1() 메서드가 처리하는 경로는 "/step1"이 아닌 "/register/step1"이 된다.

예제 코드를 하나 만들어보자. 만들 코드는 회원 가입의 첫 번째 과정인 약관을 보여주는 요청 경로를 처리하는 컨트롤러 클래스이다. 작성할 코드는 [리스트 11.5]이다.

[리스트 11.5] sp5-chap11/src/main/java/controller/RegisterController.java

```
01  package controller;
02  
03  import org.springframework.stereotype.Controller;
04  import org.springframework.web.bind.annotation.RequestMapping;
05  
06  @Controller
07  public class RegisterController {
08  
09      @RequestMapping("/register/step1")
10      public String handleStep1() {
11          return "register/step1";
12      }
13  
14  }
```

요청 경로가 /register/step1인 경우 별다른 처리 없이 약관 내용을 보여주면 되기 때문에 handleStep1() 메서드는 단순히 약관 내용을 보여줄 뷰 이름을 리턴하도록 구현했다. 11행에서 리턴하는 뷰 이름에 해당하는 JSP 코드는 [리스트 11.6]과 같이 작성한다.

[리스트 11.6] sp5-chap11/src/main/webapp/WEB-INF/view/register/step1.jsp

```
01  <%@ page contentType="text/html; charset=utf-8" %>
02  <!DOCTYPE html>
03  <html>
04  <head>
05      <title>회원가입</title>
06  </head>
07  <body>
08      <h2>약관</h2>
09      <p>약관 내용</p>
10      <form action="step2" method="post">
11      <label>
12          <input type="checkbox" name="agree" value="true"> 약관 동의
```

```
13        </label>
14        <input type="submit" value="다음 단계" />
15        </form>
16    </body>
17    </html>
```

남은 작업은 ControllerConfig.java 파일을 작성하고 이 파일에 RegisterController 클래스를 빈으로 등록하는 것이다. 이 설정 파일을 [리스트 11.7]과 같이 작성한다.

[리스트 11.7] sp5-chap11/src/main/java/config/ControllerConfig.java

```
01    package config;
02
03    import org.springframework.context.annotation.Bean;
04    import org.springframework.context.annotation.Configuration;
05
06    import controller.RegisterController;
07
08    @Configuration
09    public class ControllerConfig {
10
11        @Bean
12        public RegisterController registerController() {
13            return new RegisterController();
14        }
15    }
```

약관 동의 화면이 잘 보이는지 확인해보자. Run On Server 메뉴를 이용해서 sp5-chap11 프로젝트를 실행한다. 서버가 뜨면 웹 브라우저에 아래 주소를 입력한다.

```
http://localhost:8080/sp5-chap11/register/step1
```

모든 코드를 올바르게 작성했다면 [그림 11.1]과 같은 결과가 브라우저에 출력된다.

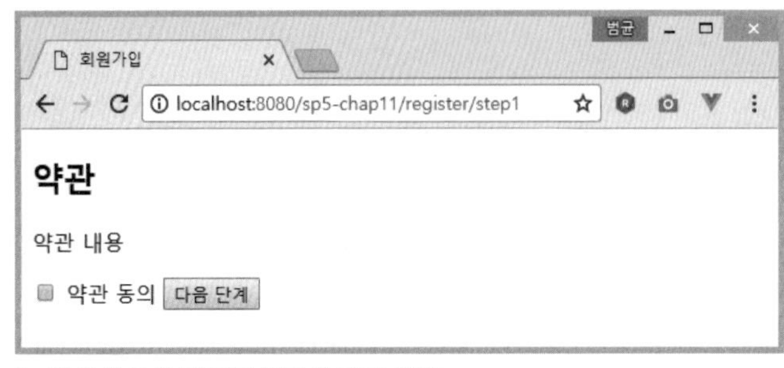

[그림 11.1] 요청 경로를 처리한 결과 화면

HTTP에서 GET, POST, PATCH 등을 메서드(method)라고 부른다. 이 용어는 자바의 메서드와 혼동될 수 있어 이 책에서는 메서드라는 용어 대신 방식이란 용어를 사용한다. 예를 들어 'GET 메서드'라는 표현 대신 'GET 방식'이라는 표현을 사용한다.

3. GET과 POST 구분: @GetMapping, @PostMapping

[리스트 11.6]의 10~15행의 HTML 폼 코드를 보면 전송 방식을 POST로 지정했다. 주로 폼을 전송할 때 POST 방식을 사용하는데 스프링 MVC는 별도 설정이 없으면 GET과 POST 방식에 상관없이 @RequestMapping에 지정한 경로와 일치하는 요청을 처리한다. 만약 POST 방식 요청만 처리하고 싶다면 다음과 같이 @PostMapping 애노테이션을 사용해서 제한할 수 있다.

```
import org.springframework.web.bind.annotation.PostMapping;

@Controller
public class RegisterController {

    @PostMapping("/register/step2")
    public String handleStep2() {
        return "register/step2";
    }
```

위와 같이 설정하면 handleStep2() 메서드는 POST 방식의 "/register/step2" 요청 경로만 처리하며 GET 방식의 "/register/step2" 요청 경로는 처리하지 않는다. 동일하게 @GetMapping 애노테이션을 사용하면 GET 방식만 처리하도록 제한할 수 있다. 이 두 애노테이션을 사용하면 다음 코드처럼 같은 경로에 대해 GET과 POST 방식을 각각 다른 메서드가 처리하도록 설정할 수 있다.

```
@Controller
public class LoginController {
    @GetMapping("/member/login")
    public String form() {
        ...
    }

    @PostMapping("/member/login")
    public String login() {
        ...
    }
}
```

@GetMapping 애노테이션과 @PostMapping 애노테이션은 스프링 4.3 버전에 추가된 것으로 이전 버전까지는 다음 코드처럼 @RequestMapping 애노테이션의 method 속성을 사용해서 HTTP 방식을 제한했다.

```
@Controller
public class LoginController {
    @RequestMapping(value = "/member/login", method = RequestMethod.GET)
    public String form() {
        ...
    }

    @RequestMapping(value = "/member/login", method = RequestMethod.POST)
    public String login() {
        ...
    }
}
```

@GetMapping 애노테이션, @PostMapping 애노테이션뿐만 아니라 @PutMapping 애노테이션, @DeleteMapping 애노테이션, @PatchMapping 애노테이션을 제공하므로 HTTP의 GET, POST, PUT, DELETE, PATCH에 대한 매핑을 제한할 수 있다.

4. 요청 파라미터 접근

약관 동의 화면을 생성하는 step1.jsp 코드를 보면 다음처럼 약관에 동의할 경우 값이 true인 'agree' 요청 파라미터의 값을 POST 방식으로 전송한다. 따라서 폼에서 지정한 agree 요청 파라미터의 값을 이용해서 약관 동의 여부를 확인할 수 있다.

```
<form action="step2" method="post">
<label>
    <input type="checkbox" name="agree" value="true"> 약관 동의
</label>
<input type="submit" value="다음 단계" />
</form>
```

컨트롤러 메서드에서 요청 파라미터를 사용하는 첫 번째 방법은 HttpServletRequest를 직접 이용하는 것이다. 예를 들면 다음과 같이 컨트롤러 처리 메서드의 파라미터로 HttpServletRequest 타입을 사용하고 HttpServletRequest의 getParameter() 메서드를 이용해서 파라미터의 값을 구하면 된다.

```
import javax.servlet.http.HttpServletRequest;

@Controller
public class RegisterController {

    @RequestMapping("/register/step1")
    public String handleStep1() {
        return "register/step1";
    }

    @PostMapping("/register/step2")
    public String handleStep2(HttpServletRequest request) {
        String agreeParam = request.getParameter("agree");
        if (agreeParam == null || !agreeParam.equals("true")) {
            return "register/step1";
        }
        return "register/step2";
    }
}
```

요청 파라미터에 접근하는 또 다른 방법은 @RequestParam 애노테이션을 사용하는 것이다. 요청 파라미터 개수가 몇 개 안 되면 이 애노테이션을 사용해서 간단하게 요청 파라미터의 값을 구할 수 있다. 다음은 위 코드를 @RequestParam 애노테이션을 사용해서 구현한 코드이다.

```
import org.springframework.web.bind.annotation.RequestParam;

@Controller
public class RegisterController {
    ...
    @PostMapping("/register/step2")
    public String handleStep2(
            @RequestParam(value="agree", defaultValue="false") Boolean agree) {
        if (!agree) {
            return "register/step1";
        }
        return "register/step2";
    }
}
```

@RequestParam 애노테이션은 [표 11.1]의 속성을 제공한다. 이 표에 따르면 위 코드는 agree 요청 파라미터의 값을 읽어와 agreeVal 파라미터에 할당한다. 요청 파라미터의 값이 없으면 "false" 문자열을 값으로 사용한다.

[표 11.1] @RequestParam 애노테이션의 속성

속성	타입	설명
value	String	HTTP 요청 파라미터의 이름을 지정한다.
required	boolean	필수 여부를 지정한다. 이 값이 true이면서 해당 요청 파라미터에 값이 없으면 익셉션이 발생한다. 기본값은 true이다.
defaultValue	String	요청 파라미터가 값이 없을 때 사용할 문자열 값을 지정한다. 기본값은 없다.

@RequestParam 애노테이션을 사용한 코드를 보면 다음과 같이 agreeVal 파라미터의 타입이 Boolean이다.

```
@RequestParam(value="agree", defaultValue="false") Boolean agreeVal
```

스프링 MVC는 파라미터 타입에 맞게 String 값을 변환해준다. 위 코드는 agree 요청 파라미터의 값을 읽어와 Boolean 타입으로 변환해서 agreeVal 파라미터에 전달한다. Boolean 타입 외에 int, long, Integer, Long 등 기본 데이터 타입과 래퍼 타입에 대한 변환을 지원한다.

약관 동의 여부를 확인하기 위해 HTTP 요청 파라미터의 값을 사용할 수 있게 되었으니 약관 동의 화면의 다음 요청을 처리하는 코드를 RegisterController 클래스에 추가하자. 추가한 코드는 [리스트 11.8]의 굵게 표시한 import 코드와 handleStep2() 메서드이다.

[리스트 11.8] sp5-chap11/src/main/java/controller/RegisterController.java (/register/step2 경로를 처리하기 위한 코드 추가)

```
01  package controller;
02
03  import org.springframework.stereotype.Controller;
04  import org.springframework.web.bind.annotation.PostMapping;
05  import org.springframework.web.bind.annotation.RequestMapping;
06  import org.springframework.web.bind.annotation.RequestParam;
07
08  @Controller
09  public class RegisterController {
10
11      … handleStep1() 메서드 생략
12
13      @PostMapping("/register/step2")
14      public String handleStep2(
15      @RequestParam(value = "agree", defaultValue = "false") Boolean agree) {
16          if (!agree) {
17              return "register/step1";
18          }
```

```
19            return "register/step2";
20        }
21
22    }
```

handleStep2() 메서드는 agree 요청 파라미터의 값이 true가 아니면 다시 약관 동의 폼을 보여주기 위해 "register/step1" 뷰 이름을 리턴한다. 약관에 동의했다면 입력 폼을 보여주기 위해 "register/step2"를 뷰 이름으로 리턴한다. [리스트 11.9]는 "register/step2" 뷰에 해당하는 JSP 코드이다.

[리스트 11.9] sp5-chap11/src/main/webapp/WEB-INF/view/register/step2.jsp

```
01    <%@ page contentType="text/html; charset=utf-8" %>
02    <!DOCTYPE html>
03    <html>
04    <head>
05        <title>회원가입</title>
06    </head>
07    <body>
08        <h2>회원 정보 입력</h2>
09        <form action="step3" method="post">
10        <p>
11            <label>이메일:<br>
12            <input type="text" name="email" id="email">
13            </label>
14        </p>
15        <p>
16            <label>이름:<br>
17            <input type="text" name="name" id="name">
18            </label>
19        </p>
20        <p>
21            <label>비밀번호:<br>
22            <input type="password" name="password" id="password">
23            </label>
24        </p>
25        <p>
26            <label>비밀번호 확인:<br>
27            <input type="password" name="confirmPassword" id="confirmPassword">
28            </label>
29        </p>
30        <input type="submit" value="가입 완료">
31        </form>
32    </body>
33    </html>
```

새로 추가한 코드가 올바르게 동작하는지 확인해보자. 약관 동의 화면([그림11.1])에서 약관 동의를 하거나 동의를 하지 않은 상태에서 [다음 단계] 버튼을 클릭해보자. 그러면 동의 여부를 선택했는지에 따라 [그림 11.2]처럼 다시 약관 동의 화면이 나오거나 회원 정보 입력 폼 화면이 출력된다.

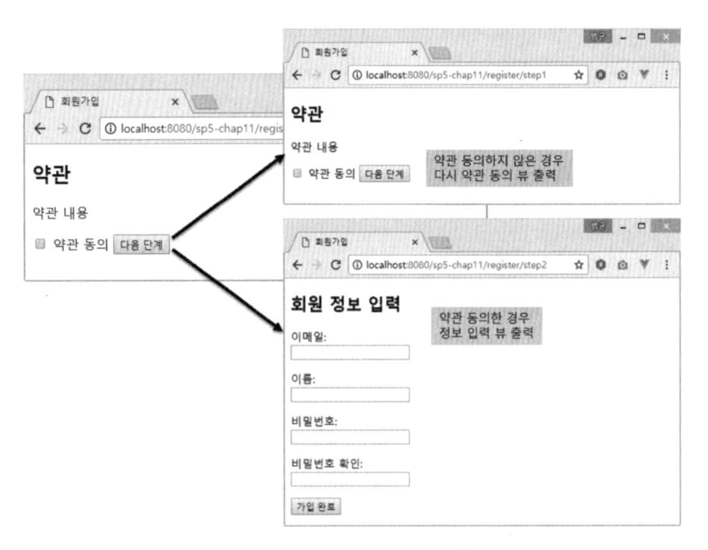

[그림 11.2] 입력 파라미터의 값에 따라 다른 뷰 결과를 보여줌

서버 재시작

자바 코드를 수정한 뒤에는 서버를 재시작해야 변경 내용이 반영된다. 이클립스와 톰캣을 연동하면 자바 코드를 수정할 때 톰캣이 자동으로 재시작되어 변경 내용을 확인할 수 있다. Console 뷰를 보면 다음과 같이 서버 재시작 로그를 볼 수 있다.

```
2월 21, 2018 9:53:46 오후 org.apache.catalina.core.StandardContext reload
정보: Reloading Context with name [/sp5-chap11] is completed
```

그런데 웹 어플리케이션 규모가 커지면 자동 재시작이 오래 걸리거나 메모리 부족 현상이 발생해서 서버 프로세스 자체를 재시작해야 할 때가 있다. 서버를 재시작하는 방법은 [Console] 뷰의 빨간색 중지 버튼을 눌러서 서버를 중지시킨 다음에 서버를 다시 시작하는 것이다.

또 다른 방법은 Servers 뷰를 사용하는 것이다. [Window]→[Show View]→[Other] 메뉴를 실행한 뒤 Server/Servers를 선택하고 [Open] 버튼을 누르면 [Servers] 뷰가 화면에 표시된다.

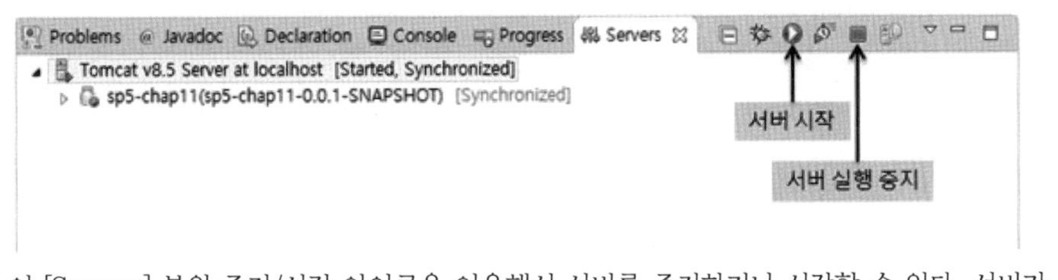

이 [Servers] 뷰의 중지/시작 아이콘을 이용해서 서버를 중지하거나 시작할 수 있다. 서버가 시작된 상태에서 [시작] 버튼을 누르면 서버를 중지했다가 다시 시작한다.

5. 리다이렉트 처리

웹 브라우저에서 http://localhost:8080/sp5-chap11/register/step2 주소를 직접 입력하면 [그림 11.3]과 같은 에러 화면이 출력된다.

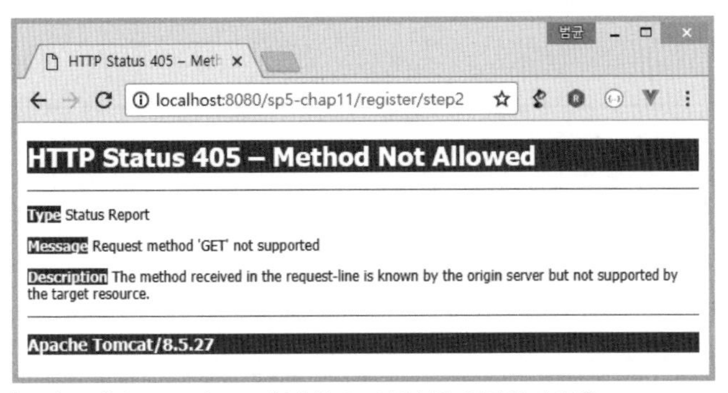

[그림 11.3] /register/step2에 대한 GET 방식을 처리하지 않음

RegisterController 클래스의 handleStep2() 메서드는 POST 방식만을 처리하기 때문에 웹 브라우저에 직접 주소를 입력할 때 사용되는 GET 방식 요청은 처리하지 않는다. 스프링 MVC는 handleStep2() 메서드가 GET 요청의 처리를 지원하지 않으므로 [그림 11.3]과 같이 405 상태 코드를 응답한다.

잘못된 전송 방식으로 요청이 왔을 때 에러 화면보다 알맞은 경로로 리다이렉트하는 것이 더 좋을 때가 있다. 예를 들어 [그림 11.3]과 같은 에러 화면 대신 약관 동의 화면으로 이동하도록 구현하면 좋을 것 같다.

컨트롤러에서 특정 페이지로 리다이렉트시키는 방법은 간단하다. "redirect:경로"를 뷰 이름으로 리턴하면 된다. /register/step2 경로를 GET 방식으로 접근할 때 약관 동의 화면인 /register/step1 경로로 리다이렉트시키고 싶다면 [리스트 11.10]의 handleStep2Get() 메서드를 추가하면 된다.

[리스트 11.10] sp5-chap11/src/main/java/controller/RegisterController.java (handleStep2Get() 메서드 추가)

```
01  package controller;
02  
03  import org.springframework.stereotype.Controller;
04  import org.springframework.web.bind.annotation.GetMapping;
05  import org.springframework.web.bind.annotation.PostMapping;
06  import org.springframework.web.bind.annotation.RequestMapping;
07  import org.springframework.web.bind.annotation.RequestParam;
08  
09  @Controller
10  public class RegisterController {
11      … // handleStep1() 메서드와 handleStep2() 메서드 생략
12  
13      @GetMapping("/register/step2")
14      public String handleStep2Get() {
15          return "redirect:/register/step1";
16      }
17  }
```

RegisterController 클래스에 코드를 추가했다면 서버 재시작 후에 웹 브라우저에 http://localhost:8080/sp5-chap11/register/step2 주소를 직접 입력해보자. [그림 11.4]처럼 지정한 경로로 리다이렉트되는 것을 확인할 수 있다.

[그림 11.4] 리다이렉트 처리

@RequestMapping, @GetMapping 등 요청 매핑 관련 애노테이션을 적용한 메서드가 "redirect:"로 시작하는 경로를 리턴하면 나머지 경로를 이용해서 리다이렉트할 경로를 구한다. "redirect:" 뒤의 문자열이 "/"로 시작하면 웹 어플리케이션을 기준으로 이동 경로를 생성한다. 예를 들어 [리스트 11.10]에서 뷰 값으로 "redirect:/register/step1"을

사용했는데 이 경우 이동 경로가 "/"로 시작하므로 실제 리다이렉트할 경로는 웹 어플리케이션 경로인 "/sp5-chap11"과 "/register/step1"을 연결한 "/sp5-chap11/register/step1"이 된다.

"/"로 시작하지 않으면 현재 경로를 기준으로 상대 경로를 사용한다. 예를 들어 "redirect:step1"을 리턴했으면 현재 요청 경로인 "http://localhost:8080/sp5-chap11/register/step2"를 기준으로 상대 경로인 "http://localhost:8080/sp5-chap11/register/step1"을 리다이렉트 경로로 사용한다.

"redirect:http://localhost:8080/sp5-chap11/register/step1"과 같이 완전한 URL을 사용하면 해당 경로로 리다이렉트한다.

6. 커맨드 객체를 이용해서 요청 파라미터 사용하기

step2.jsp([리스트 11.9])가 생성하는 폼은 다음 파라미터를 이용해서 정보를 서버에 전송한다.

- email
- name
- password
- confirmPassword

폼 전송 요청을 처리하는 컨트롤러 코드는 각 파라미터의 값을 구하기 위해 다음과 같은 코드를 사용할 수 있다.

```
@PostMapping("/register/step3")
public String handleStep3(HttpServletRequest request) {
    String email = request.getParameter("email");
    String name = request.getParameter("name");
    String password = request.getParameter("password");
    String confirmPassword = request.getParameter("confirmPassword");

    RegisterRequest regReq = new RegisterRequest();
    regReq.setEmail(email);
    regReq.setName(name);
    ...

}
```

위 코드가 올바르게는 동작하지만, 요청 파라미터 개수가 증가할 때마다 handleStep3() 메서드의 코드 길이도 함께 길어지는 단점이 있다. 파라미터 개수가 20개가 넘는 복잡한 폼은 파라미터의 값을 읽어와 설정하는 코드만 40줄 이상 작성해야 한다.

스프링은 이런 불편함을 줄이기 위해 요청 파라미터의 값을 커맨드(command) 객체에 담아주는 기능을 제공한다. 예를 들어 이름이 name인 요청 파라미터의 값을 커맨드 객체의 setName() 메서드를 사용해서 커맨드 객체에 전달하는 기능을 제공한다. 커맨드 객체라고 해서 특별한 코드를 작성해야 하는 것은 아니다. 요청 파라미터의 값을 전달받을 수 있는 세터 메서드를 포함하는 객체를 커맨드 객체로 사용하면 된다.

커맨드 객체는 다음과 같이 요청 매핑 애노테이션이 적용된 메서드의 파라미터에 위치한다.

```
@PostMapping("/register/step3")
public String handleStep3(RegisterRequest regReq) {
    ...
}
```

RegisterRequest 클래스에는 setEmail(), setName(), setPassword(), setConfirmPassword() 메서드가 있다. 스프링은 이들 메서드를 사용해서 email, name, password, confirmPassword 요청 파라미터의 값을 커맨드 객체에 복사한 뒤 regReq 파라미터로 전달한다. 즉 스프링 MVC가 handleStep3() 메서드에 전달할 RegisterRequest 객체를 생성하고 그 객체의 세터 메서드를 이용해서 일치하는 요청 파라미터의 값을 전달한다.

폼에 입력한 값을 커맨드 객체로 전달받아 회원가입을 처리하는 코드를 RegisterController 클래스에 추가해보자. [리스트 11.11]에 추가할 코드를 굵은 글씨로 표시했다.

[리스트 11.11] sp5-chap11/src/main/java/controller/RegisterController.java (handleStep3() 메서드와 관련된 코드 추가)

```
01  package controller;
02
03  … 생략
04
05  import spring.DuplicateMemberException;
06  import spring.MemberRegisterService;
07  import spring.RegisterRequest;
08
09  @Controller
10  public class RegisterController {
11
12      private MemberRegisterService memberRegisterService;
13
14      public void setMemberRegisterService(
15              MemberRegisterService memberRegisterService) {
```

```
16          this.memberRegisterService = memberRegisterService;
17       }
18
19       ... // handleStep1(), handleStep2() 생략
20
21       @PostMapping("/register/step3")
22       public String handleStep3(RegisterRequest regReq) {
23          try {
24             memberRegisterService.regist(regReq);
25             return "register/step3";
26          } catch (DuplicateMemberException ex) {
27             return "register/step2";
28          }
29       }
30
31    }
```

handleStep3() 메서드는 MemberRegisterService를 이용해서 회원 가입을 처리한다. 회원 가입에 성공하면 뷰 이름으로 "register/step3"을 리턴하고, 이미 동일한 이메일 주소를 가진 회원 데이터가 존재하면 뷰 이름으로 "register/step2"를 리턴해서 다시 폼을 보여준다.

RegisterController 클래스는 MemberRegisterService 타입의 빈을 의존하므로 ControllerConfig.java 파일에 [리스트 11.12]와 같이 의존 주입을 설정한다. 14행에 memberRegSvc 필드에 주입받는 MemberRegisterService 타입 빈은 MemberConfig 설정 클래스([리스트 11.2])에 정의되어 있다.

[리스트 11.12] sp5-chap11/src/main/java/config/ControllerConfig.java

```
01    package config;
02
03    import org.springframework.beans.factory.annotation.Autowired;
04    import org.springframework.context.annotation.Bean;
05    import org.springframework.context.annotation.Configuration;
06
07    import controller.RegisterController;
08    import spring.MemberRegisterService;
09
10    @Configuration
11    public class ControllerConfig {
12
13       @Autowired
14       private MemberRegisterService memberRegSvc;
15
16       @Bean
17       public RegisterController registerController() {
```

```
18          RegisterController controller = new RegisterController();
19          controller.setMemberRegisterService(memberRegSvc);
20          return controller;
21      }
22  }
```

회원 가입에 성공했을 때 결과를 보여줄 step3.jsp는 [리스트 11.13]과 같이 작성한다.

[리스트 11.13] sp5-chap11/src/main/webapp/WEB-INF/view/register/step3.jsp

```
01  <%@ page contentType="text/html; charset=utf-8" %>
02  <%@ taglib prefix="c" uri="http://java.sun.com/jsp/jstl/core" %>
03  <!DOCTYPE html>
04  <html>
05  <head>
06      <title>회원가입</title>
07  </head>
08  <body>
09      <p>회원 가입을 완료했습니다.</p>
10      <p><a href="<c:url value='/main'/>">[첫 화면 이동]</a></p>
11  </body>
12  </html>
```

컨트롤러 클래스를 수정하고 설정 파일을 수정했으니 서버를 재시작한다. 회원 정보 입력 화면에 정보를 입력한 뒤에 [가입 완료] 버튼을 눌러보자. 같은 이메일이 존재하지 않으면 [그림 11.5]와 같이 회원 가입 완료 화면을 볼 수 있다.

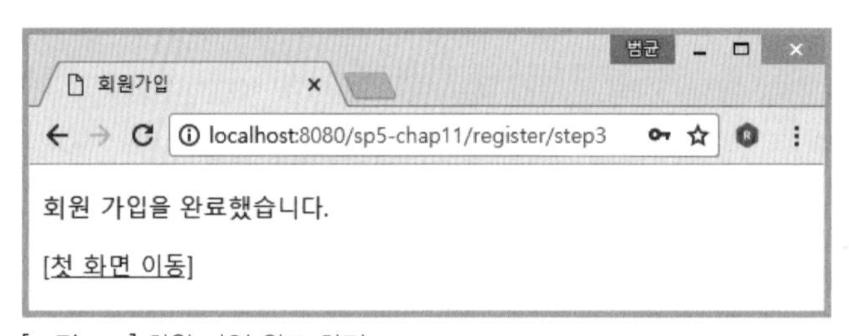

[그림 11.5] 회원 가입 완료 화면

7. 뷰 JSP 코드에서 커맨드 객체 사용하기

가입할 때 사용한 이메일 주소와 이름을 회원 가입 완료 화면에서 보여주면 사용자에게 조금 더 친절하게 보일 것이다. HTTP 요청 파라미터를 이용해서 회원 정보를 전달했으므로 JSP의 표현식 등을 이용해서 정보를 표시해도 되지만, 커맨드 객체를 사용해서 정보를 표시할 수도 있다. 앞서 작성했던 step3.jsp 코드를 [리스트 11.14]와 같이 수정해보자.

[리스트 11.14] sp5-chap11/src/main/webapp/WEB-INF/view/register/step3.jsp

```
01 <%@ page contentType="text/html; charset=utf-8" %>
02 <%@ taglib prefix="c" uri="http://java.sun.com/jsp/jstl/core" %>
03 <!DOCTYPE html>
04 <html>
05 <head>
06     <title>회원가입</title>
07 </head>
08 <body>
09     <p><strong>${registerRequest.name}님</strong>
10         회원 가입을 완료했습니다.</p>
11     <p><a href="<c:url value='/main'/>">[첫 화면 이동]</a></p>
12 </body>
13 </html>
```

09행을 보면 ${registerRequest.name} 코드가 있다. 여기서 registerRequest가 커맨드 객체에 접근할 때 사용한 속성 이름이다. 스프링 MVC는 커맨드 객체의 (첫 글자를 소문자로 바꾼) 클래스 이름과 동일한 속성 이름을 사용해서 커맨드 객체를 뷰에 전달한다. 커맨드 객체의 클래스 이름이 RegisterRequest인 경우 JSP 코드는 [그림 11.6]처럼 registerRequest라는 이름을 사용해서 커맨드 객체에 접근할 수 있다.

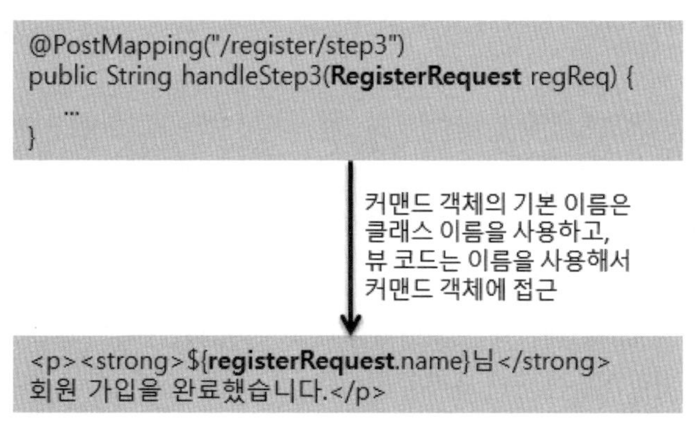

[그림 11.6] 커맨드 객체와 뷰 모델 속성의 관계

step3.jsp를 [리스트 11.14]와 같이 수정한 뒤에 다시 회원 가입을 해보자. 회원 가입 성공 후에 [그림 11.7]과 같이 커맨드 객체의 값을 사용한 결과 화면을 볼 수 있다.

[그림 11.7] 커맨드 객체의 값을 사용한 결과 화면

8. @ModelAttribute 애노테이션으로 커맨드 객체 속성 이름 변경

커맨드 객체에 접근할 때 사용할 속성 이름을 변경하고 싶다면 커맨느 색체로 사용할 파라미터에 @ModelAttribute 애노테이션을 적용하면 된다. 다음은 적용 예이다.

```
import org.springframework.web.bind.annotation.ModelAttribute;

@PostMapping("/register/step3")
public String handleStep3(@ModelAttribute("formData") RegisterRequest regReq) {
    ...
}
```

@ModelAttribute 애노테이션은 모델에서 사용할 속성 이름을 값으로 설정한다. 위 설정을 사용하면 뷰 코드에서 "formData"라는 이름으로 커맨드 객체에 접근할 수 있다.

9. 커맨드 객체와 스프링 폼 연동

회원 정보 입력 폼에서 중복된 이메일 주소를 입력하면 텅 빈 폼을 보여준다. 폼이 비어 있으므로 입력한 값을 다시 입력해야 하는 불편함이 따른다. 다시 폼을 보여줄 때 커맨드 객체의 값을 폼에 채워주면 이런 불편함을 해소할 수 있다.

```
<input type="text" name="email" id="email" value="${registerRequest.email}">
...
<input type="text" name="name" id="name" value="${registerRequest.name}">
```

실제로 step2.jsp의 두 입력 요소에 굵게 표시한 코드를 추가하고 회원 가입 과정을 진행해보자. 이미 존재하는 이메일 주소를 입력한 뒤에 [가입 완료] 버튼을 클릭하면 [그림 11.8]처럼 기존에 입력한 값이 폼에 표시될 것이다.

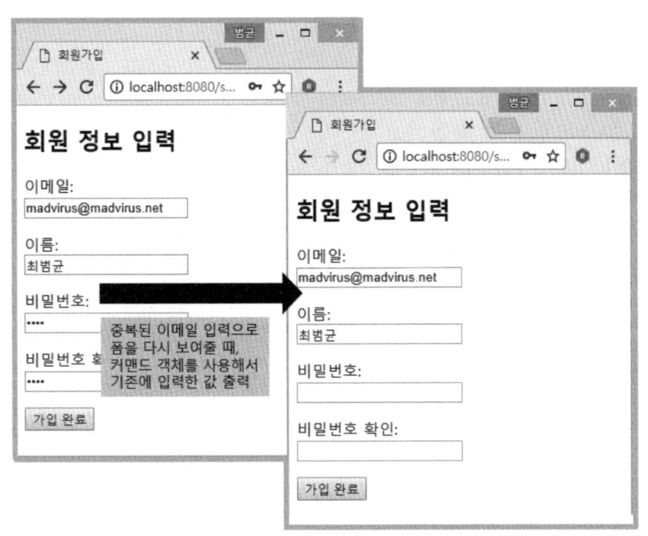

[그림 11.8] 커맨드 객체를 사용해서 기존에 입력한 값을 폼에 다시 보여준 결과

스프링 MVC가 제공하는 커스텀 태그를 사용하면 좀 더 간단하게 커맨드 객체의 값을 출력할 수 있다. 스프링은 <form:form> 태그와 <form:input> 태그를 제공하고 있다. 이 두 태그를 사용하면 [리스트 11.15]와 같이 커맨드 객체의 값을 폼에 출력할 수 있다.

[리스트 11.15] sp5-chap11/src/main/webapp/WEB-INF/view/register/step2.jsp (스프링이 제공하는 폼 태그를 사용하도록 수정)

```
01  <%@ page contentType="text/html; charset=utf-8" %>
02  <%@ taglib prefix="form" uri="http://www.springframework.org/tags/form" %>
03  <!DOCTYPE html>
04  <html>
05  <head>
06      <title>회원가입</title>
07  </head>
08  <body>
09      <h2>회원 정보 입력</h2>
10      <form:form action="step3" modelAttribute="registerRequest">
11      <p>
12          <label>이메일:<br>
13          <form:input path="email" />
14          </label>
15      </p>
16      <p>
17          <label>이름:<br>
18          <form:input path="name" />
19          </label>
20      </p>
21      <p>
22          <label>비밀번호:<br>
23          <form:password path="password" />
```

```
24          </label>
25      </p>
26      <p>
27          <label>비밀번호 확인:<br>
28          <form:password path="confirmPassword" />
29          </label>
30      </p>
31      <input type="submit" value="가입 완료">
32      </form:form>
33
34  </body>
35  </html>
```

10행을 보면 modelAttribute 속성을 사용한다. 스프링 4.3 버전까지는 commandName 속성을 사용했는데 스프링 5 버전부터 속성 이름이 modelAttribute로 바뀌었다. 스프링 4 버전을 사용하는 환경이라면 modelAttribute 속성 대신 commandName 속성을 사용하면 된다.

02행에서는 스프링이 제공하는 폼 태그를 사용하기 위해 taglib 디렉티브를 설정했다. 10행의 〈form:form〉 태그는 HTML의 〈form〉 태그를 생성한다. 〈form:form〉 태그의 속성은 다음과 같다.

- action : 〈form〉 태그의 action 속성과 동일한 값을 사용한다.
- modelAttribute : 커맨드 객체의 속성 이름을 지정한다. 설정하지 않는 경우 "command"를 기본값으로 사용한다. 예제에서 커맨드 객체의 속성 이름은 "registerRequest"이므로 이 이름을 modelAttribute 속성값으로 설정했다.

〈form:input〉 태그는 〈input〉 태그를 생성한다. path로 지정한 커맨드 객체의 프로퍼티를 〈input〉 태그의 value 속성값으로 사용한다. 예를 들어 〈form:input path="name" /〉는 커맨드 객체의 name 프로퍼티 값을 value 속성으로 사용한다. 만약 커맨드 객체의 name 프로퍼티 값이 "스프링"이었다면 18행의 코드는 다음과 같은 〈input〉 태그를 생성한다.

```
<input id="name" name="name" type="text" value="스프링"/>
```

〈form:password〉 태그도 〈form:input〉 태그와 유사하다. password 타입의 〈input〉 태그를 생성하므로 value 속성의 값을 빈 문자열로 설정한다.

〈form:form〉 태그를 사용하려면 커맨드 객체가 존재해야 한다. step2.jsp에서 〈form:form〉 태그를 사용하기 때문에 step1에서 step2로 넘어오는 단계에서 이름이

"registerRequest"인 객체를 모델에 넣어야 <form:form> 태그가 정상 동작한다. 이를 위해 RegisterController 클래스의 handleStep2() 메서드에 [리스트 11.16]에 굵게 표시한 코드를 추가했다.

[리스트 11.16] sp5-chap11/src/main/java/controller/RegisterController.java

```
01  package controller;
02
03  import org.springframework.ui.Model;
04  ...
05
06  @Controller
07  public class RegisterController {
08      ...
09
10      @PostMapping("/register/step2")
11      public String handleStep2(
12              @RequestParam(value = "agree", defaultValue = "false") Boolean agree,
13              Model model) {
14          if (!agree) {
15              return "register/step1";
16          }
17          model.addAttribute("registerRequest", new RegisterRequest());
18          return "register/step2";
19      }
20
21      ...
22  }
```

이제 <form:form> 태그를 사용할 때 입력한 내용이 올바르게 출력되는지 확인해보자. 회원 입력 폼에서 이미 존재하는 이메일 아이디를 입력한 다음에 [가입 완료] 버튼을 클릭하면, 다시 폼을 보여줄 때 기존에 입력한 이메일과 이름이 폼에 채워질 것이다.

<form:input> 태그와 <form:password> 태그에 대해서만 설명했는데 이 두 가지 폼 태그를 포함한 주요 폼 태그에 대한 내용은 뒤에서 설명한다.

10. 컨트롤러 구현 없는 경로 매핑

step3.jsp 코드를 보면 다음 코드를 볼 수 있다.

```
<p><a href="<c:url value='/main'/>">[첫 화면 이동]</a></p>
```

step3.jsp는 회원 가입 완료 후 첫 화면으로 이동할 수 있는 링크를 보여준다. 이 첫 화면은 단순히 환영 문구와 회원 가입으로 이동할 수 있는 링크만 제공한다고 하자. 이를 위한 컨트롤러 클래스는 특별히 처리할 것이 없기 때문에 다음처럼 단순히 뷰 이름만 리턴하도록 구현할 것이다.

```
@Controller
public class MainController {
    @RequestMapping("/main")
    public String main() {
        return "main";
    }
}
```

이 컨트롤러 코드는 요청 경로와 뷰 이름을 연결해주는 것에 불과하다. 단순 연결을 위해 특별한 로직이 없는 컨트롤러 클래스를 만드는 것은 성가신 일이다. WebMvcConfigurer 인터페이스의 addViewControllers() 메서드를 사용하면 이런 성가심을 없앨 수 있다. 이 메서드를 재정의하면 컨트롤러 구현없이 다음의 간단한 코드로 요청 경로와 뷰 이름을 연결할 수 있다.

```
@Override
public void addViewControllers(ViewControllerRegistry registry) {
    registry.addViewController("/main").setViewName("main");
}
```

이 태그는 /main 요청 경로에 대해 뷰 이름으로 main을 사용한다고 설정한다. 실제 MvcConfig 파일에 [리스트 11.17]과 같이 위 설정을 추가해보자.

[리스트 11.17] sp5-chap11/src/main/resources/spring-controller.xml

```
01  package config;
02
03  import org.springframework.context.annotation.Configuration;
04  import org.springframework.web.servlet.config.annotation.DefaultServletHandlerConfigurer;
05  import org.springframework.web.servlet.config.annotation.EnableWebMvc;
06  import org.springframework.web.servlet.config.annotation.ViewControllerRegistry;
07  import org.springframework.web.servlet.config.annotation.ViewResolverRegistry;
08  import org.springframework.web.servlet.config.annotation.WebMvcConfigurer;
09
10  @Configuration
11  @EnableWebMvc
12  public class MvcConfig implements WebMvcConfigurer {
13
14      @Override
15      public void configureDefaultServletHandling(
```

```
16                DefaultServletHandlerConfigurer configurer) {
17            configurer.enable();
18        }
19
20        @Override
21        public void configureViewResolvers(ViewResolverRegistry registry) {
22            registry.jsp("/WEB-INF/view/", ".jsp");
23        }
24
25        @Override
26        public void addViewControllers(ViewControllerRegistry registry) {
27            registry.addViewController("/main").setViewName("main");
28        }
29
30    }
```

뷰 이름으로 main을 사용하므로 이에 해당하는 main.jsp 파일을 [리스트 11.18]과 같이 작성해보자.

[리스트 11.18] sp5-chap11/src/main/webapp/WEB-INF/view/main.jsp

```
01    <%@ page contentType="text/html; charset=utf-8" %>
02    <%@ taglib prefix="c" uri="http://java.sun.com/jsp/jstl/core" %>
03    <!DOCTYPE html>
04    <html>
05    <head>
06        <title>메인</title>
07    </head>
08    <body>
09        <p>환영합니다.</p>
10        <p><a href="<c:url value="/register/step1" />">[회원 가입하기]</a>
11    </body>
12    </html>
```

/main을 위한 경로 매핑과 뷰 코드를 작성했으니 http://localhost:8080/sp5-chap11/main 경로를 웹 브라우저에 입력하자. [그림 11.9]와 같이 "main" 뷰에 해당하는 JSP를 실행한 결과를 보게 된다.

[그림 11.9] 컨트롤러 구현 없이 /main 경로를 뷰에 매핑

11. 주요 에러 발생 상황

처음 스프링 MVC를 이용해서 웹 개발을 하다보면 사소한 설정 오류나 오타로 고생한다. 이 절에서는 입문 과정에서 겪게 되는 에러 사례를 정리해 보았다.

11.1 요청 매핑 애노테이션과 관련된 주요 익셉션

흔한 에러는 404 에러이다. 요청 경로를 처리할 컨트롤러가 존재하지 않거나 WebMvcConfigurer를 이용한 설정이 없다면 [그림 11.10]과 같이 404 에러가 발생한다.

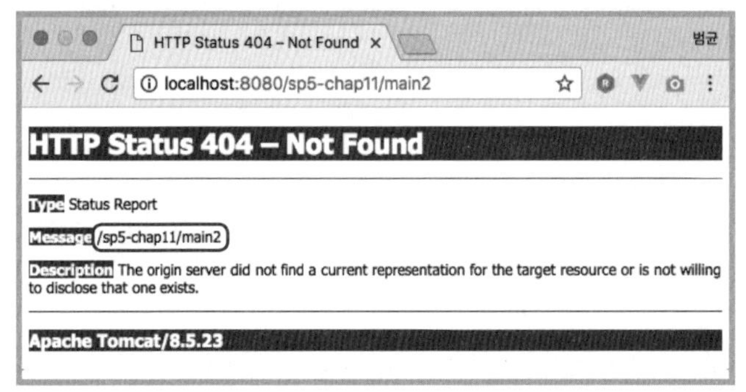

[그림 11.10] 요청 경로를 처리할 컨트롤러나 설정이 누락되어 발생하는 에러

404 에러가 발생하면 다음 사항을 확인해야 한다.

- 요청 경로가 올바른지
- 컨트롤러에 설정한 경로가 올바른지
- 컨트롤러 클래스를 빈으로 등록했는지
- 컨트롤러 클래스에 @Controller 애노테이션을 적용했는지

뷰 이름에 해당하는 JSP 파일이 존재하지 않아도 404 에러가 발생한다. 차이점이 있다면 [그림 11.11]처럼 존재하지 않는 JSP 파일의 경로가 출력된다는 점이다.

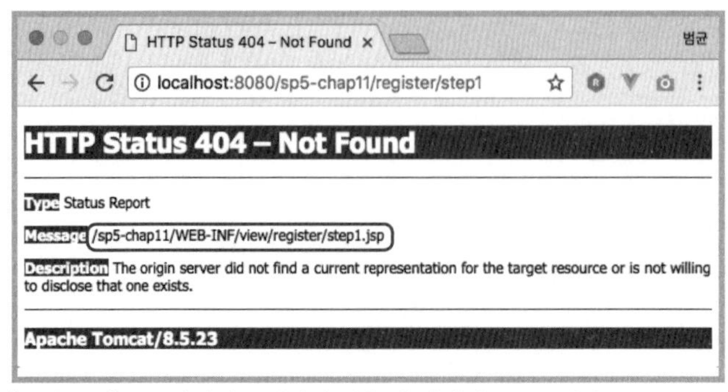

[그림 11.11] JSP 파일이 존재하지 않을 때 발생하는 404 에러

[그림 11.11]과 같은 에러가 발생한다면 컨트롤러에서 리턴하는 뷰 이름에 해당하는 JSP 파일이 존재하는지 확인해야 한다.

지원하지 않는 전송 방식(method)을 사용한 경우 405 에러가 발생한다. 예를 들어 POST 방식만 처리하는 요청 경로를 GET 방식으로 연결하면 [그림 11.12]와 같이 405 에러가 발생한다.

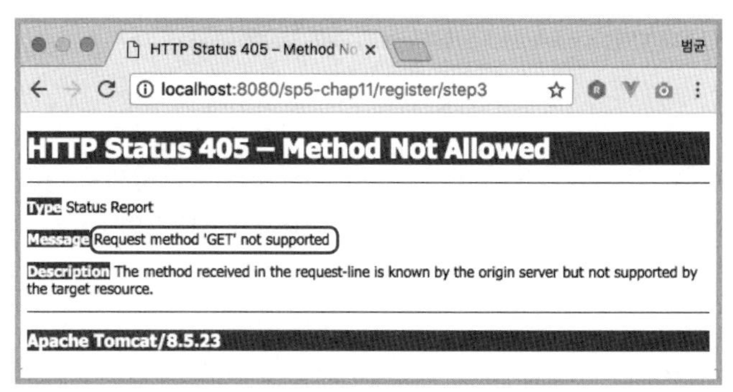

[그림 11.12] 지원하지 않는 방식으로 연결하면 405 에러 발생

11.2 @RequestParam이나 커맨드 객체와 관련된 주요 익셉션

RegisterController 클래스의 handleStep2() 메서드에서 다음과 같이 @RequestParam 애노테이션을 필수로 설정하고 기본값을 지정하지 않았다고 하자.

```
@PostMapping("/register/step2")
public String handleStep2(
        // 필수로 존재해야 하고 기본값 없음
        @RequestParam("agree") Boolean agree,
        Model model) {
    ...
}
```

이렇게 수정한 뒤 약관 동의 화면에서 '약관 동의'를 선택하지 않고 [다음 단계] 버튼을 클릭해보자. checkbox 타입의 〈input〉 요소는 선택되지 않으면 파라미터로 아무 값도 전송하지 않는다. 즉 agree 파라미터를 전송하지 않기 때문에 @RequestParam 애노테이션을 처리하는 과정에서 필수인 "agree" 파라미터가 존재하지 않는다는 익셉션이 발생하게 된다. 스프링 MVC는 이 익셉션이 발생하면 [그림 11.13]과 같이 400 에러를 응답으로 전송한다. 에러 메시지는 필수인 'agree' 파라미터가 없다는 내용이다.

[그림 11.13] 필수 파라미터가 존재하지 않을 때 에러 화면

요청 파라미터의 값을 @RequestParam이 적용된 파라미터의 타입으로 변환할 수 없는 경우에도 에러가 발생한다. 예를 들어 step1.jsp에서 〈input〉 태그의 value 속성을 다음과 같이 "true"에서 "true1"로 변경해보자.

```
<input type="checkbox" name="agree" value="true1"> 약관 동의
```

이렇게 변경한 뒤에 약관 동의 과정을 진행하면 [그림 11.14]와 같이 400 에러가 발생한다. 400 에러가 발생하는 이유는 "true1" 값을 Boolean 타입으로 변환할 수 없기 때문이다.

[그림 11.14] 요청 파라미터의 값을 다른 타입으로 변환하는 과정에서 실패한 경우

400 에러는 요청 파라미터의 값을 커맨드 객체에 복사하는 과정에서도 동일하게 발생한다. 커맨드 객체의 프로퍼티가 int 타입인데 요청 파라미터의 값이 "abc"라면, "abc"를 int 타입으로 변환할 수 없기 때문에 400 에러가 발생한다.

브라우저에 표시된 400 에러만 보면 어떤 문제로 이 에러가 발생했는지 찾기가 쉽지 않다. 이때는 콘솔에 출력된 로그 메시지를 참고하면 도움이 된다. 400 에러가 발생할 때 콘솔에 출력되는 로그를 보면 다음 메시지를 확인할 수 있다(Logback 등의 로깅 프레임워크를 설정했다면 다른 형식으로 메시지가 나올 수 있지만 기본 내용은 동일하다).

```
경고: Failed to bind request element: org.springframework.web.method.annotation.MethodArgumentTypeMismatchException: Failed to convert value of type 'java.lang.String' to required type 'java.lang.Boolean'; nested exception is java.lang.IllegalArgumentException: Invalid boolean value [true1]
```

밑줄 그은 부분을 보면 String 타입 값 "true1"을 Boolean 타입으로 변환하는데 실패했음을 알 수 있다. 이 메시지를 보면 문제를 일으킨 파라미터를 찾는데 도움이 된다.

Logback으로 자세한 에러 로그 출력하기

로그 레벨을 낮추면 더 자세한 로그를 얻을 수 있다. Logback을 예로 들어보자. 먼저 pom.xml에 다음의 Logback 관련 의존을 추가한다.

```
<dependency>
    <groupId>org.slf4j</groupId>
    <artifactId>slf4j-api</artifactId>
    <version>1.7.25</version>
</dependency>

<dependency>
    <groupId>ch.qos.logback</groupId>
    <artifactId>logback-classic</artifactId>
    <version>1.2.3</version>
</dependency>
```

src/main/resources 폴더를 생성하고 그 폴더에 다음 logback.xml 파일을 생성한다. src/main/resources 폴더를 새로 생성했다면 메이븐 프로젝트를 업데이트해야(프로젝트에서 우클릭 -> Maven -> Update Project 메뉴) src/main/resources 폴더가 소스 폴더로 잡힌다.

```
<?xml version="1.0" encoding="UTF-8"?>
<configuration>
    <appender name="stdout" class="ch.qos.logback.core.ConsoleAppender">
        <encoder>
            <pattern>%d %5p %c{2} - %m%n</pattern>
        </encoder>
    </appender>
    <root level="INFO">
        <appender-ref ref="stdout" />
    </root>

    <logger name="org.springframework.web.servlet" level="DEBUG" />
</configuration>
```

위 설정은 org.springframework.web.servlet과 그 하위 패키지의 클래스에서 출력한 로그를 상세한 수준('DEBUG' 레벨)으로 남긴다. 이렇게 로그 설정을 한 뒤에 서버를 재구동하고 400 에러가 발생하는 상황이 되면 콘솔에서 보다 상세한 로그를 볼 수 있다. 상세한 로그를 보면 문제 원인을 찾는데 도움이 된다.

12. 커맨드 객체 : 중첩 · 콜렉션 프로퍼티

세 개의 설문 항목과 응답자의 지역과 나이를 입력받는 설문 조사 정보를 담기 위해 [리스트 11.19]와 [리스트 11.20]의 클래스를 작성해보자.

[리스트 11.19] sp5-chap11/src/main/java/survey/Respondent.java

```
01  package survey;
02  
03  public class Respondent {
04  
05      private int age;
06      private String location;
07  
08      public int getAge() {
09          return age;
10      }
11  
12      public void setAge(int age) {
13          this.age = age;
14      }
15  
16      public String getLocation() {
17          return location;
18      }
19  
20      public void setLocation(String location) {
21          this.location = location;
22      }
23  
24  }
```

[리스트 11.20] sp5-chap11/src/main/java/survey/AnsweredData.java

```
01  package survey;
02  
03  import java.util.List;
04  
05  public class AnsweredData {
06  
07      private List<String> responses;
08      private Respondent res;
09  
10      public List<String> getResponses() {
11          return responses;
12      }
13  
14      public void setResponses(List<String> responses) {
```

```
15          this.responses = responses;
16      }
17
18      public Respondent getRes() {
19          return res;
20      }
21
22      public void setRes(Respondent res) {
23          this.res = res;
24      }
25
26  }
```

Respondent 클래스는 응답자 정보를 담는다. AnsweredData 클래스는 설문 항목에 대한 답변과 응답자 정보를 함께 담는다. AnsweredData 클래스는 답변 목록을 저장하기 위해 List 타입의 responses 프로퍼티를 사용했고, 응답자 정보를 담기 위해 Respondent 타입의 res 프로퍼티를 사용했다.

AnsweredData 클래스는 앞서 커맨드 객체로 사용한 클래스와 비교하면 다음 차이가 있다.

- 리스트 타입의 프로퍼티가 존재한다. responses 프로퍼티는 String 타입의 값을 갖는 List 콜렉션이다.
- 중첩 프로퍼티를 갖는다. res 프로퍼티는 Respondent 타입이며 res 프로퍼티는 다시 age와 location 프로퍼티를 갖는다. 이를 중첩된 형식으로 표시하면 res.age 프로퍼티나 res.location 프로퍼티로 표현할 수 있다.

스프링 MVC는 커맨드 객체가 리스트 타입의 프로퍼티를 가졌거나 중첩 프로퍼티를 가진 경우에도 요청 파라미터의 값을 알맞게 커맨드 객체에 설정해주는 기능을 제공하고 있다. 규칙은 다음과 같다.

- HTTP 요청 파라미터 이름이 "프로퍼티이름[인덱스]" 형식이면 List 타입 프로퍼티의 값 목록으로 처리한다.
- HTTP 요청 파라미터 이름이 "프로퍼티이름.프로퍼티이름"과 같은 형식이면 중첩 프로퍼티 값을 처리한다.

예를 들어 이름이 responses이고 List 타입인 프로퍼티를 위한 요청 파라미터의 이름으로 "responses[0]", "responses[1]"을 사용하면 각각 0번 인덱스와 1번 인덱스의 값으로 사용된다. 중첩 프로퍼티의 경우 파라미터 이름을 "res.name"로 지정하면 다음과 유사한 방식으로 커맨드 객체에 파라미터의 값을 설정한다.

```
commandObj.getRes().setName(request.getParameter("res.name"));
```

[리스트11.20]에서 작성한 AnsweredData 클래스를 커맨드 객체로 사용하는 예제를 작성해보자. 먼저 간단한 컨트롤러 클래스를 [리스트 11.21]과 같이 작성한다.

[리스트 11.21] sp5-chap11/src/main/java/survey/SurveyController.java

```
01  package survey;
02  
03  import org.springframework.stereotype.Controller;
04  import org.springframework.web.bind.annotation.GetMapping;
05  import org.springframework.web.bind.annotation.ModelAttribute;
06  import org.springframework.web.bind.annotation.PostMapping;
07  import org.springframework.web.bind.annotation.RequestMapping;
08  
09  @Controller
10  @RequestMapping("/survey")
11  public class SurveyController {
12  
13      @GetMapping
14      public String form() {
15          return "survey/surveyForm";
16      }
17  
18      @PostMapping
19      public String submit(@ModelAttribute("ansData") AnsweredData data) {
20          return "survey/submitted";
21      }
22  
23  }
```

form() 메서드와 submit() 메서드의 요청 매핑 애노테이션은 전송 방식만을 설정하고 클래스의 @RequestMapping에만 경로를 지정했다. 이 경우 form() 메서드와 submit() 메서드가 처리하는 경로는 "/survey"가 된다. 즉 form() 메서드는 GET 방식의 "/survey" 요청을 처리하고 submit() 메서드는 POST 방식의 "/survey" 요청을 처리한다. submit() 메서드는 커맨드 객체로 AnsweredData 객체를 사용한다.

컨트롤러 클래스를 새로 작성했으니 [리스트 11.22]와 같이 ControllerConfig 파일에 컨트롤러 클래스를 빈으로 추가하자.

[리스트 11.22] sp5-chap11/src/main/java/config/ControllerConfig.java

```
01  package config;
02  
03  import org.springframework.beans.factory.annotation.Autowired;
04  import org.springframework.context.annotation.Bean;
05  import org.springframework.context.annotation.Configuration;
06  
07  import controller.RegisterController;
08  import spring.MemberRegisterService;
09  import survey.SurveyController;
10  
11  @Configuration
12  public class ControllerConfig {
13  
14      @Autowired
15      private MemberRegisterService memberRegSvc;
16  
17      @Bean
18      public RegisterController registerController() {
19          RegisterController controller = new RegisterController();
20          controller.setMemberRegisterService(memberRegSvc);
21          return controller;
22      }
23  
24      @Bean
25      public SurveyController surveyController() {
26          return new SurveyController();
27      }
28  }
```

SurveyController 클래스의 form() 메서드와 submit() 메서드는 각각 뷰 이름으로 “survey/surveyForm”과 “survey/submitted”를 사용한다. 두 뷰를 위한 JSP 파일을 만들자. 먼저 surveyForm.jsp 파일을 [리스트 11.23]과 같이 작성한다.

[리스트 11.23] sp5-chap11/src/main/webapp/WEB-INF/view/survey/surveyForm.jsp

```
01  <%@ page contentType="text/html; charset=utf-8" %>
02  <!DOCTYPE html>
03  <html>
04  <head>
05      <title>설문조사</title>
06  </head>
07  <body>
08      <h2>설문조사</h2>
09      <form method="post">
10      <p>
```

```
11          1. 당신의 역할은?<br/>
12          <label><input type="radio" name="responses[0]" value="서버">
13             서버개발자</label>
14          <label><input type="radio" name="responses[0]" value="프론트">
15             프론트개발자</label>
16          <label><input type="radio" name="responses[0]" value="풀스택">
17             풀스택개발자</label>
18       </p>
19       <p>
20          2. 가장 많이 사용하는 개발도구는?<br/>
21          <label><input type="radio" name="responses[1]" value="Eclipse">
22             Eclipse</label>
23          <label><input type="radio" name="responses[1]" value="Intellij">
24             Intellij</label>
25          <label><input type="radio" name="responses[1]" value="Sublime">
26             Sublime</label>
27       </p>
28       <p>
29          3. 하고싶은 말<br/>
30          <input type="text" name="responses[2]">
31       </p>
32       <p>
33          <label>응답자 위치:<br>
34          <input type="text" name="res.location">
35          </label>
36       </p>
37       <p>
38          <label>응답자 나이:<br>
39          <input type="text" name="res.age">
40          </label>
41       </p>
42       <input type="submit" value="전송">
43       </form>
44    </body>
45    </html>
```

[리스트 11.23]에서 각 〈input〉 태그의 name 속성은 다음과 같이 커맨드 객체의 프로퍼티에 매핑된다.

- responses[0] → responses 프로퍼티(List 타입)의 첫 번째 값
- responses[1] → responses 프로퍼티(List 타입)의 두 번째 값
- responses[2] → responses 프로퍼티(List 타입)의 세 번째 값
- res.location → res 프로퍼티(Respondent 타입)의 location 프로퍼티
- res.age → res 프로퍼티(Respondent 타입)의 age 프로퍼티

폼 전송 후 결과를 보여주기 위한 submitted.jsp는 [리스트 11.24]와 같이 작성한다.

11~14행은 커맨드 객체(ansData)의 List 타입 프로퍼티인 responses에 담겨 있는 각 값을 출력한다. 16~17행은 중첩 프로퍼티인 res.location과 res.age의 값을 출력한다.

[리스트 11.24] sp5-chap11/src/main/webapp/WEB-INF/view/survey/submitted.jsp

```
01    <%@ page contentType="text/html; charset=utf-8" %>
02    <%@ taglib prefix="c" uri="http://java.sun.com/jsp/jstl/core" %>
03    <!DOCTYPE html>
04    <html>
05    <head>
06        <title>응답 내용</title>
07    </head>
08    <body>
09        <p>응답 내용:</p>
10        <ul>
11            <c:forEach var="response"
12                    items="${ansData.responses}" varStatus="status">
13            <li>${status.index + 1}번 문항: ${response}</li>
14            </c:forEach>
15        </ul>
16        <p>응답자 위치: ${ansData.res.location}</p>
17        <p>응답자 나이: ${ansData.res.age}</p>
18    </body>
19    </html>
```

필요한 코드를 모두 작성했으니 서버를 재시작하고 웹 브라우저에 http://localhost:8080/sp5-chap11/survey 주소를 입력해보자. [그림 11.15]와 같이 설문 조사 폼이 출력된다.

[그림 11.15] 설문조사 폼 출력 결과

폼에 알맞게 값을 입력한 다음 [전송] 버튼을 누르자. 응답자 나이에 해당하는 "res.age" 프로퍼티의 타입은 int 타입이기 때문에 나이에는 정수를 입력해야 한다는 점에 주의하자. [전송] 버튼을 누르면 [그림 11.16]과 같이 커맨드 객체의 값이 출력된다. 결과를 보면 폼에서 전송한 데이터가 커맨드 객체에 알맞게 저장된 것을 확인할 수 있다.

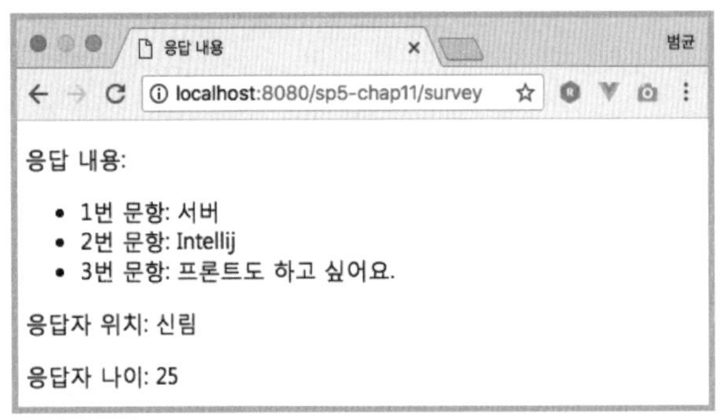

[그림 11.16] List 타입과 중첩 프로퍼티를 갖는 커맨드 객체의 값을 출력한 결과

13. Model을 통해 컨트롤러에서 뷰에 데이터 전달하기

컨트롤러는 뷰가 응답 화면을 구성하는데 필요한 데이터를 생성해서 전달해야 한다. 이때 사용하는 것이 Model이다. 9장에서 HelloController 클래스를 작성할 때 다음과 같이 Model을 사용했다.

```
import org.springframework.ui.Model;

@Controller
public class HelloController {

    @RequestMapping("/hello")
    public String hello(Model model,
            @RequestParam(value = "name", required = false) String name) {
        model.addAttribute("greeting", "안녕하세요, " + name);
        return "hello";
    }
}
```

뷰에 데이터를 전달하는 컨트롤러는 hello() 메서드처럼 다음 두 가지를 하면 된다.

- 요청 매핑 애노테이션이 적용된 메서드의 파라미터로 Model을 추가
- Model 파라미터의 addAttribute() 메서드로 뷰에서 사용할 데이터 전달

addAttribute() 메서드의 첫 번째 파라미터는 속성 이름이다. 뷰 코드는 이 이름을 사용해서 데이터에 접근한다. JSP는 다음과 같이 표현식을 사용해서 속성값에 접근한다.

```
${greeting}
```

앞서 작성한 SurveyController 예제는 surveyForm.jsp에 설문 항목을 하드 코딩했다. 설문 항목을 컨트롤러에서 생성해서 뷰에 전달하는 방식으로 변경해보자. 먼저 개별 설문 항목 데이터를 담기 위한 클래스를 [리스트 11.25]와 같이 작성한다. Question 클래스의 title과 options는 각각 질문 제목과 답변 옵션을 보관한다. 주관식이면 16행의 생성자를 사용해서 답변 옵션이 없는 Question 객체를 생성한다.

[리스트 11.25] sp5-chap11/src/main/java/survey/Question.java

```
01  package survey;
02
03  import java.util.Collections;
04  import java.util.List;
05
06  public class Question {
07
08      private String title;
09      private List<String> options;
10
11      public Question(String title, List<String> options) {
12          this.title = title;
13          this.options = options;
14      }
15
16      public Question(String title) {
17          this(title, Collections.<String>emptyList());
18      }
19
20      public String getTitle() {
21          return title;
22      }
23
24      public List<String> getOptions() {
25          return options;
26      }
27
28      public boolean isChoice() {
29          return options != null && !options.isEmpty();
30      }
31  }
```

다음 작업은 SurveyController가 Question 객체 목록을 생성해서 뷰에 전달하도록 구현하는 것이다. 실제로는 DB와 같은 곳에서 정보를 읽어와 Question 목록을 생성하겠지만 이 예제는 컨트롤러에서 직접 생성하도록 구현했다. 앞서 작성한 SurveyController 클래스의 코드를 [리스트 11.26]과 같이 변경하자.

[리스트 11.26] sp5-chap11/src/main/java/survey/SurveyController.java (설문 항목을 뷰에 전달하도록 수정)

```
01  package survey;
02
03  import java.util.Arrays;
04  import java.util.List;
05
06  import org.springframework.stereotype.Controller;
07  import org.springframework.ui.Model;
08  import org.springframework.web.bind.annotation.GetMapping;
09  import org.springframework.web.bind.annotation.ModelAttribute;
10  import org.springframework.web.bind.annotation.PostMapping;
11  import org.springframework.web.bind.annotation.RequestMapping;
12
13  @Controller
14  @RequestMapping("/survey")
15  public class SurveyController {
16
17      @GetMapping
18      public String form(Model model) {
19          List<Question> questions = createQuestions();
20          model.addAttribute("questions", questions);
21          return "survey/surveyForm";
22      }
23
24      private List<Question> createQuestions() {
25          Question q1 = new Question("당신의 역할은 무엇입니까?",
26                  Arrays.asList("서버", "프론트", "풀스택"));
27          Question q2 = new Question("많이 사용하는 개발도구는 무엇입니까?",
28                  Arrays.asList("이클립스", "인텔리J", "서브라임"));
29          Question q3 = new Question("하고 싶은 말을 적어주세요.");
30          return Arrays.asList(q1, q2, q3);
31      }
32
33      @PostMapping
34      public String submit(@ModelAttribute("ansData") AnsweredData data) {
35          return "survey/submitted";
36      }
37
38  }
```

18행의 form() 메서드에 Model 타입의 파라미터를 추가했고 19행에서 생성한 Question 리스트를 20행에서 "questions"라는 이름으로 모델에 추가했다. 앞서 JSP에 설문 항목을 하드 코딩한 것과 차이를 두기 위해 26행과 같이 답변 항목에서 '개발자'를 뺐다.

컨트롤러에서 전달한 Question 리스트를 사용해서 폼 화면을 생성하도록 JSP 코드를 [리스트 11.27]과 같이 수정하자.

[리스트 11.27] sp5-chap11/src/main/webapp/WEB-INF/view/survey/surveyForm.jsp (모델을 통해 전달받은 Question 리스트를 이용해서 폼 생성)

```
01  <%@ page contentType="text/html; charset=utf-8" %>
02  <%@ taglib prefix="c" uri="http://java.sun.com/jsp/jstl/core" %>
03  <!DOCTYPE html>
04  <html>
05  <head>
06      <title>설문조사</title>
07  </head>
08  <body>
09      <h2>설문조사</h2>
10      <form method="post">
11      <c:forEach var="q" items="${questions}" varStatus="status">
12      <p>
13          ${status.index + 1}. ${q.title}<br/>
14          <c:if test="${q.choice}">
15              <c:forEach var="option" items="${q.options}">
16              <label><input type="radio"
17                      name="responses[${status.index}]" value="${option}">
18                  ${option}</label>
19              </c:forEach>
20          </c:if>
21          <c:if test="${! q.choice }">
22          <input type="text" name="responses[${status.index}]">
23          </c:if>
24      </p>
25      </c:forEach>
26  
27      <p>
28          <label>응답자 위치:<br>
29          <input type="text" name="res.location">
30          </label>
31      </p>
32      <p>
33          <label>응답자 나이:<br>
34          <input type="text" name="res.age">
35          </label>
36      </p>
37      <input type="submit" value="전송">
38      </form>
39  </body>
40  </html>
```

코드를 수정했으니 다시 실행해보자. [그림 11.17]처럼 SurveyController에서 Model을 통해 전달한 Question 리스트를 이용해서 설문 폼이 생성된 것을 확인할 수 있다.

[그림 11.17] SurveyController가 전달한 Question 리스트를 이용해서 생성한 폼 화면

13.1 ModelAndView를 통한 뷰 선택과 모델 전달

지금까지 구현한 컨트롤러는 두 가지 특징이 있다.

- Model을 이용해서 뷰에 전달할 데이터 설정
- 결과를 보여줄 뷰 이름을 리턴

ModelAndView를 사용하면 이 두 가지를 한 번에 처리할 수 있다. 요청 매핑 애노테이션을 적용한 메서드는 String 타입 대신 ModelAndView를 리턴할 수 있다. ModelAndView는 모델과 뷰 이름을 함께 제공한다. 다음과 같이 ModelAndView 클래스를 이용해서 SurveyController 클래스의 form() 메서드를 구현할 수 있다.

```
import org.springframework.web.servlet.ModelAndView;

@Controller
@RequestMapping("/survey")
public class SurveyController {

    @GetMapping
    public ModelAndView form() {
        List<Question> questions = createQuestions();
```

```
        ModelAndView mav = new ModelAndView();
        mav.addObject("questions", questions);
        mav.setViewName("survey/surveyForm");
        return mav;
    }
```

뷰에 전달할 모델 데이터는 addObject() 메서드로 추가한다. 뷰 이름은 setViewName() 메서드를 이용해서 지정한다.

13.2 GET 방식과 POST 방식에 동일 이름 커맨드 객체 사용하기

〈form:form〉 태그를 사용하려면 커맨드 객체가 반드시 존재해야 한다. 최초에 폼을 보여주는 요청에 대해 〈form:form〉 태그를 사용하려면 폼 표시 요청이 왔을 때에도 커맨드 객체를 생성해서 모델에 저장해야 한다. 이를 위해 [리스트 11.16]에서 RegisterController 클래스의 handleStep2() 메서드는 다음과 같이 Model에 직접 객체를 추가했다.

```
@PostMapping("/register/step2")
public String handleStep2(
        @RequestParam(value = "agree", defaultValue = "false") Boolean agree,
        Model model) {
    if (!agree) {
        return "register/step1";
    }
    model.addAttribute("registerRequest", new RegisterRequest());
    return "register/step2";
}
```

커맨드 객체를 파라미터로 추가하면 좀 더 간단해진다.

```
@PostMapping("/register/step2")
public String handleStep2(
        @RequestParam(value = "agree", defaultValue = "false") Boolean agree,
        RegisterRequest registerRequest) {
    if (!agree) {
        return "register/step1";
    }
    return "register/step2";
}
```

이름을 명시적으로 지정하려면 @ModelAttribute 애노테이션을 사용한다. 예를 들어 "/login" 요청 경로일 때 GET 방식이면 로그인 폼을 보여주고 POST 방식이면 로그인을 처리하도록 구현한 컨트롤러를 만들어야 한다고 하자. 입력 폼과 폼 전송 처리에서 사용할 커맨드 객체의 속성 이름이 클래스 이름과 다르다면 다음과 같이 GET 요청과 POST 요청을 처리하는 메서드에 @ModelAttribute 애노테이션을 붙인 커맨드 객체를 파라미터로 추가하면 된다.

```
@Controller
@RequestMapping("/login")
public class LoginController {

    @GetMapping
    public String form(@ModelAttribute("login") LoginCommand loginCommand) {
        return "login/loginForm";
    }

    @PostMapping
    public String form(@ModelAttribute("login") LoginCommand loginCommand) {
        ...
    }
}
```

14. 주요 폼 태그 설명

스프링 MVC는 〈form:form〉, 〈form:input〉 등 HTML 폼과 커맨드 객체를 연동하기 위한 JSP 태그 라이브러리를 제공한다. 이 두 태그 외에도 〈select〉를 위한 태그와 체크박스나 라디오 버튼을 위한 커스텀 태그도 제공한다. 이 절에서는 이들 태그에 대한 내용을 추가로 설명하겠다. 이 절의 내용을 다 이해할 필요는 없고 필요할 때 찾아보면 된다.

14.1 〈form〉 태그를 위한 커스텀 태그 : 〈form:form〉

〈form:form〉 커스텀 태그는 〈form〉 태그를 생성할 때 사용된다. 〈form:form〉 커스텀 태그를 사용하는 가장 간단한 방법은 다음과 같다.

```
<%@ taglib prefix="form" uri="http://www.springframework.org/tags/form" %>
...
<form:form>
...
<input type="submit" value="가입 완료">
</form:form>
```

〈form:form〉 태그의 method 속성과 action 속성을 지정하지 않으면 method 속성값은 "post"로 설정되고 action 속성값은 현재 요청 URL로 설정된다. 예를 들어 요청 URI가

"/sp5-chap11/register/step2"라면 위 〈form:form〉 태그는 다음의 〈form〉 태그를 생성한다.

```
<form id="command" action="/sp5-chap11/register/step2" method="post">...
</form>
```

생성된 〈form〉 태그의 id 속성값으로 입력 폼의 값을 저장하는 커맨드 객체의 이름을 사용한다. 커맨드 객체 이름이 기본값인 "command"가 아니면 다음과 같이 modelAttribute 속성값으로 커맨드 객체의 이름을 설정해야 한다.

```
<form:form modelAttribute="loginCommand">
   ...
</form:form>
```

〈form:form〉 커스텀 태그는 〈form〉 태그와 관련하여 다음 속성을 추가로 제공한다.

- action – 폼 데이터를 전송할 URL을 입력 (HTML 〈form〉 태그 속성)
- enctype – 전송될 데이터의 인코딩 타입. HTML 〈form〉 태그 속성과 동일
- method – 전송 방식. HTML 〈form〉 태그 속성과 동일

〈form:form〉 태그의 몸체에는 〈input〉 태그나 〈select〉 태그와 같이 입력 폼을 출력하는 데 필요한 HTML 태그를 입력할 수 있다. 이때 입력한 값이 잘못되어 다시 값을 입력해야 하는 경우 다음과 같이 커맨드 객체의 값을 사용해서 이전에 입력한 값을 출력할 수 있을 것이다.

```
<form:form modelAttribute="loginCommand">
   ...
   <input type="text" name="id" value="${loginCommand.id}" />
   ...
</form:form>
```

〈input〉 태그를 직접 사용하기보다는 뒤에서 설명할 〈form:input〉 등의 태그를 사용해서 폼에 커맨드 객체의 값을 표시하면 편리하다.

14.2 〈input〉 관련 커스텀 태그 : 〈form:input〉, 〈form: password〉, 〈form:hidden〉

스프링은 〈input〉 태그를 위해 [표 11.2]와 같은 커스텀 태그를 제공한다.

[표 11.2] <input> 태그와 관련된 기본 커스텀 태그

커스텀 태그	설명
<form:input>	text 타입의 <input> 태그
<form:password>	password 타입의 <input> 태그
<form:hidden>	hidden 타입의 <input> 태그

<form:input> 커스텀 태그는 다음과 같이 path 속성을 사용해서 연결할 커맨드 객체의 프로퍼티를 지정한다.

```
<form:form modelAttribute="registerRequest" action="step3">
<p>
    <label>이메일:<br/>
    <form:input path="email" />
    </label>
</p>
```

코드가 생성하는 HTML <input> 태그는 아래와 같다.

```
<form id="registerRequest" action="step3" method="post">
<p>
    <label>이메일:<br/>
    <input id="email" name="email" type="text" value="" />
    </label>
</p>
```

id 속성과 name 속성값은 프로퍼티의 이름으로 설정하고, value 속성에는 <form:input> 커스텀 태그의 path 속성으로 지정한 커맨드 객체의 프로퍼티 값이 출력된다.

<form:password> 커스텀 태그는 password 타입의 <input> 태그를 생성하고, <form:hidden> 커스텀 태그는 hidden 타입의 <input> 태그를 생성한다. 두 태그 모두 path 속성을 사용하여 연결할 커맨드 객체의 프로퍼티를 지정한다.

```
<form:form modelAttribute="loginCommand">
    <form:hidden path="defaultSecurityLevel" />
    ...
    <form:password path="password" />
</form:form>
```

14.3 〈select〉 관련 커스텀 태그 : 〈form:select〉, 〈form:options〉, 〈form:option〉

〈select〉 태그와 관련된 커스텀 태그는 [표 11.3]과 같이 세 가지가 존재한다.

[표 11.3] 〈select〉 태그와 관련된 커스텀 태그

커스텀 태그	설명
〈form:select〉	〈select〉 태그를 생성한다. 〈option〉 태그를 생성할 때 필요한 콜렉션을 전달받을 수도 있다.
〈form:options〉	지정한 콜렉션 객체를 이용하여 〈option〉 태그를 생성한다.
〈form:option〉	〈option〉 태그 한 개를 생성한다.

〈select〉 태그는 선택 옵션을 제공할 때 주로 사용한다. 예를 들어 〈select〉 태그를 이용해서 직업 선택을 위한 옵션을 제공한다고 하자. 이런 옵션 정보는 컨트롤러에서 생성해서 뷰에 전달하는 경우가 많다. 〈select〉 태그에서 사용할 옵션 목록을 Model을 통해 전달한다.

```
@GetMapping("/login")
public String form(Model model) {
    List<String> loginTypes = new ArrayList<>();
    loginTypes.add("일반회원");
    loginTypes.add("기업회원");
    loginTypes.add("헤드헌터회원");
    model.addAttribute("loginTypes", loginTypes);
    return "login/form";
}
```

〈form:select〉 커스텀 태그를 사용하면 뷰에 전달한 모델 객체를 갖고 간단하게 〈select〉와 〈option〉 태그를 생성할 수 있다. 다음은 〈form:select〉 커스텀 태그를 이용해서 〈select〉 태그를 생성하는 코드 예이다.

```
<form:form modelAttribute="login">
<p>
    <label for="loginType">로그인 타입</label>
    <form:select path="loginType" items="${loginTypes}" />
</p>
...
</form:form>
```

path 속성은 커맨드 객체의 프로퍼티 이름을 입력하며, items 속성에는 〈option〉 태그를 생성할 때 사용할 콜렉션 객체를 지정한다. 이 코드의 〈form:select〉 커스텀 태그는

다음 HTML 태그를 생성한다(실제로는 한 줄로 생성되는데 가독성을 위해 형식을 일부 변경했다).

```
<select id="loginType" name="loginType">
    <option value="일반회원">일반회원</option>
    <option value="기업회원">기업회원</option>
    <option value="헤드헌터회원">헤드헌터회원</option>
</select>
```

생성한 코드를 보면 콜렉션 객체의 값을 이용해서 〈option〉 태그의 value 속성과 텍스트를 설정한 것을 알 수 있다.

〈form:options〉 태그를 사용해도 된다. 〈form:select〉 커스텀 태그에 〈form:options〉 커스텀 태그를 중첩해서 사용한다. 〈form:options〉 커스텀 태그의 items 속성에 값 목록으로 사용할 모델 이름을 설정한다.

```
<form:select path="loginType">
    <option value="">--- 선택하세요 ---</option>
    <form:options items="${loginTypes}"/>
</form:select>
```

〈form:options〉 커스텀 태그는 주로 콜렉션에 없는 값을 〈option〉 태그로 추가할 때 사용한다.

〈form:option〉 커스텀 태그는 〈option〉 태그를 직접 지정할 때 사용된다. 다음 코드는 〈form:option〉 커스텀 태그의 사용 예이다.

```
<form:select path="loginType">
    <form:option value="일반회원" />
    <form:option value="기업회원">기업</form:option>
    <form:option value="헤드헌터회원" label="헤드헌터" />
</form:select>
```

〈form:option〉 커스텀 태그의 value 속성은 〈option〉 태그의 value 속성값을 지정한다. 〈form:option〉 커스텀 태그의 몸체 내용을 입력하지 않으면 value 속성에 지정한 값을 텍스트로 사용한다. 몸체 내용을 입력하면 몸체 내용을 텍스트로 사용한다. label 속성을 사용하면 그 값을 텍스트로 사용한다. 다음은 위 코드가 생성한 HTML 결과이다.

```
<select id="loginType" name="loginType">
    <option value="일반회원">일반회원</option>
    <option value="기업회원">기업</option>
    <option value="헤드헌터회원">헤드헌터</option>
</select>
```

〈option〉 태그를 생성하는데 사용할 콜렉션 객체가 String이 아닐 수도 있다. 예를 들어 다음 Code 클래스를 보자.

```
public class Code {
    private String code;
    private String label;

    public Code(String code, String label) {
        this.code = code;
        this.label = label;
    }

    public String getCode() {
        return code;
    }
    public String getLabel() {
        return label;
    }
}
```

컨트롤러는 코드 목록 표시를 위해 Code 객체 목록을 생성해서 뷰에 전달할 수 있다. 뷰는 Code 객체의 code 프로퍼티와 label 프로퍼티를 각각 〈option〉 태그의 value 속성과 텍스트로 사용해야 한다. 이렇게 콜렉션에 저장된 객체의 특정 프로퍼티를 사용해야 하는 경우 itemValue 속성과 itemLabel 속성을 사용한다. 이 두 속성은 〈option〉 태그를 생성하는 데 사용할 객체의 프로퍼티를 지정한다.

```
<form:select path="jobCode" >
    <option value="">--- 선택하세요 ---</option>
    <form:options items="${jobCodes}" itemLabel="label" itemValue="code" />
</form:select>
```

위 코드는 jobCodes 콜렉션에 저장된 객체를 이용해서 〈option〉 태그를 생성한다. 이때 객체의 code 프로퍼티 값을 〈option〉 태그의 value 속성값으로 사용하고, 객체의 label 프로퍼티 값을 〈option〉 태그의 텍스트로 사용한다. 〈form:select〉 커스텀 태그도 〈form:options〉 커스텀 태그와 마찬가지로 itemLabel 속성과 itemValue 속성을 사용할 수 있다.

스프링이 제공하는 <form:select>, <form:options>, <form:option> 커스텀 태그의 장점은 커맨드 객체의 프로퍼티 값과 일치하는 값을 갖는 <option>을 자동으로 선택해 준다는 점이다. 예를 들어 커맨드 객체의 loginType 프로퍼티 값이 "기업회원"이면 다음과 같이 일치하는 <option> 태그에 selected 속성이 추가된다.

```
<select id="loginType" name="loginType">
   <option value="일반회원">일반회원</option>
   <option value="기업회원" selected="selected">기업회원</option>
   <option value="헤드헌터회원">헤드헌터회원</option>
</select>
```

14.4 체크박스 관련 커스텀 태그 : <form:checkboxes>, <form:checkbox>

한 개 이상의 값을 커맨드 객체의 특정 프로퍼티에 저장하고 싶다면 배열이나 List와 같은 타입을 사용해서 값을 저장한다.

```
public class MemberRegistRequest {

   private String[] favoriteOs;

   public String[] getFavoriteOs() {
      return favoriteOs;
   }
   public void setFavoriteOs(String[] favoriteOs) {
      this.favoriteOs = favoriteOs;
   }
   ...
```

HTML 입력 폼에서는 checkbox 타입의 <input> 태그를 이용해서 한 개 이상의 값을 선택할 수 있도록 한다.

```
<input type="checkbox" name="favoriteOs" value="윈도우8">윈도우8</input>
<input type="checkbox" name="favoriteOs" value="윈도우10">윈도우10</input>
```

스프링은 checkbox 타입의 <input> 태그와 관련하여 [표 11.4]와 같은 커스텀 태그를 제공한다.

[표 11.4] checkbox 타입의 <input> 태그와 관련된 커스텀 태그

커스텀 태그	설명
<form:checkboxes>	커맨드 객체의 특정 프로퍼티와 관련된 checkbox 타입의 <input> 태그 목록을 생성한다.
<form:checkbox>	커맨드 객체의 특정 프로퍼티와 관련된 한 개의 checkbox 타입 <input> 태그를 생성한다.

<form:checkboxes> 커스텀 태그는 items 속성을 이용하여 값으로 사용할 콜렉션을 지정한다. path 속성으로 커맨드 객체의 프로퍼티를 지정한다. 아래 코드는 <form:checkboxes> 커스텀 태그의 사용 예이다.

```
<p>
  <label>선호 OS</label>
  <form:checkboxes items="${favoriteOsNames}" path="favoriteOs" />
</p>
```

favoriteOsNames 모델의 값이 {"윈도우8", "윈도우10"}일 경우 위 코드의 <form:checkboxes> 커스텀 태그는 다음과 같은 HTML 코드를 생성한다. 아래 코드는 실제로 공백 없이 모두 한 줄로 생성된다. 이후 보여주는 결과 HTML 코드 역시 동일하게 가독성을 위해 여러 줄로 표시했다.

```
<span>
  <input id="favoriteOs1" name="favoriteOs" type="checkbox" value="윈도우8"/>
  <label for="favoriteOs1">윈도우8</label>
</span>
<span>
  <input id="favoriteOs2" name="favoriteOs" type="checkbox" value="윈도우10"/>
  <label for="favoriteOs2">윈도우10</label>
</span>
<input type="hidden" name="_favoriteOs" value="on"/>
```

<input> 태그의 value 속성에 사용한 값이 체크박스를 위한 텍스트로 사용되고 있다. <option> 태그와 마찬가지로 콜렉션에 저장된 객체가 String이 아니면 itemValue 속성과 itemLabel 속성을 이용해서 값과 텍스트로 사용할 객체의 프로퍼티를 지정한다.

```
<p>
  <label>선호 OS</label>
  <form:checkboxes items="${favoriteOsCodes}" path="favoriteOs"
                   itemValue="code" itemLabel="label" />
</p>
```

〈form:checkbox〉 커스텀 태그는 한 개의 checkbox 타입의 〈input〉 태그를 한 개 생성할 때 사용된다. 〈form:checkbox〉 커스텀 태그는 value 속성과 label 속성을 사용해서 값과 텍스트를 설정한다.

```
<form:checkbox path="favoriteOs" value="WIN8" label="윈도우8" />
<form:checkbox path="favoriteOs" value="WIN10" label="윈도우10" />
```

〈form:checkbox〉 커스텀 태그는 연결되는 값 타입에 따라 처리 방식이 달라진다. 다음 코드를 보자. 이 코드는 boolean 타입의 프로퍼티를 포함한다.

```
public class MemberRegistRequest {

    private boolean allowNoti;

    public boolean isAllowNoti() {
        return allowNoti;
    }
    public void setAllowNoti(boolean allowNoti) {
        this.allowNoti = allowNoti;
    }
    ...
```

〈form:checkbox〉는 연결되는 프로퍼티 값이 true이면 "checked" 속성을 설정한다. false이면 "checked" 속성을 설정하지 않는다. 또한 생성되는 〈input〉 태그의 value 속성값은 "true가 된다. 아래 코드는 사용 예다.

```
<form:checkbox path="allowNoti" label="이메일을 수신합니다."/>
```

allowNoti의 값이 false와 true인 경우 각각 생성되는 HTML 코드는 다음과 같다. (실제로는 두 경우 모두 한 줄로 생성된다.)

```
<!-- allowNoti가 false인 경우 -->
<input id="allowNoti1" name="allowNoti" type="checkbox" value="true"/>
<label for="allowNoti1">이메일을 수신합니다.</label>
<input type="hidden" name="_allowNoti" value="on"/>

<!-- allowNoti가 true인 경우 -->
<input id="allowNoti1" name="allowNoti" type="checkbox"
      value="true" checked="checked" />
<label for="allowNoti1">이메일을 수신합니다.</label>
<input type="hidden" name="_allowNoti" value="on"/>
```

〈form:checkbox〉 태그는 프로퍼티가 배열이나 Collection일 경우 해당 콜렉션에 값이 포함되어 있다면 "checked" 속성을 설정한다. 예를 들어 아래와 같은 배열 타입의 프로퍼티가 있다고 해보자.

```
public class MemberRegistRequest {

    private String[] favoriteOs;

    public String[] getFavoriteOs() {
        return favoriteOs;
    }
    public void setFavoriteOs(String[] favoriteOs) {
        this.favoriteOs = favoriteOs;
    }
    ...
```

〈form:checkbox〉 커스텀 태그를 사용하면 다음과 같이 favoriteOs 프로퍼티에 대한 폼을 처리할 수 있다.

```
<form:checkbox path="favoriteOs" value="윈도우8" label="윈도우8" />
<form:checkbox path="favoriteOs" value="윈도우10" label="윈도우10" />
```

14.5 라디오버튼 관련 커스텀 태그 : 〈form:radiobuttons〉, 〈form:radiobutton〉

여러 가지 옵션 중에서 한 가지를 선택해야 하는 경우 radio 타입의 〈input〉 태그를 사용한다. 스프링은 radio 타입의 〈input〉 태그와 관련하여 [표 11.5]와 같은 커스텀 태그를 제공하고 있다.

[표 11.5] radio 타입의 〈input〉 태그를 위한 커스텀 태그

커스텀 태그	설명
〈form:radiobuttons〉	커맨드 객체의 특정 프로퍼티와 관련된 radio 타입의 〈input〉 태그 목록을 생성한다.
〈form:radiobutton〉	커맨드 객체의 특정 프로퍼티와 관련된 한 개의 radio 타입 〈input〉 태그를 생성한다.

〈form:radiobuttons〉 커스텀 태그는 다음과 같이 items 속성에 값으로 사용할 콜렉션을 전달받고 path 속성에 커맨드 객체의 프로퍼티를 지정한다.

```
<p>
    <label>주로 사용하는 개발툴</label>
    <form:radiobuttons items="${tools}" path="tool"/>
</p>
```

〈form:radiobuttons〉 커스텀 태그는 다음과 같은 HTML 태그를 생성한다.

```
<span>
    <input id="tool1" name="tool" type="radio" value="Eclipse" />
    <label for="tool1">Eclipse</label>
</span>
<span>
    <input id="tool2" name="tool" type="radio" value="IntelliJ" />
    <label for="tool2">IntelliJ</label>
</span>
<span>
    <input id="tool3" name="tool" type="radio" value="NetBeans" />
    <label for="tool3">NetBeans</label>
</span>
```

〈form:radiobutton〉 커스텀 태그는 1개의 radio 타입 〈input〉 태그를 생성할 때 사용되며 value 속성과 label 속성을 이용하여 값과 텍스트를 설정한다. 사용 방법은 〈form:checkbox〉 태그와 동일하다.

14.6 〈textarea〉 태그를 위한 커스텀 태그 : 〈form:textarea〉

게시글 내용과 같이 여러 줄을 입력받아야 하는 경우 〈textarea〉 태그를 사용한다. 스프링은 〈form:textarea〉 커스텀 태그를 제공하고 있다. 이 태그를 이용하면 커맨드 객체와 관련된 〈textarea〉 태그를 생성할 수 있다. 다음 코드는 사용 예이다.

```
<p>
    <label for="etc">기타<label>
    <form:textarea path="etc" cols="20" rows="3" />
</p>
```

〈form:textarea〉 커스텀 태그가 생성하는 HTML 태그는 다음과 같다.

```
<p>
    <label for="etc">기타</label>
    <textarea id="etc" name="etc" rows="3" cols="20"></textarea>
</p>
```

14.7 CSS 및 HTML 태그와 관련된 공통 속성

〈form:input〉, 〈form:select〉 등 입력 폼과 관련해서 제공하는 스프링 커스텀 태그는 HTML의 CSS 및 이벤트 관련 속성을 제공하고 있다. 먼저 CSS와 관련된 속성은 다음과 같다.

- cssClass : HTML의 class 속성값
- cssErrorClass : 폼 검증 에러가 발생했을 때 사용할 HTML의 class 속성값
- cssStyle : HTML의 style 속성값

스프링은 폼 검증 기능을 제공하는데 cssErrorClass 속성은 이와 관련된 것이다. 폼 검증은 12장에서 살펴본다.

HTML 태그가 사용하는 다음 속성도 사용 가능하다.

- id, title, dir
- disabled, tabindex
- onfocus, onblur, onchange
- onclick, ondblclick
- onkeydown, onkeypress, onkeyup
- onmousedown, onmousemove, onmouseup
- onmouseout, onmouseover

또한 각 커스텀 태그는 htmlEscape 속성을 사용해서 커맨드 객체의 값에 포함된 HTML 특수 문자를 엔티티 레퍼런스로 변환할지를 결정할 수 있다.

Chapter 12

MVC 2 : 메시지, 커맨드 객체 검증

이 장에서 다룰 내용

· 메시지 처리
· 커맨드 객체 검증과 에러 메시지

11장에서 스프링 MVC의 기본적인 컨트롤러 구현 방법을 살펴봤다. 요청 매핑 애노테이션을 이용해서 요청 경로를 처리할 메서드를 설정하는 방법을 배웠고 커맨드 객체를 이용해서 폼에 입력한 데이터를 받을 수 있다는 것을 알았다. 또한 모델을 통해서 뷰가 응답을 생성할 때 필요한 데이터를 전달하는 방법도 설명했다.

이 장에서는 내용을 좀 더 진행해서 메시지를 출력하는 방법과 커맨드 객체의 값을 검증하는 방법에 대해 살펴볼 것이다.

1. 프로젝트 준비

이 장에서는 11장에서 작성한 예제를 이어서 작성할 것이다. 따라서 11장에서 생성한 프로젝트를 그대로 사용해도 된다. 12장을 위한 프로젝트를 따로 생성하고 싶다면 다음 과정에 따라 별도 프로젝트를 생성하면 된다.

- 12장을 위한 sp5-chap12 폴더를 생성한다.
- 11장의 pom.xml 파일과 src 폴더를 그대로 sp5-chap12 폴더에 복사한다.
- sp5-chap12 폴더의 pom.xml에서 <artifactId> 태그의 값을 sp5-chap12로 변경한다.
- 이클립스에서 sp5-chap12 프로젝트를 임포트한다.

이 책에서는 11장과의 구분을 위해 sp5-chap12 프로젝트를 생성했다고 가정하고 예제를 진행한다. 예제에서 사용할 주소는 http://localhost:8080/sp5-chap12와 같이 12장을 위한 URL을 사용한다. 11장 예제를 그대로 사용한다면 URL에서 sp5-chap12 대신 sp5-chap11을 사용하면 된다.

2. <spring:message> 태그로 메시지 출력하기

사용자 화면에 보일 문자열은 JSP에 직접 코딩한다. 예를 들어 로그인 폼을 보여줄 때 '아이디', '비밀번호' 등의 문자열을 다음과 같이 뷰 코드에 직접 삽입한다.

```
<label>이메일</label>
<input type="text" name="email">
```

'이메일'과 같은 문자열은 로그인 폼, 회원 가입 폼, 회원 정보 수정 폼에서 반복해서 사용된다. 이렇게 문자열을 직접 하드 코딩하면 동일 문자열을 변경할 때 문제가 있다. 예를 들어 폼에서 사용할 '이메일'을 '이메일 주소'로 변경하기로 했다면 각 폼을 출력하는 JSP를 찾아서 모두 변경해야 한다.

문자열이 뷰 코드에 하드 코딩 되어 있을 때의 또 다른 문제점은 다국어 지원에 있다. 전 세계를 대상으로 서비스를 제공해야 하는 경우 사용자의 언어 설정에 따라 '이메일', 'E-mail'과 같이 각 언어에 맞게 문자열을 표시해야 한다. 그런데 뷰 코드에 '이메일'이라고 문자열이 하드 코딩되어 있으면 언어별로 뷰 코드를 따로 만드는 상황이 발생한다.

두 가지 문제를 해결하는 방법은 뷰 코드에서 사용할 문자열을 언어별로 파일에 보관하고 뷰 코드는 언어에 따라 알맞은 파일에서 문자열을 읽어와 출력하는 것이다. 스프링은 자체적으로 이 기능을 제공하고 있기 때문에 약간의 수고만 들이면 각각의 언어별로 알맞은 문자열을 출력하도록 JSP 코드를 구현할 수 있다.

문자열을 별도 파일에 작성하고 JSP 코드에서 이를 사용하려면 다음 작업을 하면 된다.

- 문자열을 담은 메시지 파일을 작성한다.
- 메시지 파일에서 값을 읽어오는 MessageSource 빈을 설정한다.
- JSP 코드에서 <spring:message> 태그를 사용해서 메시지를 출력한다.

먼저 메시지 파일을 작성해보자. 메시지 파일은 자바의 프로퍼티 파일 형식으로 작성한다. 메시지 파일을 보관하기 위해 src/main/resources에 message 폴더를 생성하고 이 폴더에 label.properties 파일을 생성한다.

이 장에서는 UTF-8 인코딩을 사용해서 label.properties 파일을 작성한다. 이를 위해 label.properties 파일을 열 때 [그림 12.1]과 같이 Text Editor를 사용해서 연다. Properties File Editor를 이용하면 '이메일'과 같은 한글 문자가 '\uC774\uBA54\uC77C'와 같은 유니코드값으로 표현되어 알아보기 힘들다.

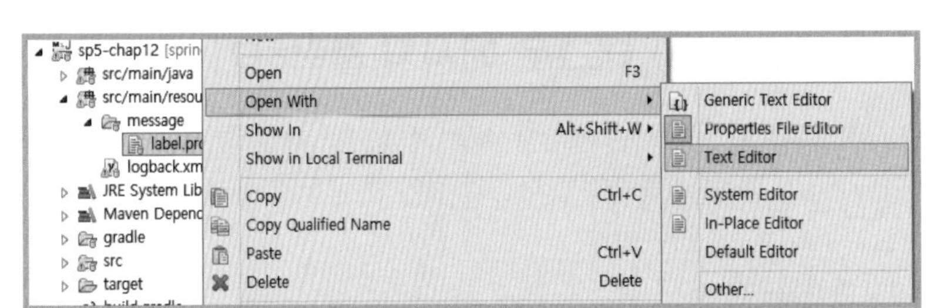

[그림 12.1] 프로퍼티 파일을 UTF-8 인코딩으로 작성하기 위해 Text Editor 사용

Text Editor로 label.properties 파일을 열었다면 [리스트 12.1]과 같이 내용을 작성하자. UTF-8 인코딩을 사용해서 작성할 것이므로 label.properties 파일을 UTF-8로 설정한다. (label.properties 파일에서 마우스 오른쪽 버튼을 클릭해서 [Properties] 메뉴를 실행한 뒤 Resource에서 Text File Encoding 값을 other의 'UTF-8'로 변경하면 된다.)

[리스트 12.1] sp5-chap12/src/main/resources/message/label.properties

```
01  member.register=회원가입
02
03  term=약관
04  term.agree=약관동의
05  next.btn=다음단계
06
07  member.info=회원정보
08  email=이메일
09  name=이름
10  password=비밀번호
11  password.confirm=비밀번호 확인
12  register.btn=가입 완료
13
14  register.done=<strong>{0}님</strong>, 회원 가입을 완료했습니다.
15
16  go.main=메인으로 이동
```

다음으로 MessageSource 타입의 빈을 추가하자. 스프링 설정 중 한 곳에 추가하면 된다. 예제에서는 MvcConfig 설정 클래스에 추가해보겠다. [리스트12.2]와 같이 MvcConfig 클래스에 33~39행의 코드를 추가한다.

[리스트 12.2] sp5-chap12/src/main/java/config/MvcConfig.java (MessageSource 설정 추가)

```
01  package config;
02
03  import org.springframework.context.MessageSource;
04  import org.springframework.context.annotation.Bean;
05  import org.springframework.context.annotation.Configuration;
06  import org.springframework.context.support.ResourceBundleMessageSource;
```

```
07  import org.springframework.web.servlet.config.annotation.DefaultServletHandlerConfigurer;
08  import org.springframework.web.servlet.config.annotation.EnableWebMvc;
09  import org.springframework.web.servlet.config.annotation.ViewControllerRegistry;
10  import org.springframework.web.servlet.config.annotation.ViewResolverRegistry;
11  import org.springframework.web.servlet.config.annotation.WebMvcConfigurer;
12
13  @Configuration
14  @EnableWebMvc
15  public class MvcConfig implements WebMvcConfigurer {
16
17      @Override
18      public void configureDefaultServletHandling(
19              DefaultServletHandlerConfigurer configurer) {
20          configurer.enable();
21      }
22
23      @Override
24      public void configureViewResolvers(ViewResolverRegistry registry) {
25          registry.jsp("/WEB-INF/view/", ".jsp");
26      }
27
28      @Override
29      public void addViewControllers(ViewControllerRegistry registry) {
30          registry.addViewController("/main").setViewName("main");
31      }
32
33      @Bean
34      public MessageSource messageSource() {
35          ResourceBundleMessageSource ms =
36                  new ResourceBundleMessageSource();
37          ms.setBasenames("message.label");
38          ms.setDefaultEncoding("UTF-8");
39          return ms;
40      }
41
42  }
```

37행에서 basenames 프로퍼티 값으로 "message.label"을 주었다. 이는 message 패키지에 속한 label 프로퍼티 파일로부터 메시지를 읽어온다고 설정한 것이다. src/main/resources 폴더도 클래스 패스에 포함되고 message 폴더는 message 패키지에 대응한다. 따라서 이 설정은 앞서 작성한 label.properties 파일로부터 메시지를 읽어온다. setBasenames() 메서드는 가변 인자이므로 사용할 메시지 프로퍼티 목록을 전달할 수 있다.

```
@Bean
public MessageSource messageSource() {
    ResourceBundleMessageSource ms = new ResourceBundleMessageSource();
    ms.setBasenames("message.label", "message.error");
    ms.setDefaultEncoding("UTF-8");
    return ms;
}
```

앞서 작성한 label.properties 파일은 UTF-8 인코딩을 사용하므로 defaultEncoding 속성의 값으로 "UTF-8"을 사용했다.

위 코드에서 주의할 점은 빈의 아이디를 "messageSource"로 지정해야 한다는 것이다. 다른 이름을 사용할 경우 정상적으로 동작하지 않는다.

MessageSource에 대해서는 뒤에서 다시 살펴보기로 하고 MessageSource를 사용해서 메시지를 출력하도록 JSP 코드를 수정해보자. 회원 가입 과정에서 사용된 step1.jsp, step2.jsp, step3.jsp를 각각 [리스트 12.3], [리스트 12.4], [리스트 12.5]와 같이 수정한다.

[리스트 12.3] sp5-chap12/src/main/webapp/WEB-INF/view/register/step1.jsp

```
01  <%@ page contentType="text/html; charset=utf-8" %>
02  <%@ taglib prefix="spring" uri="http://www.springframework.org/tags" %>
03  <!DOCTYPE html>
04  <html>
05  <head>
06      <title><spring:message code="member.register" /></title>
07  </head>
08  <body>
09      <h2><spring:message code="term" /></h2>
10      <p>약관 내용</p>
11      <form action="step2" method="post">
12      <label>
13          <input type="checkbox" name="agree" value="true">
14          <spring:message code="term.agree" />
15      </label>
16      <input type="submit" value="<spring:message code="next.btn" />" />
17      </form>
18  </body>
19  </html>
```

[리스트 12.4] sp5-chap12/src/main/webapp/WEB-INF/view/register/step2.jsp

```
01  <%@ page contentType="text/html; charset=utf-8" %>
02  <%@ taglib prefix="form" uri="http://www.springframework.org/tags/form" %>
03  <%@ taglib prefix="spring" uri="http://www.springframework.org/tags" %>
04  <!DOCTYPE html>
05  <html>
06  <head>
07      <title><spring:message code="member.register" /></title>
08  </head>
09  <body>
10      <h2><spring:message code="member.info" /></h2>
11      <form:form action="step3" commandName="registerRequest">
12      <p>
13          <label><spring:message code="email" />:<br>
14          <form:input path="email" />
15          </label>
16      </p>
17      <p>
18          <label><spring:message code="name" />:<br>
19          <form:input path="name" />
20          </label>
21      </p>
22      <p>
23          <label><spring:message code="password" />:<br>
24          <form:password path="password" />
25          </label>
26      </p>
27      <p>
28          <label><spring:message code="password.confirm" />:<br>
29          <form:password path="confirmPassword" />
30          </label>
31      </p>
32      <input type="submit" value="<spring:message code="register.btn" />">
33      </form:form>
34  </body>
35  </html>
```

[리스트 12.5] sp5-chap12/src/main/webapp/WEB-INF/view/register/step3.jsp

```
01  <%@ page contentType="text/html; charset=utf-8" %>
02  <%@ taglib prefix="c" uri="http://java.sun.com/jsp/jstl/core" %>
03  <%@ taglib prefix="spring" uri="http://www.springframework.org/tags" %>
04  <!DOCTYPE html>
05  <html>
06  <head>
07      <title><spring:message code="member.register" /></title>
08  </head>
09  <body>
```

```
10        <p>
11           <spring:message code="register.done"
12              arguments="${registerRequest.name}" />
13        </p>
14        <p>
15           <a href="<c:url value='/main'/>">
16              [<spring:message code="go.main" />]
17           </a>
18        </p>
19     </body>
20     </html>
```

수정한 코드를 보면 다음 공통점이 있다.

- 〈spring:message〉 커스텀 태그를 사용하기 위해 태그 라이브러리 설정 추가 :
  〈%@ taglib prefix="spring" uri="http://www.springframework.org/tags" %〉
- 〈spring:message〉 태그를 이용해서 메시지 출력

〈spring:message〉 태그의 code 값은 앞서 작성한 프로퍼티 파일의 프로퍼티 이름과 일치한다. 〈spring:message〉 태그는 code와 일치하는 값을 가진 프로퍼티 값을 출력한다. 예를 들어 step1.jsp는 [그림 12.2]와 같이 연결되어 있으므로 "member.register" 코드값을 사용하는 〈spring:message〉 태그는 "회원가입"을 출력한다. 동일하게 "term" 코드값을 사용하는 〈spring:message〉 태그는 "약관"을 출력한다.

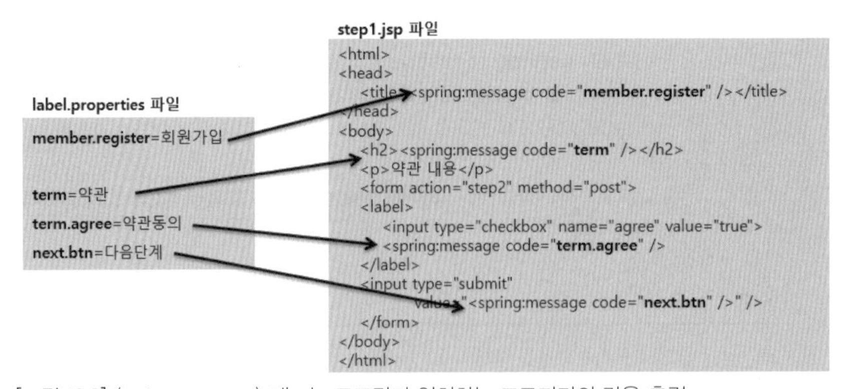

[그림 12.2] 〈spring:message〉 태그는 코드값과 일치하는 프로퍼티의 값을 출력

〈spring:message〉 태그는 MessageSource로부터 코드에 해당하는 메시지를 읽어온다. 앞서 설정한 MessageSource는 label.properties 파일로부터 메시지를 읽어오므로 [그림 12.2]와 같이 〈spring:message〉 태그의 위치에 label.properties에 설정한 프로퍼티의 값이 출력된다.

필요한 코드를 작성했으니 실행해보자. http://localhost:8080/sp5-chap12/register/

step1 주소를 웹 브라우저에서 실행하면(11장 프로젝트를 그대로 사용했다면 sp5-chap12 대신 sp5-chap11을 입력) [그림 12.3]과 같이 <spring:message> 태그 위치에 알맞은 메시지가 출력된다.

[그림 12.3] <spring:message> 태그의 메시지 출력 결과

다국어 지원 위한 메시지 파일

다국어 메시지를 지원하려면 각 프로퍼티 파일 이름에 언어에 해당하는 로케일 문자를 추가한다. 예를 들어 한국어와 영어에 대한 메시지를 지원하려면 다음의 두 프로퍼티 파일을 사용하면 된다.

- label_ko.properties
- label_en.properties

label 뒤에 '_언어' 형식의 접미시가 붙었다. 언어는 두 글자 구분자로 한국어 'ko', 영어는 'en'이다. 각 언어를 위한 두 글자 구분자가 존재한다. 특정 언어에 해당하는 메시지 파일이 존재하지 않으면 언어 구분이 없는 label.properties 파일의 메시지를 사용한다.

브라우저는 서버에 요청을 전송할 때 Accept-Language 헤더에 언어 정보를 담아 전송한다. 예를 들어 브라우저의 언어 설정이 한글인 경우 브라우저는 Accept-Language 헤더의 값으로 "ko"를 전송한다.

스프링 MVC는 웹 브라우저가 전송한 Accept-Language 헤더를 이용해서 Locale을 구한다. 이 Locale을 MessageSource에서 메시지를 구할 때 사용한다.

2.1 메시지 처리를 위한 MessageSource와 <spring:message> 태그

스프링은 로케일(지역)에 상관없이 일관된 방법으로 문자열(메시지)을 관리할 수 있는 MessageSource 인터페이스를 정의하고 있다. MessageSource 인터페이스는 다음과 같이 정의되어 있다. 특정 로케일에 해당하는 메시지가 필요한 코드는 MessageSource의 getMessage() 메서드를 이용해서 필요한 메시지를 가져와서 사용하는 식이다.

```
package org.springframework.context;

import java.util.Locale;
```

```
public interface MessageSource {
    String getMessage(String code, Object[] args,
            String defaultMessage, Locale locale);

    String getMessage(String code, Object[] args, Locale locale)
            throws NoSuchMessageException;

    .… // 일부 메서드 생략
}
```

getMessage() 메서드의 code 파라미터는 메시지를 구분하기 위한 코드이고 locale 파라미터는 지역을 구분하기 위한 Locale이다. 같은 코드라 하더라도 지역에 따라 다른 메시지를 제공할 수 있도록 MessageSource를 설계했다. 이 기능을 사용하면 국내에서 접근하면 한국어로 메시지를 보여주고 해외에서 접근하면 영어로 메시지를 보여주는 처리를 할 수 있다.

MessageSource의 구현체로는 자바의 프로퍼티 파일로부터 메시지를 읽어오는 ResourceBundleMessageSource 클래스를 사용한다. 이 클래스는 메시지 코드와 일치하는 이름을 가진 프로퍼티의 값을 메시지로 제공한다.

ResourceBundleMessageSource 클래스는 자바의 리소스번들(ResourceBundle)을 사용하기 때문에 해당 프로퍼티 파일이 클래스 패스에 위치해야 한다. 앞서 예제에서도 클래스 패스에 포함되는 src/main/resources에 프로퍼티 파일을 위치시켰다. 보통 관리 편의성을 위해 프로퍼티 파일을 한곳에 모은다. 예제에서는 message라는 패키지에 프로퍼티 파일을 위치시켰다.

〈spring:message〉 태그는 스프링 설정에 등록된 'messageSource' 빈을 이용해서 메시지를 구한다. 즉 〈spring:message〉 태그를 실행하면 내부적으로 MessageSource의 getMessage() 메서드를 실행해서 필요한 메시지를 구한다. [그림 12.2]처럼 〈spring:message〉 태그의 code 속성이 코드값으로 사용된다.

〈spring:message〉 태그의 code 속성에 지정한 메시지가 존재하지 않으면 [그림 12.4]처럼 익셉션이 발생한다. 이와 유사한 익셉션이 발생하면 code 값과 프로퍼티 파일의 프로퍼티 이름이 올바른지 확인해야 한다.

[그림 12.4] 〈spring:message〉 태그의 code에 해당하는 메시지가 존재하지 않으면 익셉션이 발생

2.2 〈spring:message〉 태그의 메시지 인자 처리

앞서 작성한 label.properties 파일을 보면 다음과 같은 프로퍼티를 포함하고 있다.

```
register.done=<strong>{0}님</strong>, 회원 가입을 완료했습니다.
```

이 프로퍼티는 값 부분에 {0}을 포함한다. {0}은 인덱스 기반 변수 중 0번 인덱스(첫 번째 인덱스)의 값으로 대치되는 부분을 표시한 것이다. MessageSource의 getMessage() 메서드는 인덱스 기반 변수를 전달하기 위해 다음과 같이 Object 배열 타입의 파라미터를 사용한다.

```
String getMessage(String code, Object[] args,
                  String defaultMessage, Locale locale);
String getMessage(String code, Object[] args, Locale locale)
```

위 메서드를 사용해서 MessageSource 빈을 직접 실행한다면 다음과 같이 Object 배열을 생성해서 인덱스 기반 변수값을 전달할 수 있다.

```
Object[] args = new Object[1];
args[0] = "자바";
messageSource.getMessage("register.done", args, Locale.KOREA);
```

〈spring:message〉 태그를 사용할 때에는 arguments 속성을 사용해서 인덱스 기반 변수값을 전달한다. step3.jsp을 보면 다음과 같이 arguments 속성을 사용해서 register.done 메시지의 {0} 위치에 삽입할 값을 설정했다.

```
<spring:message code="register.done" arguments="${registerRequest.name}" />
```

label.properties 파일의 register.done 프로퍼티에 {1}을 추가해보자.

```
register.done=<strong>{0}님 ({1})</strong>, 회원 가입을 완료했습니다.
```

이 메시지를 사용하려면 두 개의 인자를 전달해야 한다. 두 개 이상의 값을 전달해야 할 경우 다음 방법 중 하나를 사용한다.

- 콤마로 구분한 문자열
- 객체 배열
- 〈spring:argument〉 태그 사용

다음은 콤마로 구분한 예를 보여준다. arguments에 전달한 값을 보면 두 표현식을 콤마로 구분하고 있다.

```
<spring:message code="register.done"
   arguments="${registerRequest.name},${registerRequest.email}" />
```

다음은 〈spring:argument〉 태그를 사용한 예이다.

```
<spring:message code="register.done">
   <spring:argument value="${registerRequest.name}" />
   <spring:argument value="${registerRequest.email}" />
</spring:message>
```

3. 커맨드 객체의 값 검증과 에러 메시지 처리

11장에서 작성한 회원 가입 처리 코드가 동작은 하지만 비정상 값을 입력해도 동작하는 문제가 있다. 올바르지 않은 이메일 주소를 입력해도 가입 처리가 되고 이름을 입력하지 않아도 가입할 수 있다. 즉 입력한 값에 대한 검증 처리를 하지 않는다.

또 다른 문제는 중복된 이메일 주소를 입력해서 다시 폼을 보여줄 때 왜 가입에 실패했는지 이유를 알려주지 않는다. 가입이 실패한 이유를 보여주지 않기 때문에 사용자는 혼란을 겪게 될 것이다.

지금 언급한 두 가지 문제, 즉 폼 값 검증과 에러 메시지 처리는 어플리케이션을 개발할 때 놓쳐서는 안 된다. 폼에 입력한 값을 검증하지 않으면 잘못된 값이 시스템에 입력되어 어플리케이션이 비정상 동작할 수 있다. 또한 에러 메시지를 제대로 보여주지 않으면 사용자는 서비스를 제대로 이용할 수 없게 된다.

스프링은 이 두 가지 문제를 처리하기 위해 다음 방법을 제공하고 있다.

- 커맨드 객체를 검증하고 결과를 에러 코드로 저장
- JSP에서 에러 코드로부터 메시지를 출력

이 두 가지 내용을 차례대로 살펴보자.

3.1 커맨드 객체 검증과 에러 코드 지정하기

스프링 MVC에서 커맨드 객체의 값이 올바른지 검사하려면 다음의 두 인터페이스를 사용한다.

- org.springframework.validation.Validator
- org.springframework.validation.Errors

객체를 검증할 때 사용하는 Validator 인터페이스는 다음과 같다.

```
package org.springframework.validation;

public interface Validator {
    boolean supports(Class<?> clazz);
    void validate(Object target, Errors errors);
}
```

위 코드에서 supports() 메서드는 Validator가 검증할 수 있는 타입인지 검사한다. validate() 메서드는 첫 번째 파라미터로 전달받은 객체를 검증하고 오류 결과를 Errors에 담는 기능을 정의한다.

일단 Validator 인터페이스를 구현한 클래스를 먼저 만들어보고, 주요 코드를 보면서 구현 방법을 살펴보자. [리스트 12.6]은 RegisterRequest 객체를 검증하기 위한 Validator 구현 클래스의 작성 예이다.

[리스트 12.6] sp5-chap12/src/main/java/controller/RegisterRequestValidator.java

```
01  package controller;
02
03  import java.util.regex.Matcher;
04  import java.util.regex.Pattern;
05
06  import org.springframework.validation.Errors;
07  import org.springframework.validation.ValidationUtils;
08  import org.springframework.validation.Validator;
09
```

```
10  import spring.RegisterRequest;
11
12  public class RegisterRequestValidator implements Validator {
13      private static final String emailRegExp =
14              "^[_A-Za-z0-9-\\+]+(\\.[_A-Za-z0-9-]+)*@" +
15              "[A-Za-z0-9-]+(\\.[A-Za-z0-9]+)*(\\.[A-Za-z]{2,})$";
16      private Pattern pattern;
17
18      public RegisterRequestValidator() {
19          pattern = Pattern.compile(emailRegExp);
20      }
21
22      @Override
23      public boolean supports(Class<?> clazz) {
24          return RegisterRequest.class.isAssignableFrom(clazz);
25      }
26
27      @Override
28      public void validate(Object target, Errors errors) {
29          RegisterRequest regReq = (RegisterRequest) target;
30          if (regReq.getEmail() == null || regReq.getEmail().trim().isEmpty()) {
31              errors.rejectValue("email", "required");
32          } else {
33              Matcher matcher = pattern.matcher(regReq.getEmail());
34              if (!matcher.matches()) {
35                  errors.rejectValue("email", "bad");
36              }
37          }
38          ValidationUtils.rejectIfEmptyOrWhitespace(errors, "name", "required");
39          ValidationUtils.rejectIfEmpty(errors, "password", "required");
40          ValidationUtils.rejectIfEmpty(errors, "confirmPassword", "required");
41          if (!regReq.getPassword().isEmpty()) {
42              if (!regReq.isPasswordEqualToConfirmPassword()) {
43                  errors.rejectValue("confirmPassword", "nomatch");
44              }
45          }
46      }
47
48  }
```

23~25행의 supports() 메서드는 파라미터로 전달받은 clazz 객체가 RegisterRequest 클래스로 타입 변환이 가능한지 확인한다. 이 예제에서는 supports() 메서드를 직접 실행하진 않지만 스프링 MVC가 자동으로 검증 기능을 수행하도록 설정하려면 supports() 메서드를 올바르게 구현해야 한다.

28~46행의 validate() 메서드는 두 개의 파라미터를 갖는다. target 파라미터는 검

사 대상 객체이고 errors 파라미터는 검사 결과 에러 코드를 설정하기 위한 객체이다. validate() 메서드는 보통 다음과 같이 구현한다.

- 검사 대상 객체의 특정 프로퍼티나 상태가 올바른지 검사
- 올바르지 않다면 Errors의 rejectValue() 메서드를 이용해서 에러 코드 저장

검사 대상의 값을 구하기 위해 29행처럼 첫 번째 파라미터로 전달받은 target을 실제 타입으로 변환한 뒤에 30행과 같이 값을 검사한다. 30~37행은 "email" 프로퍼티의 값이 유효한지 검사한다. "email" 프로퍼티 값이 존재하지 않으면 (null이나 빈문자열인 경우) 31행 코드를 실행해서 "email" 프로퍼티의 에러 코드로 "required"를 추가한다. 33~36행에서는 정규 표현식을 이용해서 이메일이 올바른지 확인한다. 정규 표현식이 일치하지 않으면 35행에서 "email" 프로퍼티의 에러 코드로 "bad"를 추가한다.

31행과 35행에서 사용한 Errors의 rejectValue() 메서드는 첫 번째 파라미터로 프로퍼티의 이름을 전달받고, 두 번째 파라미터로 에러 코드를 전달받는다. JSP 코드에서는 여기서 지정한 에러 코드를 이용해서 에러 메시지를 출력한다.

38행 코드는 다음과 같이 ValidationUtils 클래스를 사용하고 있다.

```
ValidationUtils.rejectIfEmptyOrWhitespace(errors, "name", "required");
```

ValidationUtils 클래스는 객체의 값 검증 코드를 간결하게 작성할 수 있도록 도와준다. 위 코드는 검사 대상 객체의 "name" 프로퍼티가 null이거나 공백문자로만 되어 있는 경우 "name" 프로퍼티의 에러 코드로 "required"를 추가한다. 즉 위의 코드는 다음 코드와 동일하다.

```
String name = regReq.getName();
if (name == null || name.trim().isEmpty()) {
    errors.rejectValue("name", "required");
}
```

여기서 궁금증이 있는 독자가 있을 것 같다. ValidationUtils.rejectIfEmptyOrWhitespace() 메서드를 실행할 때 검사 대상 객체인 target을 파라미터로 전달하지 않았는데 어떻게 target 객체의 "name" 프로퍼티의 값을 검사할까? 비밀은 Errors 객체에 있다. 스프링 MVC에서 Validator를 사용하는 코드는 [리스트 12.7]의 11행처럼 요청 매핑 애노테이션 적용 메서드에 Errors 타입 파라미터를 전달받고, 이 Errors 객체를 12행과 같이 Validator의 validate() 메서드에 두 번째 파라미터로 전달한다.

[리스트 12.7] sp5-chap12/src/amin/java/controller/RegisterController.java (커맨드 객체를 검증하도록 수정한 코드)

```
01  ...
02  import org.springframework.validation.Errors;
03
04  @Controller
05  public class RegisterController {
06      private MemberRegisterService memberRegisterService;
07
08      ...
09
10      @PostMapping("/register/step3")
11      public String handleStep3(RegisterRequest regReq, Errors errors) {
12          new RegisterRequestValidator().validate(regReq, errors);
13          if (errors.hasErrors())
14              return "register/step2";
15          try {
16              memberRegisterService.regist(regReq);
17              return "register/step3";
18          } catch (DuplicateMemberException ex) {
19              errors.rejectValue("email", "duplicate");
20              return "register/step2";
21          }
22      }
23  }
```

11행처럼 요청 매핑 애노테이션 적용 메서드의 커맨드 객체 파라미터 뒤에 Errors 타입 파라미터가 위치하면, 스프링 MVC는 handleStep3() 메서드를 호출할 때 커맨드 객체와 연결된 Errors 객체를 생성해서 파라미터로 전달한다. 이 Errors 객체는 커맨드 객체의 특정 프로퍼티 값을 구할 수 있는 getFieldValue() 메서드를 제공한다. 따라서 ValidationUtils.rejectIfEmptyOrWhitespace() 메서드는 커맨드 객체를 전달받지 않아도 Errors 객체를 이용해서 지정한 값을 구할 수 있다.

```
// errors 객체의 getFieldValue("name") 메서드를 실행해서
// 커맨드 객체의 name 프로퍼티 값을 구함.
// 따라서 커맨드 객체를 직접 전달하지 않아도 값 검증을 할 수 있음
ValidationUtils.rejectIfEmptyOrWhitespace(errors, "name", "required");
```

[리스트 12.7]의 12행을 보면 앞서 작성한 RegisterRequestValidator 객체를 생성하고 validate() 메서드를 실행한다. 이를 통해 RegisterRequest 커맨드 객체의 값이 올바른지 검사하고 그 결과를 Errors 객체에 담는다.

13행에서는 Errors의 hasErrors() 메서드를 이용해서 에러가 존재하는지 검사한다.

validate()를 실행하는 과정에서 유효하지 않은 값이 존재하면 Errors의 rejectValue() 메서드를 실행한다. 이 메서드가 한 번이라도 불리면 Errors의 hasErrors() 메서드는 true를 리턴한다. 따라서 13~14행의 코드는 커맨드 객체의 프로퍼티가 유효하지 않으면 다시 폼을 보여주기 위한 뷰 이름을 리턴한다.

16행의 memberRegisterService.regist() 코드는 동일한 이메일을 가진 회원 데이터가 이미 존재하면 DuplicateMemberException을 발생시킨다. 18~21행의 코드는 이 익셉션을 처리한다. 19행은 이메일 중복 에러를 추가하기 위해 "email" 프로퍼티의 에러 코드로 "duplicate"를 추가했다.

커맨드 객체의 특정 프로퍼티가 아닌 커맨드 객체 자체가 잘못될 수도 있다. 이런 경우에는 rejectValue() 메서드 대신에 reject() 메서드를 사용한다. 예를 들어 로그인 아이디와 비밀번호를 잘못 입력한 경우 아이디와 비밀번호가 불일치한다는 메시지를 보여줘야 한다. 이 경우 특정 프로퍼티에 에러를 추가하기 보다는 커맨드 객체 자체에 에러를 추가해야 하는데, 이때 reject() 메서드를 사용한다.

```
try {
    … 인증 처리 코드
} catch(WrongIdPasswordException ex) {
    // 특정 프로퍼티가 아닌 커맨드 객체 자체에 에러 코드 추가
    errors.reject("notMatchingIdPassword");
    return "login/loginForm";
}
```

reject() 메서드는 개별 프로퍼티가 아닌 객체 자체에 에러 코드를 추가하므로 이 에러를 글로벌 에러라고 부른다.

요청 매핑 애노테이션을 붙인 메서드에 Errors 타입의 파라미터를 추가할 때 주의할 점은 Errors 타입 파라미터는 반드시 커맨드 객체를 위한 파라미터 다음에 위치해야 한다는 점이다. 그렇지 않고 다음처럼 Errors 타입 파라미터가 커맨드 객체 앞에 위치하면 요청 처리를 올바르게 하지 않고 익셉션이 발생하게 된다.

```
// Errors 타입 파라미터가 커맨드 객체 앞에 위치하면 실행 시점에 에러 발생
@PostMapping("/register/step3")
public String handleStep3(Errors errors, RegisterRequest regReq) {
    ...
}
```

노트 Errors 대신에 org.springframework.validation.BindingResult 인터페이스를 파라미터 타입으로 사용해도 된다.

```
@PostMapping("/register/step3")
public String handleStep3(RegisterRequest regReq, BindingResult errors) {
    new RegisterRequestValidator().validate(regReq, errors);
    ...
}
```

BindingResult 인터페이스는 Errors 인터페이스를 상속하고 있다.

3.2 Errors와 ValidationUtils 클래스의 주요 메서드

Errors 인터페이스가 제공하는 에러 코드 추가 메서드는 다음과 같다.

- reject(String errorCode)
- reject(String errorCode, String defaultMessage)
- reject(String errorCode, Object[] errorArgs, String defaultMessage)
- rejectValue(String field, String errorCode)
- rejectValue(String field, String errorCode, String defaultMessage)
- rejectValue(String field, String errorCode, Object[] errorArgs,
  String default Message)

에러 코드에 해당하는 메시지가 {0}이나 {1}과 같이 인덱스 기반 변수를 포함하고 있는 경우 Object 배열 타입의 errorArgs 파라미터를 이용해서 변수에 삽입될 값을 전달한다. defaultMessage 파라미터를 가진 메서드를 사용하면, 에러 코드에 해당하는 메시지가 존재하지 않을 때 익셉션을 발생시키는 대신 defaultMessage를 출력한다.

ValidationUtils 클래스는 다음의 rejectIfEmpty() 메서드와 rejectIfEmptyOrWhitespace() 메서드를 제공한다.

- rejectIfEmpty(Errors errors, String field, String errorCode)
- rejectIfEmpty(Errors errors, String field, String errorCode, Object[] errorArgs)
- rejectIfEmptyOrWhitespace(Errors errors, String field, String errorCode)
- rejectIfEmptyOrWhitespace(Errors errors, String field, String errorCode,
  Object[] errorArgs)

rejectIfEmpty() 메서드는 field에 해당하는 프로퍼티 값이 null이거나 빈 문자열("")인 경우 에러 코드로 errorCode를 추가한다. rejectIfEmptyOrWhitespace() 메서드는 null이거나 빈 문자열인 경우 그리고 공백 문자(스페이스, 탭 등)로만 값이 구성된 경우 에러 코드를 추가한다.

에러 코드에 해당하는 메시지가 {0}이나 {1}과 같이 인덱스 기반 플레이스홀더를 포함하고 있으면 errorArgs를 이용해서 메시지의 플레이스홀더에 삽입할 값을 전달한다.

3.3 커맨드 객체의 에러 메시지 출력하기

에러 코드를 지정한 이유는 알맞은 에러 메시지를 출력하기 위함이다. Errors에 에러 코드를 추가하면 JSP는 스프링이 제공하는 〈form:errors〉 태그를 사용해서 에러에 해당하는 메시지를 출력할 수 있다. [리스트 12.8]과 같이 step2.jsp가 〈form:errors〉를 사용하도록 수정해보자.

[리스트 12.8] sp5-chap12/src/main/webapp/WEB-INF/view/step2.jsp (에러 메시지를 출력하도록 수정)

```
01  <%@ page contentType="text/html; charset=utf-8" %>
02  <%@ taglib prefix="form" uri="http://www.springframework.org/tags/form" %>
03  <%@ taglib prefix="spring" uri="http://www.springframework.org/tags" %>
04  <!DOCTYPE html>
05  <html>
06  <head>
07      <title><spring:message code="member.register" /></title>
08  </head>
09  <body>
10      <h2><spring:message code="member.info" /></h2>
11      <form:form action="step3" commandName="registerRequest">
12      <p>
13          <label><spring:message code="email" />:<br>
14          <form:input path="email" />
15          <form:errors path="email"/>
16          </label>
17      </p>
18      <p>
19          <label><spring:message code="name" />:<br>
20          <form:input path="name" />
21          <form:errors path="name"/>
22          </label>
23      </p>
24      <p>
25          <label><spring:message code="password" />:<br>
26          <form:password path="password" />
27          <form:errors path="password"/>
28          </label>
29      </p>
30      <p>
31          <label><spring:message code="password.confirm" />:<br>
32          <form:password path="confirmPassword" />
33          <form:errors path="confirmPassword"/>
34          </label>
35      </p>
```

```
36        <input type="submit" value="<spring:message code="register.btn" />">
37        </form:form>
38    </body>
39    </html>
```

〈form:errors〉 태그의 path 속성은 에러 메시지를 출력할 프로퍼티 이름을 지정한다. 예를 들어 15행에서 "email" 프로퍼티에 에러 코드가 존재하면 〈form:errors〉 태그는 에러 코드에 해당하는 메시지를 출력한다. 에러 코드가 두 개 이상 존재하면 각 에러 코드에 해당하는 메시지가 출력된다.

에러 코드에 해당하는 메시지 코드를 찾을 때에는 다음 규칙을 따른다.

① 에러코드 + "." + 커맨드객체이름 + "." + 필드명
② 에러코드 + "." + 필드명
③ 에러코드 + "." + 필드타입
④ 에러코드

프로퍼티 타입이 List나 목록인 경우 다음 순서를 사용해서 메시지 코드를 생성한다.

① 에러코드 + "." + 커맨드객체이름 + "." + 필드명[인덱스].중첩필드명
② 에러코드 + "." + 커맨드객체이름 + "." + 필드명.중첩필드명
③ 에러코드 + "." + 필드명[인덱스].중첩필드명
④ 에러코드 + "." + 필드명.중첩필드명
⑤ 에러코드 + "." + 중첩필드명
⑥ 에러코드 + "." + 필드타입
⑦ 에러코드

예를 들어 errors.rejectValue("email", "required") 코드로 "email" 프로퍼티에 "required" 에러 코드를 추가했고 커맨드 객체의 이름이 "registerRequest"라면 다음 순서대로 메시지 코드를 검색한다.

① required.registerRequest.email
② required.email
③ required.String
④ required

이 중에서 먼저 검색되는 메시지 코드를 사용한다. 즉 메시지 중에 required.email 메시지 코드와 required 메시지 코드 두 개가 존재하면 이 중 우선 순위가 높은 required.email 메시지 코드를 사용해서 메시지를 출력한다.

특정 프로퍼티가 아닌 커맨드 객체에 추가한 글로벌 에러 코드는 다음 순서대로 메시지 코드를 검색한다.

① 에러코드 + "." + 커맨드객체이름
② 에러코드

메시지를 찾을 때에는 앞서 설명한 MessageSource를 사용하므로 에러 코드에 해당하는 메시지를 메시지 프로퍼티 파일에 추가해주어야 한다. RegisterRequestValidator 클래스([리스트 12.6])와 RegisterController 클래스([리스트 12.7])에서 사용한 에러 코드에 맞는 메시지를 [리스트 12.9]와 같이 추가해주자.

[리스트 12.9] sp5-chap12/src/main/resources/message/label.properties (에러 메시지를 위한 메시지 추가)

```
01  member.register=회원가입
02
03  term=약관
04  term.agree=약관동의
05  next.btn=다음단계
06
07  member.info=회원정보
08  email=이메일
09  name=이름
10  password=비밀번호
11  password.confirm=비밀번호 확인
12  register.btn=가입 완료
13
14  register.done=<strong>{0}님</strong>, 회원 가입을 완료했습니다.
15
16  go.main=메인으로 이동
17
18  required=필수항목입니다.
19  bad.email=이메일이 올바르지 않습니다.
20  duplicate.email=중복된 이메일입니다.
21  nomatch.confirmPassword=비밀번호와 확인이 일치하지 않습니다.
```

에러 메지지가 올바르게 출력되는지 확인해보자. 회원 정보 입력 단계에서 아무것도 입력하지 않고 [가입 완료] 버튼을 누르면 [그림 12.5]처럼 에러 코드에 해당하는 에러 메시지가 출력될 것이다.

회원가입
localhost:8080/sp5-chap12/register/step3

회원정보

이메일:
필수항목입니다.

이름:
필수항목입니다.

비밀번호:
필수항목입니다.

비밀번호 확인:
필수항목입니다.

가입 완료

[그림 12.5] 에러 코드에 해당하는 메시지를 출력한 결과 화면

3.4 〈form:errors〉 태그의 주요 속성

〈form:errors〉 커스텀 태그는 프로퍼티에 추가한 에러 코드 개수만큼 에러 메시지를 출력한다. 다음의 두 속성을 사용해서 각 에러 메시지를 구분해서 표시한다.

- element : 각 에러 메시지를 출력할 때 사용할 HTML 태그. 기본 값은 span 이다.
- delimiter : 각 에러 메시지를 구분할 때 사용할 HTML 태그. 기본 값은 〈br/〉이다.

다음 코드는 두 속성의 사용 예이다.

```
<form:errors path="userId" element="div" delimeter="" />
```

path 속성을 지정하지 않으면 글로벌 에러에 대한 메시지를 출력한다.

4. 글로벌 범위 Validator와 컨트롤러 범위 Validator

스프링 MVC는 모든 컨트롤러에 적용할 수 있는 글로벌 Validator와 단일 컨트롤러에 적용할 수 있는 Validator를 설정하는 방법을 제공한다. 이를 사용하면 @Valid 애노테이션을 사용해서 커맨드 객체에 검증 기능을 적용할 수 있다.

글로벌 범위 Validator와 컨트롤러 범위 Validator 예제 코드는 제공하는 예제 코드의 sp5-chap12-gl 프로젝트에서 확인할 수 있다.

4.1 글로벌 범위 Validator 설정과 @Valid 애노테이션

글로벌 범위 Validator는 모든 컨트롤러에 적용할 수 있는 Validator이다. 글로벌 범위 Validator를 적용하려면 다음 두 가지를 설정하면 된다.

- 설정 클래스에서 WebMvcConfigurer의 getValidator() 메서드가 Validator 구현 객체를 리턴하도록 구현
- 글로벌 범위 Validator가 검증할 커맨드 객체에 @Valid 애노테이션 적용

먼저 글로벌 범위 Validator를 설정하자. 이를 위해 해야 할 작업은 WebMvcConfigurer 인터페이스에 정의된 getValidator() 메서드를 구현하는 것이다. 구현 예는 [리스트 12.10]과 같다.

[리스트 12.10] 글로벌 범위 Validator 설정을 위한 WebMvcConfigurer 인터페이스의 getValidator() 메서드 구현

```
01  … 생략
02  import org.springframework.validation.Validator;
03  import org.springframework.web.servlet.config.annotation.WebMvcConfigurer;
04  
05  import controller.RegisterRequestValidator;
06  
07  @Configuration
08  @EnableWebMvc
09  public class MvcConfig implements WebMvcConfigurer {
10  
11      @Override
12      public Validator getValidator() {
13          return new RegisterRequestValidator();
14      }
```

스프링 MVC는 WebMvcConfigurer 인터페이스의 getValidator() 메서드가 리턴한 객체를 글로벌 범위 Validator로 사용한다. 글로벌 범위 Validator를 지정하면 @Valid 애노테이션을 사용해서 Validator를 적용할 수 있다. [리스트 12.10]에서 설정한 글로벌 범위 Validator인 RegisterRequestValidator는 RegisterRequest 타입에 대한 검증을 지원한다(RegisterRequest 클래스의 supports() 메서드를 보자). RegisterController 클래스의 handleStep3() 메서드가 RegisterRequest 타입 커맨드 객체를 사용하므로 [리스트 12.11]과 같이 이 파라미터에 @Valid 애노테이션을 붙여서 글로벌 범위 Validator를 적용할 수 있다.

노트 @Valid 애노테이션은 Bean Validation API에 포함되어 있다. 이 API를 사용하려면 의존 설정에 validation-api 모듈을 추가해야 한다. 메이븐을 사용한다면 다음 설정을 추가한다.

```
<dependency>
    <groupId>javax.validation</groupId>
    <artifactId>validation-api</artifactId>
    <version>1.1.0.Final</version>
</dependency>
```

[리스트 12.11] @Valid 애노테이션을 이용한 예

```
01  import javax.validation.Valid;
02  … 생략
03
04  @Controller
05  public class RegisterController {
06      ...
07
08      @PostMapping("/register/step3")
09      public String handleStep3(@Valid RegisterRequest regReq, Errors errors) {
10          if (errors.hasErrors())
11              return "register/step2";
12
13          try {
14              memberRegisterService.regist(regReq);
15              return "register/step3";
16          } catch (DuplicateMemberException ex) {
17              errors.rejectValue("email", "duplicate");
18              return "register/step2";
19          }
20      }
21      ...
```

커맨드 객체에 해당하는 파라미터에 @Valid 애노테이션을 붙이면 글로벌 범위 Validator가 해당 타입을 검증할 수 있는지 확인한다. 검증 가능하면 실제 검증을 수행하고 그 결과를 Errors에 저장한다. 이는 요청 처리 메서드 실행 전에 적용된다.

위 예의 경우 handleStep3() 메서드를 실행하기 전에 @Valid 애노테이션이 붙은 regReq 파라미터를 글로벌 범위 Validator로 검증한다. 글로벌 범위 Validator가 RegisterRequest 타입을 지원하므로 regReq 파라미터로 전달되는 커맨드 객체에 대한 검증을 수행한다. 검증 수행 결과는 Errors 타입 파라미터로 받는다. 이 과정은 handleStep3() 메서드가 실행되기 전에 이뤄지므로 handleStep3() 메서드는 RegisterRequest 객체를 검증하는 코드를 작성할 필요가 없다. 파라미터로 전달받은 Errors를 이용해서 검증 에러가 존재하는지 확인하면 된다.

@Valid 애노테이션을 사용할 때 주의할 점은 Errors 타입 파라미터가 없으면 검증 실패 시 400 에러를 응답한다는 점이다. 예를 들어 다음과 같이 handleStep3() 메서드에서 Errors 타입 파라미터를 없애자.

```
@PostMapping("/register/step3")
public String handleStep3(@Valid RegisterRequest regReq) {
    try {
        memberRegisterService.regist(regReq);
        return "register/step3";
    } catch (DuplicateMemberException ex) {
        return "register/step2";
    }
}
```

이렇게 변경하고 검증에 실패하는 값을 전송하면 [그림 12.6]과 같은 에러 응답을 보게 된다.

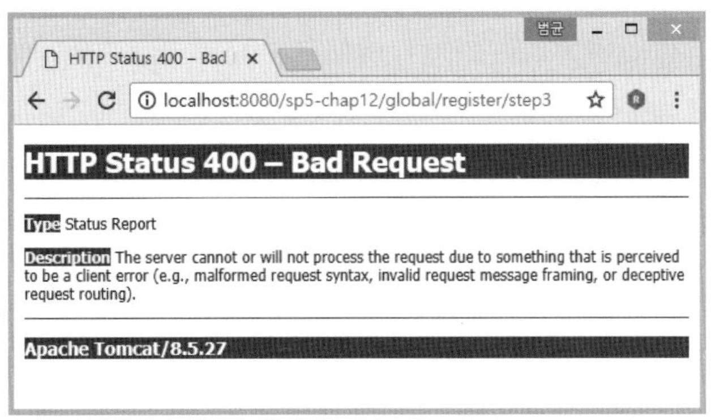

[그림 12.6] 스프링 MVC는 @Valid를 붙인 대상 객체 검증에 실패했을 때 Errors 타입 파라미터가 없으면 400 에러를 응답

글로벌 Validator의 범용성

RegisterRequestValidator 클래스는 RegisterRequest 타입의 객체만 검증할 수 있으므로 모든 컨트롤러에 적용할 수 있는 글로벌 범위 Validator로 적합하지 않다. 스프링 MVC는 자체적으로 제공하는 글로벌 Validator가 존재하는데 이 Validator를 사용하면 Bean Validation이 제공하는 애노테이션을 이용해서 값을 검증할 수 있다. 이에 대한 내용은 뒤에서 살펴본다.

4.2 @InitBinder 애노테이션을 이용한 컨트롤러 범위 Validator

@InitBinder 애노테이션을 이용하면 컨트롤러 범위 Validator를 설정할 수 있다. [리스트 12.12]는 @InitBinder 애노테이션을 사용해서 컨트롤러 범위 Validator를 설정한 예이다.

[리스트 12.12] 컨트롤러 범위 Validator 설정

```
01  package controller;
02
03  import javax.validation.Valid;
04
05  … 생략
06  import org.springframework.web.bind.WebDataBinder;
07  import org.springframework.web.bind.annotation.GetMapping;
08  import org.springframework.web.bind.annotation.InitBinder;
09  … 생략
10
11  @Controller
12  public class RegisterController {
13
14      … 생략
15
16      @PostMapping("/register/step3")
17      public String handleStep3(@Valid RegisterRequest regReq, Errors errors) {
18          if (errors.hasErrors())
19              return "register/step2";
20
21          try {
22              memberRegisterService.regist(regReq);
23              return "register/step3";
24          } catch (DuplicateMemberException ex) {
25              errors.rejectValue("email", "duplicate");
26              return "register/step2";
27          }
28      }
29
30      @InitBinder
31      protected void initBinder(WebDataBinder binder) {
32          binder.setValidator(new RegisterRequestValidator());
33      }
34
35  }
```

17행을 보면 커맨드 객체 파라미터에 @Valid 애노테이션을 적용하고 있다. 글로벌 범위 Validator를 사용할 때와 마찬가지로 handleStep3() 메서드에는 Validator 객체의 validate() 메서드를 호출하는 코드가 없다.

어떤 Validator가 커맨드 객체를 검증할지는 30~33행에 정의한 initBinder() 메서드가 결정한다. @InitBinder 애노테이션을 적용한 메서드는 WebDataBinder 타입 파라미터를 갖는데 WebDataBinder#setValidator() 메서드를 이용해서 컨트롤러 범위에 적용할 Validator를 설정할 수 있다.

[리스트 12.12]는 RegisterRequest 타입을 지원하는 RegisterRequestValidator를 컨트롤러 범위 Validator로 설정했으므로 17행의 @Valid 애노테이션을 붙인 RegisterRequest를 검증할 때 이 Validator를 사용한다.

참고로 @InitBinder가 붙은 메서드는 컨트롤러의 요청 처리 메서드를 실행하기 전에 매번 실행된다. 예를 들어 [리스트 12.12]는 RegisterController 컨트롤러의 요청 처리 메서드인 handleStep1(), handleStep2(), handleStep3()을 실행하기 전에 initBinder() 메서드를 매번 호출해서 WebDataBinder를 초기화한다.

글로벌 범위 Validator와 컨트롤러 범위 Validator의 우선 순위

@InitBinder 애노테이션을 붙인 메서드에 전달되는 WebDataBinder는 내부적으로 Validator 목록을 갖는다. 이 목록에는 글로벌 범위 Validator가 기본으로 포함된다. [리스트 12.12]의 32행에서 WebDataBinder#setValidator(Validator validator) 메서드를 실행하는데 이 메서드는 WebDataBinder가 갖고 있는 Validator를 목록에서 삭제하고 파라미터로 전달받은 Validator를 목록에 추가한다. 즉 setValidator() 메서드를 사용하면 글로벌 범위 Validator 대신에 컨트롤러 범위 Validator를 사용하게 된다.

WebDataBinder#addValidator(Validator ... validators) 메서드는 기존 Validator 목록에 새로운 Validator를 추가한다. 글로벌 범위 Validator가 존재하는 상태에서 addValidator() 메서드를 실행하면 순서상 글로벌 범위 Validator 뒤에 새로 추가한 컨트롤러 범위 Validator가 추가된다. 이 경우 글로벌 범위 Validator를 먼저 적용한 뒤에 컨트롤러 범위 Validator를 적용한다.

5. Bean Validation을 이용한 값 검증 처리

@Valid 애노테이션은 Bean Validation 스펙에 정의되어 있다. 이 스펙은 @Valid 애노테이션뿐만 아니라 @NotNull, @Digits, @Size 등의 애노테이션을 정의하고 있다. 이 애노테이션을 사용하면 Validator 작성 없이 애노테이션만으로 커맨드 객체의 값 검증을 처리할 수 있다.

Bean Validation 2.0 버전을 JSR 380이라고도 부른다. 여기서 JSR은 Java Specification Request의 약자로 자바 스펙을 기술한 문서를 의미한다. 각 스펙마다 고유한 JSR 번호를 갖는다. 예를 들어 Bean Validation 1.0 버전은 JSR 303, 1.1 버전은 JSR 349이다.

Bean Validation이 제공하는 애노테이션을 이용해서 커맨드 객체의 값을 검증하는 방법은 다음과 같다.

- Bean Validation과 관련된 의존을 설정에 추가한다.
- 커맨드 객체에 @NotNull, @Digits 등의 애노테이션을 이용해서 검증 규칙을 설정한다.

가장 먼저 할 작업은 Bean Validation 관련 의존을 추가하는 것이다. Bean Validation을 적용하려면 API를 정의한 모듈과 이 API를 구현한 프로바이더를 의존으로 추가해야 한다. 프로바이더로는 Hibernate Validator를 사용할 것이다. 다음은 pom.xml에 의존 설정을 추가한 예이다.

```
<dependency>
    <groupId>javax.validation</groupId>
    <artifactId>validation-api</artifactId>
    <version>1.1.0.Final</version>
</dependency>
<dependency>
    <groupId>org.hibernate</groupId>
    <artifactId>hibernate-validator</artifactId>
    <version>5.4.2.Final</version>
</dependency>
```

커맨드 클래스는 다음과 같이 Bean Validation과 프로바이더가 제공하는 애노테이션을 이용해서 값 검증 규칙을 설정할 수 있다.

```
import javax.validation.constraints.Size;

import org.hibernate.validator.constraints.Email;
import org.hibernate.validator.constraints.NotBlank;
import org.hibernate.validator.constraints.NotEmpty;

public class RegisterRequest {
    @NotBlank
    @Email
    private String email;
    @Size(min = 6)
    private String password;
    @NotEmpty
    private String confirmPassword;
    @NotEmpty
    private String name;
```

@Size, @NotBlank, @Email, @NotEmpty 애노테이션은 각각 검사하는 조건이 다르지만 애노테이션 이름만 보면 어떤 검사를 하는지 어렵지 않게 유추할 수 있다. 예를 들어 @Size 애노테이션을 붙이면 지정한 크기를 갖는지 검사하고 @NotEmpty 애노테이션을 붙이면 값이 빈 값이 아닌지 검사한다.

Bean Validation 애노테이션을 사용했다면 그 다음으로 할 작업은 Bean Validation 애노테이션을 적용한 커맨드 객체를 검증할 수 있는 OptionalValidatorFactoryBean 클래스를 빈으로 등록하는 것이다.

@EnableWebMvc 애노테이션을 사용하면 OptionalValidatorFactoryBean을 글로벌 범위 Validator로 등록하므로 다음과 같이 @EnableWebMvc 애노테이션을 설정했다면 추가로 설정한 것은 없다.

```
@Configuration
@EnableWebMvc // OptionalValidatorFactoryBean을 글로벌 범위 Validator로 등록
public class MvcConfig implements WebMvcConfigurer {
    ...
}
```

남은 작업은 @Valid 애노테이션을 붙여서 글로벌 범위 Validator로 검증하는 것이다.

```
@PostMapping("/register/step3")
public String handleStep3(@Valid RegisterRequest regReq, Errors errors) {
    if (errors.hasErrors())
        return "register/step2";

    try {
        memberRegisterService.regist(regReq);
        return "register/step3";
    } catch (DuplicateMemberException ex) {
        errors.rejectValue("email", "duplicate");
        return "register/step2";
    }
}
```

만약 글로벌 범위 Validator를 따로 설정했다면 해당 설정을 삭제하자. 아래와 같이 글로벌 범위 Validator를 설정하면 OptionalValidatorFactoryBean을 글로벌 범위 Validator로 사용하지 않는다. 스프링 MVC는 별도로 설정한 글로벌 범위 Validator가 없을 때에 OptionalValidatorFactoryBean를 글로벌 범위 Validator로 사용한다.

```
@Configuration
@EnableWebMvc
public class MvcConfig implements WebMvcConfigurer {

    // 글로벌 범위 Validator를 설정하면
    // OptionalValidatorFactoryBean를 사용하지 않는다.
    @Override
    public Validator getValidator() {
        return new RegisterRequestValidator();
    }
```

실제 검증이 잘 되는지 확인하자. 폼에 아무 값도 입력하지 않고 [가입 완료] 버튼을 눌러 보자. [그림 12.7]은 결과 화면이다.

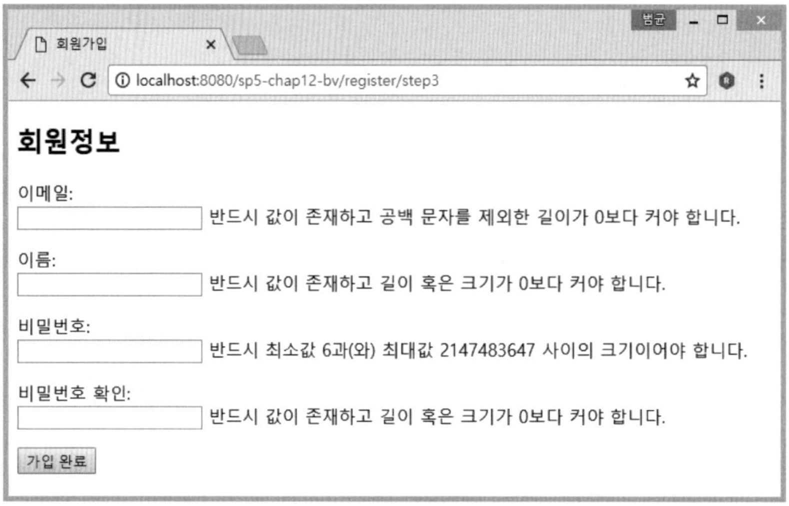

[그림 12.7] Bean Validation 애노테이션을 이용한 검증 결과

[그림 12.7]의 오류 메시지는 앞서 메시지 프로퍼티 파일에 등록한 내용이 아니다. 이 메시지는 Bean Validation 프로바이더(hibernate-validator)가 제공하는 기본 에러 메시지다. 스프링 MVC는 에러 코드에 해당하는 메시지가 존재하지 않을 때 Bean Validation 프로바이더가 제공하는 기본 에러 메시지를 출력한다.

기본 에러 메시지 대신 원하는 에러 메시지를 사용하려면 다음 규칙을 따르는 메시지 코드를 메시지 프로퍼티 파일에 추가하면 된다.

- 애노테이션이름.커맨드객체모델명.프로퍼티명
- 애노테이션이름.프로퍼티명
- 애노테이션이름

다음 코드를 보자.

```
public class RegisterRequest {
    @NotBlank
    @Email
    private String email;
```

값을 검사하는 과정에서 @NotBlank 애노테이션으로 지정한 검사를 통과하지 못할 때 사용하는 메시지 코드는 다음과 같다(커맨드 객체의 모델 이름을 registerRequest라고 가정).

- NotBlank.registerRequest.name
- NotBlank.name
- NotBlank

따라서 다음과 같이 메시지 프로퍼티 파일에 위 규칙에 맞게 에러 메시지를 등록하면 기본 에러 메시지 대신 원하는 에러 메시지를 출력할 수 있다.

```
NotBlank=필수 항목입니다. 공백 문자는 허용하지 않습니다.
NotEmpty=필수 항목입니다.
Size.password=암호 길이는 6자 이상이어야 합니다.
Email=올바른 이메일 주소를 입력해야 합니다.
```

실제 메시지 프로퍼티 파일에 위 내용을 추가하고 다시 폼 검증 결과를 확인해보면 [그림 12.8]과 같이 메시지가 적용된 것을 확인할 수 있다.

[그림 12.8] JSR 303 Validator의 에러 메시지를 변경한 결과 화면

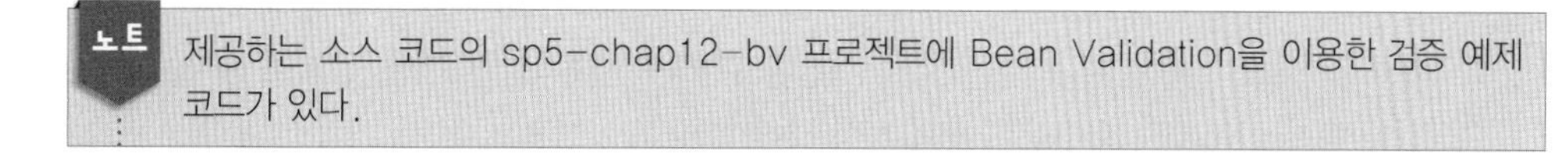
노트 제공하는 소스 코드의 sp5-chap12-bv 프로젝트에 Bean Validation을 이용한 검증 예제 코드가 있다.

5.1 Bean Validation의 주요 애노테이션

Bean Validation 1.1에서 제공하는 주요 애노테이션은 [표 12.1]과 같다. 모든 애노테이션은 javax.validation.constraints 패키지에 정의되어 있다.

[표 12.1] Bean Validation 1.1의 주요 애노테이션

애노테이션	주요 속성	설명	지원 타입
@AssertTrue @AssertFalse		값이 true인지 또는 false인지 검사한다. null은 유효하다고 판단한다.	boolean Boolean
@DecimalMax @DecimalMin	String value • 최대값 또는 최소값 boolean inclusive • 지정값 포함 여부 • 기본값 : true	지정한 값보다 작거나 같은지 또는 크거나 같은지 검사한다. inclusive가 false면 value로 지정한 값은 포함하지 않는다. null은 유효하다고 판단한다.	BigDecimal BigInteger CharSequence 정수타입
@Max @Min	long value	지정한 값보다 작거나 같은지 또는 크거나 같은지 검사한다. null은 유효하다고 판단한다.	BigDecimal BigInteger 정수타입
@Digits	int integer • 최대 정수 자릿수 int fraction • 최대 소수점 자릿수	자릿수가 지정한 크기를 넘지 않는지 검사한다. null은 유효하다고 판단한다.	BigDecimal BigInteger CharSequence 정수타입
@Size	int min • 최소 크기 • 기본값 : 0 int max • 최대 크기 • 기본값 : 정수 최대값	길이나 크기가 지정한 값 범위에 있는지 검사한다. null은 유효하다고 판단한다.	CharSequence Collection Map 배열
@Null @NotNull		값이 null인지 또는 null이 아닌지 검사한다.	
@Pattern	String regexp • 정규표현식	값이 정규표현식에 일치하는지 검사한다. null은 유효하다고 판단한다.	CharSequence

* 정수타입: byte, short, int, long 및 관련 래퍼 타입
* CharSequence 인터페이스의 주요 구현 클래스로 String이 있다.

[표 12.1]을 보면 @NotNull을 제외한 나머지 애노테이션은 검사 대상 값이 null인 경우 유효한 것으로 판단하는 것을 알 수 있다. 따라서 필수 입력 값을 검사할 때에는 다음과 같이 @NotNull과 @Size를 함께 사용해야 한다.

```
@NotNull
@Size(min=1)
private String title;

@NotNull만 사용하면 title의 값이 빈 문자열("")일 경우 값 검사를 통과한다.
```

Hibernate Validator는 @Email이나 @NotBlank와 같은 추가 애노테이션을 지원하는데 이 중 일부는 Bean Validation 2.0에 추가됐다. 스프링 5 버전은 Bean Validation 2.0을 지원하

므로 Bean Validation 2.0을 사용하면 [표 12.2]의 애노테이션을 추가로 사용할 수 있다.

[표 12.2] Bean Validation 2.0이 추가 제공하는 애노테이션

애노테이션	설명	지원 타입
@NotEmpty	문자열이나 배열의 경우 null이 아니고 길이가 0이 아닌지 검사한다. 콜렉션의 경우 null이 아니고 크기가 0이 아닌지 검사한다.	CharSequence Collection Map 배열
@NotBlank	null이 아니고 최소한 한 개 이상의 공백아닌 문자를 포함하는지 검사한다.	CharSequence
@Positive @PositiveOrZero	양수인지 검사한다. OrZero가 붙은 것은 0 또는 양수인지 검사한다. null은 유효하다고 판단한다.	BigDecimal BigInteger 정수타입
@Negative @NegativeOrZero	음수인지 검사한다. OrZero가 붙은 것은 0 또는 음수인지 검사한다. null은 유효하다고 판단한다.	BigDecimal BigInteger 정수타입
@Email	이메일 주소가 유효한지 검사한다. null은 유효하다고 판단한다.	CharSequence
@Future @FutureOrPresent	해당 시간이 미래 시간인지 검사한다. OrPresent가 붙은 것은 현재 또는 미래 시간인지 검사한다. null은 유효하다고 판단한다.	시간 관련 타입
@Past @PastOrPresent	해당 시간이 과거 시간인지 검사한다. OrPresent가 붙은 것은 현재 또는 과거 시간인지 검사한다. null은 유효하다고 판단한다.	시간 관련 타입

*시간 관련 타입: Date, Calendar, Instant, LocalDate, LocalDateTime, MonthDay, OffsetDateTime, OffsetTime, Year, YearMonth, ZonedDateTime 등

Bean Validation 2.0을 사용하고 싶다면 다음 의존을 설정하면 된다.

```
<!-- validation-api는 생략 가능 -->
<dependency>
    <groupId>javax.validation</groupId>
    <artifactId>validation-api</artifactId>
    <version>2.0.1.Final</version>
</dependency>

<dependency>
    <groupId>org.hibernate.validator</groupId>
    <artifactId>hibernate-validator</artifactId>
    <version>6.0.7.Final</version>
</dependency>
```

Chapter 13

MVC 3 : 세션, 인터셉터, 쿠키

이 장에서 다룰 내용

· HttpSession 사용
· HandlerInterceptor
· 쿠키 접근

1. 프로젝트 준비

12장에서 작성한 예제를 이어서 사용하므로 12장에서 생성한 프로젝트를 그대로 사용해도 된다. 이 장에서는 12장과 구분을 위해 sp5-chap13 프로젝트를 생성했다고 가정한다. sp5-chap13 프로젝트를 따로 생성하고 싶다면 다음 절차를 따르면 된다.

- 13장을 위한 sp5-chap13 폴더를 생성한다.
- 12장의 pom.xml 파일과 src 폴더를 그대로 sp5-chap13 폴더에 복사한다.
- sp5-chap13 폴더의 pom.xml에서 <artifactId> 태그의 값을 sp5-chap13로 변경한다.
- 이클립스에서 sp5-chap13 프로젝트를 임포트한다.

2. 로그인 처리를 위한 코드 준비

이 장에서는 세션, 인터셉터, 쿠키에 관한 내용을 설명한다. 로그인 기능을 이용해서 이 내용을 설명할 것이므로 로그인과 관련된 몇 가지 필요한 코드를 만들어보자. 먼저 로그인 성공 후 인증 상태 정보를 세션에 보관할 때 사용할 AuthInfo 클래스를 [리스트 13.1]과 같이 작성한다.

[리스트 13.1] sp5-chap13/src/main/java/spring/AuthInfo.java

```
01  package spring;
02
03  public class AuthInfo {
04
05      private Long id;
06      private String email;
07      private String name;
08
09      public AuthInfo(Long id, String email, String name) {
10          this.id = id;
11          this.email = email;
12          this.name = name;
13      }
14
15      public Long getId() {
16          return id;
17      }
18
19      public String getEmail() {
20          return email;
21      }
22
23      public String getName() {
24          return name;
25      }
26
27  }
```

암호 일치 여부를 확인하기 위한 matchPassword() 메서드를 Member 클래스에 추가한다. 추가한 코드는 [리스트 13.2]와 같다.

[리스트 13.2] sp5-chap13/src/main/java/spring/Member.java

```
01  package spring;
02
03  import java.time.LocalDateTime;
04
05  public class Member {
06
07      private Long id;
08      private String email;
```

```
09      private String password;
10      private String name;
11      private LocalDateTime registerDateTime;
12
13      … 생략
14
15      public boolean matchPassword(String password) {
16          return this.password.equals(password);
17      }
18
19  }
```

이메일과 비밀번호가 일치하는지 확인해서 AuthInfo 객체를 생성하는 AuthService 클래스는 [리스트 13.3]과 같이 작성한다.

[리스트 13.3] sp5-chap13/src/main/java/spring/AuthService.java

```
01  package spring;
02
03  public class AuthService {
04
05      private MemberDao memberDao;
06
07      public void setMemberDao(MemberDao memberDao) {
08          this.memberDao = memberDao;
09      }
10
11      public AuthInfo authenticate(String email, String password) {
12          Member member = memberDao.selectByEmail(email);
13          if (member == null) {
14              throw new WrongIdPasswordException();
15          }
16          if (!member.matchPassword(password)) {
17              throw new WrongIdPasswordException();
18          }
19          return new AuthInfo(member.getId(),
20                  member.getEmail(),
21                  member.getName());
22      }
23
24  }
```

이제 AuthService를 이용해서 로그인 요청을 처리하는 LoginController 클래스를 작성하자. 폼에 입력한 값을 전달받기 위한 LoginCommand 클래스와 폼에 입력된 값이 올바른지 검사하기 위한 LoginCommandValidator 클래스를 각각[리스트 13.4], [리스트 13.5]와 같이 작성한다.

[리스트 13.4] sp5-chap13/src/main/java/controller/LoginCommand.java

```
01  package controller;
02
03  public class LoginCommand {
04
05      private String email;
06      private String password;
07      private boolean rememberEmail;
08
09      public String getEmail() {
10          return email;
11      }
12
13      public void setEmail(String email) {
14          this.email = email;
15      }
16
17      public String getPassword() {
18          return password;
19      }
20
21      public void setPassword(String password) {
22          this.password = password;
23      }
24
25      public boolean isRememberEmail() {
26          return rememberEmail;
27      }
28
29      public void setRememberEmail(boolean rememberEmail) {
30          this.rememberEmail = rememberEmail;
31      }
32
33  }
```

[리스트 13.5] sp5-chap13/src/main/java/controller/LoginCommandValidator.java

```
01  package controller;
02
03  import org.springframework.validation.Errors;
04  import org.springframework.validation.ValidationUtils;
05  import org.springframework.validation.Validator;
06
07  public class LoginCommandValidator implements Validator {
08
09      @Override
10      public boolean supports(Class<?> clazz) {
11          return LoginCommand.class.isAssignableFrom(clazz);
```

```
12      }
13
14      @Override
15      public void validate(Object target, Errors errors) {
16          ValidationUtils.rejectIfEmptyOrWhitespace(errors, "email", "required");
17          ValidationUtils.rejectIfEmpty(errors, "password", "required");
18      }
19
20  }
```

로그인 요청을 처리하는 LoginController 클래스는 [리스트 13.6]과 같이 작성한다. 38행에 주석 처리한 코드는 뒤에서 완성한다.

[리스트 13.6] sp5-chap13/src/main/java/controller/LoginController.java

```
01  package controller;
02
03  import org.springframework.stereotype.Controller;
04  import org.springframework.validation.Errors;
05  import org.springframework.web.bind.annotation.GetMapping;
06  import org.springframework.web.bind.annotation.PostMapping;
07  import org.springframework.web.bind.annotation.RequestMapping;
08
09  import spring.AuthInfo;
10  import spring.AuthService;
11  import spring.WrongIdPasswordException;
12
13  @Controller
14  @RequestMapping("/login")
15  public class LoginController {
16      private AuthService authService;
17
18      public void setAuthService(AuthService authService) {
19          this.authService = authService;
20      }
21
22      @GetMapping
23      public String form(LoginCommand loginCommand) {
24          return "login/loginForm";
25      }
26
27      @PostMapping
28      public String submit(LoginCommand loginCommand, Errors errors) {
29          new LoginCommandValidator().validate(loginCommand, errors);
30          if (errors.hasErrors()) {
31              return "login/loginForm";
32          }
```

```
33          try {
34              AuthInfo authInfo = authService.authenticate(
35                      loginCommand.getEmail(),
36                      loginCommand.getPassword());
37
38              // TODO 세션에 authInfo 저장해야 함
39              return "login/loginSuccess";
40          } catch (WrongIdPasswordException e) {
41              errors.reject("idPasswordNotMatching");
42              return "login/loginForm";
43          }
44      }
45  }
```

LoginController 클래스는 로그인 폼을 보여주기 위해 "login/loginForm" 뷰를 사용하고 로그인 성공 결과를 보여주기 위해 "loginSuccess" 뷰를 사용한다. 두 뷰를 위한 JSP 코드를 각각 [리스트 13.7] 그리고 [리스트 13.8]과 같이 작성한다.

[리스트 13.7] sp5-chap13/src/main/webapp/WEB-INF/view/login/loginForm.jsp

```
01  <%@ page contentType="text/html; charset=utf-8" %>
02  <%@ taglib prefix="form" uri="http://www.springframework.org/tags/form" %>
03  <%@ taglib prefix="spring" uri="http://www.springframework.org/tags" %>
04  <!DOCTYPE html>
05  <html>
06  <head>
07      <title><spring:message code="login.title" /></title>
08  </head>
09  <body>
10      <form:form modelAttribute="loginCommand">
11      <form:errors />
12      <p>
13          <label><spring:message code="email" />:<br>
14          <form:input path="email" />
15          <form:errors path="email"/>
16          </label>
17      </p>
18      <p>
19          <label><spring:message code="password" />:<br>
20          <form:password path="password" />
21          <form:errors path="password"/>
22          </label>
23      </p>
24      <input type="submit" value="<spring:message code="login.btn" />">
25      </form:form>
26  </body>
27  </html>
```

[리스트 13.8] sp5-chap13/src/main/webapp/WEB-INF/view/login/loginSuccess.jsp

```
01  <%@ page contentType="text/html; charset=utf-8" %>
02  <%@ taglib prefix="c" uri="http://java.sun.com/jsp/jstl/core" %>
03  <%@ taglib prefix="spring" uri="http://www.springframework.org/tags" %>
04  <!DOCTYPE html>
05  <html>
06  <head>
07      <title><spring:message code="login.title" /></title>
08  </head>
09  <body>
10      <p>
11          <spring:message code="login.done" />
12      </p>
13      <p>
14          <a href="<c:url value='/main'/>">
15              [<spring:message code="go.main" />]
16          </a>
17      </p>
18  </body>
19  </html>
```

뷰에서 사용할 메시지를 label.properties 파일에 추가한다. 추가한 코드는 [리스트 13.9]의 03~06행이다.

[리스트 13.9] sp5-chap13/src/main/resources/message/label.properties (메시지 추가)

```
01  … 생략
02
03  login.title=로그인
04  login.btn=로그인하기
05  idPasswordNotMatching=아이디와 비밀번호가 일치하지 않습니다.
06  login.done=로그인에 성공했습니다.
```

이제 남은 작업은 컨트롤러와 서비스를 스프링 빈으로 등록하는 것이다. [리스트 13.10]과 [리스트 13.11]처럼 MemberConfig 설정 파일과 ControllerConfig 설정 파일에 앞서 작성한 AuthService 클래스와 LoginController 클래스를 빈으로 등록한다.

[리스트 13.10] sp5-chap13/src/main/java/config/MemberConfig.java

```
01  … 생략
02  import spring.AuthService;
03  import spring.ChangePasswordService;
04  … 생략
05
06  @Configuration
07  @EnableTransactionManagement
```

```
08  public class MemberConfig {
09      ...
10      @Bean
11      public ChangePasswordService changePwdSvc() {
12          ChangePasswordService pwdSvc = new ChangePasswordService();
13          pwdSvc.setMemberDao(memberDao());
14          return pwdSvc;
15      }
16
17      @Bean
18      public AuthService authService() {
19          AuthService authService = new AuthService();
20          authService.setMemberDao(memberDao());
21          return authService;
22      }
23  }
```

[리스트 13.11] sp5-chap13/src/main/java/config/ControllerConfig.java

```
01  package config;
02
03  ... 생략
04  import controller.LoginController;
05  import controller.RegisterController;
06  import spring.AuthService;
07  import spring.MemberRegisterService;
08
09  @Configuration
10  public class ControllerConfig {
11
12      @Autowired
13      private MemberRegisterService memberRegSvc;
14      @Autowired
15      private AuthService authService;
16
17      @Bean
18      public RegisterController registerController() {
19          RegisterController controller = new RegisterController();
20          controller.setMemberRegisterService(memberRegSvc);
21          return controller;
22      }
23
24      @Bean
25      public LoginController loginController() {
26          LoginController controller = new LoginController();
27          controller.setAuthService(authService);
28          return controller;
29      }
30  }
```

로그인 처리에 필요한 기반 코드를 모두 만들었다. 지금까지 작성한 코드가 제대로 동작하는지 확인해보자. 서버를 시작하고 웹 브라우저에서 "http://localhost:8080/sp5-chap13/login"을 입력하자. [그림 13.1]과 같은 로그인 폼이 출력될 것이다.

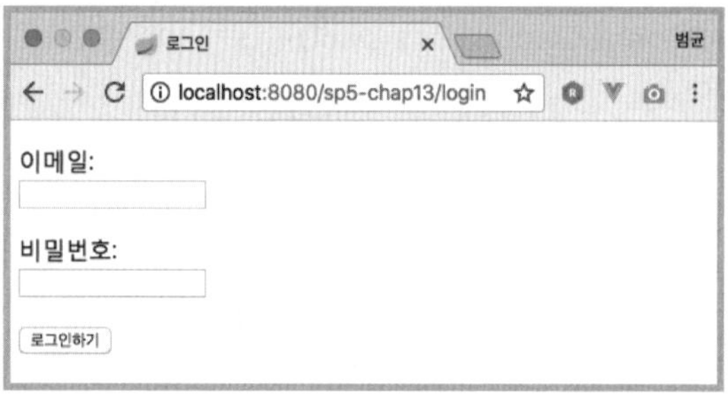

[그림 13.1] 로그인 폼

로그인 폼에서 올바른 이메일과 비밀번호를 입력하면 [그림 13.2]와 같은 성공 화면이 출력된다.

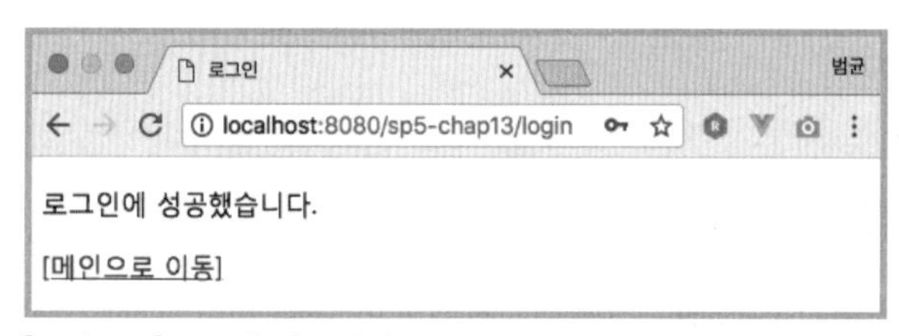

[그림 13.2] 로그인 성공 화면

아이디와 비밀번호를 입력하지 않거나 일치하지 않을 때 에러 메시지가 출력되는지도 확인해보자.

3. 컨트롤러에서 HttpSession 사용하기

로그인 기능을 구현했는데 한 가지 빠진 것이 있다. 그것은 바로 로그인 상태를 유지하는 것이다. 로그인 상태를 유지하는 방법은 크게 HttpSession을 이용하는 방법과 쿠키를 이용하는 방법이 있다. 외부 데이터베이스에 세션 데이터를 보관하는 방법도 사용하는데 큰 틀에서 보면 HttpSession과 쿠키의 두 가지 방법으로 나뉜다. 이 장에서는 HttpSession을 이용해서 로그인 상태를 유지하는 코드를 추가해보자.

컨트롤러에서 HttpSession을 사용하려면 다음의 두 가지 방법 중 한 가지를 사용하면 된다.

- 요청 매핑 애노테이션 적용 메서드에 HttpSession 파라미터를 추가한다.
- 요청 매핑 애노테이션 적용 메서드에 HttpServletRequest 파라미터를 추가하고 HttpServletRequest를 이용해서 HttpSession을 구한다.

다음은 첫 번째 방법을 사용한 코드 예이다.

```
@PostMapping
public String form(LoginCommand loginCommand, Errors errors, HttpSession session) {
    ... // session을 사용하는 코드
}
```

요청 매핑 애노테이션 적용 메서드에 HttpSession 파라미터가 존재할 경우 스프링 MVC는 컨트롤러의 메서드를 호출할 때 HttpSession 객체를 파라미터로 전달한다. HttpSession을 생성하기 전이면 새로운 HttpSession을 생성하고 그렇지 않으면 기존에 존재하는 HttpSession을 전달한다.

두 번째 방법은 다음 코드처럼 HttpServletRequest의 getSession() 메서드를 이용하는 것이다.

```
@PostMapping
public String submit(
        LoginCommand loginCommand, Errors errors, HttpServletRequest req) {
    HttpSession session = req.getSession();
    ... // session을 사용하는 코드
}
```

첫 번째 방법은 항상 HttpSession을 생성하지만 두 번째 방법은 필요한 시점에만 HttpSession을 생성할 수 있다.

LoginController 코드에서 인증 후에 인증 정보를 세션에 담도록 submit() 메서드의 코드를 [리스트 13.12]와 같이 수정해보자.

[리스트 13.12] sp5-chap13/src/main/java/controller/LoginController.java (HttpSession을 사용하는 코드 추가)

```
01  package controller;
02
03  import javax.servlet.http.HttpSession;
04  … 생략
05
06  @Controller
07  @RequestMapping("/login")
08  public class LoginController {
09      … 생략
10
11      @PostMapping
12      public String submit(
```

```
13              LoginCommand loginCommand, Errors errors, HttpSession session) {
14          new LoginCommandValidator().validate(loginCommand, errors);
15          if (errors.hasErrors()) {
16              return "login/loginForm";
17          }
18          try {
19              AuthInfo authInfo = authService.authenticate(
20                      loginCommand.getEmail(),
21                      loginCommand.getPassword());
22
23              session.setAttribute("authInfo", authInfo);
24
25              return "login/loginSuccess";
26          } catch (IdPasswordNotMatchingException e) {
27              errors.reject("idPasswordNotMatching");
28              return "login/loginForm";
29          }
30      }
31  }
```

로그인에 성공하면 23행처럼 HttpSession의 "authInfo" 속성에 인증 정보 객체(authInfo)를 저장하도록 코드를 추가했다.

로그아웃을 위한 컨트롤러 클래스는 HttpSession을 제거하면 된다. [리스트 13.13]과 같이 로그아웃 처리를 위한 LogoutController를 구현해보자.

[리스트 13.13] sp5-chap13/src/main/java/controller/LogoutController.java

```
01  package controller;
02
03  import javax.servlet.http.HttpSession;
04
05  import org.springframework.stereotype.Controller;
06  import org.springframework.web.bind.annotation.RequestMapping;
07
08  @Controller
09  public class LogoutController {
10
11      @RequestMapping("/logout")
12      public String logout(HttpSession session) {
13          session.invalidate();
14          return "redirect:/main";
15      }
16
17  }
```

새로운 컨트롤러를 구현했으므로 스프링 설정에 빈을 추가하자. 이 예제에서는 ControllerConfig 설정 클래스에 추가하면 된다.

```
@Bean
public LogoutController logoutController() {
    return new LogoutController();
}
```

main.jsp 파일을 [리스트 13.14]와 같이 수정해서 HttpSession을 제대로 사용하는지 확인해보자.

[리스트 13.14] sp5-chap13/src/main/webapp/WEB-INF/view/main.jsp

```
01  <%@ page contentType="text/html; charset=utf-8" %>
02  <%@ taglib prefix="c" uri="http://java.sun.com/jsp/jstl/core" %>
03  <!DOCTYPE html>
04  <html>
05  <head>
06      <title>메인</title>
07  </head>
08  <body>
09      <c:if test="${empty authInfo}">
10      <p>환영합니다.</p>
11      <p>
12          <a href="<c:url value="/register/step1" />">[회원 가입하기]</a>
13          <a href="<c:url value="/login" />">[로그인]</a>
14      </p>
15      </c:if>
16
17      <c:if test="${! empty authInfo}">
18      <p>${authInfo.name}님, 환영합니다.</p>
19      <p>
20          <a href="<c:url value="/edit/changePassword" />">[비밀번호 변경]</a>
21          <a href="<c:url value="/logout" />">[로그아웃]</a>
22      </p>
23      </c:if>
24  </body>
25  </html>
```

LoginController는 로그인에 성공할 경우 HttpSession의 "authInfo" 속성에 인증 정보 객체를 저장한다([리스트 13.12]의 23행 참고). 따라서 로그인에 성공하면 17행의 조건절이 true가 되어 18~22행의 내용이 출력된다. 반대로 로그인하지 않은 상태면 09행의 조건절이 true가 되므로 10~14행의 내용이 출력된다.

서버를 시작하고 웹 브라우저에서 로그인을 시도해보자. 로그인에 성공한 뒤 메인으로 이동하면 [그림 13.3]과 같이 HttpSession에 저장된 "authInfo" 속성을 이용해서 로그인한 사용자의 정보를 출력한 것을 확인할 수 있다.

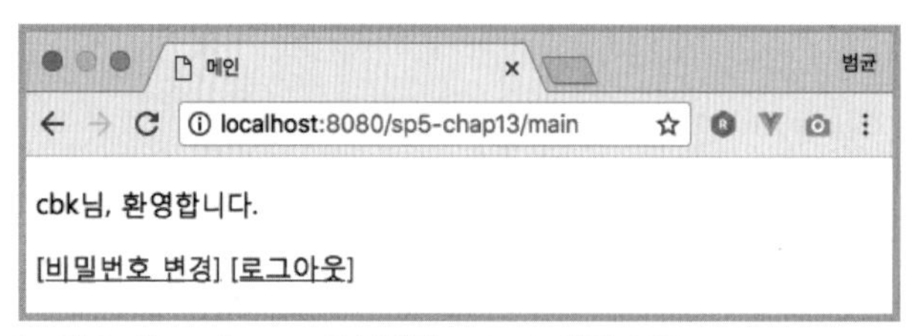

[그림 13.3] HttpSession에 보관된 authInfo 객체 이용

로그아웃하거나 로그인 전이라면 HttpSession에 "authInfo" 속성이 존재하지 않으므로 [그림 13.4]와 같은 화면이 출력된다.

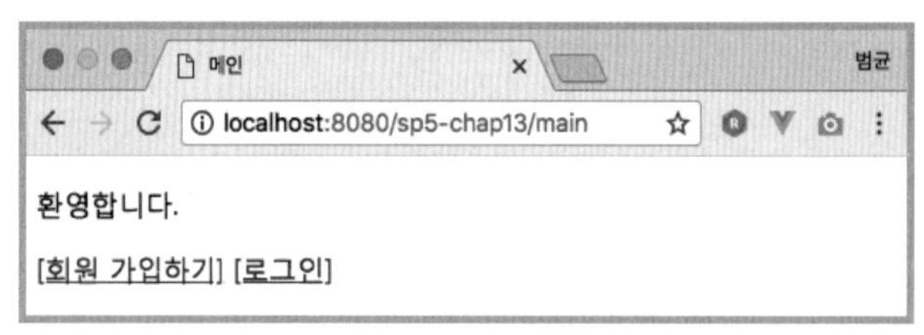

[그림 13.4] 로그인 전 또는 로그아웃 이후의 결과 화면

4. 비밀번호 변경 기능 구현

[그림 13.3]을 보면 비밀번호 변경을 위한 링크가 있다. 비밀번호 변경 기능을 위한 코드는 다음과 같다.

- ChangePwdCommand
- ChangePwdCommandValidator
- ChangePwdController
- changePwdForm.jsp
- changedPwd.jsp
- label.properties에 메시지 추가
- ControllerConfig 설정 클래스에 빈 설정 추가

클래스 이름과 JSP 이름만 봐도 구현을 어떻게 할지 예상이 되는 독자도 있을 것 같다. 먼저 비밀번호 변경에 사용할 커맨드 객체와 Validator 클래스를 작성하자. 비밀번호를 변경할 때 현재 비밀번호와 새 비밀번호를 입력받도록 구현하므로 currentPassword와 newPassword의 두 가지 파라미터가 필요하다. 이를 위한 ChangePwdCommand 클래스는 [리스트 13.15]와 같다.

[리스트 13.15] sp5-chap13/src/main/java/controller/ChangePwdCommand.java

```
01  package controller;
02
03  public class ChangePwdCommand {
04
05      private String currentPassword;
06      private String newPassword;
07
08      public String getCurrentPassword() {
09          return currentPassword;
10      }
11
12      public void setCurrentPassword(String currentPassword) {
13          this.currentPassword = currentPassword;
14      }
15
16      public String getNewPassword() {
17          return newPassword;
18      }
19
20      public void setNewPassword(String newPassword) {
21          this.newPassword = newPassword;
22      }
23
24  }
```

ChangePwdCommand 객체를 검증할 ChangePwdCommandValidator 클래스는 [리스트 13.16]과 같다.

[리스트 13.16] sp5-chap13/src/main/java/controller/ChangePwdCommandValidator.java

```
01  package controller;
02
03  import org.springframework.validation.Errors;
04  import org.springframework.validation.ValidationUtils;
05  import org.springframework.validation.Validator;
06
07  public class ChangePwdCommandValidator implements Validator {
08
09      @Override
10      public boolean supports(Class<?> clazz) {
11          return ChangePwdCommand.class.isAssignableFrom(clazz);
12      }
13
14      @Override
15      public void validate(Object target, Errors errors) {
```

```
16          ValidationUtils.rejectIfEmptyOrWhitespace(
17              errors, "currentPassword", "required");
18          ValidationUtils.rejectIfEmpty(errors, "newPassword", "required");
19      }
20
21  }
```

비밀번호 변경 요청을 처리하는 컨트롤러 클래스는 [리스트 13.17]과 같이 작성한다. 42행을 보면 현재 로그인한 사용자 정보를 구하기 위해 HttpSession의 "authInfo" 속성을 사용하고 있다.

[리스트 13.17] sp5-chap13/src/main/javan/controller/ChangePwdController.java

```
01  package controller;
02
03  import javax.servlet.http.HttpSession;
04
05  import org.springframework.stereotype.Controller;
06  import org.springframework.validation.Errors;
07  import org.springframework.web.bind.annotation.GetMapping;
08  import org.springframework.web.bind.annotation.ModelAttribute;
09  import org.springframework.web.bind.annotation.PostMapping;
10  import org.springframework.web.bind.annotation.RequestMapping;
11
12  import spring.AuthInfo;
13  import spring.ChangePasswordService;
14  import spring.WrongIdPasswordException;
15
16  @Controller
17  @RequestMapping("/edit/changePassword")
18  public class ChangePwdController {
19
20      private ChangePasswordService changePasswordService;
21
22      public void setChangePasswordService(
23              ChangePasswordService changePasswordService) {
24          this.changePasswordService = changePasswordService;
25      }
26
27      @GetMapping
28      public String form(
29              @ModelAttribute("command") ChangePwdCommand pwdCmd) {
30          return "edit/changePwdForm";
31      }
32
33      @PostMapping
34      public String submit(
```

```
35              @ModelAttribute("command") ChangePwdCommand pwdCmd,
36              Errors errors,
37              HttpSession session) {
38          new ChangePwdCommandValidator().validate(pwdCmd, errors);
39          if (errors.hasErrors()) {
40              return "edit/changePwdForm";
41          }
42          AuthInfo authInfo = (AuthInfo) session.getAttribute("authInfo");
43          try {
44              changePasswordService.changePassword(
45                      authInfo.getEmail(),
46                      pwdCmd.getCurrentPassword(),
47                      pwdCmd.getNewPassword());
48              return "edit/changedPwd";
49          } catch (WrongIdPasswordException e) {
50              errors.rejectValue("currentPassword", "notMatching");
51              return "edit/changePwdForm";
52          }
53      }
54  }
```

컨트롤러의 처리 결과를 보여줄 changePwdForm 뷰와 changedPwd 뷰 코드는 각각 [리스트 13.18], [리스트 13.19]와 같이 작성한다.

[리스트 13.18] sp5-chap13/src/main/webapp/WEB-INF/view/edit/changePwdForm.jsp

```
01  <%@ page contentType="text/html; charset=utf-8" %>
02  <%@ taglib prefix="form" uri="http://www.springframework.org/tags/form" %>
03  <%@ taglib prefix="spring" uri="http://www.springframework.org/tags" %>
04  <!DOCTYPE html>
05  <html>
06  <head>
07      <title><spring:message code="change.pwd.title" /></title>
08  </head>
09  <body>
10      <form:form>
11      <p>
12          <label><spring:message code="currentPassword" />:<br>
13          <form:input path="currentPassword" />
14          <form:errors path="currentPassword"/>
15          </label>
16      </p>
17      <p>
18          <label><spring:message code="newPassword" />:<br>
19          <form:password path="newPassword" />
20          <form:errors path="newPassword"/>
```

```
21            </label>
22        </p>
23        <input type="submit" value="<spring:message code="change.btn" />">
24        </form:form>
25    </body>
26    </html>
```

[리스트 13.19] sp5-chap13/src/main/webapp/WEB-INF/view/changedPwd.jsp

```
01    <%@ page contentType="text/html; charset=utf-8" %>
02    <%@ taglib prefix="c" uri="http://java.sun.com/jsp/jstl/core" %>
03    <%@ taglib prefix="spring" uri="http://www.springframework.org/tags" %>
04    <!DOCTYPE html>
05    <html>
06    <head>
07        <title><spring:message code="change.pwd.title" /></title>
08    </head>
09    <body>
10        <p>
11            <spring:message code="change.pwd.done" />
12        </p>
13        <p>
14            <a href="<c:url value='/main'/>">
15                [<spring:message code="go.main" />]
16            </a>
17        </p>
18    </body>
19    </html>
```

뷰 코드에서 사용할 메시지를 label.properties 파일에 [리스트 13.20]과 같이 추가하자.

[리스트 13.20] sp5-chap13/src/main/resources/message/label.properties

```
01    … 생략
02
03    change.pwd.title=비밀번호 변경
04    currentPassword=현재 비밀번호
05    newPassword=새 비밀번호
06    change.btn=변경하기
07    notMatching.currentPassword=비밀번호를 잘못 입력했습니다.
08    change.pwd.done=비밀번호를 변경했습니다.
```

마지막 남은 것은 ControllerConfig 설정에 ChangePwdController를 빈으로 등록하는 것이다. [리스트 13.21]과 같이 ControllerConfig.java 파일에 빈 설정을 추가한다.

[리스트 13.21] sp5-chap13/src/main/java/config/ControllerConfig.java

```
01  … 생략
02  import controller.ChangePwdController;
03  import spring.ChangePasswordService;
04
05  @Configuration
06  public class ControllerConfig {
07
08      @Autowired
09      private ChangePasswordService changePasswordService;
10
11      … 생략
12
13      @Bean
14      public ChangePwdController changePwdController() {
15          ChangePwdController controller = new ChangePwdController();
16          controller.setChangePasswordService(changePasswordService);
17          return controller;
18      }
19  }
```

이제 확인할 차례이다. 비밀번호 변경 기능을 테스트하려면 다음 순서대로 실행하면 된다.

- http://localhost:8080/sp5-chap13/login으로 로그인 실행
- 메인 화면(http://localhost:8080/sp5-chap13/main)에서 로그인 확인
- 메인 화면에서 비밀번호 변경 링크를 눌러서 변경 폼으로 이동
- 비밀번호 변경
- 메인 화면에서 로그아웃 후 다시 로그인 시도
- 비밀번호가 변경되었는지 확인

이 과정에서 주의할 점이 하나 있다. 그것은 바로 서버를 재시작하면 로그인부터 다시 해야 한다는 것이다. 서버를 재시작하면 세션 정보가 유지되지 않기 때문에 세션에 보관된 "authInfo" 객체 정보가 사라진다. 즉 서버를 재시작하면 [리스트 13.17]에서 ChangePwdController 클래스의 42행 코드는 null을 리턴한다.

```
// 서버를 재시작하면 세션이 삭제되기 때문에 아래 코드는 null을 리턴한다.
AuthInfo authInfo = (AuthInfo) session.getAttribute("authInfo");
```

위 코드에서 authInfo가 null이 되면 비밀번호 변경 기능을 실행하는 과정에서 NullPointerException이 발생하게 된다. 기능을 테스트하는 도중에 코드를 수정해서 서버를 재시작했다면 로그인 과정부터 다시 시작해야 한다.

실제로 비밀번호 변경 기능을 실행해보자. [그림 13.5]와 같이 입력폼에서 현재 비밀번호와 새 비밀번호를 입력하면 비밀번호가 변경될 것이다.

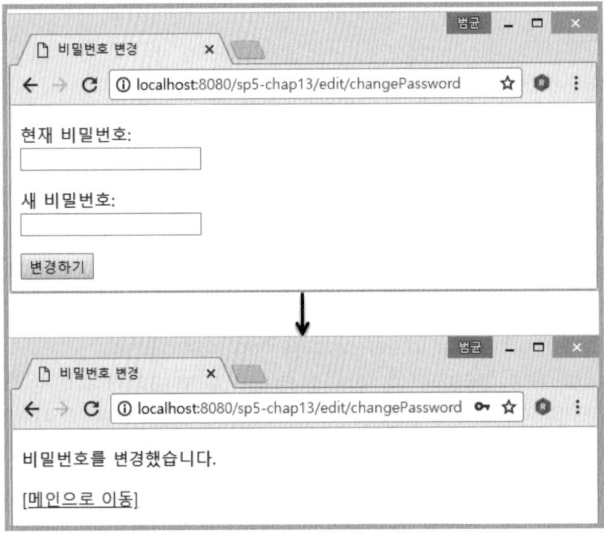

[그림 13.5] 비밀번호 변경 기능

5. 인터셉터 사용하기

로그인하지 않은 상태에서 http://localhost:8080/sp5-chap13/edit/changePassword 주소를 웹 브라우저에서 입력해보자. 비밀번호 변경 폼이 출력된다. 로그인하지 않았는데 변경 폼이 출력되는 것은 이상하다. 그것보다는 로그인하지 않은 상태에서 비밀번호 변경 폼을 요청하면 로그인 화면으로 이동시키는 것이 더 좋은 방법이다.

이를 위해 다음과 같이 HttpSession에 "authInfo" 객체가 존재하는지 검사하고 존재하지 않으면 로그인 경로로 리다이렉트하도록 ChangePwdController 클래스를 수정할 수 있다.

```
@GetMapping
public String form(
        @ModelAttribute("command") ChangePwdCommand pwdCmd,
        HttpSession session) {
    AuthInfo authInfo = (AuthInfo) session.getAttribute("authInfo");
    if (authInfo == null) {
        return "redirect:/login";
    }
    return "edit/changePwdForm";
}
```

그런데 실제 웹 어플리케이션에서는 비밀번호 변경 기능 외에 더 많은 기능에 로그인 여부를 확인해야 한다. 각 기능을 구현한 컨트롤러 코드마다 세션 확인 코드를 삽입하는 것은 많은 중복을 일으킨다.

이렇게 다수의 컨트롤러에 대해 동일한 기능을 적용해야 할 때 사용할 수 있는 것이 HandlerInterceptor이다.

5.1 HandlerInterceptor 인터페이스 구현하기

org.springframework.web.HandlerInterceptor 인터페이스를 사용하면 다음의 세 시점에 공통 기능을 넣을 수 있다(org.springframework.web 패키지는 이후 o.s.w로 표현하겠다).

- 컨트롤러(핸들러) 실행 전
- 컨트롤러(핸들러) 실행 후, 아직 뷰를 실행하기 전
- 뷰를 실행한 이후

세 시점을 처리하기 위해 HandlerInterceptor 인터페이스는 다음 메서드를 정의하고 있다.

- boolean preHandle(
  HttpServletRequest request,
  HttpServletResponse response,
  Object handler) throws Exception;
- void postHandle(
  HttpServletRequest request,
  HttpServletResponse response,
  Object handler,
  ModelAndView modelAndView) throws Exception;
- void afterCompletion(
  HttpServletRequest request,
  HttpServletResponse response,
  Object handler,
  Exception ex) throws Exception;

preHandle() 메서드는 컨트롤러(핸들러) 객체를 실행하기 전에 필요한 기능을 구현할 때 사용한다. handler 파라미터는 웹 요청을 처리할 컨트롤러(핸들러) 객체이다. 이 메서드를 사용하면 다음 작업이 가능하다.

- 로그인하지 않은 경우 컨트롤러를 실행하지 않음

● 컨트롤러를 실행하기 전에 컨트롤러에서 필요로 하는 정보를 생성

preHandle() 메서드의 리턴 타입은 boolean이다. preHandle() 메서드가 false를 리턴하면 컨트롤러(또는 다음 HandlerInterceptor)를 실행하지 않는다.

postHandle() 메서드는 컨트롤러(핸들러)가 정상적으로 실행된 이후에 추가 기능을 구현할 때 사용한다. 컨트롤러가 익셉션을 발생하면 postHandle() 메서드는 실행하지 않는다.

afterCompletion() 메서드는 뷰가 클라이언트에 응답을 전송한 뒤에 실행된다. 컨트롤러 실행 과정에서 익셉션이 발생하면 이 메서드의 네 번째 파라미터로 전달된다. 익셉션이 발생하지 않으면 네 번째 파라미터는 null이 된다. 따라서 컨트롤러 실행 이후에 예기치 않게 발생한 익셉션을 로그로 남긴다거나 실행 시간을 기록하는 등의 후처리를 하기에 적합한 메서드이다.

HandlerInterceptor와 컨트롤러의 실행 흐름을 그림으로 보면 [그림 13.6]과 같이 정리할 수 있다. HandlerMapping, ViewResolver, HandlerAdapter 등과의 흐름은 생략했다. 앞의 설명을 그림과 비교하면서 다시 읽어보면 이해가 더 잘 될 것이다.

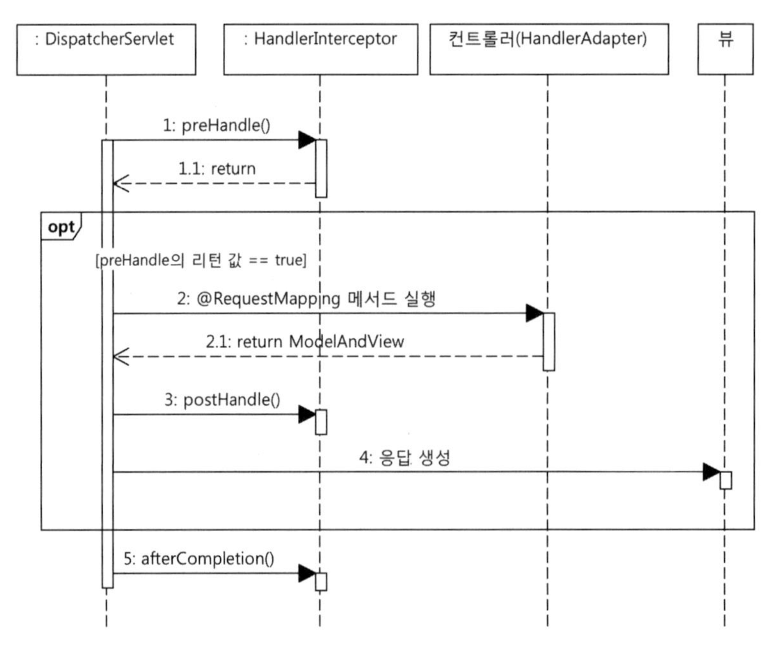

[그림 13.6] HandlerInterceptor의 실행 흐름

HandlerInterceptor 인터페이스의 각 메서드는 아무 기능도 구현하지 않은 자바 8의 디폴트 메서드이다. 따라서 HandlerInterceptor 인터페이스의 메서드를 모두 구현할 필요가 없다. 이 인터페이스를 상속받고 필요한 메서드만 재정의하면 된다.

비밀번호 변경 기능에 접근할 때 HandlerInterceptor를 사용하면 로그인 여부에 따라 로그인 폼으로 보내거나 컨트롤러를 실행하도록 구현할 수 있다. 여기서 만들 HandlerInterceptor 구현 클래스는 preHandle() 메서드를 사용한다. HttpSession에 "authInfo" 속성이 존재하지 않으면 지정한 경로로 리다이렉트하도록 구현하면 된다. 구현 코드는 [리스트 13.22]와 같다.

[리스트 13.22] sp5-chap13/src/main/java/interceptor/AuthCheckInterceptor.java

```
01  package interceptor;
02
03  import javax.servlet.http.HttpServletRequest;
04  import javax.servlet.http.HttpServletResponse;
05  import javax.servlet.http.HttpSession;
06
07  import org.springframework.web.servlet.HandlerInterceptor;
08
09  public class AuthCheckInterceptor implements HandlerInterceptor {
10
11      @Override
12      public boolean preHandle(
13              HttpServletRequest request,
14              HttpServletResponse response,
15              Object handler) throws Exception {
16          HttpSession session = request.getSession(false);
17          if (session != null) {
18              Object authInfo = session.getAttribute("authInfo");
19              if (authInfo != null) {
20                  return true;
21              }
22          }
23          response.sendRedirect(request.getContextPath() + "/login");
24          return false;
25      }
26
27  }
```

preHandle() 메서드는 HttpSession에 "authInfo" 속성이 존재하면 true를 리턴한다. 존재하지 않으면 23행에서 리다이렉트 응답을 생성한 뒤 false를 리턴한다. preHandle() 메서드에서 true를 리턴하면 컨트롤러를 실행하므로 로그인 상태면 컨트롤러를 실행한다. 반대로 false를 리턴하면 로그인 상태가 아니므로 23행에서 지정한 경로로 리다이렉트한다.

참고로 23행에서 request.getContextPath()는 현재 컨텍스트 경로를 리턴한다. 예를 들어 웹 어플리케이션 경로가 http://localhost:8080/sp5-chap13이면 컨텍스트 경로는 /sp5-chap13이 된다. 따라서 23행은 "/sp5-chap13/login"으로 리다이렉트하라는 응답을 전송한다.

5.2 HandlerInterceptor 설정하기

HandlerInterceptor를 구현하면 HandlerInterceptor를 어디에 적용할지 설정해야 한다. 관련 설정은 [리스트 13.23]과 같다. 굵게 표시한 부분을 MvcConfig 설정 클래스에 추가하자.

[리스트 13.23] sp5-chap13/src/main/java/config/MvcConfig.java (HandlerInterceptor 설정 추가)

```
01  … 생략
02  import org.springframework.web.servlet.config.annotation.EnableWebMvc;
03  import org.springframework.web.servlet.config.annotation.InterceptorRegistry;
04  … 생략
05
06  import interceptor.AuthCheckInterceptor;
07
08  @Configuration
09  @EnableWebMvc
10  public class MvcConfig implements WebMvcConfigurer {
11
12      … 생략
13
14      @Override
15      public void addInterceptors(InterceptorRegistry registry) {
16          registry.addInterceptor(authCheckInterceptor())
17              .addPathPatterns("/edit/**");
18      }
19
20      @Bean
21      public AuthCheckInterceptor authCheckInterceptor() {
22          return new AuthCheckInterceptor();
23      }
24
25  }
```

15행의 WebMvcConfigurer#addInterceptors() 메서드는 인터셉터를 설정하는 메서드이다.

InterceptorRegistry#addInterceptor() 메서드는 HandlerInterceptor 객체를 설정한다. 16행은 AuthCheckInterceptor 객체를 인터셉터로 설정한다.

InterceptorRegistry#addInterceptor() 메서드는 InterceptorRegistration 객체를 리턴하는데 이 객체의 addPathPatterns() 메서드는 인터셉터를 적용할 경로 패턴을 지정

한다. 이 경로는 Ant 경로 패턴을 사용한다. 두 개 이상 경로 패턴을 지정하려면 각 경로 패턴을 콤마로 구분해서 지정한다. 17행은 /edit/로 시작하는 모든 경로에 인터셉터를 적용한다.

Ant 경로 패턴

Ant 패턴은 *, **, ?의 세 가지 특수 문자를 이용해서 경로를 표현한다. 각 문자는 다음의 의미를 갖는다.

- * : 0개 또는 그 이상의 글자
- ? : 1개 글자
- ** : 0개 또는 그 이상의 폴더 경로

이들 문자를 사용한 경로 표현 예는 다음과 같다.

- @RequestMapping("/member/?*.info") :
  /member/로 시작하고 확장자가 .info로 끝나는 모든 경로
- @RequestMapping("/faq/f?00.fq") :
  /faq/f로 시작하고, 1글자가 사이에 위치하고 00.fq로 끝나는 모든 경로
- @RequestMapping("/folders/**/files") :
  /folders/로 시작하고, 중간에 0개 이상의 중간 경로가 존재하고 /files로 끝나는 모든 경로. 예를 들어 /folders/files, /folders/1/2/3/files 등이 일치한다.

HandlerInterceptor가 실제로 적용되는지 확인해보자. addPathPatterns() 메서드에 /edit/**를 주었으므로 /edit/changePassword 경로에 AuthCheckInterceptor가 적용된다. 따라서 로그인하지 않은 상태에서 /edit/changePassword에 접근하면 로그인 폼으로 리다이렉트되어야 한다. 실제로 로그인하지 않은 상태에서 웹 브라우저에 http://localhost:8080/sp5-chap13/edit/changePassword를 입력해보자. 그러면 /login 경로로 리다이렉트되어 로그인 폼을 볼 수 있을 것이다.

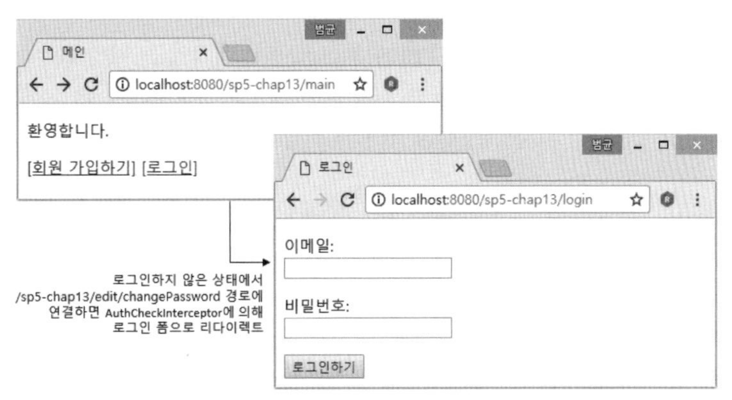

[그림 13.7] 로그인하지 않은 상태에서 /edit/changePassword에 연결하면 AuthCheckInterceptor에 의해 /login 경로로 리다이렉트된다.

addPathPatterns() 메서드에 지정한 경로 패턴 중 일부를 제외하고 싶다면 excludePath Patterns() 메서드를 사용한다.

```
@Configuration
@EnableWebMvc
public class MvcConfig implements WebMvcConfigurer {

    @Override
    public void addInterceptors(InterceptorRegistry registry) {
        registry.addInterceptor(authCheckInterceptor())
            .addPathPatterns("/edit/**")
            .excludePathPatterns("/edit/help/**");
    }
```

제외할 경로 패턴은 두 개 이상이면 각 경로 패턴을 콤마로 구분하면 된다.

6. 컨트롤러에서 쿠키 사용하기

이 장의 마지막 주제는 쿠키에 대한 것이다. 사용자 편의를 위해 아이디를 기억해 두었다가 다음에 로그인할 때 아이디를 자동으로 넣어주는 사이트가 많다. 이 기능을 구현할 때 쿠키를 사용한다. 이 장의 예제에도 쿠키를 사용해서 이메일 기억하기 기능을 추가해보자.

이메일 기억하기 기능을 구현하는 방식은 다음과 같다.

- 로그인 폼에 '이메일 기억하기' 옵션을 추가한다.
- 로그인 시에 '이메일 기억하기' 옵션을 선택했으면 로그인 성공 후 쿠키에 이메일을 저장한다. 이때 쿠키는 웹 브라우저를 닫더라도 삭제되지 않도록 유효시간을 길게 설정한다.
- 이후 로그인 폼을 보여줄 때 이메일을 저장한 쿠키가 존재하면 입력 폼에 이메일을 보여준다.

앞서 로그인과 관련해서 작성했던 LoginCommand 클래스에는 이미 rememberEmail 필드가 존재한다. 이 필드를 사용하도록 LoginController와 loginForm.jsp를 알맞게 수정해서 이메일 기억하기 기능을 구현할 것이다.

```
public class LoginCommand {

    private String email;
    private String password;
    private boolean rememberEmail;
```

이메일 기억하기 기능을 위해 수정할 코드는 다음의 네 곳이다.

- loginForm.jsp : 이메일 기억하기 선택 항목을 추가한다.

- **LoginController의 form() 메서드** : 쿠키가 존재할 경우 폼에 전달할 커맨드 객체의 email 프로퍼티를 쿠키의 값으로 설정한다.
- **LoginController의 submit() 메서드** : 이메일 기억하기 옵션을 선택한 경우 로그인 성공 후에 이메일을 담고 있는 쿠키를 생성한다.
- **label.properties** : 메시지를 추가한다.

먼저 loginForm.jsp를 수정해서 이메일 기억하기를 선택할 수 있도록 체크박스를 추가한다. [리스트 13.24]의 18~22행 부분을 추가하면 된다.

[리스트 13.24] sp5-chap13/src/main/webapp/WEB-INF/view/login/loginForm.jsp (이메일 기억하기 체크박스 추가)

```
01  <%@ page contentType="text/html; charset=utf-8" %>
02  … 생략
03  <body>
04      <form:form commandName="loginCommand">
05      <form:errors />
06      <p>
07          <label><spring:message code="email" />:<br>
08          <form:input path="email" />
09          <form:errors path="email"/>
10          </label>
11      </p>
12      <p>
13          <label><spring:message code="password" />:<br>
14          <form:password path="password" />
15          <form:errors path="password"/>
16          </label>
17      </p>
18      <p>
19          <label><spring:message code="rememberEmail" />:
20          <form:checkbox path="rememberEmail"/>
21          </label>
22      </p>
23      <input type="submit" value="<spring:message code="login.btn" />">
24      </form:form>
25  </body>
26  </html>
```

19행에서 새로운 메시지를 사용했으므로 label.properties에 [리스트 13.25]의 07행과 같이 메시지를 추가한다.

[리스트 13.25] sp5-chap13/src/main/resources/message/label.properties

```
01  … 생략
02
03  login.title=로그인
04  login.btn=로그인하기
05  idPasswordNotMatching=아이디와 비밀번호가 일치하지 않습니다.
06  login.done=로그인에 성공했습니다.
07  rememberEmail=이메일 기억하기
08
09  change.pwd.title=비밀번호 변경
10  … 생략
```

다음 수정할 코드는 LoginController의 form() 메서드이다. form() 메서드는 이메일 정보를 기억하고 있는 쿠키가 존재하면 해당 쿠키의 값을 이용해서 LoginCommand 객체의 email 프로퍼티 값을 설정하면 된다.

스프링 MVC에서 쿠키를 사용하는 방법 중 하나는 @CookieValue 애노테이션을 사용하는 것이다. @CookieValue 애노테이션은 요청 매핑 애노테이션 적용 메서드의 Cookie 타입 파라미터에 적용한다. 이를 통해 쉽게 쿠키를 Cookie 파라미터로 전달받을 수 있다. @CookieValue 애노테이션을 사용하면 form() 메서드를 [리스트 13.26]과 같이 구현할 수 있다.

[리스트 13.26] sp5-chap13/src/main/java/controller/LoginController.java의 form() 메서드 (@CookieValue를 이용해서 쿠키를 전달받도록 수정)

```
01  package controller;
02
03  import javax.servlet.http.Cookie;
04  … 생략
05  import org.springframework.web.bind.annotation.CookieValue;
06  import org.springframework.web.bind.annotation.GetMapping;
07  … 생략
08
09  @Controller
10  @RequestMapping("/login")
11  public class LoginController {
12      private AuthService authService;
13
14      public void setAuthService(AuthService authService) {
15          this.authService = authService;
16      }
17
18      @GetMapping
19      public String form(LoginCommand loginCommand,
20          @CookieValue(value = "REMEMBER", required = false) Cookie rCookie) {
```

```
21          if (rCookie != null) {
22              loginCommand.setEmail(rCookie.getValue());
23              loginCommand.setRememberEmail(true);
24          }
25          return "login/loginForm";
26      }
```

@CookieValue 애노테이션의 value 속성은 쿠키의 이름을 지정한다. 20행 코드는 이름이 REMEMBER인 쿠키를 Cookie 타입으로 전달받는다. 지정한 이름을 가진 쿠키가 존재하지 않을 수도 있다면 required 속성값을 false로 지정한다.

이 예제의 경우 이메일 기억하기를 선택하지 않을 수도 있기 때문에 required 속성값을 false로 지정했다. required 속성의 기본 값은 true이다. required가 true인 상태에서 지정한 이름을 가진 쿠키가 존재하지 않으면 스프링 MVC는 익셉션을 발생시킨다.

REMEMBER 쿠키가 존재하면 22행 코드처럼 쿠키의 값을 읽어와 커맨드 객체의 email 프로퍼티 값을 설정한다. 커맨드 객체를 사용해서 폼을 출력하므로 REMEMBER 쿠키가 존재하면 입력 폼의 email 프로퍼티에 쿠키값이 채워져서 출력된다.

실제로 REMEMBER 쿠키를 생성하는 부분은 로그인을 처리하는 submit() 메서드이다. 쿠키를 생성하려면 HttpServletResponse 객체가 필요하므로 submit() 메서드의 파라미터로 HttpServletResponse 타입을 추가한다. 수정한 코드는 [리스트 13.27]과 같다. 15행에 HttpServletResponse 타입의 파라미터를 추가했고, 27~35행에 쿠키를 생성하거나 삭제(33행)하는 코드를 추가했다.

[리스트 13.27] sp5-chap13/src/main/java/controller/LoginController.java의 submit() 메서드 (쿠키를 생성하도록 수정)

```
01  package controller;
02
03  import javax.servlet.http.Cookie;
04  import javax.servlet.http.HttpServletResponse;
05  … 생략
06
07  @Controller
08  @RequestMapping("/login")
09  public class LoginController {
10      … 생략
11
12      @PostMapping
13      public String submit(
14              LoginCommand loginCommand, Errors errors, HttpSession session,
15              HttpServletResponse response) {
16          new LoginCommandValidator().validate(loginCommand, errors);
```

```
17          if (errors.hasErrors()) {
18             return "login/loginForm";
19          }
20          try {
21             AuthInfo authInfo = authService.authenticate(
22                   loginCommand.getEmail(),
23                   loginCommand.getPassword());
24
25             session.setAttribute("authInfo", authInfo);
26
27             Cookie rememberCookie =
28                   new Cookie("REMEMBER", loginCommand.getEmail());
29             rememberCookie.setPath("/");
30             if (loginCommand.isRememberEmail()) {
31                rememberCookie.setMaxAge(60 * 60 * 24 * 30);
32             } else {
33                rememberCookie.setMaxAge(0);
34             }
35             response.addCookie(rememberCookie);
36
37             return "login/loginSuccess";
38          } catch (IdPasswordNotMatchingException e) {
39             errors.reject("idPasswordNotMatching");
40             return "login/loginForm";
41          }
42       }
43    }
```

로그인에 성공하면 이메일 기억하기를 선택했는지 여부에 따라(30행), 30일동안 유지되는 쿠키를 생성하거나(31행) 바로 삭제되는(33행) 쿠키를 생성한다.

> **노트** 이 책은 예제 코드이므로 쿠키값으로 이메일 주소를 저장할 때 평문 그대로 저장했다. 하지만 이메일 주소는 민감한 개인 정보이므로 실제 서비스에서는 암호화해서 보안을 높여야 한다.

모든 준비가 끝났으니 이메일 기억하기 기능을 테스트할 시간이다. 로그인할 때 '이메일 기억하기' 체크박스를 선택해보자. 로그인에 성공했다면 로그아웃을 한 뒤 다시 로그인 폼으로 이동해보자. 그러면 [그림 13.8]처럼 이전에 입력한 이메일 주소가 폼에 출력되는 것을 확인할 수 있을 것이다.

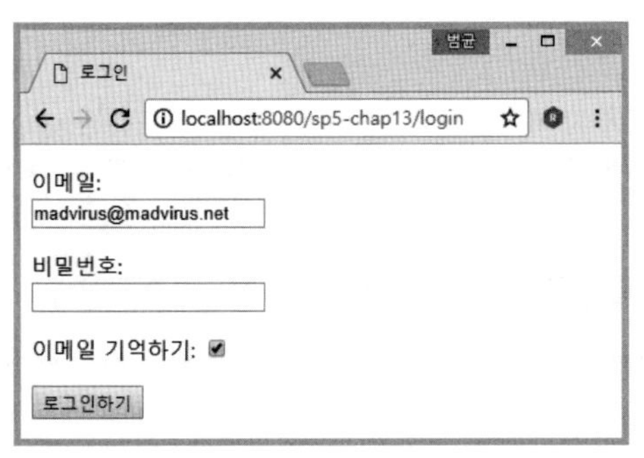

[그림 13.8] 쿠키를 사용한 이메일 기억하기 기능 구현

Chapter 14

MVC 4 : 날짜 값 변환, @PathVariable, 익셉션 처리

이 장에서 다룰 내용

· @DateTimeFormat
· @PathVariabler
· 익셉션 처리

1. 프로젝트 준비

이번 장의 예제는 13장에서 작성한 예제를 이어서 작성한다. 따라서 13장을 진행하면서 사용한 프로젝트를 그대로 사용하면 된다. 14장을 위한 프로젝트를 따로 생성하고 싶다면 다음 과정에 따라 별도 프로젝트를 생성한다.

- 14장을 위한 sp5-chap14 폴더를 생성한다.
- 13장의 pom.xml과 src 폴더를 그대로 sp5-chap14 폴더에 복사한다.
- sp5-chap14 폴더의 pom.xml에서 〈artifactId〉 태그의 값을 sp5-chap14로 변경한다.
- 이클립스에서 sp5-chap14 메이븐 프로젝트를 임포트한다.

이 책에서는 14장을 위한 sp5-chap14 프로젝트를 생성했다고 가정하고 예제를 진행한다. 예제에서 사용할 주소는 http://localhost:8080/sp5-chap14와 같이 14장을 위한 URL을 사용한다.

2. 날짜를 이용한 회원 검색 기능

회원 가입 일자를 기준으로 검색하는 기능을 구현하면서 몇 가지 스프링 MVC의 특징을 설명할 것이다. 이를 위해 MemberDao 클래스에 [리스트 14.1]의 selectByRegdate() 메서드를 추가하자.

[리스트 14.1] sp5-chap14/src/main/java/spring/MemberDao.java (selectByRegdate() 메서드 추가)

```
01  package spring;
02
03  … 생략
04  import java.time.LocalDateTime;
05  … 생략
06
07  public class MemberDao {
08
09      private JdbcTemplate jdbcTemplate;
10
11      public MemberDao(DataSource dataSource) {
12          this.jdbcTemplate = new JdbcTemplate(dataSource);
13      }
14      … 생략
15
16      public List<Member> selectByRegdate(
17                              LocalDateTime from, LocalDateTime to) {
18          List<Member> results = jdbcTemplate.query(
19                  "select * from MEMBER where REGDATE between ? and ? "+
20                  "order by REGDATE desc",
21                  new RowMapper<Member>() {
22                      @Override
23                      public Member mapRow(ResultSet rs, int rowNum)
24                              throws SQLException {
25                          Member member = new Member(
26                              rs.getString("EMAIL"),
27                              rs.getString("PASSWORD"),
28                              rs.getString("NAME"),
29                              rs.getTimestamp("REGDATE").toLocalDateTime());
30                          member.setId(rs.getLong("ID"));
31                          return member;
32                      }
33                  },
34                  from, to);
35          return results;
36      }
37  }
```

selectByRegdate() 메서드는 REGDATE 값이 두 파라미터로 전달받은 from과 to 사이에 있는 Member 목록을 구한다. 이 메서드를 이용해서 특정 기간 동안에 가입한 회원 목록을 보여주는 기능을 구현할 것이다.

3. 커맨드 객체 Date 타입 프로퍼티 변환 처리 : @DateTimeFormat

회원이 가입한 일시를 기준으로 회원을 검색하기 위해 시작 시간 기준과 끝 시간 기준을 파라미터로 전달받는다고 하자. 검색 기준 시간을 표현하기 위해 [리스트 14.2]의 커맨드 클래스를 구현해 사용한다.

[리스트 14.2] sp5-chap14/src/main/java/controller/ListCommand.

```
01  import package controller;
02
03  import java.time.LocalDateTime;
04
05  public class ListCommand {
06
07      private LocalDateTime from;
08      private LocalDateTime to;
09
10      public LocalDateTime getFrom() {
11          return from;
12      }
13
14      public void setFrom(LocalDateTime from) {
15          this.from = from;
16      }
17
18      public LocalDateTime getTo() {
19          return to;
20      }
21
22      public void setTo(LocalDateTime to) {
23          this.to = to;
24      }
25
26  }
```

검색을 위한 입력 폼은 다음처럼 이름이 from과 to인 <input> 태그를 정의한다.

```
<input type="text" name="from" />
<input type="text" name="to" />
```

여기서 문제는 <input>에 입력한 문자열을 LocalDateTime 타입으로 변환해야 한다는 것이다. <input>에 2018년 3월 1일 오후 3시를 표현하기 위해 "2018030115"로 입력한다고 해 보자. "2018030115" 문자열을 알맞게 LocalDateTime 타입으로 변환해야 한다.

스프링은 Long이나 int와 같은 기본 데이터 타입으로의 변환은 기본적으로 처리해 주지만 LocalDateTime 타입으로의 변환은 추가 설정이 필요하다. 다행히 설정이 복잡하지 않다. 앞서 작성한 ListCommand 클래스의 두 필드에 [리스트 14.3]과 같이 @DateTimeFormat 애노테이션을 적용하면 된다.

[리스트 14.3] sp5-chap14/src/main/java/controller/ListCommand.java (@DateTimeFormat 적용)

```
01  package controller;
02
03  import java.time.LocalDateTime;
04
05  import org.springframework.format.annotation.DateTimeFormat;
06
07  public class ListCommand {
08
09      @DateTimeFormat(pattern = "yyyyMMddHH")
10      private LocalDateTime from;
11      @DateTimeFormat(pattern = "yyyyMMddHH")
12      private LocalDateTime to;
13
14      ... 생략
15  }
```

커맨드 객체에 @DateTimeFormat 애노테이션이 적용되어 있으면 @DateTimeFormat에서 지정한 형식을 이용해서 문자열을 LocalDateTime 타입으로 변환한다. 예를 들어 [리스트 14.3]은 pattern 속성값으로 "yyyyMMddHH"를 주었는데 이 경우 "2018030115"의 문자열을 "2018년 3월 1일 15시" 값을 갖는 LocalDateTime 객체로 변환해준다.

컨트롤러 클래스는 [리스트 14.4]와 같이 별도 설정 없이 ListCommand 클래스를 커맨드 객체로 사용하면 된다.

[리스트 14.4] sp5-chap14/src/main/java/controller/MemberListController.java

```
01  package controller;
02
03  import java.util.List;
04
05  import org.springframework.stereotype.Controller;
```

```
06  import org.springframework.ui.Model;
07  import org.springframework.web.bind.annotation.ModelAttribute;
08  import org.springframework.web.bind.annotation.RequestMapping;
09
10  import spring.Member;
11  import spring.MemberDao;
12
13  @Controller
14  public class MemberListController {
15
16      private MemberDao memberDao;
17
18      public void setMemberDao(MemberDao memberDao) {
19          this.memberDao = memberDao;
20      }
21
22      @RequestMapping("/members")
23      public String list(
24              @ModelAttribute("cmd") ListCommand listCommand,
25              Model model) {
26          if (listCommand.getFrom() != null && listCommand.getTo() != null) {
27              List<Member> members = memberDao.selectByRegdate(
28                      listCommand.getFrom(), listCommand.getTo());
29              model.addAttribute("members", members);
30          }
31          return "member/memberList";
32      }
33  }
```

새로운 컨트롤러 코드를 작성했으니 ControllerConfig 설정 클래스에 관련 빈 설정을 추가한다.

```
… 생략
import controller.MemberListController;
import spring.MemberDao;

@Configuration
public class ControllerConfig {

    … 생략
    @Autowired
    private MemberDao memberDao;

    … 생략

    @Bean
    public MemberListController memberListController() {
```

```
        MemberListController controller = new MemberListController();
        controller.setMemberDao(memberDao);
        return controller;
    }
}
```

폼에 입력한 문자열이 커맨드 객체의 LocalDateTime 타입 프로퍼티로 잘 변환되는지 확인하기 위해 뷰 코드를 작성할 차례이다. 먼저 LocalDateTime 값을 원하는 형식으로 출력해주는 커스텀 태그 파일을 작성하자. JSTL이 제공하는 날짜 형식 태그는 아쉽게도 자바 8의 LocalDateTime 타입은 지원하지 않는다. 그래서 [리스트 14.5]와 같은 태그 파일을 사용해서 LocalDateTime 값을 지정한 형식으로 출력할 것이다.

[리스트 14.5] sp5-chap14/src/main/webapp/WEB-INF/tags/formatDateTime.tag

```
01  <%@ tag body-content="empty" pageEncoding="utf-8" %>
02  <%@ tag import="java.time.format.DateTimeFormatter" %>
03  <%@ tag trimDirectiveWhitespaces="true" %>
04  <%@ attribute name="value" required="true"
05              type="java.time.temporal.TemporalAccessor" %>
06  <%@ attribute name="pattern" type="java.lang.String" %>
07  <%
08      if (pattern == null) pattern = "yyyy-MM-dd";
09  %>
10  <%= DateTimeFormatter.ofPattern(pattern).format(value) %>
```

MemberListController 클래스의 list() 메서드는 커맨드 객체로 받은 ListCommand의 from 프로퍼티와 to 프로퍼티를 이용해서 해당 기간에 가입한 Member 목록을 구하고, 뷰에 "members" 속성으로 전달한다. 뷰 코드는 이에 맞게 ListCommand 객체를 위한 폼을 제공하고 members 속성을 이용해서 회원 목록을 출력하도록 구현하면 된다. 작성한 JSP 코드는 [리스트 14.6]과 같다.

[리스트 14.6] sp5-chap14/src/main/webapp/WEB-INF/view/member/memberList.jsp

```
01  <%@ page contentType="text/html; charset=utf-8" %>
02  <%@ taglib prefix="c" uri="http://java.sun.com/jsp/jstl/core" %>
03  <%@ taglib prefix="form" uri="http://www.springframework.org/tags/form" %>
04  <%@ taglib prefix="tf" tagdir="/WEB-INF/tags" %>
05  <!DOCTYPE html>
06  <html>
07  <head>
08      <title>회원 조회</title>
09  </head>
10  <body>
11      <form:form modelAttribute="cmd">
12      <p>
```

```
13          <label>from: <form:input path="from" /></label>
14          ~
15          <label>to:<form:input path="to" /></label>
16          <input type="submit" value="조회">
17       </p>
18       </form:form>
19
20       <c:if test="${! empty members}">
21       <table>
22          <tr>
23             <th>아이디</th><th>이메일</th>
24             <th>이름</th><th>가입일</th>
25          </tr>
26          <c:forEach var="mem" items="${members}">
27          <tr>
28             <td>${mem.id}</td>
29             <td><a href="<c:url value="/members/${mem.id}"/>">
30                ${mem.email}</a></td>
31             <td>${mem.name}</td>
32             <td><tf:formatDateTime value="${mem.registerDateTime }"
33                               pattern="yyyy-MM-dd" /></td>
34          </tr>
35          </c:forEach>
36       </table>
37       </c:if>
38    </body>
39    </html>
```

13행과 15행 코드를 보면 〈form:input〉 태그를 이용해서 커맨드 객체의 from 프로퍼티와 to 프로퍼티를 위한 〈input〉 태그를 생성한다. 스프링 폼 태그는 커맨드 객체의 프로퍼티 값을 출력할 때 @DateTimeFormat 애노테이션에 설정한 패턴을 사용해서 값을 출력한다. 13행, 15행의 from, to 프로퍼티는 모두 @DateTimeFormat(pattern="yyyyMMddHH") 애노테이션이 적용되어 있으므로 〈input〉 태그에 사용할 값을 생성할 때 "yyyyMMddHH" 형식으로 값을 출력한다.

웹 브라우저에서 "http://localhost:8080/sp5-chap14/member/list" 주소를 입력하면 from 파라미터와 to 파라미터가 존재하지 않는다. 때문에 커맨드 객체의 from 프로퍼티와 to 프로퍼티 값은 null이 된다. 앞서 MemberListController 코드를 보면 다음과 같이 listCommand의 from 프로퍼티와 to 프로퍼티가 둘 다 null이 아닐 때만 Member 데이터를 읽어오게 했다.

```
@RequestMapping("/members ")
public String list(
        @ModelAttribute("cmd") ListCommand listCommand,
        Model model) {
    if (listCommand.getFrom() != null && listCommand.getTo() != null) {
        List<Member> members = memberDao.selectByRegdate(
                listCommand.getFrom(), listCommand.getTo());
        model.addAttribute("members", members);
    }
    return "member/memberList";
}
```

따라서 http://localhost:8080/sp5-chap14/members를 실행하면 [그림 14.1]과 같이 시간을 입력할 수 있는 폼만 출력된다([리스트 14.6]의 20행 코드를 보면 members 속성이 존재하는 경우에만 목록을 출력한다).

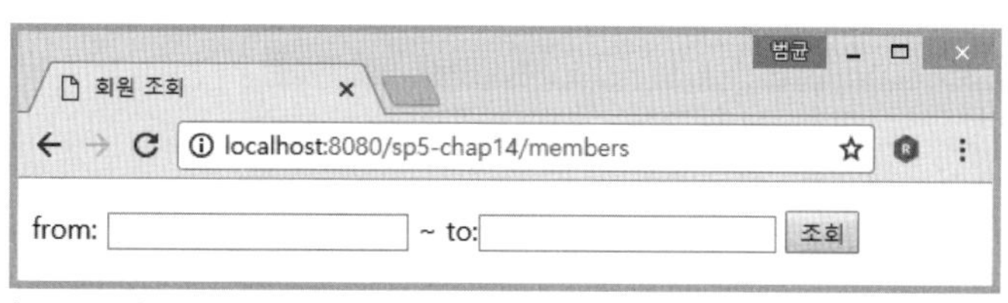

[그림 14.1] 폼 출력 화면

입력 폼에서 from과 to 부분에 각각 '2018030109'와 '2018030218'을 입력하고(각각 2018년 3월 1일 9시와 2018년 3월 2일 18시를 의미) '조회' 버튼을 눌러보자. [그림 14.2]처럼 REGDATE가 해당 기간에 속하는 Member 목록이 출력되는 것을 확인할 수 있다.

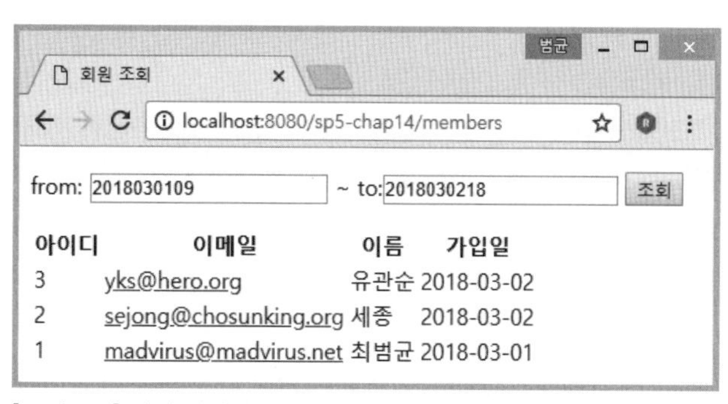

[그림 14.2] 해당 기간에 속한 Member 목록 조회

이 결과를 보면 폼에 입력한 '2018030109' 값이 LoginCommand 객체의 LocalDateTime 타입 프로퍼티인 from으로 알맞게 변환된 것을 알 수 있다(입력 값을 변경하면서 조회할 때 출력되는 회원 정보의 가입일을 보면 확인할 수 있다). 또한 입력폼에 표시된 문자열을 보면 LocalDateTime 타입 프로퍼티 값도 지정한 형식으로 출력한 것을 알 수

있다.

@DateTimeFormat은 java.tim.LocalDateTime, java.time.LocalDate와 같이 자바8에 추가된 시간 타입과 java.util.Date과 java.util.Calendar 타입을 지원한다.

3.1 변환 에러 처리

폼에서 from이나 to에 '20180301'을 입력해보자. 원래 지정한 형식은 "yyyyMMddHH"이기 때문에 "yyyMMdd" 부분만 입력하면 지정한 형식과 일치하지 않게 된다. 형식에 맞지 않은 값을 폼에 입력한 뒤 '조회'를 실행하면 [그림13.3]과 같은 400 에러가 발생한다.

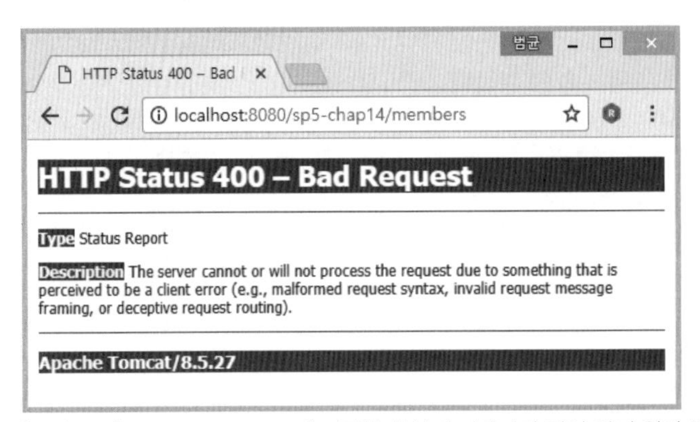

[그림 14.3] @DateTimeFormat에 지정한 형식과 파라미터 값이 맞지 않아 발생한 에러

잘못 입력했을 때 위와 같은 에러 화면을 보고 싶은 사용자는 없다. 400 에러 대신 폼에 알맞은 에러 메시지를 보여주고 싶다면 [리스트 14.7]처럼 Errors 타입 파라미터를 요청 매핑 애노테이션 적용 메서드에 추가하면 된다(Error 타입 파라미터를 listCommand 파라미터 바로 뒤에 위치시킨 것에 유의한다).

[리스트 14.7] sp5-chap14/src/main/java/controller/MemberListController.java (Errors 파라미터 추가)

```
01  package controller;
02
03  …
04  import org.springframework.validation.Errors;
05  import org.springframework.web.bind.annotation.ModelAttribute;
06  … 생략
07
08  @Controller
09  public class MemberListController {
10      … 생략
11      @RequestMapping("/members ")
12      public String list(
```

```
13            @ModelAttribute("cmd") ListCommand listCommand,
14            Errors errors, Model model) {
15        if (errors.hasErrors()) {
16            return "member/memberList";
17        }
18        if (listCommand.getFrom() != null && listCommand.getTo() != null) {
19            List<Member> members = memberDao.selectByRegdate(
20                    listCommand.getFrom(), listCommand.getTo());
21            model.addAttribute("members", members);
22        }
23        return "member/memberList";
24    }
25 }
```

요청 매핑 애노테이션 적용 메서드가 Errors 타입 파라미터를 가질 경우 @DateTimeFormat에 지정한 형식에 맞지 않으면 Errors 객체에 "typeMismatch" 에러 코드를 추가한다. 따라서 15행의 코드처럼 에러 코드가 존재하는지 확인해서 알맞은 처리를 할 수 있다.

에러 코드로 "typeMismatch"를 추가하므로 메시지 프로퍼티 파일에 해당 메시지를 추가하면 에러 메시지를 보여줄 수 있다. 이 예제의 경우 에러 코드에 해당하는 메시지 코드 중 "typeMismatch.java.time.LocalDateTime" 코드를 label.properties에 추가해 봤다.

[리스트 14.8] sp5-chap14/src/main/resources/message/label.properties (에러 코드 추가)

```
01 member.register=회원가입
02
03 … 생략
04
05 typeMismatch.java.time.LocalDateTime=잘못된 형식
06
```

memberList.jsp에 <form:errors> 태그를 사용해서 에러 메시지를 출력하는 코드를 추가한다.

[리스트 14.9] sp5-chap14/src/main/webapp/WEB-INF/view/member/memberList.jsp (에러 메시지 출력 코드 추가)

```
01  <%@ page contentType="text/html; charset=utf-8" %>
02  <%@ taglib prefix="c" uri="http://java.sun.com/jsp/jstl/core" %>
03  <%@ taglib prefix="fmt" uri="http://java.sun.com/jsp/jstl/fmt" %>
04  <%@ taglib prefix="form" uri="http://www.springframework.org/tags/form" %>
05  <!DOCTYPE html>
06  <html>
07  <head>
08      <title>회원 조회</title>
09  </head>
10  <body>
11      <form:form commandName="cmd">
12      <p>
13          <label>from: <form:input path="from" /></label>
14          <form:errors path="from" />
15          ~
16          <label>to:<form:input path="to" /></label>
17          <form:errors path="to" />
18          <input type="submit" value="조회">
19      </p>
20      </form:form>
21  
22      ... 생략
23  </body>
24  </html>
```

코드를 수정했으니 서버를 재시작하고 다시 잘못된 형식의 값을 입력해보자. [그림 14.4]처럼 400 에러 대신 알맞은 에러 메시지가 보일 것이다.

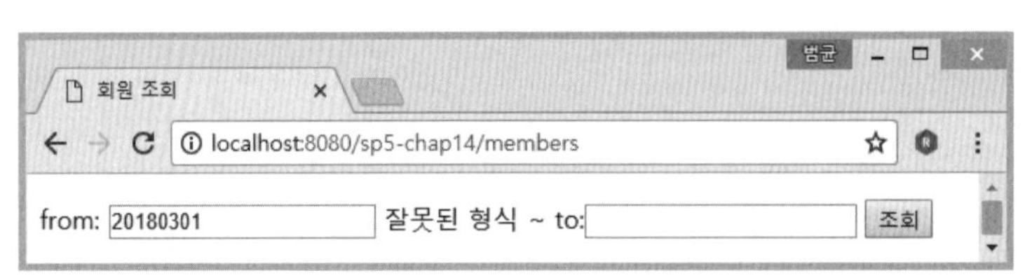

[그림 14.4] @DateTimeFormat을 위한 에러 메시지 출력 결과

4. 변환 처리에 대한 이해

@DateTimeFormat 애노테이션을 사용하면 지정한 형식의 문자열을 LocalDateTime 타입으로 변환해준다는 것을 예제를 통해 확인했다. 여기서 궁금증이 하나 생긴다. 누가 문자열을 LocalDateTime 타입으로 변환하는지에 대한 것이다. 답은 WebDataBinder에 있다. WebDataBinder는 이미 12장에서 로컬 범위 Validator를 설명할 때 언급한 바 있는데 이 WebDataBinder가 값 변환에도 관여한다.

스프링 MVC는 요청 매핑 애노테이션 적용 메서드와 DispatcherServlet 사이를 연결하기 위해 RequestMappingHandlerAdapter 객체를 사용한다. 이 핸들러 어댑터 객체는 요청 파라미터와 커맨드 객체 사이의 변환 처리를 위해 WebDataBinder를 이용한다.

WebDataBinder는 커맨드 객체를 생성한다. 그리고 커맨드 객체의 프로퍼티와 같은 이름을 갖는 요청 파라미터를 이용해서 프로퍼티 값을 생성한다.

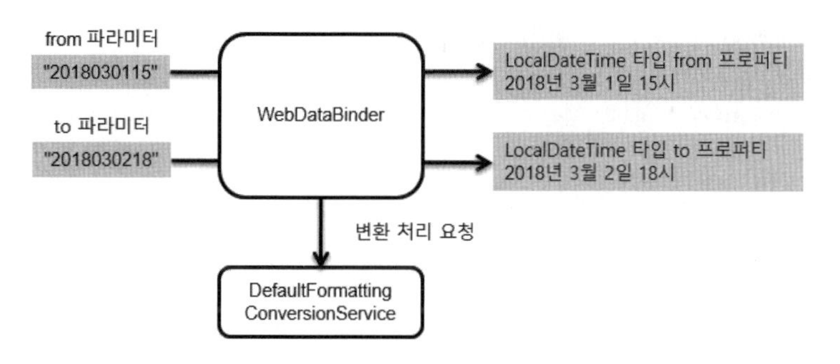

[그림 14.5] WebDataBinder가 커맨드 객체의 프로퍼티를 초기화한다.

WebDataBinder는 직접 타입을 변환하지 않고 [그림 14.5]에서 보는 것처럼 ConversionService에 그 역할을 위임한다. 스프링 MVC를 위한 설정인 @EnableWebMvc 애노테이션을 사용하면 DefaultFormattingConversionService를 ConversionService로 사용한다.

DefaultFormattingConversionService는 int, long과 같은 기본 데이터 타입뿐만 아니라 @DateTimeFormat 애노테이션을 사용한 시간 관련 타입 변환 기능을 제공한다. 이런 이유로 커맨드로 사용할 클래스에 @DateTimeFormat 애노테이션만 붙이면 지정한 형식의 문자열을 시간 타입 값으로 받을 수 있는 것이다.

WebDataBinder는 〈form:input〉에도 사용된다. 〈form:input〉 태그를 사용하면 [그림 14.6]과 같이 path 속성에 지정한 프로퍼티 값을 String으로 변환해서 〈input〉 태그의 value 속성값으로 생성한다. 이때 프로퍼티 값을 String으로 변환할 때 WebDataBinder의 ConversionService를 사용한다.

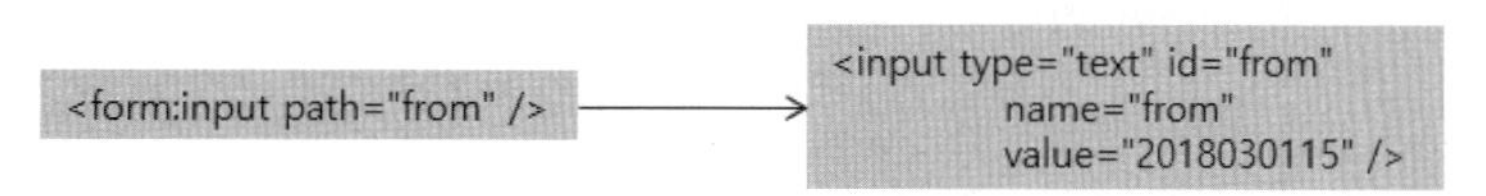

[그림 14.6] WebDataBinder의 ConversionService를 사용해서 프로퍼티 값을 String으로 변환

5. MemberDao 클래스 중복 코드 정리 및 메서드 추가

다음 내용을 진행하기 전에 MemberDao 코드에 있는 중복을 약간 제거하고 넘어가자. MemberDao 코드를 보면 다음과 같이 RowMapper 객체를 생성하는 부분의 코드가 중복되어 있다.

```
public Member selectByEmail(String email) {
    List<Member> results = jdbcTemplate.query(
            "select * from MEMBER where EMAIL = ?",
            new RowMapper<Member>() {
                @Override
                public Member mapRow(ResultSet rs, int rowNum)
                        throws SQLException {
                    Member member = new Member(rs.getString("EMAIL"),
                            rs.getString("PASSWORD"),
                            rs.getString("NAME"),
                            rs.getTimestamp("REGDATE").toLocalDateTime());
                    member.setId(rs.getLong("ID"));
                    return member;
                }
            },
            email);

    return results.isEmpty() ? null : results.get(0);
}

public List<Member> selectAll() {
    List<Member> results = jdbcTemplate.query("select * from MEMBER",
            new RowMapper<Member>() {
                @Override
                public Member mapRow(ResultSet rs, int rowNum)
                        throws SQLException {
                    Member member = new Member(rs.getString("EMAIL"),
                            rs.getString("PASSWORD"),
                            rs.getString("NAME"),
                            rs.getTimestamp("REGDATE").toLocalDateTime());
                    member.setId(rs.getLong("ID"));
                    return member;
                }
            });
    return results;
}
```

RowMapper를 생성하는 코드의 중복을 제거하기 위해 임의 객체를 필드에 할당하고 그 필드를 사용하도록 수정하자. 수정 결과는 [리스트 14.10]과 같다.

[리스트 14.10] sp5-chap14/src/main/java/spring/MemberDao.java
(RowMapper 생성 코드의 중복을 제거)

```
01  public class MemberDao {
02
03      private JdbcTemplate jdbcTemplate;
04      private RowMapper<Member> memRowMapper =
05          new RowMapper<Member>() {
06              @Override
07              public Member mapRow(ResultSet rs, int rowNum)
08                      throws SQLException {
09                  Member member = new Member(rs.getString("EMAIL"),
10                          rs.getString("PASSWORD"),
11                          rs.getString("NAME"),
12                          rs.getTimestamp("REGDATE").toLocalDateTime());
13                  member.setId(rs.getLong("ID"));
14                  return member;
15              }
16          };
17
18      … // 생성자, insert, update, count 메서드 생략
19
20      public Member selectByEmail(String email) {
21          List<Member> results = jdbcTemplate.query(
22                  "select * from MEMBER where EMAIL = ?",
23                  memRowMapper, email);
24
25          return results.isEmpty() ? null : results.get(0);
26      }
27
28      public List<Member> selectAll() {
29          List<Member> results = jdbcTemplate.query("select * from MEMBER",
30                  memRowMapper);
31          return results;
32      }
33
34      public List<Member> selectByRegdate(LocalDateTime from, LocalDateTime to) {
35          List<Member> results = jdbcTemplate.query(
36                  "select * from MEMBER where REGDATE between ? and ? " +
37                          "order by REGDATE desc",
38                  memRowMapper,
39                  from, to);
40          return results;
41      }
42
43      public Member selectById(Long memId) {
44          List<Member> results = jdbcTemplate.query(
45                  "select * from MEMBER where ID = ?",
46                  memRowMapper, memId);
```

```
47
48            return results.isEmpty() ? null : results.get(0);
49        }
50
51    }
```

43-50행에 selectById() 메서드도 새롭게 추가했다. 이어지는 @PathVariable 애노테이션 관련 코드에서 selectById() 메서드를 사용할 것이므로 추가해 넣도록 하자.

6. @PathVariable을 이용한 경로 변수 처리

다음은 ID가 10인 회원의 정보를 조회하기 위한 URL이다.

```
http://localhost:8080/sp5-chap14/members/10
```

이 형식의 URL을 사용하면 각 회원마다 경로의 마지막 부분이 달라진다. 이렇게 경로의 일부가 고정되어 있지 않고 달라질 때 사용할 수 있는 것이 @PathVariable 애노테이션이다. @PathVariable 애노테이션을 사용하면 [리스트 14.11]과 같은 방법으로 가변 경로를 처리할 수 있다.

[리스트 14.11] sp5-chap14/src/main/java/controller/MemberDetailController.java

```
01    package controller;
02
03    import org.springframework.stereotype.Controller;
04    import org.springframework.ui.Model;
05    import org.springframework.web.bind.annotation.PathVariable;
06    import org.springframework.web.bind.annotation.RequestMapping;
07
08    import spring.Member;
09    import spring.MemberDao;
10    import spring.MemberNotFoundException;
11
12    @Controller
13    public class MemberDetailController {
14
15        private MemberDao memberDao;
16
17        public void setMemberDao(MemberDao memberDao) {
18            this.memberDao = memberDao;
19        }
20
21        @GetMapping("/members/{id}")
22        public String detail(@PathVariable("id") Long memId, Model model) {
```

```
23          Member member = memberDao.selectById(memId);
24          if (member == null) {
25              throw new MemberNotFoundException();
26          }
27          model.addAttribute("member", member);
28          return "member/memberDetail";
29      }
30
31  }
```

매핑 경로에 '{경로변수}'와 같이 중괄호로 둘러 쌓인 부분을 경로 변수라고 부른다. "{경로변수}"에 해당하는 값은 같은 경로 변수 이름을 지정한 @PathVariable 파라미터에 전달된다. 21~22행의 경우 "/members/{id}"에서 {id}에 해당하는 부분의 경로 값을 @PathVariable("id") 애노테이션이 적용된 memId 파라미터에 전달한다. 예를 들어 요청 경로가 "/members/10"이면 {id}에 해당하는 "10"이 memId 파라미터에 값으로 전달된다. memId 파라미터의 타입은 Long인데 이 경우 String 타입 값 "0"을 알맞게 Long 타입으로 변환한다.

간단하게 테스트를 해보자. MemberDetailController를 [리스트 14.12]와 같이 ControllerConfig 설정 클래스에 빈으로 등록한다. 결과를 보여줄 JSP 코드는 [리스트 14.13]과 같이 작성하자.

[리스트 14.12] sp5-chap14/src/main/java/config/ControllerConfig.java (설정 추가)

```
01  … 생략
02  import controller.MemberDetailController;
03  import controller.MemberListController;
04  … 생략
05
06  @Configuration
07  public class ControllerConfig {
08
09      … 생략
10      @Autowired
11      private MemberDao memberDao;
12
13      … 생략
14
15      @Bean
16      public MemberDetailController memberDetailController() {
17          MemberDetailController controller = new MemberDetailController();
18          controller.setMemberDao(memberDao);
19          return controller;
20      }
21  }
```

[리스트 14.13] sp5-chap14/src/main/webapp/WEB-INF/view/member/memberDetail.jsp

```
01  <%@ page contentType="text/html; charset=utf-8" %>
02  <%@ taglib prefix="tf" tagdir="/WEB-INF/tags" %>
03  <!DOCTYPE html>
04  <html>
05  <head>
06      <title>회원 정보</title>
07  </head>
08  <body>
09      <p>아이디: ${member.id}</p>
10      <p>이메일: ${member.email}</p>
11      <p>이름: ${member.name}</p>
12      <p>가입일: <tf:formatDateTime value="${member.registerDateTime}"
13                              pattern="yyyy-MM-dd HH:mm" /> </p>
14  </body>
15  </html>
```

서버를 시작하고 웹 브라우저에 http://localhost:8080/sp5-chap14/members/2와 같은 주소를 입력하자. 아이디가 2인 회원이 존재하면 [그림 14.7]과 같이 @PathVariable을 통해 전달받은 경로 변수값을 사용해서 회원 정보를 읽어와 뷰에 전달한다.

[그림 14.7] @PathVariable을 이용한 경로변수 전달

7. 컨트롤러 익셉션 처리하기

[그림 14.7]은 ID가 존재할 때의 출력 결과 화면이다. 없는 ID를 경로변수로 사용다면 [그림 14.8]처럼 MemberNotFoundException이 발생한다(회원 데이터가 존재하지 않을 경우 MemberDetailController가 익셉션을 발생시키도록 구현했다).

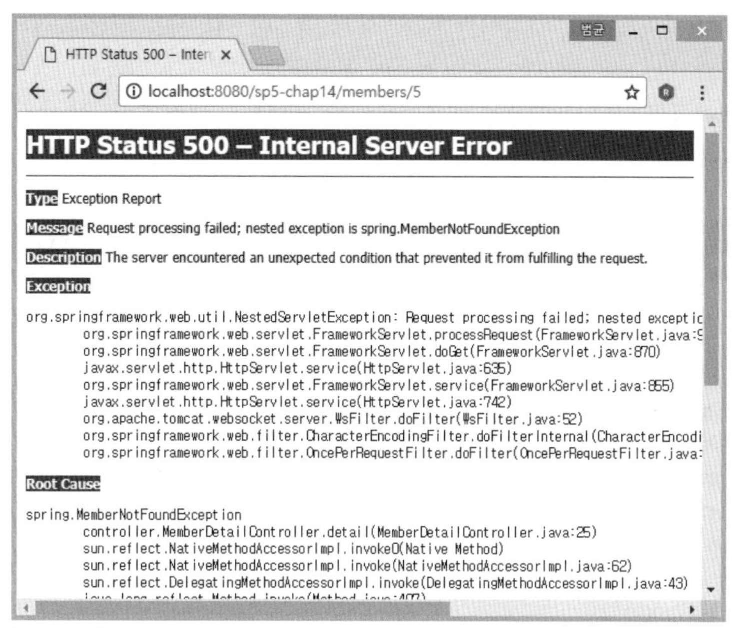

[그림 14.8] 익셉션 발생 화면

MemberDetailController가 사용하는 경로 변수는 Long 타입인데 실제 요청 경로에 숫자가 아닌 문자를 입력해보자. http://localhost:8080/sp5-chap14/members/a 주소를 입력하면 "a"를 Long 타입으로 변환할 수 없기 때문에 [그림 14.9]와 같은 400 에러가 발생한다.

[그림 14.9] 타입 변환 실패에 따른 400 에러

익셉션 화면이 보이는 것보다 알맞게 익셉션을 처리해서 사용자에게 더 적합한 안내를 해 주는 것이 더 좋다. MemberNotFoundException은 try-catch로 잡은 뒤 안내 화면을 보여주는 뷰를 보여주면 될 것 같다. 그런데 타입 변환 실패에 따른 익셉션은 어떻게 해야 에러 화면을 보여줄 수 있을까? 이럴 때 유용하게 사용할 수 있는 것이 바로 @ExceptionHandler 애노테이션이다.

같은 컨트롤러에 @ExceptionHandler 애노테이션을 적용한 메서드가 존재하면 그 메서드가 익셉션을 처리한다. 따라서 컨트롤러에서 발생한 익셉션을 직접 처리하고 싶다면 @ExceptionHandler 애노테이션을 적용한 메서드를 구현하면 된다. [리스트 14.14]는 MemberDetailController 클래스에 @ExceptionHandler 적용 메서드를 추가한 예를 보여주고 있다.

[리스트 14.14] sp5-chap14/src/main/java/controller/MemberDetailController.java (익셉션 처리 코드 추가)

```
01  package controller;
02
03  import org.springframework.beans.TypeMismatchException;
04  import org.springframework.stereotype.Controller;
05  import org.springframework.ui.Model;
06  import org.springframework.web.bind.annotation.ExceptionHandler;
07  import org.springframework.web.bind.annotation.GetMapping;
08  … 생략
09
10  @Controller
11  public class MemberDetailController {
12
13      private MemberDao memberDao;
14
15      public void setMemberDao(MemberDao memberDao) {
16          this.memberDao = memberDao;
17      }
18
19      @GetMapping("/members/{id}")
20      public String detail(@PathVariable("id") Long memId, Model model) {
21          Member member = memberDao.selectById(memId);
22          if (member == null) {
23              throw new MemberNotFoundException();
24          }
25          model.addAttribute("member", member);
26          return "member/memberDetail";
27      }
28
29      @ExceptionHandler(TypeMismatchException.class)
30      public String handleTypeMismatchException() {
31          return "member/invalidId";
32      }
33
34      @ExceptionHandler(MemberNotFoundException.class)
35      public String handleNotFoundException() {
36          return "member/noMember";
37      }
38
39  }
```

29행 코드를 보면 @ExceptionHandler의 값으로 TypeMismatchException.class를 주었다. 이 익셉션은 경로 변수값의 타입이 올바르지 않을 때 발생한다. 이 익셉션이 발생하면 에러 응답을 보내는 대신 handleTypeMismatchException() 메서드를 실행한다. 비슷하게 detail() 메서드를 실행하는 과정에서 MemberNotFoundException이 발생하면 35행의 handleNotFoundException() 메서드를 이용해서 익셉션을 처리한다.

@ExceptionHandler 애노테이션을 적용한 메서드는 컨트롤러의 요청 매핑 애노테이션 적용 메서드와 마찬가지로 뷰 이름을 리턴할 수 있다. 31행과 36행에서는 각각 서로 다른 뷰 이름을 리턴했다. 이 두 뷰 코드를 [리스트 14.15], [리스트 14.16]과 같이 작성한다.

[리스트 14.15] sp5-chap14/src/main/webapp/WEB-INF/view/member/invalidId.jsp

```
01  <%@ page contentType="text/html; charset=utf-8" %>
02  <!DOCTYPE html>
03  <html>
04  <head>
05     <title>에러</title>
06  </head>
07  <body>
08     잘못된 요청입니다.
09  </body>
10  </html>
```

[리스트 14.16] sp5-chap14/src/main/webapp/WEB-INF/view/member/noMember.jsp

```
01  <%@ page contentType="text/html; charset=utf-8" %>
02  <!DOCTYPE html>
03  <html>
04  <head>
05     <title>에러</title>
06  </head>
07  <body>
08     존재하지 않는 회원입니다.
09  </body>
10  </html>
```

invalidId.jsp와 noMember.jsp를 작성했다면 "/members/a"(타입 오류)와 "/members/0"(없는 회원 ID)을 웹 브라우저에 입력해보자. 그러면 앞서 봤던 에러 화면이 아니라 [그림 14.10], [그림 14.11]과 같이 직접 지정한 뷰를 응답으로 사용한다.

[그림 14.10] TypeMismatchException을 처리한 결과

[그림 14.11] MemberNotFoundException을 처리한 결과

익셉션 객체에 대한 정보를 알고 싶다면 메서드의 파라미터로 익셉션 객체를 전달받아 사용하면 된다.

```
@ExceptionHandler(TypeMismatchException.class)
public String handleTypeMismatchException(TypeMismatchException ex) {
    // ex 사용해서 로그 남기는 등 작업
    return "member/invalidId";
}
```

7.1 @ControllerAdvice를 이용한 공통 익셉션 처리

컨트롤러 클래스에 @ExceptionHandler 애노테이션을 적용하면 해당 컨트롤러에서 발생한 익셉션만을 처리한다. 다수의 컨트롤러에서 동일 타입의 익셉션이 발생할 수도 있다. 이때 익셉션 처리 코드가 동일하다면 어떻게 해야 할까? 각 컨트롤러 클래스마다 익셉션 처리 메서드를 구현하는 것은 불필요한 코드 중복을 발생시킨다.

여러 컨트롤러에서 동일하게 처리할 익셉션이 발생하면 @ControllerAdvice 애노테이션을 이용해서 중복을 없앨 수 있다. 다음은 @ControllerAdvice 애노테이션의 사용 예이다.

```
import org.springframework.web.bind.annotation.ControllerAdvice;
import org.springframework.web.bind.annotation.ExceptionHandler;

@ControllerAdvice("spring")
public class CommonExceptionHandler {

    @ExceptionHandler(RuntimeException.class)
    public String handleRuntimeException() {
        return "error/commonException";
    }
}
```

@ControllerAdvice 애노테이션이 적용된 클래스는 지정한 범위의 컨트롤러에 공통으로 사용될 설정을 지정할 수 있다. 위 코드는 "spring" 패키지와 그 하위 패키지에 속한 컨트롤러 클래스를 위한 공통 기능을 정의했다. spring 패키지와 그 하위 패키지에 속한 컨트롤러에서 RuntimeException이 발생하면 handleRuntimeException() 메서드를 통해서 익셉션을 처리한다.

@ControllerAdvice 적용 클래스가 동작하려면 해당 클래스를 스프링에 빈으로 등록해야 한다.

7.2 @ExceptionHandler 적용 메서드의 우선 순위

@ControllerAdvice 클래스에 있는 @ExceptionHandler 메서드와 컨트롤러 클래스에 있는 @ExceptionHandler 메서드 중 컨트롤러 클래스에 적용된 @ExceptionHandler 메서드가 우선한다. 즉 컨트롤러의 메서드를 실행하는 과정에서 익셉션이 발생하면 다음의 순서로 익셉션을 처리할 @ExceptionHandler 메서드를 찾는다.

- 같은 컨트롤러에 위치한 @ExceptionHandler 메서드 중 해당 익셉션을 처리할 수 있는 메서드를 검색
- 같은 클래스에 위치한 메서드가 익셉션을 처리할 수 없을 경우 @ControllerAdvice 클래스에 위치한 @ExceptionHandler 메서드를 검색

@ControllerAdvice 애노테이션은 공통 설정을 적용할 컨트롤러 대상을 지정하기 위해 [표 14.1]과 같은 속성을 제공한다.

[표 7.1] AOP 주요 용어

속성	타입	설명
value basePackages	String[]	공통 설정을 적용할 컨트롤러가 속하는 기준 패키지
annotations	Class<? extends Annotation>[]	특정 애노테이션이 적용된 컨트롤러 대상
assignableTypes	Class<?>[]	특정 타입 또는 그 하위 타입인 컨트롤러 대상

7.3 @ExceptionHandler 애노테이션 적용 메서드의 파라미터와 리턴 타입

@ExceptionHandler 애노테이션을 붙인 메서드는 다음 파라미터를 가질 수 있다.

- HttpServletRequest, HttpServletResponse, HttpSession
- Model
- 익셉션

리턴 가능한 타입은 다음과 같다.

- ModelAndView
- String (뷰 이름)
- (@ResponseBody 애노테이션을 붙인 경우) 임의 객체 (16장 참고)
- ResponseEntity (16장 참고)

Chapter 15

간단한 웹 어플리케이션의 구조

이 장에서 다룰 내용

· 구성 요소
· 서비스 구현
· 패키지 구성

1. 간단한 웹 어플리케이션의 구성 요소

간단한 웹 어플리케이션을 개발할 때 사용하는 전형적인 구조는 다음 요소를 포함한다.

- 프론트 서블릿
- 컨트롤러 + 뷰
- 서비스
- DAO

프론트 서블릿은 웹 브라우저의 모든 요청을 받는 창구 역할을 한다. 프론트 서블릿은 요청을 분석해서 알맞은 컨트롤러에 전달한다. 스프링 MVC에서는 DispatcherServlet이 프론트 서블릿의 역할을 수행한다.

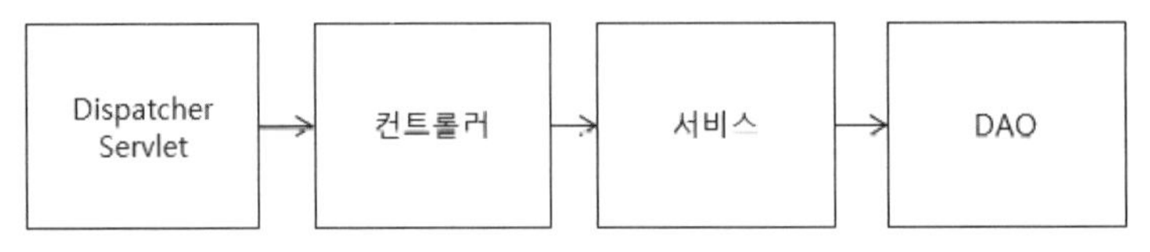

[그림 15.1] 간단한 웹 어플리케이션의 구조

컨트롤러는 실제 웹 브라우저의 요청을 처리한다. 지금까지 구현했던 스프링 컨트롤러가 이에 해당한다. 컨트롤러는 클라이언트(브라우저)의 요청을 처리하기 위해 알맞은 기능을 실행하고 그 결과를 뷰에 전달한다. 컨트롤러의 주요 역할은 다음과 같다.

- 클라이언트가 요구한 기능을 실행
- 응답 결과를 생성하는데 필요한 모델 생성
- 응답 결과를 생성할 뷰 선택

컨트롤러는 어플리케이션이 제공하는 기능과 사용자 요청을 연결하는 매개체로서 기능 제공을 위한 로직을 직접 수행하지는 않는다. 대신 해당 로직을 제공하는 서비스에 그 처리를 위임한다. 예를 들어 앞서 작성했던 ChangePasswordController의 경우 다음 코드처럼 ChangePasswordService에 비밀번호 변경 처리를 위임했다.

```
@PostMapping
public String submit(
        @ModelAttribute("command") ChangePwdCommand pwdCmd,
        Errors errors, HttpSession session) {
    new ChangePwdCommandValidator().validate(pwdCmd, errors);
    if (errors.hasErrors()) {
        return "edit/changePwdForm";
    }
    AuthInfo authInfo = (AuthInfo) session.getAttribute("authInfo");
    try {
        // 컨트롤러는 로직 실행을 서비스에 위임한다.
        changePasswordService.changePassword(
                authInfo.getEmail(),
                pwdCmd.getCurrentPassword(),
                pwdCmd.getNewPassword());
        return "edit/changedPwd";
    } catch (IdPasswordNotMatchingException e) {
        errors.rejectValue("currentPassword", "notMatching");
        return "edit/changePwdForm";
    }
}
```

서비스는 기능의 로직을 구현한다. 사용자에게 비밀번호 변경 기능을 제공하려면 수정 폼을 제공하고, 로그인 여부를 확인하고, 실제로 비밀번호를 변경해야 한다. 이 중에서 핵심 로직은 비밀번호를 변경하는 것이다. 폼을 보여주는 로직이나 로그인 여부를 확인하는 로직은 핵심이 아니다. 예를 들어 웹 폼 대신에 8장 예제처럼 콘솔에서 명령어를 입력해서 암호를 변경할 수도 있다. 여기서 폼이나 콘솔은 사용자와의 상호 작용을 위한 연결 고리에 해당하지 핵심 로직인 비밀번호 변경 자체는 아니다.

서비스는 DB 연동이 필요하면 DAO를 사용한다. DAO는 Data Access Object의 약자로서 DB와 웹 어플리케이션 간에 데이터를 이동시켜 주는 역할을 맡는다. 어플리케이션은 DAO를 통해서 DB에 데이터를 추가하거나 DB에서 데이터를 읽어온다.

목록이나 상세 화면과 같이 데이터를 조회하는 기능만 있고 부가적인 로직이 없는 경우에는 컨트롤러에서 직접 DAO를 사용하기도 한다.

2. 서비스의 구현

서비스의 구현에 대해 좀 더 내용을 풀어보자. 서비스는 핵심이 되는 기능의 로직을 제공한다고 했다. 예를 들어 비밀번호 변경 기능은 다음 로직을 서비스에서 수행한다.

- DB에서 비밀번호를 변경할 회원의 데이터를 구한다.
- 존재하지 않으면 익셉션을 발생시킨다.
- 회원 데이터의 비밀번호를 변경한다.
- 변경 내역을 DB에 반영한다.

웹 어플리케이션을 사용하든 명령행에서 실행하든 비밀번호 변경 기능을 제공하는 서비스는 동일한 로직을 수행한다. 이런 로직들은 한 번의 과정으로 끝나기보다는 위 예처럼 몇 단계의 과정을 거치곤 한다. 중간 과정에서 실패가 나면 이전까지 했던 것을 취소해야 하고, 모든 과정을 성공적으로 진행했을 때 완료해야 한다. 이런 이유로 서비스 메서드를 트랜잭션 범위에서 실행한다. 비밀번호 변경 기능도 다음과 같이 스프링의 @Transactional을 이용해서 트랜잭션 범위에서 비밀번호 변경 기능을 수행했다.

```
@Transactional
public void changePassword(String email, String oldPwd, String newPwd) {
    Member member = memberDao.selectByEmail(email);
    if (member == null)
        throw new MemberNotFoundException();

    member.changePassword(oldPwd, newPwd);

    memberDao.update(member);
}
```

서비스를 구현할 때 한 서비스 클래스가 제공할 기능의 개수는 몇 개가 적당할까? 이 책의 예에서는 회원과 관련해서 다음의 두 서비스 클래스를 구현했다.

- MemberRegisterService : 회원 가입 기능 제공
- ChangePasswordService : 비밀번호 변경 기능 제공

각 서비스 클래스는 기능 제공을 위해 한 개의 public 메서드를 제공하고 있다. 예를 들어 MemberRegisterService 클래스는 가입 기능을 위한 regist(RegisterRequest req) 메서드를 제공하고 있고 다른 기능을 위한 메서드는 제공하고 있지 않다.

같은 데이터를 사용하는 기능들을 한 개의 서비스 클래스에 모아서 구현할 수도 있다. 예를 들어 회원 가입 기능과 비밀번호 변경 기능은 모두 회원에 대한 기능이므로 다음과 같이 MemberService라는 클래스를 만들어서 회원과 관련된 모든 기능을 제공하도록 구현할 수 있을 것이다.

```
public class MemberService {
    ...
    @Transactional
    public void regist(RegisterRequest req) { ... }

    @Transactional
    public void changePassword(String email, String oldPwd, String newPwd) { ... }

}
```

노트 필자는 기능별로 서비스 클래스를 작성하는 것을 선호한다. 그 이유는 한 클래스의 코드 길이를 일정 수준 안에서 유지할 수 있기 때문이다. 클래스의 코드 길이가 길어지면 이후에 기존 코드를 수정하거나 기능을 확장하기 어려울 때가 많다. 기능마다 서비스 클래스를 따로 만들면 이런 문제가 발생할 가능성을 줄일 수 있다.

서비스 클래스의 메서드는 기능을 실행하는데 필요한 값을 파라미터로 전달받는다. 예를 들어 비밀번호 변경 기능을 제공한 메서드는 다음과 같이 세 개의 파라미터를 이용해서 기능 실행에 필요한 값을 전달받았다.

```
public void changePassword(String email, String oldPwd, String newPwd)
```

회원가입 기능은 다음과 같이 필요한 데이터를 담고 있는 별도의 클래스를 파라미터로 사용했다.

```
public void regist(RegisterRequest req)
```

필요한 데이터를 전달받기 위해 별도 타입을 만들면 스프링 MVC의 커맨드 객체로 해당 타입을 사용할 수 있어 편하다. 회원 가입 요청을 처리하는 컨트롤러 클래스의 코드는 다음과 같이 서비스 메서드의 입력 파라미터로 사용되는 타입을 커맨드 객체로 사용했다.

```
@PostMapping("/register/step3")
public String handleStep3(RegisterRequest regReq, Errors errors) {
    ...
    memberRegisterService.regist(regReq);
    ...
}
```

비밀번호 변경의 changePassword() 메서드처럼 웹 요청 파라미터를 커맨드 객체로 받고 커맨드 객체의 프로퍼티를 서비스 메서드에 인자로 전달할 수도 있다.

```
@RequestMapping(method = RequestMethod.POST)
public String submit(
        @ModelAttribute("command") ChangePwdCommand pwdCmd,
        Errors errors, HttpSession session) {
    ...
    changePasswordService.changePassword(
            authInfo.getEmail(),
            pwdCmd.getCurrentPassword(),
            pwdCmd.getNewPassword());
    ...
}
```

커맨드 클래스를 작성한 이유는 스프링 MVC가 제공하는 폼 값 바인딩과 검증, 스프링 폼 태그와의 연동 기능을 사용하기 위함이다.

서비스 메서드는 기능을 실행한 후에 결과를 알려주어야 한다. 결과는 크게 두 가지 방식으로 알려준다.

- 리턴 값을 이용한 정상 결과
- 익셉션을 이용한 비정상 결과

위 두 가지를 잘 보여주는 예제가 AuthService 클래스이다. 다음 코드를 보자.

```
public class AuthService {
    … 생략

    public AuthInfo authenticate(String email, String password) {
        Member member = memberDao.selectByEmail(email);
        if (member == null) {
            throw new WrongIdPasswordException();
        }
        if (!member.matchPassword(password)) {
            throw new WrongIdPasswordException();
        }
        return new AuthInfo(member.getId(), member.getEmail(),
                              member.getName());
    }
}
```

AuthService 클래스의 authenticate() 메서드를 보면 리턴 타입으로 AuthInfo를 사용하고 있다. authenticate() 메서드는 인증에 성공할 경우 인증 정보를 담고 있는 AuthInfo 객체를 리턴해서 정상적으로 실행되었음을 알려준다. 물론 비밀번호 변경처럼 리턴 타입이 void인 경우는 익셉션이 발생하지 않은 것이 정상적으로 실행된 것을 의미한다.

authenticate() 메서드는 인증 대상 회원이 존재하지 않거나 비밀번호가 일치하지 않는 경우 WrongIdPasswordException을 발생시킨다. 따라서 authenticate()를 실행하는 코드는 이 메서드가 익셉션을 발생하면 인증에 실패했다는 것을 알 수 있다. 실제 LoginController 클래스는 다음과 같이 익셉션이 발생한 경우 이를 인증 실패로 보고 알맞게 처리한 것을 확인할 수 있다.

```
@RequestMapping(method = RequestMethod.POST)
public String submit(
        LoginCommand loginCommand, Errors errors, HttpSession session,
        HttpServletResponse response) {
    ...
    try {
        AuthInfo authInfo = authService.authenticate(
                loginCommand.getEmail(),
                loginCommand.getPassword());

        session.setAttribute("authInfo", authInfo);
        ...
        return "login/loginSuccess";
    } catch (WrongIdPasswordException e) {
        // 서비스는 기능 실행에 실패할 경우 익셉션을 발생시킨다.
        errors.reject("idPasswordNotMatching");
```

```
        return "login/loginForm";
    }
}
```

3. 컨트롤러에서의 DAO 접근

서비스 메서드에서 어떤 로직도 수행하지 않고 단순히 DAO의 메서드만 호출하고 끝나는 코드도 있다. 예를 들어 회원 데이터 조회를 위한 서비스 메서드를 다음과 같이 구현하곤 한다.

```
public class MemberService {
    ...
    public Member getMember(Long id) {
        return memberDao.selectById(id);
    }
}
```

이 코드에서 MemberService 클래스의 getMember() 메서드는 MemberDao의 selectByEmail() 메서드만 실행할 뿐 추가 로직은 없다. 컨트롤러 클래스는 이 서비스 메서드를 이용해서 회원 정보를 구하게 된다.

```
@RequestMapping("/member/detail/{id}")
public String detail(@PathVariable("id") Long id, Model model) {
    // 사실상 DAO를 직접 호출하는 것과 동일
    Member member = memberService.getMember(id);
    if (member == null) {
        return "member/notFound";
    }
    model.addAttribute("member", member);
    return "member/memberDetail";
}
```

위 코드에서 memberService.getMember(id) 코드는 사실상 memberDao.selectById() 메서드를 실행하는 것과 동일하다. 이 경우 컨트롤러는 서비스를 사용해야 한다는 압박에서 벗어나 다음과 같이 DAO에 직접 접근해도 큰 틀에서 웹 어플리케이션의 계층 구조는 유지된다고 본다.

```
@RequestMapping("/member/detail/{id}")
public String detail(@PathVariable("id") Long id, Model model) {
    Member member = memberDao.selectByEmail(id);
    if (member == null) {
```

```
        return "member/notFound";
    }
    model.addAttribute("member", member);
    return "member/memberDetail";
}
```

컨트롤러에서 서비스 계층을 거치지 않고 바로 데이터 접근 계층의 DAO를 사용하는 방식은 개발자마다 호불호가 갈린다. 어떤 방식이 좋다는 식의 정답은 없으니 독자 나름대로 서비스의 역할과 DAO의 역할을 정의해나가면서 선호하는 방식을 정립하기 바란다.

4. 패키지 구성

웹 어플리케이션에서 자주 사용되는 구조에 대해 살펴봤는데 각 구성 요소의 패키지는 어떻게 구분해 줘야 할까? 책에서는 편리함을 위해 서비스, DAO 등의 클래스를 spring 패키지에 넣었고 컨트롤러와 일부 커맨드 클래스를 controller 패키지에 넣었다. 이 구분을 조금 더 정확하게 언급하면 구성 요소들은 [그림 15.2]와 같이 웹 요청을 처리하기 위한 것과 기능을 제공하기 위한 것으로 구분할 수 있다.

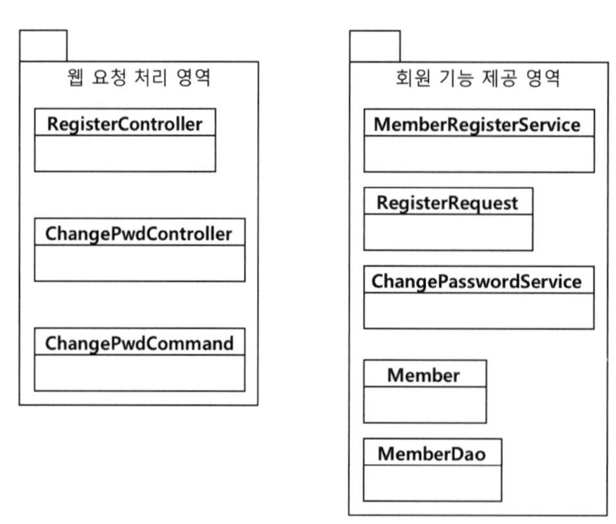

[그림 15.2] 영역의 구분

웹 요청을 처리하기 위한 영역에는 컨트롤러 클래스와 관련 클래스들이 위치한다. 커맨드 객체의 값을 검증하기 위한 Validator도 웹 요청 처리 영역에 위치할 수 있는데 관점에 따라 Validator를 기능 제공 영역에 위치시킬 수도 있다. 웹 영역의 패키지는 web.member와 같이 영역에 알맞은 패키지 이름을 사용하게 된다.

기능 제공 영역에는 기능 제공을 위해 필요한 서비스, DAO, 그리고 Member와 같은 모델 클래스가 위치한다. 예제에서는 단순히 spring이라는 패키지에 기능 제공 관련 클래스들을 위치시켰지만, 실제 어플리케이션에서는 domain.member와 같이 기능을 잘 표현하는 패키지 이름을 사용한다.

기능 제공 영역은 다시 [그림 15.3]처럼 service, dao, model과 같은 세부 패키지로 구분하기도 한다.

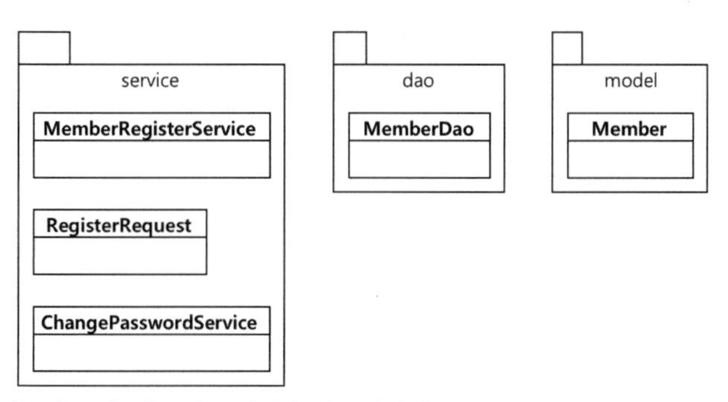

[그림 15.3] 기능 제공 영역의 세부 패키지 구분

서비스와 관련 클래스의 개수가 많다면 [그림 15.3]처럼 서비스를 위한 패키지를 구분해서 코드를 체계적으로 관리할 수 있다.

노트

패키지 구성에는 사실 정답이 없다. 패키지를 구성할 때 중요한 점은 팀 구성원 모두가 동일한 규칙에 따라 일관되게 패키지를 구성해야 한다는 것이다. 개발자에 따라 패키지를 구성하는 방식이 서로 다르면 코드를 유지보수할 때 불필요하게 시간을 낭비하게 된다. 예를 들면 당연히 존재할 거라고 생각한 패키지가 아닌 예상 밖의 패키지에 위치한 클래스를 찾느라 시간을 허비할 수 있다.

웹 어플리케이션이 복잡해지면

컨트롤러-서비스-DAO 구조는 간단한 웹 어플리케이션을 개발하기에는 무리가 없다. 문제는 어플리케이션이 기능이 많아지고 로직이 추가되기 시작할 때 발생한다. 로직이 복잡해지면 컨트롤러-서비스-DAO 구조의 코드도 함께 복잡해지는 경향이 있다. 특정 기능을 분석할 때 시간이 오래 걸리기도 하고, 중요한 로직을 구현한 코드가 DAO, 서비스 등에 흩어지기도 한다. 또한 중복된 쿼리나 중복된 로직 코드가 늘어나기도 한다.

웹 어플리케이션이 복잡해지고 커지면서 코드도 함께 복잡해지는 문제를 완화하는 방법 중 하나는 도메인 주도 설계를 적용하는 것이다. 도메인 주도 설계는 컨트롤러-서비스-DAO 구조 대신에 UI-서비스-도메인-인프라의 네 영역으로 어플리케이션을 구성한다. 여기서 UI는 컨트롤러 영역에 대응하고 인프라는 DAO 영역에 대응한다. 중요한 점은 주요한 도메인 모델과 업무 로직이 서비스 영역이 아닌 도메인 영역에 위치한다는 것이다. 또한 도메인 영역은 정해진 패턴에 따라 모델을 구현한다. 이를 통해 업무가 복잡해져도 일정 수준의 복잡도로 코드를 유지할 수 있도록 해 준다.

도메인 주도 설계에 대한 내용이 궁금한 독자는 관련 서적을 참고하자.

Chapter 16

JSON 응답과 요청 처리

이 장에서 다룰 내용

· JSON 개요
· @RestController를 이용한 JSON 응답 처리
· @RequestBody를 이용한 JSON 요청 처리
· ResponseEntity

웹 페이지에서 Ajax를 이용해서 서버 API를 호출하는 사이트가 많다. 이들 API는 웹 요청에 대한 응답으로 HTML 대신 JSON이나 XML을 사용한다. 웹 요청에도 쿼리 문자열 대신에 JSON이나 XML을 데이터로 보내기도 한다. GET이나 POST만 사용하지 않고 PUT, DELETE와 같은 다른 방식도 사용한다. 스프링 MVC를 사용하면 이를 위한 웹 컨트롤러를 쉽게 만들 수 있다. 이 장에서는 스프링 MVC에서 JSON 응답과 요청을 처리하는 방법을 살펴보도록 하자.

1. JSON 개요

JSON(JavaScript Object Notation)은 간단한 형식을 갖는 문자열로 데이터 교환에 주로 사용한다. 다음은 JSON 형식으로 표현한 데이터의 예이다.

```
{
  "name": "유관순",
  "birthday": "1902-12-16",
  "age": 17,
  "related": ["남동순", " 류예도"]
  "edu":[
    {
      "title:": "이화학당보통과",
      "year": 1916
    },
    {
      "title": "이화학당고등과",
```

```
        "year": 1916
      },
      {
        "title": "이화학당고등과",
        "year": 1919
      }
    ]
}
```

JSON 규칙은 간단하다. 중괄호를 사용해서 객체를 표현한다. 객체는 (이름, 값) 쌍을 갖는다. 이때 이름과 값은 콜론(:)으로 구분한다. 위 예의 경우 이름이 name인 데이터의 값은 "유관순"이다. 값에는 다음이 올 수 있다.

- 문자열, 숫자, 불리언, null
- 배열
- 다른 객체

문자열은 큰따옴표나 작은따옴표 사이에 위치한 값이다. 문자열은 \"(큰따옴표), \n(뉴라인), \r(캐리지 리턴), \t(탭)과 같이 역슬래시를 이용해서 특수 문자를 표시할 수 있다.

'\'(역슬래시)가 한글 폰트로는 '₩'(원화)로 표시된다. 편집기에서 코드를 입력할 때 원화 표시가 나와도 코드는 역슬래시로 인식해서 동작한다.

숫자는 10진수 표기법(예, 1.5 또는 101)이나 지수 표기법(예, 1.07e2)을 따른다. 불리언 타입 값은 true와 false가 있다.

배열은 대괄호로 표현한다. 대괄호 안에 콤마로 구분한 값 목록을 갖는다. 위 예에서 related 배열은 문자열 값 목록을 갖고 있고 edu 배열은 객체를 값 목록으로 갖고 있다.

JSON에 대한 더 정확한 문법은 https://www.json.org/json-ko.html 사이트를 참고한다.

2. Jackson 의존 설정

Jackson은 자바 객체와 JSON 형식 문자열 간 변환을 처리하는 라이브러리이다. 스프링 MVC에서 Jackson 라이브러리를 이용해서 자바 객체를 JSON으로 변환하려면 클래스패스에 Jackson 라이브러리를 추가하면 된다. 이를 위해 pom.xml 파일에 Jackson 관련 의존을 추가한다.

```
<!-- Jackson core와 Jackson Annotation 의존 추가 -->
<dependency>
    <groupId>com.fasterxml.jackson.core</groupId>
    <artifactId>jackson-databind</artifactId>
    <version>2.9.4</version>
</dependency>
<!-- java8 date/time 지원 위한 Jackson 모듈 -->
<dependency>
    <groupId>com.fasterxml.jackson.datatype</groupId>
    <artifactId>jackson-datatype-jsr310</artifactId>
    <version>2.9.4</version>
</dependency>
```

이 장에서는 15장 예제를 그대로 사용한다. 코드 구분을 위해 책에서는 sp5-chap16 프로젝트를 만들었다고 가정하고 내용을 진행한다.

> 노트
> Jackson에 대한 자세한 설명은 https://github.com/FasterXML/jackson-docs 사이트를 참고한다.

Jackson은 [그림 16.1]과 같이 자바 객체와 JSON 사이의 변환을 처리한다.

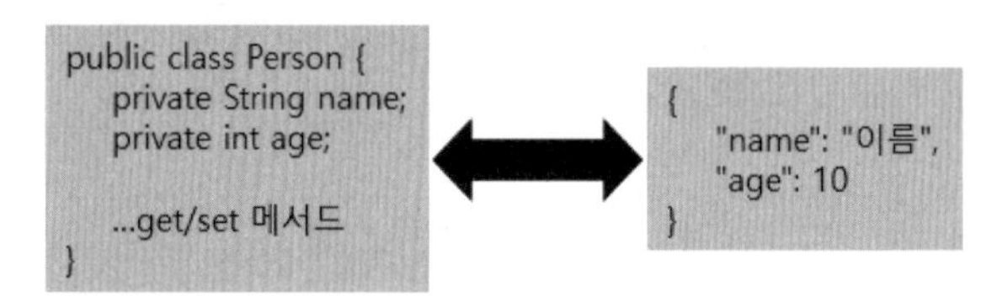

[그림 16.1] Jackson은 자바 객체와 JSON 간의 변환을 처리한다.

Jackson은 프로퍼티(get 메서드 또는 설정에 따라 필드)의 이름과 값을 JSON 객체의 (이름, 값) 쌍으로 사용한다. [그림 16.1]에서 Person 객체의 name 프로퍼티 값이 "이름"이라고 할 때 생성되는 JSON 형식 데이터는 이름이 "name"이고 값이 "이름"인 데이터를 갖는다. 프로퍼티 타입이 배열이나 List인 경우 JSON 배열로 변환된다.

3. @RestController로 JSON 형식 응답

스프링 MVC에서 JSON 형식으로 데이터를 응답하는 것은 매우 간단하다. @Controller 애노테이션 대신 @RestController 애노테이션을 사용하면 된다. 예제 코드는 [리스트 16.1]과 같다.

[리스트 16.1] sp5-chap16/src/main/java/controller/RestMemberController.java

```
01  package controller;
02
03  import java.util.List;
04
05  import org.springframework.web.bind.annotation.GetMapping;
06  import org.springframework.web.bind.annotation.PathVariable;
07  import org.springframework.web.bind.annotation.RestController;
08
09  import spring.Member;
10  import spring.MemberDao;
11  import spring.MemberNotFoundException;
12  import spring.MemberRegisterService;
13
14  @RestController
15  public class RestMemberController {
16      private MemberDao memberDao;
17      private MemberRegisterService registerService;
18
19      @GetMapping("/api/members")
20      public List<Member> members() {
21          return memberDao.selectAll();
22      }
23
24      @GetMapping("/api/members/{id}")
25      public Member member(@PathVariable Long id,
26              HttpServletResponse response) throws IOException {
27          Member member = memberDao.selectById(id);
28          if (member == null) {
29              response.sendError(HttpServletResponse.SC_NOT_FOUND);
30              return null;
31          }
32          return member;
33      }
34
35      public void setMemberDao(MemberDao memberDao) {
36          this.memberDao = memberDao;
37      }
38
39      public void setRegisterService(MemberRegisterService registerService) {
40          this.registerService = registerService;
41      }
42  }
```

[리스트 16.1]이 기존 컨트롤러 코드와 다른 점은 다음과 같다.

- **14행** : @Controller 애노테이션 대신 @RestController 애노테이션 사용

- **20행, 25행** : 요청 매핑 애노테이션 적용 메서드의 리턴 타입으로 일반 객체 사용

@RestController 애노테이션을 붙인 경우 스프링 MVC는 요청 매핑 애노테이션을 붙인 메서드가 리턴한 객체를 알맞은 형식으로 변환해서 응답 데이터로 전송한다. 이때 클래스 패스에 Jackson이 존재하면 JSON 형식의 문자열로 변환해서 응답한다. 예를 들어 20행의 members() 메서드는 리턴 타입이 List<Member>인데 이 경우 해당 List 객체를 JSON 형식의 배열로 변환해서 응답한다.

RestMemberController 클래스를 ControllerConfig 클래스에 추가하자.

```
@Configuration
public class ControllerConfig {

    … 생략

    @Bean
    public RestMemberController restApi() {
        RestMemberController cont = new RestMemberController();
        cont.setMemberDao(memberDao);
        cont.setRegisterService(memberRegSvc);
        return cont;
    }
}
```

톰캣을 실행하고 웹 브라우저에서 http://localhost:8080/sp5-chap16/api/members 주소를 입력해서 결과를 확인해 보자. 인터넷 익스플로러에서 실행하면 파일 다운로드가 뜰 수도 있으니 크롬이나 파이어폭스를 사용하자. [그림 16.2]는 파이어폭스에서 실행한 결과 모습이다.

[그림 16.2] JSON 응답 결과를 그대로 표시한 결과

크롬 브라우저에 json-formatter 확장 프로그램을 설치한 뒤에 결과를 보면 [그림 16.3]과 같이 보기 좋게 JSON 데이터를 표시해준다.

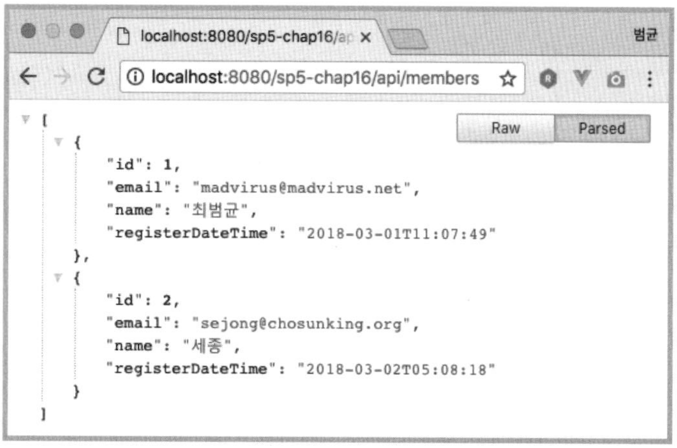
localhost:8080/sp5-chap16/ap
범균
localhost:8080/sp5-chap16/api/members
Raw
Parsed
[
{
"id": 1,
"email": "madvirus@madvirus.net",
"name": "최범균",
"registerDateTime": "2018-03-01T11:07:49"
},
{
"id": 2,
"email": "sejong@chosunking.org",
"name": "세종",
"registerDateTime": "2018-03-02T05:08:18"
}
]
[그림 16.3] 크롬에서 json-formatter 플러그인을 사용하면 JSON 응답을 보기 좋게 표시해준다.

@RestController 애노테이션과 @ResponstBody 애노테이션

@RestController 애노테이션이 추가되기 전에는 다음과 같이 @Controller 애노테이션과 @ResponseBody 애노테이션을 사용했다.

```
@Controller
public class RestMemberController {
    private MemberDao memberDao;
    private MemberRegisterService registerService;

    @RequestMapping(path="/api/members", method = RequestMethod.GET)
    @ResponseBody
    public List<Member> members() {
        return memberDao.selectAll();
    }
}
```

스프링 4 버전부터 @RestController 애노테이션이 추가되면서 @ResponseBody 애노테이션의 사용 빈도가 줄었다.

3.1 @JsonIgnore를 이용한 제외 처리

[그림 16.2]를 보면 응답 결과에 password가 포함되어 있다. 보통 암호와 같이 민감한 데이터는 응답 결과에 포함시키면 안되므로 password 데이터를 응답 결과에서 제외시켜야 한다. Jackson이 제공하는 @JsonIgnore 애노테이션을 사용하면 이를 간단히 처리할 수 있다. 다음과 같이 JSON 응답에 포함시키지 않을 대상에 @JsonIgnore 애노테이션을 붙인다.

```
import com.fasterxml.jackson.annotation.JsonIgnore;

public class Member {
```

```
private Long id;
private String email;
@JsonIgnore
private String password;
private String name;
private LocalDateTime registerDateTime;
```

@JsonIgnore 애노테이션을 붙였다면 서버를 재시작한 뒤에 다시 브라우저에서 다시 확인해보자. [그림 16.4]와 같이 @JsonIgnore 애노테이션을 붙인 대상이 JSON 결과에서 제외된 것을 알 수 있다.

```
localhost:8080/sp5-chap16/api/members
[
  {
    "id": 1,
    "email": "madvirus@madvirus.net",
    "name": "최범균",
    "registerDateTime": [
      2018,
      3,
      1,
      11,
      7,
      49
    ]
  },
```

[그림 16.4] @JsonIgnore 애노테이션으로 제외 대상 지정한 결과

3.2 날짜 형식 변환 처리: @JsonFormat 사용

[그림 16.4]에서 registerDateTime의 값은 [2018, 3, 1, 11, 7, 49]이다. Member 클래스의 registerDateTime 속성은 LocalDateTime 타입인데 JSON 값은 배열로 바뀌었다. 만약 registerDateTime 속성이 java.util.Date 타입이면 다음과 같이 유닉스 타임 스탬프로 날짜 값을 표현한다.

```
{
  "id": 1,
  "email": "madvirus@madvirus.net",
  "name": "최범균",
  "registerDateTime": 1519870069000
}
```

유닉스 타임 스탬프는 1970년 1월 1일 이후 흘러간 시간을 말한다. 보통 초 단위로 표현하나 Jackson은 별도 설정이 없으면 밀리초 단위로 값을 변환한다. System.currentTimeMillis() 메서드가 리턴하는 정수도 유닉스 타임 스탬프 값이다.

보통 날짜나 시간은 배열이나 숫자보다는 "2018-03-01 11:07:49"와 같이 특정 형식을 갖는 문자열로 표현하는 것을 선호한다. Jackson에서 날짜나 시간 값을 특정한 형식으로 표현하는 가장 쉬운 방법은 @JsonFormat 애노테이션을 사용하는 것이다. 예를 들어 ISO-8601 형식으로 변환하고 싶다면 다음과 같이 shape 속성 값으로 Shape.STRING을 갖는 @JsonFormat 애노테이션을 변환 대상에 적용하면 된다.

```
import com.fasterxml.jackson.annotation.JsonFormat;
import com.fasterxml.jackson.annotation.JsonFormat.Shape;

public class Member {

    private Long id;
    private String email;
    private String name;
    @JsonFormat(shape = Shape.STRING)     // ISO-8601 형식으로 변환
    private LocalDateTime registerDateTime;
```

다음 코드는 위 애노테이션을 사용했을 때 출력 형식을 보여준다. ISO-8601 형식을 사용해서 registerDateTime을 문자열로 표시하고 있다.

```
{
    "id": 1,
    "email": "madvirus@madvirus.net",
    "name": "최범균",
    "registerDateTime": "2018-03-01T11:07:49"
}
```

ISO-8601에 대한 내용은 https://ko.wikipedia.org/wiki/ISO_8601 사이트에서 확인할 수 있다.

ISO-8601 형식이 아닌 원하는 형식으로 변환해서 출력하고 싶다면 @JsonFormat 애노테이션의 pattern 속성을 사용한다. 다음 코드는 pattern 속성의 사용 예를 보여준다.

```
import com.fasterxml.jackson.annotation.JsonFormat;

public class Member {

    private Long id;
    private String email;
    private String name;
    @JsonFormat(pattern = "yyyyMMddHHmmss")
    private LocalDateTime registerDateTime;
```

위 설정을 적용한 결과로 생성되는 JSON 응답은 다음과 같다.

```
{
    "id": 1,
    "email": "madvirus@madvirus.net",
    "name": "최범균",
    "registerDateTime": "20180301020749"
}
```

pattern 속성은 java.time.format.DateTimeFormatter 클래스나 java.text.Simple DateFormat 클래스의 API 문서에 정의된 패턴을 따른다.

3.3 날짜 형식 변환 처리 : 기본 적용 설정

날짜 형식을 변환할 모든 대상에 @JsonFormat 애노테이션을 붙여야 한다면 상당히 귀찮다. 이런 귀찮음을 피하려면 날짜 타입에 해당하는 모든 대상에 동일한 변환 규칙을 적용할 수 있어야 한다. @JsonFormat 애노테이션을 사용하지 않고 Jackson의 변환 규칙을 모든 날짜 타입에 적용하려면 스프링 MVC 설정을 변경해야 한다.

스프링 MVC는 자바 객체를 HTTP 응답으로 변환할 때 HttpMessageConverter라는 것을 사용한다. 예를 들어 Jackson을 이용해서 자바 객체를 JSON으로 변환할 때에는 MappingJackson2HttpMessageConverter를 사용하고 Jaxb를 이용해서 XML로 변환할 때에는 Jaxb2RootElementHttpMessageConverter를 사용한다. 따라서 JSON으로 변환할 때 사용하는 MappingJackson2HttpMessageConverter를 새롭게 등록해서 날짜 형식을 원하는 형식으로 변환하도록 설정하면 모든 날짜 형식에 동일한 변환 규칙을 적용할 수 있다.

[리스트 16.2]는 모든 날짜 타입을 ISO-8601 형식으로 변환하기 위한 설정을 추가한 예를 보여준다.

[리스트 16.2] MappingJackson2HttpMessageConverter를 설정하도록 수정한 MvcConfig 클래스

```
01  … 생략
02  import org.springframework.http.converter.HttpMessageConverter;
03  import org.springframework.http.converter.json.Jackson2ObjectMapperBuilder;
04  import org.springframework.http.converter.json.MappingJackson2HttpMes
05  sageConverter;
06
07  import com.fasterxml.jackson.databind.ObjectMapper;
08  import com.fasterxml.jackson.databind.SerializationFeature;
09  … 생략
10
```

```
11  @Configuration
12  @EnableWebMvc
13  public class MvcConfig implements WebMvcConfigurer {
14      … 생략
15
16      @Override
17      public void extendMessageConverters(
18          List<HttpMessageConverter<?>> converters) {
19          ObjectMapper objectMapper = Jackson2ObjectMapperBuilder
20              .json()
21              .featuresToDisable(
22                  SerializationFeature.WRITE_DATES_AS_TIMESTAMPS)
23              .build();
24          converters.add(0,
25              new MappingJackson2HttpMessageConverter(objectMapper));
26      }
27  }
```

17행의 extendMessageConverters() 메서드는 WebMvcConfigurer 인터페이스에 정의된 메서드로서 HttpMessageConverter를 추가로 설정할 때 사용한다. @EnableWebMvc 애노테이션을 사용하면 스프링 MVC는 여러 형식으로 변환할 수 있는 HttpMessageConverter를 미리 등록한다. extendMessageConverters()는 등록된 HttpMessageConverter 목록을 파라미터로 받는다.

미리 등록된 HttpMessageConverter에는 Jackson을 이용하는 것도 포함되어 있기 때문에 새로 생성한 HttpMessageConverter는 목록의 제일 앞에 위치시켜야 한다. 그래야 가장 먼저 적용된다. 이를 위해 24~25행에서 새로운 HttpMessageConverter를 0번 인덱스에 추가했다.

설정 코드에서 주의깊게 볼 점은 19~23행이다. 이 코드는 JSON으로 변환할 때 사용할 ObjectMapper를 생성한다. 참고로 19행의 Jackson2ObjectMapperBuilder는 ObjectMapper를 보다 쉽게 생성할 수 있도록 스프링이 제공하는 클래스이다. 위 설정 코드에서 21~22행은 Jackson이 날짜 형식을 출력할 때 유닉스 타임 스탬프로 출력하는 기능을 비활성화한다. 이 기능을 비활성화하면 ObjectMapper는 날짜 타입의 값을 ISO-8601 형식으로 출력한다.

새로 생성한 ObjectMapper를 사용하는 MappingJackson2HttpMessageConverter 객체를 converters의 첫 번째 항목으로 등록하면 설정이 끝난다.

결과를 확인할 차례이다. 앞서 Member 클래스에 적용했던 @JsonFormat 코드를 삭제하고 서버를 재시작한 뒤 웹 브라우저에서 읽어보자. 날짜 타입 값이 ISO-8601 형식으로 출력되는 것을 확인할 수 있을 것이다.

모든 java.util.Date 타입의 값을 원하는 형식으로 출력하도록 설정하고 싶다면 Jackson2ObjectMapperBuilder#simpleDateFormat() 메서드를 이용해서 패턴을 지정한다.

```
@Configuration
@EnableWebMvc
public class MvcConfig implements WebMvcConfigurer {
  … 생략

   @Override
   public void extendMessageConverters(
      List<HttpMessageConverter<?>> converters) {
      ObjectMapper objectMapper = Jackson2ObjectMapperBuilder
         .json()
         .simpleDateFormat("yyyyMMddHHmmss")    // Date를 위한 변환 패턴
         .build();
      converters.add(0,
         new MappingJackson2HttpMessageConverter(objectMapper));
   }
}
```

Jackson2ObjectMapperBuilder#simpleDateFormat()으로 Date 타입을 변환할 때 사용할 패턴을 지정해도 LocalDateTime 타입 변환에는 해당 패턴을 사용하지 않는다. 대신 LocalDateTime 타입은 ISO-8601 형식으로 변환한다.

모든 LocalDateTime 타입에 대해 ISO-8601 형식 대신 원하는 패턴을 설정하고 싶다면 다음과 같이 serializerByType() 메서드를 이용해서 LocalDateTime 타입에 대한 JsonSerializer를 직접 설정하면 된다.

```
import java.time.format.DateTimeFormatter;

import com.fasterxml.jackson.datatype.jsr310.deser.LocalDateTimeDeserializer;
import com.fasterxml.jackson.datatype.jsr310.ser.LocalDateTimeSerializer;

@Configuration
@EnableWebMvc
public class MvcConfig implements WebMvcConfigurer {
  …

   @Override
   public void extendMessageConverters(
                  List<HttpMessageConverter<?>> converters) {
      DateTimeFormatter formatter =
            DateTimeFormatter.ofPattern("yyyy-MM-dd HH:mm:ss");
      ObjectMapper objectMapper = Jackson2ObjectMapperBuilder
```

```
                .json()
                .serializerByType(LocalDateTime.class,
                        new LocalDateTimeSerializer(formatter))
                .build();
        converters.add(0,
                    new MappingJackson2HttpMessageConverter(objectMapper));
    }
}
```

MappingJackson2HttpMessageConverter가 사용할 ObjectMapper 자체에 시간 타입을 위한 변환 설정을 추가해도 개별 속성에 적용한 @JsonFormat 애노테이션 설정이 우선한다.

3.4 응답 데이터의 컨텐츠 형식

크롬 브라우저에서 개발자도구를 실행하고(단축키: Ctrl + Shift + J 또는 F12) JSON 응답을 제공하는 API를 호출해보자. 개발자 도구의 네트워크 탭을 보면 [그림 16.5]와 같이 응답 헤더의 Content-Type이 application/json인 것을 알 수 있다.

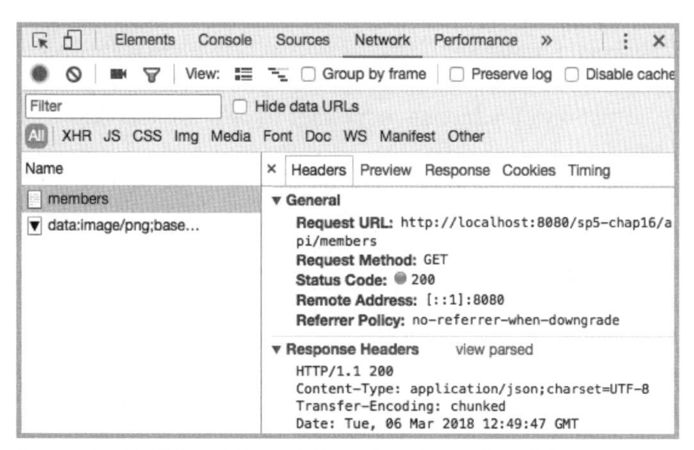

[그림 16.5] JSON 응답의 Content-Type은 application/json이다.

또한 문자 인코딩으로는 UTF-8을 사용한 것도 확인할 수 있다.

4. @RequestBody로 JSON 요청 처리

지금까지 응답을 JSON으로 변환하는 것에 대해 살펴봤다. 이제 반대로 JSON 형식의 요청 데이터를 자바 객체로 변환하는 기능에 대해 살펴보자. POST 방식이나 PUT 방식을 사용하면 name=이름&age=17과 같은 쿼리 문자열 형식이 아니라 다음과 같은 JSON 형식의 데이터를 요청 데이터로 전송할 수 있다.

```
{ "name": "이름", "age": 17 }
```

JSON 형식으로 전송된 요청 데이터를 커맨드 객체로 전달받는 방법은 매우 간단하다. 커맨드 객체에 @RequestBody 애노테이션을 붙이기만 하면 된다. 예제 코드는 [리스트 16.3]과 같다.

[리스트 16.3] sp5-chap16/src/main/java/controller/RestMemberController.java

```
01  … 생략
02  import org.springframework.web.bind.annotation.RequestBody;
03  import org.springframework.web.bind.annotation.RestController;
04  … 생략
05
06  @RestController
07  public class RestMemberController {
08      private MemberDao memberDao;
09      private MemberRegisterService registerService;
10      ...
11
12      @PostMapping("/api/members")
13      public void newMember(
14              @RequestBody @Valid RegisterRequest regReq,
15              HttpServletResponse response) throws IOException {
16          try {
17              Long newMemberId = registerService.regist(regReq);
18              response.setHeader("Location", "/api/members/" + newMemberId);
19              response.setStatus(HttpServletResponse.SC_CREATED);
20          } catch (DuplicateMemberException dupEx) {
21              response.sendError(HttpServletResponse.SC_CONFLICT);
22          }
23      }
24
25      ...
26  }
```

@RequestBody 애노테이션을 커맨드 객체에 붙이면 JSON 형식의 문자열을 해당 자바 객체로 변환한다. 예를 들어 다음과 같은 JSON 데이터를 14행의 RegisterRequest 타입 객체로 변환할 수 있다.

```
{
  "email": "bkchoi@bkchoi.com",
  "password": "1234",
  "confirmPassword": "1234",
  "name": "최범균"
}
```

스프링 MVC가 JSON 형식으로 전송된 데이터를 올바르게 처리하려면 요청 컨텐츠 타입이 application/json이어야 한다. 보통 POST 방식의 폼 데이터는 쿼리 문자열인 "p1=v1&p2=v2"로 전송되는데 이때 컨텐츠 타입은 application/x-www-form-urlencoded이다. 쿼리 문자열 대신 JSON 형식을 사용하려면 application/json 타입으로 데이터를 전송할 수 있는 별도 프로그램이 필요하다. 크롬 브라우저에는 Advanced REST client 확장 프로그램이나 Postman 등 JSON 형식의 데이터를 보낼 수 있는 확장 프로그램이 존재한다. 명령행 프롬프트에서는 httpie와 같은 콘솔 프로그램을 설치해서 확인할 수도 있다. 이 책에서는 크롬 확장 프로그램인 Advanced REST client 확장 프로그램을 사용해서 테스트했다.

JSON 형식을 전송할 수 있는 확장 프로그램에서 http://localhost:8080/sp5-chap16/api/members에 POST 방식으로 알맞은 JSON 데이터를 전송하자. [그림 16.6]은 전송 결과를 보여준다.

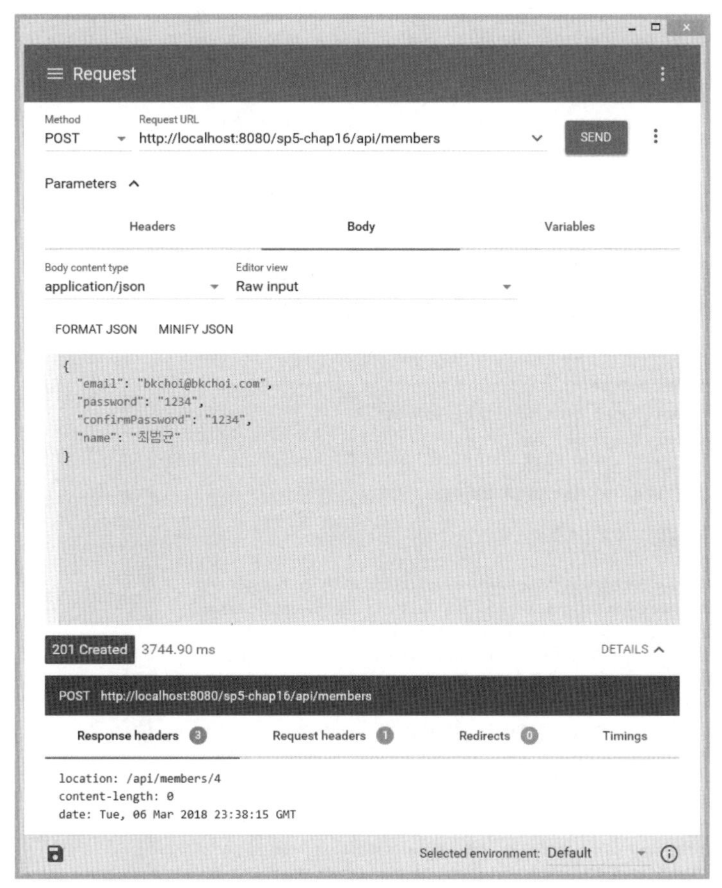

[그림 16.6] 크롬 확장 프로그램 ARC(Advanced REST client)로 JSON 데이터를 전송한 결과

RestMemberController 클래스의 newMember() 메서드를 다시 보자. newMember() 메서드는 회원 가입을 정상적으로 처리하면 응답 코드로 201(CREATED)을 전송한다.

[그림 16.6]을 보면 응답 상태 코드가 201인 것을 알 수 있다. 또한 "Location" 헤더를 응답에 추가하는데 [그림 16.6]을 보면 Location 헤더가 응답 결과에 포함되어 있다.

```
@PostMapping("/api/members")
public void newMember(
        @RequestBody RegisterRequest regReq,
        HttpServletResponse response) throws IOException {
    try {
        Long newMemberId = registerService.regist(regReq);
        response.setHeader("Location", "/api/members/" + newMemberId);
        response.setStatus(HttpServletResponse.SC_CREATED);
    } catch (DuplicateMemberException dupEx) {
        response.sendError(HttpServletResponse.SC_CONFLICT);
    }
}
```

중복된 ID를 전송한 경우 응답 상태 코드로 409(CONFLICT)를 리턴한다. JSON 데이터의 email 속성 값으로 이미 존재하는 이메일 주소를 입력해서 POST 요청을 전송해보자. [그림 16.7]과 같이 응답 상태 코드가 409인 것을 알 수 있다.

[그림 16.7] 응답 코드가 409인 결과 화면 예

4.1 JSON 데이터의 날짜 형식 다루기

JSON 형식의 데이터를 날짜 형식으로 변환하는 방법을 살펴보자. 별도 설정을 하지 않으면 다음 패턴(시간대가 없는 JSR-8601 형식)의 문자열을 LocalDateTime과 Date로 변환한다.

```
yyyy-MM-ddTHH:mm:ss
```

특정 패턴을 가진 문자열을 LocalDateTime이나 Date 타입으로 변환하고 싶다면 @JsonFormat 애노테이션의 pattern 속성을 사용해서 패턴을 지정한다.

```
@JsonFormat(pattern = "yyyyMMddHHmmss")
private LocalDateTime birthDateTime;

@JsonFormat(pattern = "yyyyMMdd HHmmss")
private Date birthDate;
```

특정 속성이 아니라 해당 타입을 갖는 모든 속성에 적용하고 싶다면 스프링 MVC 설정을 추가하면 된다. 다음은 설정 예이다.

```
@Configuration
@EnableWebMvc
public class MvcConfig implements WebMvcConfigurer {
    … 생략

    @Override
    public void extendMessageConverters(
        List<HttpMessageConverter<?>> converters) {
        DateTimeFormatter formatter =
                DateTimeFormatter.ofPattern("yyyyMMddHHmmss");
        ObjectMapper objectMapper = Jackson2ObjectMapperBuilder
                .json()
                .featuresToEnable(SerializationFeature.INDENT_OUTPUT)
                .deserializerByType(LocalDateTime.class,
                    new LocalDateTimeDeserializer(formatter))
                .simpleDateFormat("yyyyMMdd HHmmss")
                .build();

        converters.add(0,
            new MappingJackson2HttpMessageConverter(objectMapper));
    }
}
```

deserializerByType()는 JSON 데이터를 LocalDateTime 타입으로 변환할 때 사용할 패턴을 지정하고 simpleDateFormat()은 Date 타입으로 변환할 때 사용할 패턴을 지정한다.

simpleDateFormat()은 Date 타입을 JSON 데이터로 변환할 때에도 사용된다는 점에 유의한다.

4.2 요청 객체 검증하기

[리스트 16.3]의 newMember() 메서드를 다시 보자. 자세히 보면 regReq 파라미터에 @Valid 애노테이션이 붙어 있다.

```
@PostMapping("/api/members")
public void newMember(
        @RequestBody @Valid RegisterRequest regReq,
        HttpServletResponse response) throws IOException {
    ... 생략
}
```

JSON 형식으로 전송한 데이터를 변환한 객체도 동일한 방식으로 @Valid 애노테이션이나 별도 Validator를 이용해서 검증할 수 있다. @Valid 애노테이션을 사용한 경우 검증에 실패하면 400(Bad Request) 상태 코드를 응답한다.

Validator를 사용할 경우 다음과 같이 직접 상태 코드를 처리해야 한다.

```
@PostMapping("/api/members")
public void newMember(
        @RequestBody RegisterRequest regReq, Errors errors,
        HttpServletResponse response) throws IOException {
    try {
        new RegisterRequestValidator().validate(regReq, errors);
        if (errors.hasErrors()) {
            response.sendError(HttpServletResponse.SC_BAD_REQUEST);
            return;
        }
        ...
    } catch (DuplicateMemberException dupEx) {
        response.sendError(HttpServletResponse.SC_CONFLICT);
    }
}
```

5. ResponseEntity로 객체 리턴하고 응답 코드 지정하기

지금까지 예제 코드는 상태 코드를 지정하기 위해 HttpServletResponse의 setStatus() 메서드와 sendError() 메서드를 사용했다.

```
@GetMapping("/api/members/{id}")
public Member member(@PathVariable Long id,
        HttpServletResponse response) throws IOException {
    Member member = memberDao.selectById(id);
    if (member == null) {
        response.sendError(HttpServletResponse.SC_NOT_FOUND);
        return null;
    }
    return member;
}
```

문제는 위와 같이 HttpServletResponse를 이용해서 404 응답을 하면 JSON 형식이 아닌 서버가 기본으로 제공하는 HTML을 응답 결과로 제공한다는 점이다. 예를 들어 위 코드는 ID에 해당하는 Member가 존재하면 해당 객체를 리턴하고 존재하지 않으면 404 응답을 리턴한다. 존재할 때는 [그림 16.8]의 왼쪽과 같이 JSON 결과를 응답하는데, 존재하지 않을 때는 오른쪽과 같이 HTML 결과를 응답한다.

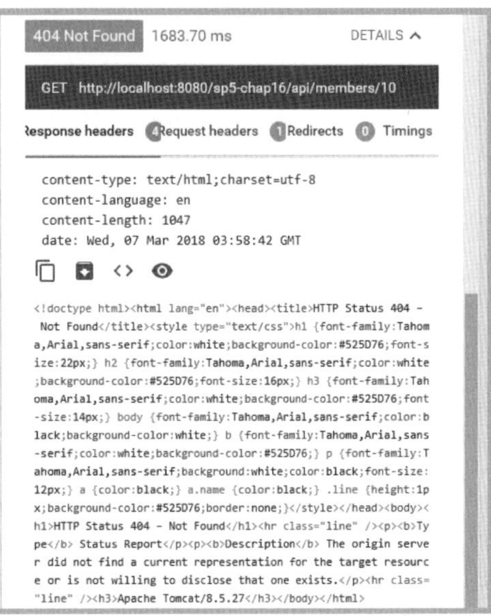

[그림 16.8] HttpServletResponse로 에러 상태 코드를 전송하면 톰캣 서버가 제공하는 기본 에러 HTML을 응답으로 제공한다.

API를 호출하는 프로그램 입장에서 JSON 응답과 HTML 응답을 모두 처리하는 것은 부담스럽다. 404나 500과 같이 처리에 실패한 경우 HTML 응답 데이터 대신에 JSON 형식의 응답 데이터를 전송해야 API 호출 프로그램이 일관된 방법으로 응답을 처리할 수 있을 것이다.

5.1 ResponseEntity를 이용한 응답 데이터 처리

정상인 경우와 비정상인 경우 모두 JSON 응답을 전송하는 방법은 ResponseEntity를 사용하는 것이다.

먼저 에러 상황일 때 응답으로 사용할 ErrorResponse 클래스를 다음과 같이 작성하자.

```
package controller;

public class ErrorResponse {
    private String message;

    public ErrorResponse(String message) {
        this.message = message;
    }

    public String getMessage() {
        return message;
    }

}
```

ResponseEntity를 이용하면 member() 메서드를 [리스트 16.4]와 같이 구현할 수 있다.

[리스트 16.4] ResponseEntity를 이용한 응답 데이터 처리

```
01  import org.springframework.http.HttpStatus;
02  import org.springframework.http.ResponseEntity;
03
04  @RestController
05  public class RestMemberController {
06      private MemberDao memberDao;
07      … 생략
08
09      @GetMapping("/api/members/{id}")
10      public ResponseEntity<Object> member(@PathVariable Long id) {
11          Member member = memberDao.selectById(id);
12          if (member == null) {
13              return ResponseEntity.status(HttpStatus.NOT_FOUND)
14                      .body(new ErrorResponse("no member"));
15          }
16          return ResponseEntity.status(HttpStatus.OK).body(member);
17      }
```

스프링 MVC는 리턴 타입이 ResponseEntity이면 ResponseEntity의 body로 지정한 객체를 사용해서 변환을 처리한다. 예를 들어 16행에서는 11행에서 구한 member를 body로 지정했는데, 이 경우 member 객체를 JSON으로 변환한다. 동일하게 13~14행에서는 ErrorResponse 객체를 body로 지정했으므로 member가 null이면 ErrorResponse를 JSON으로 변환한다.

ResponseEntity의 status로 지정한 값을 응답 상태 코드로 사용한다. 13~14행은 404(NOT_FOUND)를 상태 코드로 응답하고 16행은 200(OK)을 상태 코드로 응답한다.

[리스트 16.4]와 같이 수정했다면 존재하지 않는 ID를 이용해서 실행해보자. [그림 16.9]와 같이 404 상태 코드와 함께 JSON 형식으로 응답 데이터를 전송한 것을 알 수 있다.

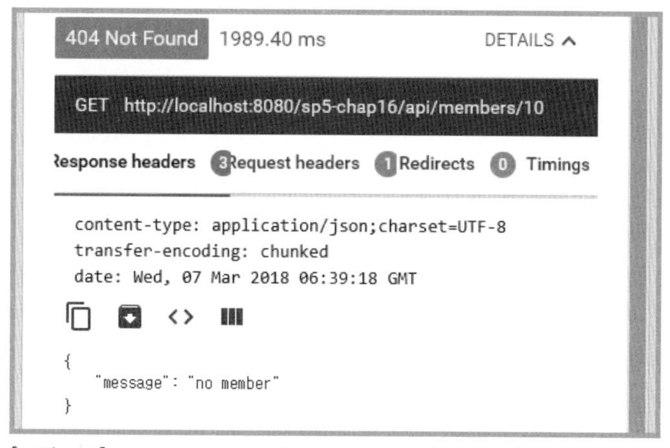

[그림 16.9] ResponseEntity를 이용해서 404 상태 코드와 JSON 몸체를 응답한 결과

ResponseEntity를 생성하는 기본 방법은 status와 body를 이용해서 상태 코드와 JSON으로 변환할 객체를 지정하는 것이다.

```
ResponseEntity.status(상태코드).body(객체)
```

상태 코드는 HttpStatus 열거 타입에 정의된 값을 이용해서 정의한다.

200(OK) 응답 코드와 몸체 데이터를 생성할 경우 다음과 같이 ok() 메서드를 이용해서 생성할 수도 있다.

```
ResponseEntity.ok(member)
```

만약 몸체 내용이 없다면 다음과 같이 body를 지정하지 않고 build()로 바로 생성한다.

```
ResponseEntity.status(HttpStatus.NOT_FOUND).build()
```

몸체 내용이 없는 경우 status() 메서드 대신에 다음과 같이 관련 메서드를 사용해도 된다.

```
ResponseEntity.notFound().build()
```

몸체가 없을 때 status() 대신 사용할 수 있는 메서드는 다음과 같다.

- noContent() : 204
- badRequest() : 400
- notFound() : 404

newMember() 메서드는 다음과 같이 201(Created) 상태 코드와 Location 헤더를 함께 전송했다.

```
response.setHeader("Location", "/api/members/" + newMemberId);
response.setStatus(HttpServletResponse.SC_CREATED);
```

같은 코드를 ResponseEntity로 구현하면 다음과 같다. ResponseEntity.created() 메서드에 Location 헤더로 전달할 URI를 전달하면 된다.

```
import java.net.URI;
import org.springframework.web.util.UriComponentsBuilder;

@RestController
public class RestMemberController {

    @PostMapping("/api/members")
    public ResponseEntity<Object> newMember(
            @RequestBody @Valid RegisterRequest regReq) {
        try {
            Long newMemberId = registerService.regist(regReq);
            URI uri = URI.create("/api/members/" + newMemberId);
            return ResponseEntity.created(uri).build();
        } catch (DuplicateMemberException dupEx) {
            return ResponseEntity.status(HttpStatus.CONFLICT).build();
        }
    }
```

5.2 @ExceptionHandler 적용 메서드에서 ResponseEntity로 응답하기

한 메서드에서 정상 응답과 에러 응답을 ResponseBody로 생성하면 코드가 중복될 수 있다. 예를 들어 다음 코드를 보자.

```
@GetMapping("/api/members/{id}")
public ResponseEntity<Object> member(@PathVariable Long id) {
    Member member = memberDao.selectById(id);
    if (member == null) {
        return ResponseEntity
                .status(HttpStatus.NOT_FOUND)
                .body(new ErrorResponse("no member"));
    }
    return ResponseEntity.ok(member);
}
```

이 코드는 member가 존재하지 않을 때 기본 HTML 에러 응답 대신에 JSON 응답을 제공하기 위해 ResponseEntity를 사용했다. 그런데 회원이 존재하지 않을 때 404 상태 코드를 응답해야 하는 기능이 많다면 에러 응답을 위해 ResponseEntity를 생성하는 코드가 여러 곳에 중복된다.

이럴 때 @ExceptionHandler 애노테이션을 적용한 메서드에서 에러 응답을 처리하도록 구현하면 중복을 없앨 수 있다. 다음은 구현 예이다.

```
@GetMapping("/api/members/{id}")
public Member member(@PathVariable Long id) {
    Member member = memberDao.selectById(id);
    if (member == null) {
        throw new MemberNotFoundException();
    }
    return member;
}

@ExceptionHandler(MemberNotFoundException.class)
public ResponseEntity<ErrorResponse> handleNoData() {
    return ResponseEntity
            .status(HttpStatus.NOT_FOUND)
            .body(new ErrorResponse("no member"));
}
```

이 코드에서 member() 메서드는 Member 자체를 리턴한다. 회원 데이터가 존재하면 Member 객체를 리턴하므로 JSON으로 변환한 결과를 응답한다. 회원 데이터가 존재하지 않으면 MemberNotFoundException을 발생한다. 이 익셉션이 발생하면 @ExceptionHandler 애노테이션을 사용한 handleNoData() 메서드가 에러를 처리한다. handleNoData()는 404 상태 코드와 ErrorResponse 객체를 몸체로 갖는 ResponseEntity를 리턴한다. 따라서 MemberNotFoundException이 발생하면 상태 코드가 404이고 몸체가 JSON 형식인 응답을 전송한다.

@RestControllerAdvice 애노테이션을 이용해서 에러 처리 코드를 별도 클래스로 분리할 수도 있다. @RestControllAdvice 애노테이션은 @ControllerAdvice 애노테이션과 동일하다. 차이라면 @RestController 애노테이션과 동일하게 응답을 JSON이나 XML과 같은 형식으로 변환한다는 것이다. [리스트 16.5]는 @RestControllerAdvice의 사용 예이다.

[리스트 16.5] sp5-chap16/src/main/java/controller/ApiExceptionAdvice.java

```
01  package controller;
02  
03  import org.springframework.http.HttpStatus;
04  import org.springframework.http.ResponseEntity;
05  import org.springframework.web.bind.annotation.ExceptionHandler;
06  import org.springframework.web.bind.annotation.RestControllerAdvice;
07  
08  import spring.MemberNotFoundException;
09  
10  @RestControllerAdvice("controller")
11  public class ApiExceptionAdvice {
12  
13      @ExceptionHandler(MemberNotFoundException.class)
14      public ResponseEntity<ErrorResponse> handleNoData() {
15          return ResponseEntity
16                  .status(HttpStatus.NOT_FOUND)
17                  .body(new ErrorResponse("no member"));
18      }
19  
20  }
```

@RestControllerAdvice 애노테이션을 사용하면 에러 처리 코드가 한 곳에 모여 효과적으로 에러 응답을 관리할 수 있다.

5.3 @Valid 에러 결과를 JSON으로 응답하기

@Valid 애노테이션을 붙인 커맨드 객체가 값 검증에 실패하면 400 상태 코드를 응답한다. 예를 들어 다음 코드를 보자.

```
@PostMapping("/api/members")
public ResponseEntity<Object> newMember(
        @RequestBody @Valid RegisterRequest regReq) {
    try {
        Long newMemberId = registerService.regist(regReq);
        URI uri = URI.create("/api/members/" + newMemberId);
        return ResponseEntity.created(uri).build();
    } catch (DuplicateMemberException dupEx) {
        return ResponseEntity.status(HttpStatus.CONFLICT).build();
    }
}
```

문제는 HttpServletResponse를 이용해서 상태 코드를 응답했을 때와 마찬가지로 HTML 응답을 전송한다는 점이다. 실제로 검증 실패했을 때 응답 결과는 [그림 16.10]과 같이 HTML을 응답으로 전송한다.

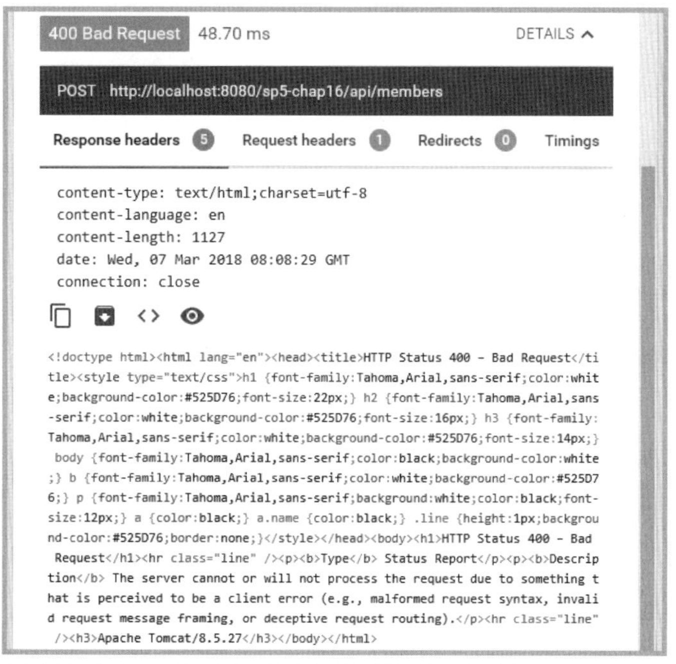

[그림 16.10] @Valid를 이용한 검증에 실패했을 때 응답 데이터

@Valid 애노테이션을 이용한 검증에 실패했을 때 HTML 응답 데이터 대신에 JSON 형식 응답을 제공하고 싶다면 다음과 같이 Errors 타입 파라미터를 추가해서 직접 에러 응답을 생성하면 된다.

```
@PostMapping("/api/members")
public ResponseEntity<Object> newMember(
        @RequestBody @Valid RegisterRequest regReq,
        Errors errors) {
    if (errors.hasErrors()) {
        String errorCodes = errors.getAllErrors() // List<ObjectError>
                .stream()
                .map(error -> error.getCodes()[0]) // error는 ObjectError
                .collect(Collectors.joining(","));
        return ResponseEntity
                .status(HttpStatus.BAD_REQUEST)
                .body(new ErrorResponse("errorCodes = " + errorCodes));
    }
    … 생략
}
```

이 코드는 hasErrors() 메서드를 이용해서 검증 에러가 존재하는지 확인한다. 검증 에러가 존재하면 getAllErrors() 메서드로 모든 에러 정보를 구하고(ErrorObject 타입의 객체 목록), 각 에러의 코드 값을 연결한 문자열을 생성해서 errorCodes 변수에 할당한다.

위와 같이 코드를 수정한 뒤에 검증에 실패하는 데이터를 전송하면 [그림 16.11]과 같이 HTML 대신 JSON 응답이 오는 것을 확인할 수 있다.

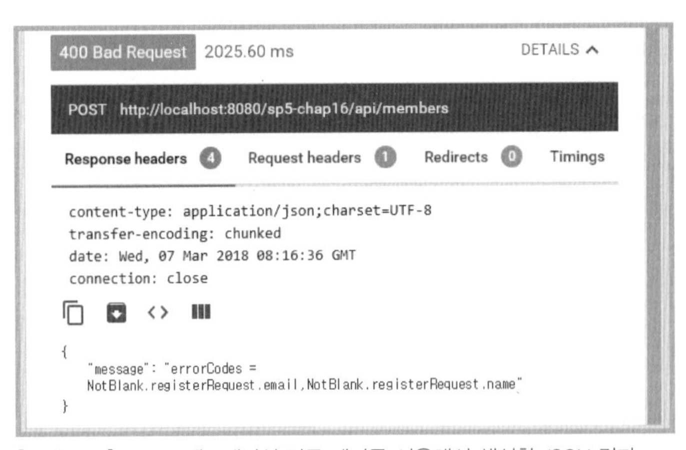

[그림 16.11] @Valid 애노테이션 검증 에러를 이용해서 생성한 JSON 결과

@RequestBody 애노테이션을 붙인 경우 @Valid 애노테이션을 붙인 객체의 검증에 실패했을 때 Errors 타입 파라미터가 존재하지 않으면 MethodArgumentNotValidException이 발생한다. 따라서 다음과 같이 @ExceptionHandler 애노테이션을 이용해서 검증 실패시 에러 응답을 생성해도 된다.

```
import org.springframework.web.bind.MethodArgumentNotValidException;

@RestControllerAdvice("controller")
public class ApiExceptionAdvice {

    @ExceptionHandler(MethodArgumentNotValidException.class)
    public ResponseEntity<ErrorResponse> handleBindException(
            MethodArgumentNotValidException ex) {
        String errorCodes = ex.getBindingResult().getAllErrors()
                .stream()
                .map(error -> error.getCodes()[0])
                .collect(Collectors.joining(","));
        return ResponseEntity
                .status(HttpStatus.BAD_REQUEST)
                .body(new ErrorResponse("errorCodes = " + errorCodes));
    }
```

Chapter 17

프로필과 프로퍼티 파일

이 장에서 다룰 내용

· 프로필

· 프로퍼티 파일 사용

1. 프로필

개발을 진행하는 동안에는 실제 서비스 목적으로 운영중인 DB를 이용할 수는 없다. 개발하는 동안에는 개발용 DB를 따로 사용하거나 개발 PC에 직접 DB를 설치해서 사용한다. 이 책의 예제에서 사용한 커넥션 풀 설정을 봐도 아래 코드처럼 로컬 PC에 설치한 MySQL을 사용했다.

```
@Bean(destroyMethod = "close")
public DataSource dataSource() {
    DataSource ds = new DataSource();
    ds.setDriverClassName("com.mysql.jdbc.Driver");
    ds.setUrl("jdbc:mysql://localhost/spring5fs?characterEncoding=utf8");
    ds.setUsername("spring5");
    ds.setPassword("spring5");
    … 생략
    return ds;
}
```

실제 서비스 환경에서는 웹 서버와 DB 서버가 서로 다른 장비에 설치된 경우가 많다. 개발 환경에서 사용한 DB 계정과 실 서비스 환경에서 사용할 DB 계정이 다른 경우도 흔하다. 즉 개발을 완료한 어플리케이션을 실제 서버에 배포하려면 실 서비스 환경에 맞는 JDBC 연결 정보를 사용해야 한다.

실 서비스 장비에 배포하기 전에 설정 정보를 변경하고 배포하는 방법을 사용할 수도 있지만 이 방법은 너무 원시적이다. 이 방법은 실수하기 쉽다. 실 서비스 환경에 맞는 설정으로 수정하는 과정에서 오타를 입력할 수 있고 개발 환경설정을 실 서비스 환경에 배포할 수도 있다. 반대로 실 서비스 정보를 그대로 두고 개발을 진행할 수도 있다.

이런 실수를 방지하는 방법은 처음부터 개발 목적 설정과 실 서비스 목적의 설정을 구분해서 작성하는 것이다. 이를 위한 스프링 기능이 프로필(profile)이다.

프로필은 논리적인 이름으로서 설정 집합에 프로필을 지정할 수 있다. 스프링 컨테이너는 설정 집합 중에서 지정한 이름을 사용하는 프로필을 선택하고 해당 프로필에 속한 설정을 이용해서 컨테이너를 초기화할 수 있다. 예를 들어 로컬 개발 환경을 위한 DataSource 설정을 "dev" 프로필로 지정하고 실 서비스 환경을 위한 DataSource 설정을 "real" 프로필로 지정한 뒤, "dev" 프로필을 사용해서 스프링 컨테이너를 초기화할 수 있다. 그러면 스프링은 [그림16.1]과 같이 "dev" 프로필에 정의된 빈을 사용하게 된다.

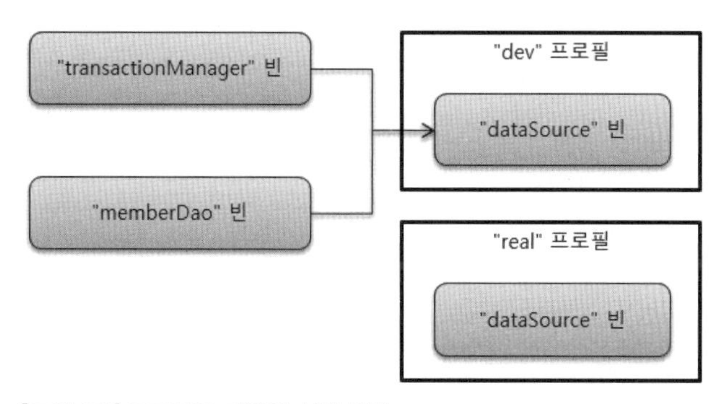

[그림 17.1] 프로필을 이용한 설정 선택

1.1 @Configuration 설정에서 프로필 사용하기

@Configuration 어노테이션을 이용한 설정에서 프로필을 지정하려면 @Profile 애노테이션을 이용한다. [리스트 17.1]은 설정 예이다.

[리스트 17.1] sp5-chap17/src/main/java/config/DsDevConfig.java

```
01  package config;
02
03  import org.apache.tomcat.jdbc.pool.DataSource;
04  import org.springframework.context.annotation.Bean;
05  import org.springframework.context.annotation.Configuration;
```

```
06  import org.springframework.context.annotation.Profile;
07
08  @Configuration
09  @Profile("dev")
10  public class DsDevConfig {
11
12      @Bean(destroyMethod = "close")
13      public DataSource dataSource() {
14          DataSource ds = new DataSource();
15          ds.setDriverClassName("com.mysql.jdbc.Driver");
16          ds.setUrl("jdbc:mysql://localhost/spring5fs?characterEncoding=utf8");
17          ds.setUsername("spring5");
18          ds.setPassword("spring5");
19          ds.setInitialSize(2);
20          ds.setMaxActive(10);
21          ds.setTestWhileIdle(true);
22          ds.setMinEvictableIdleTimeMillis(60000 * 3);
23          ds.setTimeBetweenEvictionRunsMillis(10 * 1000);
24          return ds;
25      }
26  }
```

09행의 @Profile은 "dev"를 값으로 갖는다. 스프링 컨테이너를 초기화할 때 "dev" 프로필을 활성화하면 DsDevConfig 클래스를 설정으로 사용한다.

"dev"가 아닌 "real" 프로필을 활성화했을 때 사용할 설정 클래스는 다음과 같이 @Profile 애노테이션의 값으로 "real"을 지정한다.

```
@Configuration
@Profile("real")
public class DsRealConfig {

    @Bean(destroyMethod = "close")
    public DataSource dataSource() {
        DataSource ds = new DataSource();
        ds.setDriverClassName("com.mysql.jdbc.Driver");
        ds.setUrl("jdbc:mysql://realdb/spring5fs?characterEncoding=utf8");
        ds.setUsername("spring5");
        ds.setPassword("spring5");
        … 생략
        return ds;
    }
}
```

DsDevConfig 클래스와 DsProdConfig 클래스는 둘 다 이름이 "dataSource"인 DataSource 타입의 빈을 설정하고 있다.

두 "dataSource" 빈 중에서 어떤 빈을 사용할지는 활성화한 프로필에 따라 달라진다. "dev" 프로필을 활성화하면 @Profile("dev") 애노테이션을 붙인 설정 클래스의 dataSource 빈을 사용하고 "real" 프로필을 활성화하면 @Profile("real") 애노테이션을 붙인 설정 클래스의 dataSource 빈을 사용한다.

특정 프로필을 선택하려면 컨테이너를 초기화하기 전에 setActiveProfiles() 메서드를 사용해서 프로필을 선택해야 한다.

```
AnnotationConfigApplicationContext context = new AnnotationConfigApplication
Context();
context.getEnvironment().setActiveProfiles("dev");
context.register(MemberConfig.class, DsDevConfig.class, DsRealConfig.class);
context.refresh();
```

getEnvironment() 메서드는 스프링 실행 환경을 설정하는데 사용되는 Environment를 리턴한다. 이 Environment의 setActiveProfiles() 메서드를 사용해서 사용할 프로필을 선택할 수 있다. 위 코드는 "dev"를 값으로 주었으므로 "dev" 프로필에 속한 설정이 사용된다. 따라서 DsDevConfig 클래스와 DsRealConfig 클래스에 정의되어 있는 "dataSource" 중에서 "dev" 프로필에 속하는 DsDevConfig에 정의된 "dataSource" 빈을 사용한다.

프로필을 사용할 때 주의할 점은 설정 정보를 전달하기 전에 어떤 프로필을 사용할지 지정해야 한다는 점이다. 위 코드를 보면 setActiveProfiles() 메서드로 "dev" 프로필을 사용한다고 설정한 뒤에 register() 메서드로 설정 파일 목록을 지정했다. 그런 뒤 refresh() 메서드를 실행해서 컨테이너를 초기화했다. 이 순서를 지키지 않고 프로필을 선택하기 전에 설정 정보를 먼저 전달하면 프로필을 지정한 설정이 사용되지 않기 때문에 설정을 읽어오는 과정에서 빈을 찾지 못해 익셉션이 발생한다.

두 개 이상의 프로필을 활성화하고 싶다면 다음과 같이 각 프로필 이름을 메서드에 파라미터로 전달한다.

```
context.getEnvironment().setActiveProfiles("dev", "mysql");
```

프로필을 선택하는 또 다른 방법은 spring.profiles.active 시스템 프로퍼티에 사용할 프로필 값을 지정하는 것이다. 두 개 이상인 경우 사용할 프로필을 콤마로 구분해서 설정하면 된다. 시스템 프로퍼티는 명령행에서 -D 옵션을 이용하거나 System.setProperty()

를 이용해서 지정할 수 있다. 아래 코드는 -D 옵션을 이용한 설정 예이다.

```
java -Dspring.profiles.active=dev main.Main
```

위와 같이 시스템 프로퍼티로 프로필을 설정하면 setActiveProfiles() 메서드를 사용하지 않아도 "dev" 프로필이 활성화된다.

```
// 명령행에 -Dspring.profiles.active=dev 옵션을 주거나
// System.setProperty("spring.profiles.active", "dev") 코드로
// spring.profiles.active 시스템 프로퍼티 값을 "dev"로 설정하면
// "dev" 프로필을 활성화한다.
AnnotationConfigApplicationContext context =
        new AnnotationConfigApplicationContext(
            MemberConfig.class, DsDevConfig.class, DsRealConfig.class);
```

자바의 시스템 프로퍼티뿐만 아니라 OS의 "spring.profiles.active" 환경 변수에 값을 설정해도 된다. 프로필 우선 순위는 다음과 같다.

- setActiveProfiles()
- 자바 시스템 프로퍼티
- OS 환경 변수

1.2 @Configuration을 이용한 프로필 설정

중첩 클래스를 이용해서 프로필 설정을 한 곳으로 모을 수 있다. 다음은 그 예이다.

```
@Configuration
public class MemberConfigWithProfile {
    @Autowired
    private DataSource dataSource;

    @Bean
    public MemberDao memberDao() {
        return new MemberDao(dataSource);
    }

    @Configuration
    @Profile("dev")
    public static class DsDevConfig {
        @Bean(destroyMethod = "close")
        public DataSource dataSource() {
            DataSource ds = new DataSource();
            ds.setDriverClassName("com.mysql.jdbc.Driver");
            ds.setUrl("jdbc:mysql://localhost/spring5fs?characterEncoding=utf8");
```

```
            ...
            return ds;
        }
    }

    @Configuration
    @Profile("real")
    public static class DsRealConfig {
        @Bean(destroyMethod = "close")
        public DataSource dataSource() {
            DataSource ds = new DataSource();
            ds.setDriverClassName("com.mysql.jdbc.Driver");
            ds.setUrl("jdbc:mysql://realdb/spring5fs?characterEncoding=utf8");
            ...
            return ds;
        }
    }

}
```

중첩된 @Configuration 설정을 사용할 때 주의할 점은 중첩 클래스는 static이어야 한다는 점이다.

1.3 다수 프로필 설정

스프링 설정은 두 개 이상의 프로필 이름을 가질 수 있다. 아래 코드는 real과 test 프로필을 갖는 설정 예이다. real 프로필을 사용할 때와 test 프로필을 사용할 때 모두 해당 설정을 사용한다.

```
@Configuration
@Profile("real,test")
public class DataSourceJndiConfig {
    ...
```

프로필 값을 지정할 때 다음 코드처럼 느낌표(!)를 사용할 수도 있다.

```
@Configuration
@Profile("!real")
public class DsDevConfig {

    @Bean(destroyMethod = "close")
    public DataSource dataSource() {
        DataSource ds = new DataSource();
        ds.setDriverClassName("com.mysql.jdbc.Driver");
```

```
        ds.setUrl("jdbc:mysql://localhost/spring5fs?characterEncoding=utf8");
        ...
        return ds;
    }
}
```

"!real" 값은 "real" 프로필이 활성화되지 않을 때 사용한다는 것을 의미한다. 보통 "!프로필" 형식은 특정 프로필이 사용되지 않을 때 기본으로 사용할 설정을 지정하는 용도로 사용된다.

1.4 어플리케이션에서 프로필 설정하기

웹 어플리케이션의 경우에도 spring.profiles.active 시스템 프로퍼티나 환경 변수를 사용해서 사용할 프로필을 선택할 수 있다. 그리고 web.xml에서 다음과 같이 spring.profiles.active 초기화 파라미터를 이용해서 프로필을 선택할 수 있다.

```
<servlet>
    <servlet-name>dispatcher</servlet-name>
    <servlet-class>
        org.springframework.web.servlet.DispatcherServlet
    </servlet-class>
    <init-param>
        <param-name>spring.profiles.active</param-name>
        <param-value>dev</param-value>
    </init-param>
    <init-param>
        <param-name>contextClass</param-name>
        <param-value>
org.springframework.web.context.support.AnnotationConfigWebApplicationContext
        </param-value>
    </init-param>
    <init-param>
        <param-name>contextConfigLocation</param-name>
        <param-value>
            config.DsDevConfig
            config.DsRealConfig
            config.MemberConfig
            config.MvcConfig
            config.ControllerConfig
        </param-value>
    </init-param>
    <load-on-startup>1</load-on-startup>
</servlet>
```

2. 프로퍼티 파일을 이용한 프로퍼티 설정

스프링은 외부의 프로퍼티 파일을 이용해서 스프링 빈을 설정하는 방법을 제공하고 있다. 예를 들어 다음과 같은 db.properties 파일이 있다고 하자.

```
db.driver=com.mysql.jdbc.Driver
db.url=jdbc:mysql://localhost/spring5fs?characterEncoding=utf8
db.user=spring5
db.password=spring5
```

이 파일의 프로퍼티 값을 자바 설정에서 사용할 수 있으며 이를 통해 설정 일부를 외부 프로퍼티 파일을 사용해서 변경할 수 있다.

2.1 @Configuration 애노테이션 이용 자바 설정에서의 프로퍼티 사용

자바 설정에서 프로퍼티 파일을 사용하려면 다음 두 가지를 설정한다.

- PropertySourcesPlaceholderConfigurer 빈 설정
- @Value 애노테이션으로 프로퍼티 값 사용

먼저 PropertySourcesPlaceholderConfigurer 클래스를 빈으로 등록한다. [리스트 17.2]는 설정 예이다.

[리스트 17.2] sp5-chap17/src/main/java/config/PropertyConfig.java

```
01  package config;
02  
03  import org.springframework.context.annotation.Bean;
04  import org.springframework.context.annotation.Configuration;
05  import org.springframework.context.support.PropertySourcesPlaceholderConfigurer;
06  import org.springframework.core.io.ClassPathResource;
07  
08  @Configuration
09  public class PropertyConfig {
10  
11      @Bean
12      public static PropertySourcesPlaceholderConfigurer properties() {
13          PropertySourcesPlaceholderConfigurer configurer =
14                  new PropertySourcesPlaceholderConfigurer();
15          configurer.setLocations(
16                  new ClassPathResource("db.properties"),
17                  new ClassPathResource("info.properties"));
18          return configurer;
19      }
20  
21  }
```

PropertySourcesPlaceholderConfigurer#setLocations() 메서드는 프로퍼티 파일 목록을 인자로 전달받는다. 이때 스프링의 Resource 타입을 이용해서 파일 경로를 전달한다. db.properties 파일이 클래스 패스에 위치하고 있다면(예, src/main/resources 폴더) 16행과 같이 ClassPathResource 클래스를 이용해서 프로퍼티 파일 정보를 전달한다.

Resource 인터페이스

o.s.core.io.Resource 인터페이스는 스프링에서 자원을 표현할 때 사용한다. 대표적인 구현 클래스로 다음의 두 가지가 있다. (o.s.c는 org.springframework.core를 줄여서 표현한 것이다.)

- o.s.c.io.ClassPathResource: 클래스 패스에 위치한 자원으로부터 데이터를 읽음
- o.s.c.io.FileSystemResource: 파일 시스템에 위치한 자원으로부터 데이터를 읽음

위 코드에서 주의해서 볼 점은 PropertySourcesPlaceholderConfigurer 타입 빈을 설정하는 메서드가 정적(static) 메서드라는 것이다. 이는 PropertySourcesPlaceholderConfigurer 클래스가 특수한 목적의 빈이기 때문이며 정적 메서드로 지정하지 않으면 원하는 방식으로 동작하지 않는다.

PropertySourcesPlaceholderConfigurer 타입 빈은 setLocations() 메서드로 전달받은 프로퍼티 파일 목록 정보를 읽어와 필요할 때 사용한다. 이를 위한 것이 @Value 애노테이션이다. @Value 애노테이션의 사용 예는 [리스트 17.3]과 같다.

[리스트 17.3] sp5-chap17/src/main/java/config/DsConfigWithProp.java

```
01  package config;
02
03  import org.apache.tomcat.jdbc.pool.DataSource;
04  import org.springframework.beans.factory.annotation.Value;
05  import org.springframework.context.annotation.Bean;
06  import org.springframework.context.annotation.Configuration;
07
08  @Configuration
09  public class DsConfigWithProp {
10      @Value("${db.driver}")
11      private String driver;
12      @Value("${db.url}")
13      private String jdbcUrl;
14      @Value("${db.user}")
15      private String user;
16      @Value("${db.password}")
17      private String password;
18
19      @Bean(destroyMethod = "close")
20      public DataSource dataSource() {
21          DataSource ds = new DataSource();
```

```
22          ds.setDriverClassName(driver);
23          ds.setUrl(jdbcUrl);
24          ds.setUsername(user);
25          ds.setPassword(password);
26          ds.setInitialSize(2);
27          ds.setMaxActive(10);
28          ds.setTestWhileIdle(true);
29          ds.setMinEvictableIdleTimeMillis(60000 * 3);
30          ds.setTimeBetweenEvictionRunsMillis(10 * 1000);
31          return ds;
32      }
33
34  }
```

10행을 보면 @Value 애노테이션이 ${구분자} 형식의 플레이스홀더를 값으로 갖고 있다. 이 경우 PropertySourcesPlaceholderConfigurer는 플레이스홀더의 값을 일치하는 프로퍼티 값으로 치환한다. 위 예의 경우 ${db.driver} 플레이스홀더를 db.properties에 정의되어 있는 "db.driver" 프로퍼티 값으로 치환한다. 따라서 실제 빈을 생성하는 메서드(위 코드에서는 dataSource() 메서드)는 @Value 애노테이션이 붙은 필드를 통해서 해당 프로퍼티의 값을 사용할 수 있다.

2.2 빈 클래스에서 사용하기

[리스트 17.4]와 같이 빈으로 사용할 클래스에도 @Value 애노테이션을 붙일 수 있다.

[리스트 17.4] @Value 애노테이션을 클래스에 붙인 예

```
01  package spring;
02
03  import org.springframework.beans.factory.annotation.Value;
04
05  public class Info {
06
07      @Value("${info.version}")
08      private String version;
09
10      public void printInfo() {
11          System.out.println("version = " + version);
12      }
13
14      public void setVersion(String version) {
15          this.version = version;
16      }
17
18  }
```

@Value 애노테이션을 필드에 붙이면 플레이스홀더에 해당하는 프로퍼티를 필드에 할당한다. 07행의 경우 info.version 프로퍼티에 해당하는 값을 version 필드에 할당한다.

다음과 같이 @Value 애노테이션을 set 메서드에 적용할 수도 있다.

```
public class Info {

    private String version;

    public void printInfo() {
        System.out.println("version = " + version);
    }

    @Value("${info.version}")
    public void setVersion(String version) {
        this.version = version;
    }

}
```

Chapter 18

마치며

1장부터 17장까지 내용을 읽고 착실하게 예제를 따라한 독자는 다음을 할 수 있을 것이다.

- 스프링 자바 설정을 이용해서 객체를 생성하고 조립(DI)하기
- AOP를 이용해서 여러 빈 객체에 공통으로 적용되는 기능 구현하기
- 스프링의 JDBC 지원 기능을 이용해서 쿼리를 실행하고 트랜잭션 처리하기
- 스프링 MVC를 이용해서 웹 요청을 처리하고, 폼을 연동하고, 세션 연동하기
- 프로필과 프로퍼티를 이용해서 설정하기

이는 스프링을 이용해서 웹 어플리케이션을 개발하는데 필요한 기본적인 지식이다. 물론 더 많은 설정 방법과 더 다양한 기술과의 연동 방법을 익혀야 한다. 하지만 일반적인 웹 어플리케이션을 개발할 수 있을 정도의 지식은 익혔다.

이 책은 스프링 입문자를 위해 썼기 때문에 JDBC 지원 기능만 사용했는데, 실제로는 JPA나 MyBatis와 같은 기술을 이용해서 DB를 연동한다. 또한 파일 업로드, 보안 처리, 스케줄링 등을 구현해야 한다. 이런 내용이 궁금한 독자는 스프링 레퍼런스 문서나 관련 서적을 읽어보기 바란다. 스프링 개발에 필요한 나머지 부분을 채워나갈 수 있을 것이다.

앞으로 스프링을 이용해서 개발하다보면 복잡한 설정 때문에 괴로움을 겪게 될 수도 있는데 스프링 부트(Boot) 프로젝트를 사용하면 복잡한 설정을 간단하게 처리할 수 있다. 스프링을 어느 정도 익힌 뒤에는 스프링 부트를 익히는 것도 고려해보자. 부록 B에서 스프링 부트를 소개하고 있으니 궁금한 독자는 읽어보자. 또한 다양한 스프링 부트 책과 레퍼런스 문서를 통해 부트 사용법을 배울 수 있다.

아무쪼록 이 책이 여러분이 스프링에 입문하는데 도움이 되었기를 바라면서 이 책을 마친다.

부록 A

메이븐 기초 안내

이 장에서 다룰 내용

· 아키타입 이용 프로젝트 생성
· 기본 폴더 구조
· POM 파일 및 의존 설정
· 리포지토리

이 책에서는 메이븐을 이용해서 프로젝트의 폴더 구조를 생성하고 필요한 의존 모듈을 관리한다. 메이븐은 프로젝트 빌드와 라이프 사이클, 사이트 생성 등 프로젝트 전반을 위한 관리 도구로서 많은 자바 프로젝트가 메이븐을 사용해서 프로젝트를 관리하고 있다.

메이븐을 설치하는 방법은 1장에서 이미 살펴봤으므로 본 글에서는 설치를 제외한 메이븐을 이용해서 프로젝트를 생성하는 방법과, 폴더 구조, POM 파일 기본 구성, 메이븐 라이프 사이클에 대해 살펴보도록 하겠다.사용한다. 웹 어플리케이션 개발에 자바를 사용한다면 스프링은 반드시 익혀야 할 기술이다.

노트 이 내용은 필자의 블로그 글인 http://javacan.tistory.com/entry/MavenBasic 글을 가져온 것으로 필요한 내용을 추가로 넣었다. 버전 등을 맞추기 위해 블로그 글을 종종 갱신한다.

1. 메이븐 아키타입을 이용한 프로젝트 생성하기

이 책에서는 메이븐 프로젝트 폴더와 pom.xml 파일을 처음부터 직접 생성했다. 이렇게 직접 생성해도 되지만 메이븐이 제공하는 아키타입을 사용하면 미리 정의된 폴더 구조와 기반이 되는 pom.xml 파일을 사용해서 메이븐 프로젝트를 생성할 수도 있다.

아키타입을 이용해서 메이븐 프로젝트를 생성하려면 명령 프롬프트에서 다음 명령어를 실행하면 된다.

```
mvn archetype:generate
```

이 명령어를 처음 실행할 때 꽤 오랜 시간이 걸리는데 그 이유는 메이븐이 필요한 플러그인과 모듈을 다운로드 받기 때문이다. 메이븐 배포판은 최초로 메이븐을 사용하는 데 필요한 모듈만 포함한다. 그 외에 archetype 플러그인, compiler 플러그인 등 메이븐을 사용하는 데 필요한 모듈은 포함하고 있지 않다. 이들 모듈은 실제로 필요할 때 메이븐 중앙 리포지토리에서 다운로드한다.

위 명령어를 실행하면 메이븐 프로젝트를 생성하는 데 필요한 정보를 입력하라는 메시지가 단계적으로 뜬다. 각 항목별로 알맞은 값을 입력하면 된다. 아래는 실행 화면 예이다. 굵은 밑줄로 표시한 것은 입력한 값이다.

```
C:\Users\madvirus>mvn archetype:generate
[INFO] Scanning for projects...
[INFO]
[INFO] ------------------------------------------------------------------
[INFO] Building Maven Stub Project (No POM) 1
[INFO] ------------------------------------------------------------------
… 생략
Choose archetype:
1: remote -> am.ik.archetype:maven-reactjs-blank-archetype (Blank Project for
React.js)
2: remote -> am.ik.archetype:msgpack-rpc-jersey-blank-archetype (Blank
Project for Spring Boot + Jersey)
… 생략
1090: remote -> org.apache.maven.archetypes:maven-archetype-portlet (An
archetype which contains a sample JSR-268 Portlet.)
1091: remote -> org.apache.maven.archetypes:maven-archetype-profiles (-)
1092: remote -> org.apache.maven.archetypes:maven-archetype-quickstart (An
archetype which contains a sample Maven project.)
… 생략
Choose a number or apply filter (format: [groupId:]artifactId, case sensitive
contains): 1092: Enter
Choose version:
1: 1.0-alpha-1
2: 1.0-alpha-2
3: 1.0-alpha-3
4: 1.0-alpha-4
5: 1.0
6: 1.1
Choose a number: 6: Enter
Define value for property 'groupId': : net.madvirus
Define value for property 'artifactId': : sample
Define value for property 'version':  1.0-SNAPSHOT: : Enter
```

```
Define value for property 'package': net.madvirus: : Enter
Confirm properties configuration:
groupId: net.madvirus
artifactId: sample
version: 1.0-SNAPSHOT
package: net.madvirus
 Y: : Enter
 [INFO] ------------------------------------------------------------
[INFO] Using following parameters for creating project from Old (1.x) Archetype:
maven-archetype-quickstart:1.1
[INFO] ------------------------------------------------------------
[INFO] Parameter: groupId, Value: net.madvirus
[INFO] Parameter: packageName, Value: net.madvirus
[INFO] Parameter: package, Value: net.madvirus
[INFO] Parameter: artifactId, Value: sample
[INFO] Parameter: basedir, Value: C:₩Users₩madvirus
[INFO] Parameter: version, Value: 1.0-SNAPSHOT
[INFO] project created from Old (1.x) Archetype in dir: C:\Users\madvirus\sample

[INFO] ------------------------------------------------------------
[INFO] BUILD SUCCESS
[INFO] ------------------------------------------------------------
[INFO] Total time: 25:52 min
[INFO] Finished at: 2014-07-02T15:17:56+09:00
[INFO] Final Memory: 12M/111M
[INFO] ------------------------------------------------------------
```

위 과정에서 실제로 입력하는 값은 다음과 같다.

- groupId : 프로젝트가 속하는 그룹 식별자. 회사, 본부, 또는 단체를 의미하는 값을 입력한다. 패키지 형식으로 계층을 표현한다. 위에서는 net.madvirus를 groupId로 입력했다.
- artifactId : 프로젝트 결과물의 식별자. 프로젝트나 모듈을 의미하는 값이 온다. 위에서는 sample을 artifactId로 입력했다.
- version : 결과물의 버전을 입력한다. 위에서는 기본 값인 1.0-SNAPSHOT을 사용했다.
- package : 생성할 패키지를 입력한다. 별도로 입력하지 않을 경우 groupId와 동일한 구조의 패키지를 생성한다.

2. 메이븐 프로젝트의 기본 디렉토리 구조

archetype: generate 골(goal)이 성공적으로 실행되면 artifactId에 입력한 값과 동일한 이름의 폴더가 생성된다. 위 경우에는 sample 이라는 하위 폴더가 생긴다. 위 과정에서 선택한 archetype은 maven-archetype-quickstart 인데 이 archetype을 선택했을 때 생성되는 폴더 구조는 다음과 같다.

```
sample
├─src
│  ├─main
│  │  └─java
│  │      └─net
│  │          └─madvirus
│  │              └─App.java
│  └─test
│      └─java
│          └─net
│              └─madvirus
│                  └─AppTest.java
└─pom.xml
```

메이븐 프로젝트의 주요 폴더는 다음과 같다.

- src/main/java : 자바 소스 파일이 위치한다.
- src/main/resources : 프로퍼티나 XML 등 리소스 파일이 위치한다. 클래스패스에 포함된다.
- src/main/webapp : 웹 어플리케이션 관련 파일이 위치한다. (WEB-INF 폴더, JSP 파일 등)
- src/test/java : 테스트 자바 소스 파일이 위치한다.
- src/test/resources : 테스트 과정에서 사용되는 리소스 파일이 위치한다. 테스트에 사용되는 클래스패스에 포함된다.

자동 생성되지 않은 폴더는 직접 생성하면 된다. 예를 들어 src/main 폴더에 resources 폴더를 생성하면 메이븐은 리소스 폴더로 인식한다.

3. 자바 버전 수정

pom.xml 파일을 열어서 다음 코드를 추가하자. 이 설정은 자바 버전을 1.8로 설정한다.

```
... 생략

<build>
    <plugins>
        <plugin>
            <groupId>org.apache.maven.plugins</groupId>
            <artifactId>maven-compiler-plugin</artifactId>
            <configuration>
```

```
                <source>1.8</source>
                <target>1.8</target>
                <encoding>UTF-8</encoding>
            </configuration>
        </plugin>
    </plugins>
</build>

</project>
```

4. 컴파일 해보기/테스트 실행 해보기/패키지 해보기

간단하게 컴파일과 테스트를 실행해보자. 소스 코드를 컴파일 하려면 다음과 같은 명령어를 실행한다.

```
C:\Users\madvirus\sample>mvn compile
[INFO] Scanning for projects...
[INFO]
[INFO] ------------------------------------------------------------
[INFO] Building sample 1.0-SNAPSHOT
[INFO] ------------------------------------------------------------
[INFO]
[INFO] --- maven-resources-plugin:2.6:resources (default-resources) @ sample ---
[INFO] Using 'UTF-8' encoding to copy filtered resources.
[INFO] skip non existing resourceDirectory C:\Users\madvirus\sample\src\main\resources
[INFO]
[INFO] --- maven-compiler-plugin:3.1:compile (default-compile) @ sample ---
[INFO] Compiling 1 source file to C:\Users\madvirus\sample\target\classes
[INFO] ------------------------------------------------------------
[INFO] BUILD SUCCESS
[INFO] ------------------------------------------------------------
[INFO] Total time: 2.205 s
[INFO] Finished at: 2014-07-03T09:51:15+09:00
[INFO] Final Memory: 11M/110M
[INFO] ------------------------------------------------------------
[INFO] Total time: 2.205 s
[INFO] Finished at: 2014-07-03T09:51:15+09:00
[INFO] Final Memory: 11M/110M
[INFO] ------------------------------------------------------------
```

컴파일 된 결과는 target/classes 폴더에 생성된다.

테스트 클래스를 실행하고 싶다면 다음 명령어를 사용한다.

```
$ mvn test
[INFO] Scanning for projects...
[INFO]
[INFO] ------------------------------------------------------------------------
[INFO] Building sample 1.0-SNAPSHOT
[INFO] ------------------------------------------------------------------------
[INFO]
[INFO] --- maven-resources-plugin:2.6:resources (default-resources) @ sample ---
[INFO] Using 'UTF-8' encoding to copy filtered resources.
[INFO] skip non existing resourceDirectory /Users/madvirus/sample/src/main/
resources
[INFO]
[INFO] --- maven-compiler-plugin:3.1:compile (default-compile) @ sample ---
[INFO] Compiling 1 source file to /Users/madvirus/sample/target/classes
[INFO]
[INFO] --- maven-resources-plugin:2.6:testResources (default-testResources)
@ sample ---
[INFO] Using 'UTF-8' encoding to copy filtered resources.
[INFO] skip non existing resourceDirectory /Users/madvirus/sample/src/test/
resources
[INFO]
[INFO] --- maven-compiler-plugin:3.1:testCompile (default-testCompile) @
sample ---
[INFO] Compiling 1 source file to /Users/madvirus/sample/target/test-classes
[INFO]
[INFO] --- maven-surefire-plugin:2.12.4:test (default-test) @ sample ---
… 최초 실행시 관련 플러그인 파일 다운로드
-------------------------------------------------------
 T E S T S
-------------------------------------------------------
Running net.madvirus.AppTest
```

```
Tests run: 1, Failures: 0, Errors: 0, Skipped: 0, Time elapsed: 0.005 sec

Results :

Tests run: 1, Failures: 0, Errors: 0, Skipped: 0

[INFO] ------------------------------------------------------------------------
[INFO] BUILD SUCCESS
[INFO] ------------------------------------------------------------------------
[INFO] Total time: 10.238 s
[INFO] Finished at: 2014-07-03T22:20:08+09:00
[INFO] Final Memory: 13M/228M
[INFO] ------------------------------------------------------------------------
```

mvn test 명령어를 실행하면 테스트 코드를 컴파일하고 실행한 뒤 테스트 성공 여부를 출력한다. 컴파일 된 테스트 클래스들은 target/test-classes 폴더에 생성되고 테스트 결과 리포트는 target/surefire-reports 폴더에 저장된다.

(아무것도 한 것이 없으니 당연하지만) 모든 코드 컴파일에 성공하고 테스트도 통과했으니 이제 배포 가능한 jar 파일을 만들어보자. 다음 명령어를 실행하면 프로젝트를 패키징해서 결과물을 생성한다.

```
$ mvn package
[INFO] Scanning for projects...
[INFO]
[INFO] ------------------------------------------------------------------
[INFO] Building sample 1.0-SNAPSHOT
[INFO] ------------------------------------------------------------------
[INFO]
[INFO] --- maven-resources-plugin:2.6:resources (default-resources) @
sample ---
[INFO] Using 'UTF-8' encoding to copy filtered resources.
[INFO] skip non existing resourceDirectory /Users/madvirus/sample/src/main/
resources
[INFO]
[INFO] --- maven-compiler-plugin:3.1:compile (default-compile) @ sample ---
[INFO] Nothing to compile - all classes are up to date
[INFO]
[INFO] --- maven-resources-plugin:2.6:testResources (default-testResources)
@ sample ---
```

```
[INFO] Using 'UTF-8' encoding to copy filtered resources.
[INFO] skip non existing resourceDirectory /Users/madvirus/sample/src/test/
resources
[INFO]
[INFO] --- maven-compiler-plugin:3.1:testCompile (default-testCompile) @
sample ---
[INFO] Nothing to compile - all classes are up to date
[INFO]
[INFO] --- maven-surefire-plugin:2.12.4:test (default-test) @ sample ---
[INFO] Surefire report directory: /Users/madvirus/sample/target/surefire-reports

-------------------------------------------------------
 T E S T S
-------------------------------------------------------
Running net.madvirus.AppTest
Tests run: 1, Failures: 0, Errors: 0, Skipped: 0, Time elapsed: 0.005 sec

Results :
```

```
Tests run: 1, Failures: 0, Errors: 0, Skipped: 0

[INFO]
[INFO] --- maven-jar-plugin:2.4:jar (default-jar) @ sample ---
[INFO] Building jar: /Users/madvirus/sample/target/sample-1.0-SNAPSHOT.jar
[INFO] ------------------------------------------------------------
[INFO] BUILD SUCCESS
[INFO] ------------------------------------------------------------
[INFO] Total time: 1.783 s
[INFO] Finished at: 2014-07-03T22:21:59+09:00
[INFO] Final Memory: 8M/156M
[INFO] ------------------------------------------------------------
```

mvn package가 성공적으로 실행되면 target 폴더에 프로젝트 이름과 버전에 따라 알맞은 이름을 갖는 jar 파일이 생성된다. 위 예제의 경우에는 sample-1.0-SNAPSHOT.jar 파일이 생성된 것을 확인할 수 있다.

5. POM 파일 기본

메이븐 프로젝트를 생성하면 pom.xml 파일이 프로젝트 루트 폴더에 생성된다. 이 pom.xml 파일은 Project Object Model 정보를 담고 있는 파일이다. 이 파일에서 다루는 주요 설정 정보는 다음과 같다.

- **프로젝트 정보** : 프로젝트의 이름, 개발자 목록, 라이센스 등의 정보를 기술
- **빌드 설정** : 소스, 리소스, 라이프 사이클별 실행할 플러그인 등 빌드와 관련된 설정을 기술
- **빌드 환경** : 사용자 환경별로 달라질 수 있는 프로파일 정보를 기술
- **POM 연관 정보** : 의존 프로젝트(모듈), 상위 프로젝트, 포함하고 있는 하위 모듈 등을 기술

archetype:create 골 실행시 maven-archetype-quickstart Archetype을 선택한 경우 생성되는 pom.xml 파일은 다음과 같다.

```
<project xmlns="http://maven.apache.org/POM/4.0.0"
    xmlns:xsi="http://www.w3.org/2001/XMLSchema-instance"
    xsi:schemaLocation="http://maven.apache.org/POM/4.0.0
                http://maven.apache.org/xsd/maven-4.0.0.xsd">
  <modelVersion>4.0.0</modelVersion>

  <groupId>net.madvirus</groupId>
  <artifactId>sample</artifactId>
  <version>1.0-SNAPSHOT</version>
  <packaging>jar</packaging>
```

```
  <name>sample</name>
  <url>http://maven.apache.org</url>

  <properties>
    <project.build.sourceEncoding>UTF-8</project.build.sourceEncoding>
  </properties>

  <dependencies>
    <dependency>
      <groupId>junit</groupId>
      <artifactId>junit</artifactId>
      <version>3.8.1</version>
      <scope>test</scope>
    </dependency>
  </dependencies>
</project>
```

위 POM 파일에서 프로젝트 정보를 기술하는 태그는 다음과 같다.

- 〈name〉 : 프로젝트 이름
- 〈url〉 : 프로젝트 사이트 URL

POM 연관 정보는 프로젝트간 연관 정보를 기술하며 관련 태그는 다음과 같다.

- 〈groupId〉 : 프로젝트의 그룹 ID 설정
- 〈artifactId〉 : 프로젝트의 Artifact ID 설정
- 〈version〉 : 버전 설정
- 〈packaging〉 : 패키징 타입 설정. 위 코드는 프로젝트의 결과가 jar 파일로 생성됨을 의미함. jar뿐만 아니라 웹 어플리케이션을 위한 war 타입이 존재.
- 〈dependencies〉 : 이 프로젝트에서 의존하는 다른 프로젝트 정보를 기술.
  - 〈dependency〉 : 의존하는 프로젝트 POM 정보를 기술
    - 〈groupId〉 : 의존하는 프로젝트의 그룹 ID
    - 〈artifactId〉 : 의존하는 프로젝트의 artifact ID
    - 〈version〉 : 의존하는 프로젝트의 버전
    - 〈scope〉 : 의존하는 범위를 설정(뒤에서 추가 설명)

6. 의존 설정

〈dependency〉 부분의 설정에 대해서 좀 더 살펴보자. 메이븐을 사용하지 않을 경우 개발자들은 코드에서 필요로 하는 라이브러리를 각각 다운로드 받아야 한다. 예를 들어 아파치 commons DBCP 라이브러리를 사용하기 위해서는 DBCP뿐만 아니라 common pool 라이브러리도 다운로드 받아야 한다. 물론 commons logging을 비롯한 라이브러리도 모두 추가로 다운로드 받아 설치해야 한다. 즉 코드에서 필요로 하는 라이브러리뿐만 아니라 그 라이브러리가 필요로 하는 또 다른 라이브러리도 직접 찾아서 설치해 주어야 한다.

하지만 메이븐을 사용하면 코드에서 직접 사용하는 모듈에 대한 의존만 추가하면 된다. 예를 들어 commons-dbcp 모듈을 사용하고 싶다면 다음 〈dependency〉 코드만 추가하면 된다.

```
<dependency>
    <groupId>commons-dbcp</groupId>
    <artifactId>commons-dbcp</artifactId>
    <version>1.2.1</version>
</dependency>
```

그러면 메이븐은 commons-dbcp뿐만 아니라 commons-dbcp가 의존하는 라이브러리를 자동으로 처리해준다. 실제로 1.2.1 버전의 commons-dbcp 모듈의 pom.xml 파일을 보면 의존 코드가 다음과 같이 설정되어 있다.

```
<dependencies>
  <dependency>
    <groupId>commons-collections</groupId>
    <artifactId>commons-collections</artifactId>
    <version>2.1</version>
  </dependency>
  <dependency>
    <groupId>commons-pool</groupId>
    <artifactId>commons-pool</artifactId>
    <version>1.2</version>
  </dependency>
  <dependency>
    <groupId>javax.sql</groupId>
    <artifactId>jdbc-stdext</artifactId>
    <version>2.0</version>
    <optional>true</optional>
  </dependency>
  <dependency>
    <groupId>junit</groupId>
```

```
      <artifactId>junit</artifactId>
      <version>3.8.1</version>
      <scope>test</scope>
    </dependency>
    <dependency>
      <groupId>xml-apis</groupId>
      <artifactId>xml-apis</artifactId>
      <version>2.0.2</version>
    </dependency>
    <dependency>
      <groupId>xerces</groupId>
      <artifactId>xerces</artifactId>
      <version>2.0.2</version>
    </dependency>
  </dependencies>
```

메이븐은 commons-dbcp 모듈을 다운로드 받을 때 관련 POM 파일도 함께 다운로드 받는다(다운로드 받은 파일은 로컬 리포지토리에 저장되는데 이에 대한 내용은 뒤에서 다시 설명하겠다). 그리고 POM 파일에 명시한 의존 모듈을 함께 다운로드 받는다. 즉 commons-dbcp 1.2.1 버전의 경우 commons-collections 2.1 버전과 commons-pool 1.2 버전 등을 함께 다운로드 받는다. 이런 식으로 반복해서 다운로드 받은 모듈이 필요로 하는 모듈을 다운로드 받고 이들 모듈을 현재 프로젝트에서 사용할 클래스패스에 추가해준다.

따라서 개발자는 일일이 필요한 모듈을 다운로드 받을 필요가 없다. 현재 코드가 직접 필요로 하는 모듈만 〈dependency〉로 추가하면 된다. 나머지 의존은 모두 메이븐이 알맞게 처리해준다.

6.1 search.maven.org 사이트에서 POM 정보 찾기

메이븐을 사용할 때 자주 찾는 사이트가 search.maven.org이다. search.maven.org는 메이븐 중앙 리포지토리에 등록된 POM 정보를 검색해주는 기능을 제공한다. 이 사이트를 통해서 추가할 라이브러리의 〈dependency〉 설정 정보를 구할 수 있다.

6.2 의존의 scope: compile, runtime, provided, test

앞의 pom.xml 파일에서 〈dependency〉 코드를 보면 〈scope〉를 포함하고 있는 것과 그렇지 않은 것이 존재한다. 〈scope〉는 의존하는 모듈이 언제 사용되는지 설정한다. 〈scope〉에는 다음 네 값이 올 수 있다.

- compile : 컴파일할 때 필요. 테스트 및 런타임에도 클래스패스에 포함된다. 〈scope〉를 설정하지 않을 경우 기본 값은 compile 이다.

- runtime : 런타임에 필요. JDBC 드라이버 등이 예가 된다. 프로젝트 코드를 컴파일 할 때는 필요하지 않지만 실행할 때 필요하다는 것을 의미한다. 배포시 포함된다.
- provided : 컴파일 할 때 필요하지만 실제 런타임 때에는 컨테이너 같은 것에서 기본으로 제공되는 모듈임을 의미한다. 예를 들어 서블릿이나 JSP API 등이 이에 해당한다. 배포시 제외된다.
- test : 테스트 코드를 컴파일 할 때 필요. Mock 테스트를 위한 모듈이 예이다. 테스트 시에 클래스패스에 포함된다. 배포시 제외된다.

7. 원격 리포지토리와 로컬 리포지토리

메이븐은 컴파일이나 패키징 등 작업을 실행할 때 필요한 플러그인이나 pom.xml 파일의 <dependency>에 설정한 모듈을 메이븐 중앙 리포지토리에서 다운로드 받는다. 중앙 리포지토리 주소는 http://repo1.maven.org/maven2/ 이다.

원격 리포지토리에서 다운로드 받은 모듈은 로컬 리포지토리에 저장된다. 로컬 리포지토리는 [USER_HOME]/.m2/repository 폴더에 생성된다. 로컬 리포지토리에 다음과 같은 형식의 폴더를 생성한 뒤 다운로드 받은 모듈을 저장한다.

```
[groupId]/[artifactId]/[version]
```

예를 들어 commons-dbcp 1.2.1 버전의 경우 모듈 및 관련 POM 파일이 저장되는 폴더는 다음과 같다.

```
[USER_HOME]/.m2/repository/commons-dbcp/commons-dbcp/1.2.1
```

위 폴더에는 패키징 된 모듈 파일, pom 파일, 그리고 소스 코드 다운로드 옵션을 실행한 경우에는 소스 코드를 포함한 jar 파일이 포함된다. 일단 원격 리포지토리로부터 파일을 다운로드해서 로컬 리포지토리에 저장하면 그 뒤로는 로컬 리포지토리에 저장된 파일을 사용한다.

8. 메이븐 라이프사이클(Lifecycle)과 플러그인 실행

메이븐은 프로젝트의 빌드 라이프사이클을 제공한다. 앞서 프로젝트를 생성한 뒤 컴파일하고(mvn compile), 테스트하고(mvn test), 패키징하는(mvn package) 과정을 정해진 명령어를 이용해서 실행했다. 이때 compile, test, package는 모두 빌드 라이프사이클에 속하는 단계이다.

메이븐은 크게 clean, build (default), site의 세 가지 라이프사이클을 제공한다. 각 라이프사이클은 순서를 갖는 단계(phase)로 구성된다. 또한 각 단계별로 실행할 플러그인(plugin) 골(goal)이 정의되어 있어서 각 단계마다 알맞은 작업을 실행한다. 아래 표는 디폴트 라이프사이클을 구성하고 있는 주요 실행 단계를 순서대로 정리한 것이다.

[표 A.1] 디폴트 라이프사이클의 주요 단계(phase)

단계	설명	단계에 묶인 플러그인 실행
generate-sources	컴파일 과정에 포함될 소스를 생성한다. 예를 들어 DB 테이블과 매핑되는 자바 코드를 생성하는 작업을 이 단계에서 실행한다.	
process-sources	필터와 같은 작업을 소스 코드에 처리 한다.	
generate-resources	패키지에 포함할 자원을 생성한다.	
process-resources	필터와 같은 작업을 자원 파일에 처리하고, 자원 파일을 클래스 출력 폴더에 복사한다.	resources:resources
compile	소스 코드를 컴파일해서 클래스 출력 폴더에 클래스를 생성한다.	compiler:compile
generate-test-sources	테스트 소스 코드를 생성한다. 예를 들어 특정 클래스에서 자동으로 테스트 케이스를 만드는 작업을 이 단계에서 실행한다.	
process-test-sources	필터와 같은 작업을 테스트 소스 코드에 처리한다.	resources: testResources
generate-test-resources	테스트를 위한 자원 파일을 생성한다.	
process-test-resources	필터와 같은 작업을 테스트 자원 파일에 처리하고, 테스트 자원 파일을 테스트 클래스 출력 폴더에 복사한다.	
test-compile	테스트 소스 코드를 컴파일해서 테스트 클래스 출력 폴더에 클래스를 생성한다.	compiler:testCompile
test	테스트를 실행한다.	surefire:test
package	컴파일 한 코드와 자원 파일들을 jar, war와 같은 배포 형식으로 패키징한다.	패키징에 따라 다름 ● jar : jar:jar ● war : war:war
install	로컬 리포지토리에 패키지를 복사한다.	install:install
deploy	생성한 패키지 파일을 원격 리포지토리에 등록하여, 다른 프로젝트에서 사용할 수 있도록 한다.	deploy:deploy

라이프사이클의 특정 단계를 실행하려면 다음과 같이 mvn [단계이름] 명령어를 실행하면 된다.

```
mvn test
mvn deploy
```

라이프사이클의 특정 단계를 실행하면 그 단계의 앞에 위치한 모든 단계를 실행한다. 예를 들어 test 단계를 실행하면 test 단계를 실행하기에 앞서 'generate-sources' 단계부터 'test-compile' 단계까지 각 단계를 순서대로 실행한다. 각 단계를 실행할 때는 각 단계에 묶인 골(goal)을 실행한다.

플러그인을 직접 실행할 수도 있다. mvn 명령어에 단계 대신 실행할 플러그인을 지정하면 된다.

```
mvn surefire:test
```

단 플러그인 골을 직접 명시한 경우에는 해당 플러그인만 실행하기 때문에 라이프사이클의 단계를 실행하지는 않는다.

플러그인 골(Plugin Goal)

메이븐에서 플러그인을 실행할 때에는 '플러그인이름:플러그인지원골'의 형식으로 실행할 기능을 선택한다. 예를 들어 compiler:compile은 'compiler'는 플러그인에서 'compile' 기능(goal)을 실행한다는 것을 뜻한다.

부록 B

스프링 부트 소개

이 장에서 다룰 내용

· 부트 프로젝트 생성
· 간단한 JSON API 만들기
· DB 연동
· 실행 가능한 jar 생성

스프링 MVC를 이용해서 DB 연동이 필요한 간단한 웹 어플리케이션을 만들 때에도 준비할 것이 많다. 스프링 MVC 설정을 하고, DB 연동에 필요한 DataSource 설정, 트랜잭션 설정 등을 해야 한다. @EnableWebMvc와 같은 애노테이션 덕에 스프링 초기 버전에 비해 설정할 내용이 줄긴 했지만 여전히 설정할 코드가 많다. 메이븐을 사용한다면 로깅, Jackson, JDBC 드라이버와 같은 모듈도 알맞은 버전을 찾아서 의존으로 추가해야 한다. 여기에는 개발자의 노력이 들어간다.

스프링 부트는 이 노력을 줄여준다. 스프링 부트는 최소한의 작업으로 스프링 프로젝트를 시작할 수 있도록 돕는다. 스프링 부트를 사용하면 최소한의 노력으로 JSON API를 만들 수 있다. 톰캣과 같은 서버를 설치하지 않아도 내장 서버를 이용해서 웹 어플리케이션을 바로 실행할 수 있다. 모니터링을 위한 기능도 제공한다.

[부록 B]에서는 간단한 JSON API를 만들어보면서 스프링 부트에 대해 알아볼 것이다. 좀 더 자세한 내용이 궁금한 독자는 스프링 부트 관련 서적이나 레퍼런스 문서를 읽어볼 것을 권한다.

1. 부트 프로젝트 생성

먼저 웹을 위한 부트 프로젝트를 생성하자. https://start.spring.io 사이트에 방문한다. 그러면 [그림 B.1]과 같은 폼을 볼 수 있다.

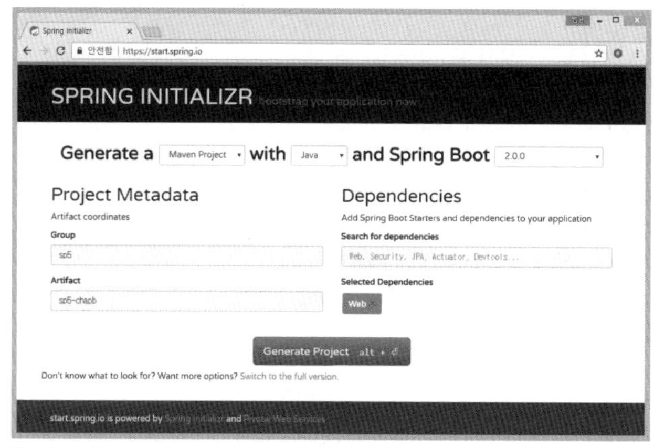

[그림 B.1] SPRING INITIALIZR 사이트

각 항목을 다음과 같이 선택하거나 값을 입력한다.

- 상단
  - 프로젝트는 'Maven Project'를 선택한다.
  - 언어는 'Java'를 선택한다.
  - Spring Boot 버전은 2.0.0을 선택한다. 스프링 부트 2.0부터 스프링 5를 지원한다.
- Project Metadata
  - Group : 메이븐의 〈groupId〉 값 입력한다.
  - Artifact : 메이븐의 〈artifactId〉 값 입력한다.
- Dependencies
  - Search for dependencies에 Web을 입력하고 엔터를 누르면 Selected Dependencies에 Web이 추가된다.

알맞게 입력했다면 [Generate Project] 버튼을 눌러 메이븐 프로젝트를 다운로드한다. 파일명은 "[Artifact 값].zip"이다. 이 파일의 압축을 풀면 다음 파일이 미리 생성된 것을 알 수 있다.

- pom.xml
- src/main/java: sp5/sp5chapb/Sp5ChapbApplication.java
- src/main/resources: application.properties

먼저 pom.xml 파일을 보자.

[리스트 B.1] sp5-chapb/pom.xml

```
01  <?xml version-"1.0" encoding="UTF-8"?>
02  <project xmlns="http://maven.apache.org/POM/4.0.0"
03    xmlns:xsi="http://www.w3.org/2001/XMLSchema-instance"
04    xsi:schemaLocation="http://maven.apache.org/POM/4.0.0
05      http://maven.apache.org/xsd/maven-4.0.0.xsd">
06    <modelVersion>4.0.0</modelVersion>
07
08    <groupId>sp5</groupId>
09    <artifactId>sp5-chapb</artifactId>
10    <version>0.0.1-SNAPSHOT</version>
11    <packaging>jar</packaging>
12
13    <name>sp5-chapb</name>
14    <description>Demo project for Spring Boot</description>
15
16    <parent>
17      <groupId>org.springframework.boot</groupId>
18      <artifactId>spring-boot-starter-parent</artifactId>
19      <version>2.0.0.RELEASE</version>
20      <relativePath/> <!-- lookup parent from repository -->
21    </parent>
22
23    <properties>
24      <project.build.sourceEncoding>UTF-8</project.build.sourceEncoding>
25      <project.reporting.outputEncoding>
26        UTF-8
27      </project.reporting.outputEncoding>
28      <java.version>1.8</java.version>
29    </properties>
30
31    <dependencies>
32      <dependency>
33        <groupId>org.springframework.boot</groupId>
34        <artifactId>spring-boot-starter-web</artifactId>
35      </dependency>
36
37      <dependency>
38        <groupId>org.springframework.boot</groupId>
39        <artifactId>spring-boot-starter-test</artifactId>
40        <scope>test</scope>
41      </dependency>
42    </dependencies>
43
44    <build>
45      <plugins>
46        <plugin>
47          <groupId>org.springframework.boot</groupId>
```

```
48                <artifactId>spring-boot-maven-plugin</artifactId>
49            </plugin>
50        </plugins>
51    </build>
52
53 </project>
```

[리스트 B.1]에서 중요 코드는 다음과 같다.

- **16~21행** : spring-boot-starter-parent 모듈을 메이븐 부모 프로젝트로 지정한다. 이 모듈은 필요한 의존의 기본 버전 값, 필수 모듈 등을 지정한다.
- **32-35행** : spring-boot-starter-web 모듈을 추가한다. 이 모듈을 사용하면 spring-webmvc, jackson 등 관련 모듈을 등록하고 스프링 MVC와 관련된 기본 구성 설정 기능을 활성화한다.
- **46-49행** : spring-boot-maven-plugin 모듈을 메이븐 플러그인으로 추가한다. 스프링 부트 어플리케이션을 생성하고 실행하는 기능을 제공한다.

스프링 부트의 starter 모듈은 다음 두 가지를 제공한다.

- 메이븐 의존 설정 추가
- 기본 설정 추가

예를 들어 spring-boot-starter-web 모듈은 spring-webmvc, JSON, Validator, 내장 톰캣 등 웹 개발에 필요한 의존을 설정한다. 또한 스프링 MVC를 위한 다양한 구성 요소(DispatcherServlet, 디폴트 서블릿, Jackson 등)에 대한 설정을 자동 생성하는 기능을 제공한다. 필요한 설정을 자동으로 등록하므로 개발자는 일부 설정만 추가로 작업하면 된다.

다운로드 받은 파일에는 Sp5ChapbApplication.java도 있다. 이 파일명은 start.spring.io 사이트에서 입력한 Group과 Artifact ID를 사용해서 만든 것이다. 이 파일의 코드는 [리스트 B.2]와 같다.

[리스트 B.2] sp5-chapb/src/main/java/sp5/sp5chapb/Sp5ChapbApplication.java

```
01 package sp5.sp5chapb;
02
03 import org.springframework.boot.SpringApplication;
04 import org.springframework.boot.autoconfigure.SpringBootApplication;
05
06 @SpringBootApplication
07 public class Sp5ChapbApplication {
08
```

```
09      public static void main(String[] args) {
10          SpringApplication.run(Sp5ChapbApplication.class, args);
11      }
12  }
```

06행의 @SpringBootApplication 애노테이션이 중요하다. SpringApplicaiton.run()을 이용해서 이 애노테이션을 붙인 클래스를 실행하면 여러 설정을 자동으로 처리한다. 웹 starter를 사용하면 웹 관련 자동 설정 기능을 활성화하고 JDBC starter를 사용하면 DB 관련 자동 설정 기능을 활성화한다. 필요한 대부분 설정을 자동으로 생성하므로 개발자는 필요한 것만 골라서 설정하면 된다.

@SpringBootApplication 애노테이션을 사용하면 컴포넌트 스캔 기능도 활성화한다. @Component, @Service, @Controller, @RestController 등 컴포넌트 스캔 대상 애노테이션을 붙인 클래스를 빈으로 등록한다.

스프링 부트가 어떻게 자동 설정을 적용하는지 궁금한 독자는 https://goo.gl/LTGzk9 슬라이드쉐어 자료를 참고한다.

마지막으로 application.properties 파일은 설정 정보를 담는다. JDBC URL이나 웹 캐시 시간과 같은 설정을 변경하고 싶을 때 이 프로퍼티 파일을 사용한다.

2. 간단한 JSON 응답 컨트롤러 생성과 실행

스프링 부트를 사용하면 정말로 설정이 감소하는지 확인해보자. 만들 예제는 JSON 형식으로 현재 시간을 제공하는 간단한 컨트롤러 클래스이다. 먼저 응답 데이터로 사용할 클래스를 [리스트 B.3]과 같이 생성한다.

[리스트 B.3] sp5-chapb/src/main/java/sp5/sp5chapb/Now.java

```
01  package sp5.sp5chapb;
02
03  import java.time.OffsetDateTime;
04
05  import com.fasterxml.jackson.annotation.JsonFormat;
06
07  public class Now {
08
09      @JsonFormat(pattern = "yyyy-MM-dd'T'HH:mm:ssZ")
10      private OffsetDateTime time;
11
12      public Now() {
```

```
13            time = OffsetDateTime.now();
14        }
15
16        public OffsetDateTime getTime() {
17            return time;
18        }
19
20    }
```

Now 객체를 응답으로 제공하는 컨트롤러 클래스는 [리스트 B.4]와 같다.

[리스트 B.4] sp5-chapb/src/main/java/sp5/sp5chapb/NowController.java

```
01    package sp5.sp5chapb;
02
03    import org.springframework.web.bind.annotation.GetMapping;
04    import org.springframework.web.bind.annotation.RestController;
05
06    @RestController
07    public class NowController {
08
09        @GetMapping("/now")
10        public Now now() {
11            return new Now();
12        }
13    }
```

스프링 부트는 컴포넌트 스캔 기능을 기본으로 활성화한다. @RestController 애노테이션도 스캔 대상이므로 NowController 클래스를 설정 클래스에 추가하지 않아도 자동으로 빈으로 등록한다.

이제 서버를 이용해서 확인해보자. 이를 위해 해야 할 건 명령 프롬프트를 열고 다음 명령어를 실행하는 것뿐이다. 아래 명령어를 사용하면 스프링 부트는 내장 톰캣을 사용해서 웹 어플리케이션을 구동한다.

```
mvnw spring-boot:run
```

위 명령어를 실행하면 잠시 뒤에 다음과 같이 'Started Sp5ChapbApplication'라는 로그 메시지가 출력될 것이다.

```
2018-03-09 12:42:58.050  INFO 16330 --- [           main] sp5.sp5chapb.
Sp5ChapbApplication           : Started Sp5ChapbApplication in 4.715 seconds
(JVM running for 16.064)
```

스프링 부트 어플리케이션을 실행했으니 컨트롤러가 동작하는지 확인할 차례이다. 웹 브라우저를 열고 http://localhost:8080/now 주소를 입력해보자. [그림 B.2]와 같은 결과를 확인할 수 있다.

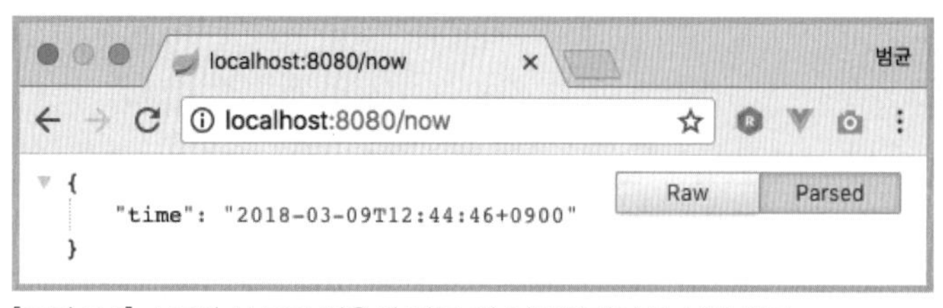

[그림 B.2] 스프링 부트를 이용해 만든 웹 어플리케이션 실행 결과

이 결과를 보기 위해 우리가 한 건 다음의 두 가지뿐이다.

- start.spring.io를 이용해서 미리 설정된 스프링 부트 프로젝트 파일 다운로드
- Now와 NowController 클래스 작성

JSON 응답을 제공하기 위한 클래스 두 개만 작성했다. 설정 클래스를 작성하지 않았다. 스프링 부트가 설정해준 내장 톰캣을 사용하므로 별도 서버 설정도 하지 않았다. start.spring.io 사이트를 사용하지 않고 메이븐 프로젝트를 직접 생성한다 해도 [리스트 B.1] 정도의 pom.xml 파일을 만드는 것은 상대적으로 덜 복잡하다. 이렇게 스프링 부트를 사용하면 설정과 관련된 노력을 상당히 줄일 수 있다.

3. DB 연동 설정

웹과 마찬가지로 DB 연동과 관련된 설정도 [리스트 B.5]와 같이 spring-boot-starter-jdbc와 mysql-connector-java의 두 가지 의존만 추가하면 된다.

[리스트 B.5] pom.xml 파일에 JDBC 연동 위한 설정 추가

```
01    <dependencies>
02       <dependency>
03          <groupId>org.springframework.boot</groupId>
04          <artifactId>spring-boot-starter-web</artifactId>
05       </dependency>
06       <dependency>
07          <groupId>org.springframework.boot</groupId>
08          <artifactId>spring-boot-starter-jdbc</artifactId>
09       </dependency>
10       <dependency>
11          <groupId>mysql</groupId>
12          <artifactId>mysql-connector-java</artifactId>
13          <scope>runtime</scope>
14       </dependency>
```

```
15          <dependency>
16              <groupId>org.springframework.boot</groupId>
17              <artifactId>spring-boot-starter-test</artifactId>
18              <scope>test</scope>
19          </dependency>
20      </dependencies>
```

spring-boot-starter-jdbc 모듈은 JDBC 연결에 필요한 DataSource, JdbcTemplate, 트랜잭션 관리자 등을 자동으로 설정한다. DataSource를 생성할 때 필요한 JDBC URL 정보는 application.properties 파일에서 읽어온다. [리스트 B.6]은 application.properties 파일에 DB 연결에 필요한 프로퍼티를 설정한 예이다.

[리스트 B.6] sp5-chapb/src/main/resources/application.properties

```
01  spring.datasource.url=jdbc:mysql://localhost/spring5fs?characterEncoding=utf8
02  spring.datasource.username=spring5
03  spring.datasource.password=spring5
```

DB 연동에 필요한 설정이 끝났다. 이제 JdbcTemplate을 사용해서 DB 연동이 되는지 확인해보자. [리스트 B.7]은 예제 코드이다.

[리스트 B.7] sp5-chapb/src/main/java/sp5/sp5chapb/MemberApi.java

```
01  package sp5.sp5chapb;
02  
03  import java.util.List;
04  
05  import org.springframework.beans.factory.annotation.Autowired;
06  import org.springframework.jdbc.core.JdbcTemplate;
07  import org.springframework.web.bind.annotation.GetMapping;
08  import org.springframework.web.bind.annotation.RestController;
09  
10  @RestController
11  public class MemberApi {
12  
13      private JdbcTemplate jdbcTemplate;
14  
15      @GetMapping("/members")
16      public List<String> members() {
17          return jdbcTemplate.queryForList(
18                  "select email from member order by email",
19                  String.class);
20      }
21  
22      @Autowired
23      public void setJdbcTemplate(JdbcTemplate jdbcTemplate) {
24          this.jdbcTemplate = jdbcTemplate;
```

```
25        }
26
27    }
```

스프링 부트의 spring-boot-starter-jdbc 모듈은 JdbcTemplate를 빈으로 등록한다. 따라서 @Autowired 애노테이션을 이용해서 JdbcTemplate 빈을 주입받을 수 있다. 실제 어플리케이션에서는 DAO 타입을 따로 만들겠지만 이 예는 JdbcTemplate 객체가 자동 생성된다는 것을 보여주는 것이 목적이므로 컨트롤러에서 직접 JdbcTemplate을 사용했다.

앞에서와 동일하게 mvnw spring-boot:run 명령어를 이용해서 서버를 띄우고 웹 브라우저에서 http://localhost:8080/members 주소를 입력해보자. DB로부터 데이터를 읽어와 [그림 B.3]과 같은 JSON 데이터를 응답하는 것을 확인할 수 있다.

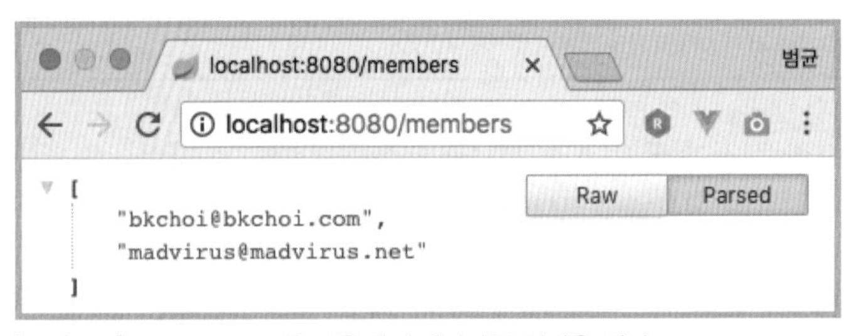

[그림 B.3] JdbcTemplate을 이용해서 데이터를 읽어온 결과

4. 실행 가능한 패키지 생성

스프링 부트를 이용하면 실행 가능한 패키지도 쉽게 만들 수 있다. 다음 명령어를 실행하면 된다.

```
mvnw package
```

위 명령어를 실행하면 target 폴더에 sp5-chapb-0.0.1-SNAPSHOT.jar 파일이 생성된다. 이 파일은 스프링 부트 플러그인이 만든 실행 가능한 jar 파일이다. 다음 명령어를 이용해서 이 jar 파일을 실행할 수 있다.

```
java -jar target/sp5-chapb-0.0.1-SNAPSHOT.jar
```

이 명령어를 실행하면 내장 톰캣을 이용해서 웹 어플리케이션을 구동한다. 위 명령어를 실행한 뒤 웹 브라우저에서 http://localhost:8080/now 주소에 접근해보자. 앞서 봤던 것과 같은 결과를 볼 수 있을 것이다.

5. 참고

MyBatis나 JPA와 같은 DB 기술 연동, Redis나 몽고DB와 같은 NoSQL 연동, 타임리프나 JSP와 같은 뷰 구현기술과의 연동, 톰캣이나 제티와 같은 내장 서버 연동, 모니터링, 프로필 설정 등 스프링 부트는 다양한 기능을 위한 기본 설정을 제공하고 있다. 이들 설정에 대한 내용은 다음 레퍼런스 사이트에서 확인할 수 있다.

- https://docs.spring.io/spring-boot/docs/current/reference/htmlsingle/

이 외에 관련 서적도 다양하게 나와 있으니 부트에 대해 더 공부할 독자는 관련 서적을 읽어 볼 것을 권한다.

부록 C

타임리프 연동

이 장에서 다룰 내용

· 타임리프 개요
· 스프링 연동

스프링 MVC는 뷰 구현 기술로 JSP만 지원하는 것은 아니다. 타임리프와 같은 템플릿 엔진도 뷰 구현 기술로 사용할 수 있다. [부록 C]에서는 간단하게 타임리프에 대해 알아보고 스프링 MVC에서 타임리프를 연동하는 방법을 설명한다. 타임리프 자체에 대한 내용을 자세히 알고 싶다면 타임리프 사이트(http://www.thymeleaf.org)의 튜토리얼 문서나 관련 서적을 참고하자.

1. 타임리프 개요

타임리프(Thymeleaf)는 템플릿 엔진이다. 타임리프는 웹을 염두하고 설계해서 HTML 템플릿을 만들 때 적합하다. 또한 자바스크립트와 CSS에 적합한 템플릿도 만들 수 있다. 다음은 타임리프가 제공하는 문법을 사용해서 작성한 템플릿 예이다.

```
<!DOCTYPE html>
<html xmlns:th="http://www.thymeleaf.org">
<head>
    <meta charset="utf-8">
    <title>메인</title>
</head>
<body>
    <th:block th:unless="${authInfo}">
    <p>환영합니다.</p>
    <p>
```

```
        <a href="" th:href="@{/register/step1}">[회원 가입하기]</a>
        <a href="" th:href="@{/login}">[로그인]</a>
    </p>
    </th:block>

    <th:block th:if="${authInfo}">
    <p><span th:text="${authInfo.name}">회원</span>님, 환영합니다.</p>
    <p>
        <a href="" th:href="@{/edit/changePassword}">[비밀번호 변경]</a>
        <a href="" th:href="@{/logout}">[로그아웃]</a>
    </p>
    </th:block>
</body>
</html>
```

th:text, th:if, th:href 등은 타임리프가 제공하는 속성이다. ${식}이나 @{식}은 이 속성에서 사용할 수 있는 타임리프 식이다. 타임리프는 몇 가지 종류의 식을 제공한다. 이 식을 사용해서 태그 몸체에 원하는 값을 삽입한다. 예를 들어 아래 코드를 보자.

```
<span th:text="${authInfo.name}">회원</span>
```

${authInfo.name} 식에 해당하는 값이 '토르'일 경우 타임리프 템플릿 엔진은 <span> 태그의 몸체 내용을 다음과 같이 '토르'로 변경한다.

```
<span>토르</span>
```

1.1 타임리프의 주요 식(expression)

타임리프는 크게 변수 식, 메시지 식, 링크 식의 세 가지 식과 선택 변수 식을 제공한다.

- **변수 식** : ${OGNL}
- **메시지 식** : #{코드}
- **링크 식** : @{링크}
- **선택 변수 식** : *{OGNL}

변수 식은 OGNL에 해당하는 변수를 값으로 사용한다. 타임리프에는 템플릿을 변환할 때 필요한 데이터를 가진 컨텍스트가 존재하는데 변수명을 사용해서 이 컨텍스트에 보관된 객체에 접근한다. 스프링 MVC 연동을 할 경우 컨트롤러에서 생성한 모델 속성 이름이 변수명이 된다. 다음 코드는 변수 식의 사용 예이다.

```
<p>아이디: <span th:text="${member.id}">id</span></p>
```

> **노트** OGNL은 Object-Graph Navigation Language의 약자로 객체의 프로퍼티 경로를 표현할 때 사용한다. 예를 들어 타임리프 컨텍스트에 객체를 "member"라는 이름으로 저장했다면 "member.id"는 member 객체의 id 프로퍼티(getId() 메서드) 값을 표현한다.

메시지 식은 외부 메시지 자원에서 코드에 해당하는 문자열을 읽어와 출력한다. 지정한 경로에 위치한 프로퍼티 파일을 메시지 자원으로 사용한다. 스프링 MVC 연동을 하면 <spring:message>와 동일하게 스프링이 제공하는 MessageSource로부터 코드에 해당하는 메시지를 읽어온다. 다음은 메시지 식의 사용 예이다.

```
<title th:text="#{member.register}">title</title>
```

링크 식은 링크 문자열을 생성한다. 링크 식이 절대 경로면 JSTL의 <c:url> 태그와 동일하게 웹 어플리케이션 컨텍스트 경로를 기준으로 링크를 생성한다. 다음 코드를 보자.

```
<a href="#" th:href="@{/members}">목록</a>
```

웹 어플리케이션 컨텍스트 경로가 /ap5-chapc라고 할 경우 위 코드 변환 결과는 다음과 같다.

```
<a href="/sp5-chapc/members">목록</a>
```

링크의 일부를 식으로 변경하고 싶다면 경로에 {변수}를 사용할 수 있다. 다음은 경로에 변수를 사용한 예이다.

```
<a href="#" th:href="@{/members/{memId}(memId=${mem.id})}">상세</a>
```

위 코드에서 링크 식의 {memId}는 경로 변수이다. 경로 변수 memId에 넣을 값은 뒤에 붙인 괄호 안에 지정한다. 위 코드에서 뒤에 붙인 (memId=${mem.id})는 경로 변수 memId의 값으로 ${mem.id}를 사용한다는 것을 뜻한다. mem.id의 값이 10이면 위 코드의 처리 결과는 다음과 같다.

```
<a href="/sp5-chapc/members/10">상세</a>
```

선택 변수식은 th:object 속성과 관련되어 있다. th:object 속성은 특정 객체를 선택하는데 선택 변수식은 th:object로 선택한 객체를 기준으로 나머지 경로를 값으로 사용한다. 예를 들어 아래 코드에서 *{name}은 <div> 태그의 th:object에서 선택한 member 객체를 기준으로 name 경로를 선택한다. 따라서 *{name}은 ${member.name}과 같은 경로가 된다.

```
<div th:object="${member}">
  <span th:text="*{name}">name</span>
</div>
```

타임리프는 문자열 연결, 수치 연산 등 다양한 식을 제공한다. 이들 식에 대한 완전한 내용은 타임리프 사이트의 튜토리얼 문서를 참고한다.

1.2 타임리프가 제공하는 주요 속성

타임리프는 HTML 태그에서 사용할 수 있는 속성을 제공한다. 다음 두 속성은 태그의 몸체에 원하는 값을 출력한다.

- th:text : 식의 값을 태그 몸체로 출력한다. '<'나 '&'와 같은 HTML 특수 문자를 '<'과 '&'와 같은 엔티티 형식으로 변환한다.
- th:utext : 식의 값을 태그 몸체로 출력한다. '<'나 '&'와 같은 HTML 특수 문자를 그대로 출력한다.

예를 들어 다음 코드를 보자.

```
<h2 th:text="#{member.info}">info</h2>
```

이 코드에서 이름이 member.info인 메시지 코드의 값이 "회원 정보"이면 이 코드의 처리 결과는 다음과 같다.

```
<h2>회원 정보</h2>
```

th:href 속성은 <a> 태그의 href 속성을 지정한다.

```
<a href="#" th:href="@{/members/10}" th:text="${mem.email}">email</a>
```

th:action 속성과 th:value 속성은 폼에서 사용한다. th:action 속성은 <form> 태그의 action 속성 값을 치환하고 th:value 속성은 <input> 태그와 같은 폼 관련 태그의 value 속성을 지정한다. 다음은 사용 예이다.

```
<form action="#" th:action="@{login}" th:object="${loginCommand}"
method="post">
<p>
    <label for="email" th:text="#{email}">email</label>:<br>
    <input type="text" id="email" th:value="*{email}" />
</p>
...
<input type="submit"value="로그인" th:value="#{login.btn}">
</form>
```

반복 처리는 th:each 속성을 사용한다. 다음은 사용 예이다.

```
<tr th:each="mem : ${members}">
    <td th:text="${mem.id}">id</td>
    <td><a href="#"
          th:href="@{/members/{memId}(memId=${mem.id})}"
          th:text="${mem.email}">email</a></td>
    <td th:text="${mem.name}">name</td>
</tr>
```

위 코드에서 th:each 속성은 members 변수에 담긴 개별 요소에 대해 〈tr〉 태그를 반복한다. 이때 각 구성 요소에 접근할 때 사용할 변수로 mem을 사용한다. 자식 태그는 mem 변수를 이용해서 각 요소의 속성에 접근한다.

1.3 타임리프 식 객체

타임리프는 식에서 사용할 수 있는 객체를 제공한다. 이 식 객체를 이용하면 문자열 처리나 날짜 형식 변환 등의 작업을 할 수 있다. "#객체명"을 사용해서 식 객체를 사용한다. 다음은 dates 식 객체를 이용해서 Date 타입 변수 값을 형식에 맞게 출력하는 예이다.

```
<span th:text="${#dates.format(date, 'yyyy-MM-dd)}">date</span>
```

각 식 객체는 기능이나 속성을 제공한다. dates 식 객체의 경우 format을 비롯해 날짜 형식 포맷팅을 위한 다양한 기능을 제공한다. 타임리프가 제공하는 주요 식 객체는 다음과 같다.

- #strings : 문자열 비교, 문자열 추출 등 String 타입 위한 기능 제공
- #numbers : 포맷팅 등 숫자 타입 위한 기능 제공
- #dates, #calendars : Date 타입과 Calendar 타입을 위한 기능 제공
- #lists, #sets, #maps : List, Set, Map 타입을 위한 기능 제공

각 식 객체가 제공하는 기능과 속성 목록은 튜토리얼 문서를 참고하자.

2. 스프링 MVC와 타임리프 연동 설정

스프링 MVC에서 타임리프는 뷰 영역에 해당한다. 스프링 MVC의 구성 요소에 대해 설명할 때 뷰 영역과 관련된 구성 요소는 ViewResolver와 View였다. 타임리프는 thymeleaf-spring5 모듈을 제공하는데 이 모듈에 타임리프 연동을 위한 ViewResolver와 View 구현 클래스가 존재한다. 스프링 MVC에서 타임리프가 제공하는 ViewResolver를 사용하도록 설정하면 결과를 타임리프 템플릿을 이용해서 생성할 수 있다.

스프링 MVC와 타임리프를 연동하려면 먼저 타임리프의 스프링 연동 모듈을 의존에 추가해야 한다. 다음의 두 가지 의존 설정을 추가한다.

```
<dependency>
    <groupId>org.thymeleaf</groupId>
    <artifactId>thymeleaf-spring5</artifactId>
    <version>3.0.9.RELEASE</version>
</dependency>
<dependency>
    <groupId>org.thymeleaf.extras</groupId>
    <artifactId>thymeleaf-extras-java8time</artifactId>
    <version>3.0.1.RELEASE</version>
</dependency>
```

thymeleaf-spring5 모듈은 스프링 MVC에서 타임리프를 뷰로 사용하기 위한 기능을 제공한다. thymeleaf-extras-java8time은 LocalDateTime과 같은 자바 8의 시간 타입을 위한 추가 기능을 제공한다.

의존을 추가했다면 스프링 MVC가 타임리프를 사용하도록 ViewResolver를 설정한다. 이를 위한 설정 코드는 [리스트 C.1]과 같다.

[리스트 C.1] sp5-chapc/src/main/java/config/MvcConfig.java

```
01  … 생략
02  import org.springframework.context.ApplicationContext;
03  … 생략
04  import org.thymeleaf.extras.java8time.dialect.Java8TimeDialect;
05  import org.thymeleaf.spring5.SpringTemplateEngine;
06  import org.thymeleaf.spring5.templateresolver.SpringResourceTemplateResolver;
07  import org.thymeleaf.spring5.view.ThymeleafViewResolver;
08  import org.thymeleaf.templateresolver.ServletContextTemplateResolver;
09  … 생략
10
11  @Configuration
12  @EnableWebMvc
13  public class MvcConfig implements WebMvcConfigurer {
```

```
14
15      @Autowired
16      private ApplicationContext applicationContext;
17      … 생략
18
19      @Bean
20      public SpringResourceTemplateResolver templateResolver() {
21          SpringResourceTemplateResolver templateResolver =
22              new SpringResourceTemplateResolver();
23          templateResolver.setApplicationContext(applicationContext);
24          templateResolver.setPrefix("/WEB-INF/view/");
25          templateResolver.setSuffix(".html");
26          templateResolver.setCacheable(false);
27          return templateResolver;
28      }
29
30      @Bean
31      public SpringTemplateEngine templateEngine() {
32          SpringTemplateEngine templateEngine = new SpringTemplateEngine();
33          templateEngine.setTemplateResolver(templateResolver());
34          templateEngine.setEnableSpringELCompiler(true);
35          templateEngine.addDialect(new Java8TimeDialect());
36          return templateEngine;
37      }
38
39      @Bean
40      public ThymeleafViewResolver thymeleafViewResolver() {
41          ThymeleafViewResolver resolver = new ThymeleafViewResolver();
42          resolver.setContentType("text/html");
43          resolver.setCharacterEncoding("utf-8");
44          resolver.setTemplateEngine(templateEngine());
45          return resolver;
46      }
47
48      @Override
49      public void configureViewResolvers(ViewResolverRegistry registry) {
50          registry.viewResolver(thymeleafViewResolver());
51      }
52
53      … 생략
```

19~28행은 타임리프가 제공하는 SpringResourceTemplateResolver를 사용한다. 이는 스프링을 이용해서 템플릿 파일을 검색한다. setPrefix()와 setSuffix()로 템플릿 파일을 검색할 때 사용할 접두어와 접미사를 설정한다. 접두어와 접미사를 뷰 이름에 붙여서 템플릿 파일을 검색한다. 26행에서 setCacheable()을 false로 지정했는데 이는 템플릿 파일을 메모리에 캐시할지 여부를 지정한다. 운영 환경에서는 성능을 위해 캐시 여부

를 true로 지정해야 한다. 캐시 옵션은 테스트와 운영 환경에 따라 값이 다르므로 프로필이나 프로퍼티 파일을 이용해서 이 설정 옵션을 변경할 수 있도록 하는 것이 일반적이다.

30~37행은 타임리프의 템플릿 엔진을 설정한다. 템플릿 파일을 읽어올 때 19~28행에 선언한 TemplateResolver를 사용한다. 35행에서는 자바 8 시간 타입을 지원하기 위한 Dialect를 추가한다.

스프링 MVC와 관련된 설정은 39~46행이다. 이 메서드에서 타임리프를 뷰로 사용하는 ViewResolver를 설정한다. 마지막으로 48~51행에서 ThymeleafViewResolver를 등록한다.

2.1 템플릿 예제 코드

회원 목록을 조회하는 MemberListController 클래스의 코드를 다시 보자.

```
@Controller
public class MemberListController {
    … 생략

    @RequestMapping("/members")
    public String list(
            @ModelAttribute("cmd") ListCommand listCommand,
            Errors errors, Model model) {
        if (errors.hasErrors()) {
            return "member/memberList";
        }
        if (listCommand.getFrom() != null && listCommand.getTo() != null) {
            List<Member> members = memberDao.selectByRegdate(
                    listCommand.getFrom(), listCommand.getTo());
            model.addAttribute("members", members);
        }
        return "member/memberList";
    }

}
```

이 코드는 뷰로 "member/memberList"를 사용한다. 이 뷰를 위한 타임리프 템플릿 코드는 [리스트 C.2]와 같다.

[리스트 C.2] sp5-chapc/src/main/webapp/WEB-INF/view/main.html

```
01   <!DOCTYPE html>
02   <html xmlns:th="http://www.thymeleaf.org">
03   <head>
04      <meta charset="utf-8">
05      <title>회원 조회</title>
06   </head>
07   <body>
08      <form action="#" th:action="@{/members}"
09          th:object="${cmd}" method="post">
10      <p>
11         <label for="from">from</label>:
12         <input type="text" id="from" th:field="*{from}" />
13         <span th:each="err : ${#fields.errors('from')}" th:text="${err}"></span>
14         ~
15         <label for="to">to</label>:
16         <input type="text" id="to" th:field="*{to}" />
17         <span th:each="err : ${#fields.errors('to')}" th:text="${err}"></span>
18         <input type="submit" value="조회">
19      </p>
20      </form>
21
22      <table th:if="${members}">
23         <tr>
24            <th>아이디</th><th>이메일</th>
25            <th>이름</th><th>가입일</th>
26         </tr>
27         <tr th:each="mem : ${members}">
28            <td th:text="${mem.id}">id</td>
29            <td><a href="#"
30                  th:href="@{/members/{memId}(memId=${mem.id})}"
31                  th:text="${mem.email}">email</a></td>
32            <td th:text="${mem.name}">name</td>
33   <td th:text="${#temporals.format(mem.registerDateTime, 'yyyy-MM-dd')}">
34               dateTime</td>
35         </tr>
36      </table>
37   </body>
     </html>
```

22행의 ${members} 변수 식은 MemberListController 컨트롤러에서 등록한 "members" 모델에 대응한다. 09행의 ${cmd} 변수 식은 "cmd" 커맨드 객체에 대응한다.

33행의 #temporals 식 객체는 타임리프 자바 8 확장 모듈이 제공한다.

2.2 스프링 MVC 폼과 에러 메시지 연동

JSP가 〈form:form〉 태그를 이용해서 커맨드 객체와 폼을 연동하는 것처럼 타임리프도 몇 가지 속성과 식 객체를 이용해서 폼을 연동할 수 있다. 다음은 예제 코드이다.

```
<form action="#" th:action="@{login}"
    th:object="${loginCommand}" method="post">
<span th:each="err : ${#fields.globalErrors()}" th:text="${err}"></span>
<p>
  <label for="email" th:text="#{email}">email</label>:<br>
  <input type="text" id="email" th:field="*{email}" />
  <span th:each="err : ${#fields.errors('email')}" th:text="${err}"></span>
</p>
<p>
  <label for="password" th:text="#{password}">password</label>:<br>
  <input type="password" id="password" th:field="*{password}" />
  <span th:each="err : ${#fields.errors('password')}" th:text="${err}"></span>
</p>
<p>
  <label
     th:for="${#ids.next('rememberEmail')}"
     th:text="#{rememberEmail}">remember</label>:
  <input type="checkbox" th:field="*{rememberEmail}" value="true"/>
</p>
<input type="submit"value="로그인" th:value="#{login.btn}">
</form>
```

th:field 속성은 폼에 표시할 커맨드 객체의 프로퍼티를 지정한다. 이 속성은 〈form:input〉, 〈form:select〉와 같은 폼 관련 커스텀 태그의 path 속성과 동일하게 스프링의 ConversionService를 이용해서 해당 값을 알맞게 변환한다.

#fields는 스프링 MVC를 위한 식 객체로 Errors와 연관되어 있다. #fields 식 객체가 제공하는 메서드를 이용해서 에러 정보에 접근할 수 있다. 예를 들어 #fields.errors(프로퍼티)는 특정 프로퍼티에 해당하는 에러 메시지 목록을 리턴한다.

2.3 스프링 부트와 타임리프 연동 설정

스프링 부트에서 타임리프를 연동하는 것은 매우 간단하다. 다음과 같이 타임리프를 위한 starter 모듈을 의존으로 추가하면 끝난다. ViewResolver나 기타 설정은 필요없다.

```
<dependency>
  <groupId>org.springframework.boot</groupId>
  <artifactId>spring-boot-starter-thymeleaf</artifactId>
</dependency>
```

스프링 부트는 기본으로 src/main/resources/templates 폴더에서 타임리프 템플릿 파일을 검색한다. 따라서 이 폴더에 타임리프 템플릿 파일을 위치시킨다. 연동 코드가 궁금한 독자는 제공하는 예제 코드의 sp5-chapc-boot 프로젝트를 참고한다.

I.N.D.E.X

애노테이션

태그

기타

HTTP 에러 코드

A

B

C

D

L

M

N

O

P

Q

R

S

T

초보 웹 개발자를 위한

스프링 5

프로그래밍 입문

발행 일자 : 2024년 1월 20일 초판 12쇄 발행

펴낸곳 : 가메출판사(https://www.kame.co.kr)

발행인 : 이병렬

지은이 : 최범균

주소 : 서울시 마포구 성지5길 5-15(합정동)
벤처빌딩 206호

전화 : 02)322-8317

팩스 : 02)323-8311

ISBN : 978-89-8078-297-0

등록번호 : 제313-2009-264호

정가 : 26,500원